U0919699

21世纪高等学校规划教材

EDA JISHU JI YINGYONG

EDA技术及应用

主　编　王树昆
副主编　辛　征　焦营营
编　写　耿淑娟　赵春亮
　　　　庄华伟　程　艳
主　审　王祖强

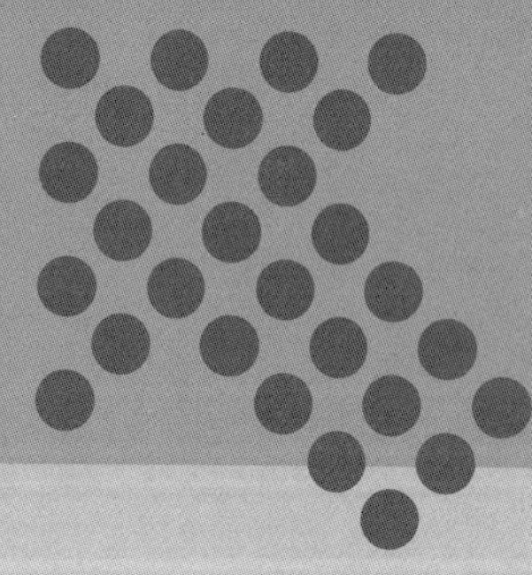

中国电力出版社
CHINA ELECTRIC POWER PRESS

内 容 提 要

本书为21世纪高等学校规划教材。

本书是根据不断发展的EDA技术以及作者多年的教学经验和工程实践，并在参阅大量同类教材和相关文献的基础上编写完成。本书在内容结构、基本方法、应用实例等方面的安排和取舍上，既考虑了EDA技术理论的系统性、完整性和简洁性，又注重了EDA技术教学的可操作性和实践性，尽量做到用理论指导电子设计实践，用设计实例验证理论技术，实现了理论与实践的有机结合。另外，本书每章均附有内容提要、本章小结和习题与正文配合，便于组织教学和自学。

本书主要作为普通高等学校电子信息类、计算机类、电气类等相关专业的本科生教材，也可作为高职高专与函授教材，同时可供相关工程技术人员参考。

图书在版编目（CIP）数据

EDA技术及应用/王树昆主编．—北京：中国电力出版社，2012.2

21世纪高等学校规划教材

ISBN 978-7-5123-2727-6

Ⅰ.①E… Ⅱ.①王… Ⅲ.①电子电路－电路设计：计算机辅助设计－高等学校－教材 Ⅳ.①TN702

中国版本图书馆CIP数据核字（2012）第024598号

中国电力出版社出版、发行

（北京市东城区北京站西街19号 100005 http://www.cepp.sgcc.com.cn）

航远印刷有限公司印刷

各地新华书店经售

*

2012年6月第一版 2012年6月北京第一次印刷

787毫米×1092毫米 16开本 19.25印张 471千字

定价 **34.00** 元

敬 告 读 者

本书封面贴有防伪标签，加热后中心图案消失

本书如有印装质量问题，我社发行部负责退换

版 权 专 有 翻 印 必 究

前　言

EDA（Electronic Design Automation，电子设计自动化）技术是现代电子工程领域的一门新技术，它提供了基于计算机和微电子技术的电路系统设计方法。EDA 技术的出现和不断发展，使得电子电路设计者仅利用硬件描述语言和 EDA 软件开发工具即可完成对系统硬件功能的实现，极大地提高了设计效率和灵活性，并可定做出有着自主知识产权的集成电路芯片，从而使制造商可以快速开发出满足市场众多需求的电子产品。EDA 教学和产业界的技术推广是当今世界的一个技术热点，EDA 技术已经成为电子设计的重要工具，正在发挥越来越重要的作用。

近年来，为适应新世纪人才培养的需要，培养学生利用计算机等先进设备进行电子设计自动化的能力，众多高校纷纷加大了对 EDA 技术的教学力度和 EDA 实验室的建设，并已陆续在本科生中增开此类课程。作者认为有必要整合和优化相关内容，合理安排教学和训练内容，力求学生在最短的时间里，获得最必要和专门的设计知识。为此，我们编写了这本教材，希望通过本教材的学习，可以使学生掌握 EDA 的一般方法和专用 EDA 软件的使用，并在有限的学时内完成数字系统设计课题。

根据长期在教学和科研第一线的体会，本书选取了目前主流之一的 Quartus II 设计工具和 Verilog HDL 硬件描述语言。Altera 公司的 Quartus II 是我国高校普遍采用的 EDA 设计工具，其设计功能强大，界面友好，符合设计者使用习惯，更新换代快，支持最新的 FPGA 器件。Verilog HDL 语言是设计者们喜爱的语言，较 VHDL 语言节省代码，更接近 C 语言，适合有 C 语言基础者学习，并被业界广泛使用。为方便学习，本书编写了部分实验和应用实例及开发板资料，本书的所有程序均经上机调试验证，许多实例给出了仿真波形，希望能够对读者的学习有所帮助。

本书共分 6 章，第 1 章介绍了 EDA 的基本知识；第 2 章对大规模可编程逻辑器件的结构原理作了概括介绍；第 3 章介绍了常用 EDA 软件开发工具 Quartus II 和仿真软件 ModelSim 的使用方法；第 4 章通过典型实例介绍了 Verilog HDL 语法结构及设计方法；第 5 章介绍了部分 EDA 基础实验的原理，以进一步巩固 Quartus II 软件的使用方法和 Verilog HDL 设计方法；第 6 章通过用 Verilog HDL 实现的设计实例，进一步介绍 EDA 技术在测量仪器、自动控制、通信系统等技术领域的具体应用。另外，附录 A 中详细介绍了清大超智科技有限公司的 TE3 教学与开发平台，附录 B 中详细介绍了友晶科技股份有限公司的 DE2 教学与开发平台，以供具有不同开发平台的读者学习和参考。

本书由王树昆任主编，负责全书的组织、统稿和定稿，辛征、焦营营任副主编。本书第 1、4 章由王树昆编写，第 5、6 章由辛征编写，第 2 章由焦营营、耿淑娟编写，第 3 章由焦营营编写，附录 A 由辛征、程艳编写，附录 B 由赵春亮、庄华伟编写，另外赵春亮还为本书的部分图表和程序调试验证付出了许多辛勤的劳动。

特别感谢本书审稿人山东大学王祖强教授认真的审阅以及对书稿的修改建议。在本书的编写过程中，参考和引用了诸多专家学者的著作和教材，已在书中的参考文献中一一列出，在此向他们表示衷心的感谢。

由于 EDA 技术发展迅速，加之作者水平有限，时间仓促，书中难免有疏漏和错误之处，殷切希望使用本教材的师生和读者给予批评指正。

编　者

2012 年 1 月

目　录

前言

第 1 章　EDA 技术概述……1
1.1　EDA 技术的含义……1
1.2　EDA 技术的发展……2
1.3　EDA 技术的主要内容……4
1.4　EDA 设计方法……8
1.5　EDA 设计流程……9
本章小结……12
习题……12
第 2 章　可编程逻辑器件……14
2.1　概述……14
2.2　可编程逻辑器件的组成和分类……15
2.3　可编程阵列逻辑（PAL）器件……17
2.4　通用逻辑阵列（GAL）器件……20
2.5　复杂可编程逻辑器件（CPLD）……24
2.6　现场可编程门阵列（FPGA）器件……27
2.7　FPGA 和 CPLD 的差别与特点……31
2.8　可编程逻辑器件产品简介……31
本章小结……57
习题……57
第 3 章　EDA 开发软件及应用……59
3.1　Quartus II 简介……59
3.2　Quartus II 软件的安装……59
3.3　Quartus II 软件的设计流程……66
3.4　Quartus II 软件的设计应用……66
3.5　Quartus II 中可参数化宏模块介绍及应用……86
3.6　嵌入式逻辑分析仪 SignalTap II……91
3.7　仿真软件 ModelSim 及其应用……95
本章小结……102
习题……103
第 4 章　Verilog HDL 硬件描述语言……104
4.1　Verilog HDL 概述……104
4.2　Verilog HDL 语言要素……105

4.3 Verilog HDL 设计模块的基本结构 ………117
4.4 门级建模 ………119
4.5 数据流建模 ………125
4.6 行为级建模 ………127
4.7 结构建模 ………145
4.8 任务和函数 ………151
4.9 编译预处理 ………155
4.10 系统任务和系统函数 ………158
本章小结 ………161
习题 ………161
第 5 章 EDA 基础实验 ………166
5.1 原理图输入法设计实验 ………166
5.2 Verilog HDL 输入法设计实验 ………178
5.3 硬件控制接口实验 ………195
本章小结 ………209
习题 ………209
第 6 章 EDA 技术的应用 ………211
6.1 数字钟设计 ………211
6.2 键盘扫描及数码管显示应用 ………220
6.3 串行接口应用 ………230
6.4 计算器设计 ………242
6.5 交通控制器设计 ………247
本章小结 ………254
习题 ………254

附录 A TE3 教学与开发平台 ………255
附录 B DE2 教学与开发平台 ………276

参考文献 ………300

第 1 章　EDA 技术概述

内容提要

本章主要介绍 EDA 技术的基础知识。首先讲述了 EDA 技术的含义和发展概况，然后介绍了 EDA 技术包含的主要内容，最后对 EDA 一般设计方法、设计流程作了较为系统的介绍。

1.1　EDA 技术的含义

20 世纪末，电子技术获得了飞速的发展，电子产品几乎渗透到工业、生活的各个领域。电子技术发展的根基是微电子技术的进步，即建立在半导体工艺技术的大规模集成电路加工技术的基础上。微电子技术和现代电子设计技术相互促进，相互推动，又相互制约。随着电子技术、仿真技术、电子工艺和设计技术与新的计算机软件技术的融合和升华，产生了 EDA（Electronics Design Automation，电子设计自动化）技术。

EDA 技术是一门迅速发展起来的新技术，涉及面广，内容丰富，目前尚无统一严格的定义。

从理论角度理解 EDA 技术，可以认为 EDA 技术是以计算机和微电子技术为先导，汇集了电路和系统、数据库、计算机图形学、图论与拓扑逻辑、计算数学、优化理论以及微电子工艺与结构学等多种学科最新成果的先进技术。

从技术应用角度理解 EDA 技术，可以认为 EDA 技术是以大规模集成电路为设计载体，以硬件描述语言（Hardware Description Language，HDL）为描述系统的主要表达方式，以计算机为设计环境，利用软件开发工具自动完成设计系统的编译、化简、综合、仿真、布局布线、优化，直至完成对特定芯片的适配、映射、编程下载，最终将设计系统集成到特定的芯片中，如大规模可编程逻辑器件（现场可编程门阵列 FPGA，复杂可编程逻辑器件 CPLD）或专用集成电路（Application Specific Integrated Circuit，ASIC），从而实现既定的电子电路设计功能。

利用 EDA 技术进行电子系统的设计，具有以下几个重要的特点。

（1）用编写程序的方式描述设计对象的功能，从而实现硬件设计。

（2）用软件方式设计的系统到硬件系统的转换，是由有关的软件工具自动完成的。

（3）设计过程中可用有关软件工具进行各种仿真。

（4）基于可编程逻辑器件的系统可现场编程，在线升级。

（5）整个系统可集成在一个芯片上，具有体积小、功耗低、可靠性高等特点。

EDA 技术的出现和不断的发展，使得电子电路设计者的工作仅限于利用硬件描述语言和 EDA 软件开发工具来完成对系统硬件功能的实现，极大地提高了设计效率和灵活性，并可定做出有着自主知识产权的集成电路芯片。

1.2 EDA 技术的发展

EDA 技术伴随着计算机、集成电路和电子系统设计的发展，经历了计算机辅助设计（Computer Assist Design，CAD）、计算机辅助工程设计（Computer Assist Engineering Design，CAED）和电子设计自动化（Electronic Design Automation，EDA）三个发展阶段。

1. 20 世纪 70 年代的计算机辅助设计（CAD）阶段

CAD 是 EDA 技术发展的早期阶段。在这个阶段，人们开始利用计算机取代手工劳动，但当时的计算机硬件功能有限，软件功能较弱，人们主要借助计算机对所设计的电路进行一些模拟和预测，辅助进行集成电路版图编辑和印制电路板 PCB（Printed Circuit Board）布局和布线等简单的版图绘制等工作。

2. 20 世纪 80 年代的计算机辅助工程设计（CAED）阶段

初期阶段的硬件设计是用大量不同型号的标准芯片实现电子系统设计的。随着微电子工艺的发展，相继出现了集成上万只晶体管的微处理器、集成几十万直到上百万存储单元的随机存储器和只读存储器。此外，可编程逻辑器件 PAL 和 GAL 等一系列微结构和微电子学的研究成果都为电子系统的设计开辟了新天地。因此，可以用少数几种通用的标准芯片实现电子系统的设计。

伴随着计算机和集成电路的发展，EDA 技术进入到计算机辅助工程设计阶段。20 世纪 80 年代初推出的 EDA 工具以逻辑模拟、定时分析、故障仿真、自动布局和布线为核心，重点解决电路设计完成之前的功能检测等问题。利用这些工具，设计师能在产品制作之前预知产品的功能与性能，能生成产品制造文件，在设计阶段就可以进行产品性能的分析。

如果说 20 世纪 70 年代的自动布局布线的 CAD 工具代替了设计工作中绘图的重复劳动，那么 20 世纪 80 年代出现的具有自动综合能力的 CAE 工具则代替了设计师的部分工作，对保证电子系统的设计，制造出最佳的电子产品起着关键的作用。到了 20 世纪 80 年代后期，EDA 工具已经可以进行设计描述、综合与优化和设计结果验证。CAED 阶段的 EDA 工具不仅为成功开发电子产品创造了有利条件，而且为高级设计人员的创造性劳动提供了方便。但是，大部分从原理图出发的 EDA 工具仍然不能适应复杂电子系统的设计要求，并且具体化的元件图形制约着优化设计。

3. 20 世纪 90 年代电子设计自动化（EDA）阶段

20 世纪 90 年代以来，微电子工艺有了惊人的发展，工艺水平已经达到了深亚微米级，甚至达到超深亚微米级。在一个芯片上已经可以集成上百万乃至上亿只晶体管，芯片速度达到了 Gb/s 量级，百万门以上的可编程逻辑器件陆续面世。为了满足千差万别的系统用户提出的设计要求，最好的办法是由用户自己设计芯片，让他们把想设计的电路直接设计在自己的专用芯片上。这个阶段发展起来的 EDA 工具，目的是在设计前期将原来设计师从事的许多高层次设计工作改由工具来完成，如可以将用户要求转换为设计技术规范，有效地处理可用的设计资源与理想的设计目标之间的矛盾，按具体的硬件、软件和算法分解设计等，设计师可以通过一些简单标准化的设计过程，利用微电子厂家提供的设计库来完成数万门 FPGA/CPLD 和集成系统的设计与验证。这样，就对电子设计的工具提出了更高的要求，提供了广阔的发展空间，促进了 EDA 技术的形成。特别是世界各 EDA 公司致力于推出兼容各种硬件实现方案和支持标准硬件描述语言的 EDA 工具软件，这都有效地将 EDA 技术推向成熟。

伴随着微电子技术的进步，集成电路设计在不断地向超大规模、极低功耗和超高速的方向发展。微电子技术的发展，特别是可编程逻辑器件的发展，使得微电子厂家可以为用户提供各种规模的可编程逻辑器件，以软件编程和程序下载的方式实现电子系统功能。由于专用集成电路（Application Specific Integrated Circuit，ASIC）的设计成本不断降低，在功能上，现代的集成电路已能实现单片电子系统 SoC（System on a Chip，即片上系统）的功能。

20 世纪 90 年代，设计师逐步从使用硬件转向设计硬件，从单个电子产品开发转向系统级电子产品开发 SoC。因此，EDA 工具是以系统级设计为核心，包括系统行为级描述与结构综合、系统仿真与测试验证、系统划分与指标分配、系统决策与文件生成等一整套的电子系统设计自动化工具。这时的 EDA 工具不仅具有电子系统设计的能力，而且能提供独立于工艺和厂家的系统级设计能力，具有高级抽象的设计构思手段。例如，提供方框图、状态图和流程图的编辑能力，具有适合层次描述和混合信号描述的硬件描述语言（如 VHDL 和 Verilog HDL），同时含有各种工艺的标准元件库。只有具备上述功能的 EDA 工具，才可能使电子系统工程师在不熟悉各种半导体工艺的情况下，完成电子系统的设计。这个阶段的 EDA 技术的主要特征如下。

（1）采用硬件描述语言，形成了被 IEEE 采纳的两种标准化硬件描述语言 VHDL 和 Verilog HDL，支持不同层次的描述，使设计描述更加规范化，便于传递、交流、保存、修改以及重复利用。

（2）采用高层次综合，设计层次提高到系统级，或称为行为级，并划分为逻辑综合与测试综合。逻辑综合是对不同层次的设计描述进行转换，将电子系统的描述转换到底层硬件描述及其物理实现，使设计人员不必了解具体的逻辑器件，从而把精力集中到系统行为建模上。测试综合是以设计结果的性能，如时序特性、功耗、电磁辐射和负载能力等为目标的测试方法，保证系统设计结果稳定、可靠地工作。

（3）建立并行设计框架，使用统一的数据库管理系统与完善的通信管理系统，共享数据库和知识库，并行进行设计。

（4）软硬件协调设计与验证，弥补了软件设计与硬件设计之间的空隙，保证了软硬件之间的同步协调工作。

进入 21 世纪后，EDA 技术得到了更大的发展，突出表现在以下几个方面。

（1）软硬件 IP（Intellectual Property，知识产权）核在电子行业的产业领域、技术领域和设计应用领域得到进一步确认，使电子设计成果以自主知识产权的方式得以明确表达和确认成为可能。

（2）电子技术全方位纳入 EDA 技术领域，除了日益成熟的数字技术外，传统的电路系统设计建模理念发生了重大的变化，比如软件无线电技术的崛起、模拟电路系统硬件描述表达和设计的标准化、系统可编程模拟器件的出现、数字信号处理和图像处理的全硬件实施方案的普遍接受、软硬件技术的进一步融合等。

（3）EDA 技术使得电子领域各学科的界限更加模糊，更加互为包容，比如模拟与数字、软件与硬件、系统与器件、ASIC 与 FPGA、行为与结构等。

（4）基于 EDA 工具的 ASIC 设计标准单元已涵盖大规模电子系统及 IP 核模块。

（5）SoC 高效低成本设计技术的成熟。

（6）SOPC（System on Programmable Chip，可编程片上系统）技术的出现。

在现代高新电子产品的设计和生产中，微电子技术和现代电子设计技术是相互促进、相互推动又相互制约的两个技术环节，严格地说，EDA 技术应该是微电子技术和现代电子设计技术的结合。微电子技术代表了物理层在广度和深度上硬件电路实现的发展，现代电子设计技术则反映了现代先进的电子理论、电子技术、仿真技术、设计工艺和设计技术与最新的计算软件技术有机的融合和升华。未来的 EDA 技术将向广度和深度两个方向发展，EDA 技术将会超越电子设计的范畴进入其他领域，随着基于 EDA 技术的 SoC（单片系统）设计技术的发展，软、硬核功能库的建立，以及基于硬件描述语言所谓自顶向下设计理念的确立，EDA 技术已经成为电子设计的重要工具，无论是设计芯片还是设计系统，如果没有 EDA 工具的支持，都将是难以完成的。EDA 工具已经成为现代电路设计工程师的重要武器，正在发挥越来越重要的作用。

1.3 EDA 技术的主要内容

EDA 技术研究的对象是电子设计的全过程，有系统级、电路级和物理级各个层次的设计；涉及的电子系统从低频、高频到微波，从线性到非线性，从模拟到数字，从通用集成电路到专用集成电路构造的电子系统，因此 EDA 技术研究的范畴相当广泛。

从 FPGA/CPLD 开发与应用角度看，EDA 技术主要包含以下四个方面的内容：

（1）大规模可编程逻辑器件；

（2）硬件描述语言；

（3）软件开发工具；

（4）实验开发系统。

其中，可编程逻辑器件是利用 EDA 技术进行电子系统设计的载体；硬件描述语言是利用 EDA 技术进行电子系统设计的主要表达手段；软件开发工具是利用 EDA 技术进行电子系统设计的智能化、自动化设计工具；实验开发系统是利用 EDA 技术进行电子系统设计的下载工具及硬件验证工具。

下面对 EDA 技术的主要内容进行概要的介绍。

1.3.1 大规模可编程逻辑器件

数字集成电路在不断地进行更新换代，它由早期的电子管、晶体管、中小规模集成电路发展到超大规模集成电路（VLSIC）以及许多具有特定功能的专用集成电路。但是，随着微电子技术的发展，设计与制造集成电路的任务已不完全由半导体厂商来独立承担。系统设计师们更愿意自己设计专用集成电路（ASIC）芯片，而且希望 ASIC 的设计周期尽可能短，最好是在实验室里就能设计出合适的 ASIC 芯片，并且立即投入实际应用之中。

可编程逻辑器件（Programmable Logic Device，PLD）是近十几年才发展起来的一种新型集成电路，它是一种由用户编程以实现某种逻辑功能的逻辑器件。其中应用最广泛的是现场可编程门阵列（Field Programmable Gate Arrays，FPGA）和复杂可编程逻辑器件（Complex Programmable Logic Device，CPLD）。国际上生产 FPGA/CPLD 的主流公司，并且在国内占有市场份额较大的主要是 Altera、Xilinx、Lattice 三家公司。

FPGA/CPLD 的集成规模非常大，可利用先进的 EDA 工具进行电子系统设计和产品开发。

由于开发工具的通用性、设计语言的标准化以及设计过程几乎与所用器件的硬件结构没有关系，因而设计开发的各类逻辑功能块具有很好的兼容性和可移植性。它几乎可用于任何型号和规模的 FPGA/CPLD 中，使得产品设计效率大幅度提高，并可以在很短时间内完成十分复杂的系统设计。

目前，大规模的 FPGA/CPLD 大多都支持可编程片上系统，与 CPU 或 DSP Core 的有机结合使 FPGA/CPLD 已经不仅仅是传统的硬件电路设计手段，而且逐步升华为系统级实现工具。

1.3.2 硬件描述语言

硬件描述语言（Hardware Description Language，HDL）是用文本形式来描述数字电路的内部结构和信号连接关系的一类语言，类似于一般的计算机高级语言的语言形式和结构形式。设计者可以利用 HDL 描述设计的电路，然后利用 EDA 工具进行综合和仿真，形成目标文件，最后用 ASIC 或 FPGA/PLD 等器件实现。

硬件描述语言的发展至今约有 20 多年的历史，并成功地应用于数字系统开发的各个阶段，如设计、综合、仿真和验证等，使设计过程达到高度自动化。

硬件描述语言 HDL 是 EDA 技术的重要组成部分，目前常用的 HDL 主要有 VHDL（Very High Speed Integrated Circuit Hardware Description Language）、Verilog HDL、System Verilog 和 System C。其中 Verilog、VHDL 是最具代表性的和使用最广泛的，在 EDA 设计中使用最多，也得到几乎所有的主流 EDA 工具的支持，并被 IEEE 采纳为 IEEE 标准。而 System Verilog 和 System C 这两种 HDL 语言还处于完善过程中，主要加强了系统验证方面的功能。Verilog HDL 是电子设计主流的硬件描述语言之一，本书将重点介绍它的编程方法和使用技术。

1.3.3 软件开发工具

全球提供 EDA 软件工具的厂商有近百家之多，可以分为两大类：一类是 EDA 专业软件公司开发的通用 EDA 软件工具；另一类是半导体器件厂商为了销售公司产品开发的专用 EDA 软件工具。

通用 EDA 软件工具具有良好的标准化和兼容性，与半导体器件厂商无关。通用 EDA 软件工具对硬件环境要求高，一般运行平台要求是工作站，操作系统要求也比较高，EDA 软件工具资金投入较大。这些工具功能齐全、性能优良，涉及电子设计的许多领域，如数字电路设计、模拟电路设计、数模混合设计、通信系统设计、自动测试向量生成、仿真综合、仿真验证、电磁兼容设计、IC 设计等。比较著名的 EDA 专业软件公司有 Cadence Design Systems、Mentor Graphics Corp.、Synopsys Inc、Altium Ltd．等。

国际上比较著名的可编程逻辑器件（Programmable Logic Device，PLD）厂商有 Altera、Xilinx、Lattice、Actel、AMD 等，这些器件公司开发的 EDA 软件工具，一般只能用来开发本公司的 PLD 器件，操作和使用相对简单，对硬件环境要求低，运行平台是 PC 和 Window 或 Windows NT 操作系统，EDA 软件工具资金投入少。由于器件厂商是针对自己的器件开发的 EDA 软件工具，因此可以针对公司器件的特点进行优化设计，在资源利用率、降低功耗、改善性能等方面都有优势，非常适合科研、产品开发和学校教学使用。

这里只介绍目前器件厂商提供的针对可编程逻辑器件开发的几类专用软件工具。

一、Altera 公司软件工具

Altera 公司提供的软件工具有 MAX+plus II 和 Quartus II，这些工具易学易用，具有可视

化界面、集成化设计环境和具有工业标准的 EDA 工具接口等。设计人员无需精通器件的内部原理，只需运用自己熟悉的输入方法进行设计，通过 MAX+plus II 和 Quartus II 把设计转换为器件下载所需要的文件格式。

1. MAX+plus II

MAX+plus II 是 Multiple Array Matrix and Programmable Logic Use System 的缩写，是 Altera 公司推出的一个使用非常广泛的 EDA 软件工具，它支持原理图、VHDL 和 Verilog 语言的文本文件，以及波形图与 EDIF 等格式的文件作为设计输入，并支持这些文件的任意混合设计。它具有门级仿真器，可以进行功能仿真和时序仿真，能够产生精确的仿真结果。在适配之后，MAX+plus II 生成供时序仿真用的 EDIF、VHDL 和 Verilog 三种不同格式的网表文件。MAX+plus II 界面友好，使用便捷，被誉为业界最易学易用的 EDA 软件之一，并支持主流的第三方 EDA 工具，支持 Altera 公司的部分 PLD 系列器件的编程，如 Classic 系列、MAX 系列、FLEX 系列和 ACEXlK 系列等。

2. Quartus II

Quartus II 是 Altera 公司新近推出的 EDA 软件工具，支持 APEX 系列、Cyclone 系列、Stratix 系列和 Excalibur 系列等新型系列器件的开发。为了缩短开发周期、降低设计复杂程度，Quartus II 除含有 MAX+plus II 已有的功能外，还集成了逻辑分析仪、EDA 工具集成、多过程支持、增强重编译和 IP 集成等特性。同样，Quartus II 具备仿真功能，也支持第三方的仿真工具，如 ModelSim。此外，Quartus II 为 Altera DSP 开发包进行系统模型设计提供了集成综合环境，它与 MATLAB 和 DSP Builder 结合可以进行基于 FPGA 的 DSP 系统开发，是 DSP 硬件系统实现的关键 EDA 工具。Quartus II 还可与 SOPC Builder 结合，实现 SOPC 系统开发。

二、Xilinx 公司软件工具

Xilinx 公司的 EDA 软件工具伴随 FPGA/CPLD 技术的发展不断升级，由早期的软件开发系统 Foundation 逐步发展到目前的 ISE。根据 PLD 的设计流程，这些集成软件开发系统包含设计流程所需要的各种开发工具，如项目管理器、设计输入工具、逻辑综合工具、布局布线工具、下载编程工具以及 IP Core 产生工具等。其中 IP Core 产生工具为设计者提供了方便，设计者可以非常方便地调用和编辑已有的 IP 资源，缩短设计周期，避免复杂设计中的重复劳动。这些 IP 资源有标准总线接口模块、数学运算模块、通信及网络模块、数字信号处理器模块以及各种存储器模块等。

1. Foundation

Foundation 开发系统主要的构成工具有项目管理器、设计输入工具、设计实现工具、设计仿真工具、编程工具和辅助设计工具。

（1）项目管理器：管理所有在设计过程中相关的 Foundation 系列工具的应用程序。

（2）设计输入工具：硬件描述语言编辑器、状态机编辑器和原理图编辑器分别支持硬件描述语言、状态机和原理图三种输入文件，便于具有不同设计习惯的设计者选择适合自己的设计输入工具，也可以采用混合输入方式进行设计。

（3）设计实现工具：包括综合和实现，实现设计电路的逻辑综合、布局布线等，生成网表文件。

（4）设计仿真工具：含有功能仿真、延时仿真和时序分析器，利用综合时产生的网表文件对设计进行功能验证，初步验证设计思路的正确性；在选定器件作完布局布线后进行带延时特性的仿真分析，真实反映实现后的结果是否达到设计目标。

（5）编程工具：经过综合实现后，会产生一个可以直接下载到芯片的下载文件，通过编程工具，将下载文件下载到芯片中，最后将芯片装到实际系统中进行实际调试。

（6）辅助设计工具：有输出网表、原理图模块库管理器、命令历史表、实现模板管理器、硬件语言转换器等辅助工具。

2. ISE

ISE（Integrated Software Environment）是集成系统环境的简称，是Xilinx公司提供的一套完整的软件工具集，利用ISE可以完成FPGA/CPLD开发过程中的全部操作。

Xilinx公司提供的集成系统环境ISE，从设计输入、仿真、编译、综合、布局布线直至下载都在ISE集成环境下完成。ISE系列的版本仍在继续升级，ISE新版本支持Xilinx公司所有的主流产品和最新器件，如Spartan™-II/IIE/III、Virtex/-E/-II/-II PRO、Cool Runner-II、CPLD（9500、9500XL、9500XV）等系列器件，不再支持逐渐被淘汰的器件，如Spartan XL、XC4000E/EX/L/XL/XLA等器件，如果仍需使用这些器件，必须安装ISE4等早期版本的软件工具。

ISE工具分为输入工具、仿真工具、综合工具、实现工具和辅助工具等几大类。

ISE集成的输入工具主要有硬件描述语言编辑器、状态机编辑器、原理图编辑器和IP核生成器，接受各种方式的输入文件。

ISE集成的仿真工具有测试激励生成器和Model Tech．公司出品的ModelSim仿真软件。

ISE集成的综合工具主要有Xilinx公司的XST（Xilinx Synthesis Technology），Synplicity公司的Synplify，Mentor的子公司Exemplar Logic提供的Leonardo Spectrum等。

ISE集成的实现工具主要有约束编辑器、引脚与区域约束编辑器、时序分析器、FPGA底层编辑器、芯片观察器和布局规划器。

ISE集成的辅助工具主要有配置器、功耗仿真器、在线逻辑分析仪和模块化设计等工具。

三、Lattice公司软件工具

Lattice 公司已经推出了第四代 ispLSI 器件的开发软件 ispDesign EXPERT。在推出 ispDesign EXPERT 开发软件之前，先后有 pDS 开发软件、ispSynario System 开发软件和 ispEXPERT System 开发软件，这些开发软件均可对 Lattice 公司的所有 ispLSI 器件进行设计文件的输入、编译、仿真、下载。

1. ispSynario System

ispSynario System开发软件是一套完整的对ispLSI器件进行编程的设计系统，以美国Data I/O公司推出的、运行于Window环境下的通用电子设计软件平台为基础。ispSynario System开发软件由设计输入、设计适配和下载编程等几部分组成。

ispSynado System 开发软件支持原理图输入、硬件描述语言 ABEL 输入以及混合输入方式，设计输入灵活简便。

设计输入完成后，利用pDS+Synario适配软件执行多层次的逻辑综合，自动完成布局与布线，生成编程所需要的标准JEDEC文件；还可以针对不同性能和器件利用率的需求进行优化设计。

菊花链下载软件可同时对多个ISP器件进行菊花链编程。

2. ispEXPERT System

ispEXPERT System 开发软件能够完成 Lattice 公司全系列 PLD 器件的设计输入、编译、仿真和下载编程。

ispEXPERT System 开发软件中有原理图、ABEL、Verilog HDL 和 VHDL 硬件描述语言输入、混合输入方式、波形显示和波形编辑等功能。

ispEXPERT System 开发软件的项目管理器，将各种源文件联系在一起，以跟踪软件运行流程。ispEXPERT 编译器是该软件的核心，能够进行逻辑优化，将逻辑映射到器件中去，自动完成布局布线，生成编程所需要的熔丝图文件。

3. ispDesign EXPERT

ispDesign EXPERT 是一套完整的 EDA 软件。ispDesign EXPERT 开发系统能完成 Lattice 公司全系列 PLD 器件的设计输入、编译、功能仿真、时序仿真、优化和编程。

ispDesign EXPERT 开发系统的设计输入可采用原理图、ABEL-HDL、VHDL 和 Verilog HDL 等多种输入方式，同时具有波形分析、时序分析、下载编程等功能。

1.3.4 实验开发系统

实验开发系统提供芯片下载电路及 EDA 实验/开发的外围资源（类似于用于单片机开发的仿真器），供硬件验证用。实验开发系统一般包括以下几种模块。

（1）实验或开发所需的各类基本信号发生模块，包括时钟、脉冲、高低电平等。

（2）FPGA/CPLD 输出信息显示模块，包括数码显示、发光管显示、声响指示等。

（3）监控程序模块，提供“电路重构软配置”。

（4）目标芯片适配座以及上面的 FPGA/CPLD 目标芯片和编程下载电路。

本教材附录 A 中详细介绍了清大超智科技有限公司的 TE3 教学与开发平台，附录 B 中详细介绍了友晶科技股份有限公司的 DE2 教学与开发平台。

1.4 EDA 设计方法

传统的电子系统设计技术通常是自底向上的，即首先确定构成系统的最底层的电路模块或元件的结构和功能，然后根据主系统的功能要求，将它们组合成更大的功能块，使它们的结构和功能满足高层系统的要求，以此流程，逐步向上递推，直至完成整个目标系统的设计，最后搭建电路、检测测试，直到符合设计要求。

对于一般的数字系统的设计，如果采用自底向上的设计方法，必须首先根据设计者的要求决定使用什么器件类别和规格，比如 74 系列的器件、某种门电路、某种 RAM 和 ROM、某类单片机以及某些专用功能芯片等；然后根据设计要求构成多个具体功能模块，如信号系统模块、数据采集控制模块、信号处理模块、数据存储和数据交换的接口模块等，直至最后利用这些功能模块完成整个系统的设计。在这个过程中，任何一级发生问题，通常都不得不返工重来。

可见自底向上的设计方法的特点是必须首先关注并致力于解决系统最底层硬件的可获得性，以及它们的功能特性方面的诸多细节问题；而且要始终顾及具体目标器件的技术细节。在这个设计过程中的任一时刻，最底层目标器件的更换，或某些技术参数不满足总体要求，或缺货，或由于市场竞争的变化，临时提出降低系统成本，提高运行速度等不可预测的外部因素，都将可能使前面的工作前功尽弃，工作又得重新开始。

实际上，在某些情况下，自底向上的设计方法是一种低效、低可靠性、费时费力且成本高昂的设计方法。设计中，设计者没有灵活性可言，搭成的系统需要的芯片种类多且数量大。

可编程逻辑器件 PLD（Programmable Logic Device）的出现，改变了传统的数字系统设计方法，其设计方法为 EDA 技术开创了广阔的发展空间。可编程逻辑器件 PLD 是一种半定制集成电路，在其内部集成了大量的门和触发器等基本逻辑电路，用户通过编程来改变 PLD 内部电路的逻辑关系或连线，就可以得到需要的设计电路。

采用 PLD 进行的数字系统设计，是基于芯片的设计，它跟传统的设计有本质的不同。它可以直接通过设计 PLD 芯片来实现数字系统功能，将原来由电路板设计完成的大部分工作放在 PLD 芯片的设计中进行。这种新的设计方法能够由设计者根据实际情况和要求定义器件的内部逻辑关系和引脚，这样可通过芯片设计实现多种数字系统功能，同时由于引脚定义的灵活性，不但大大减轻了系统设计的工作量和难度，提高了工作效率，而且还可以减少芯片数量，缩小系统体积，降低能源消耗，提高系统的稳定性和可靠性。

硬件描述语言 HDL 给 PLD 和数字系统的设计带来了新的设计方法和理念，产生了目前最常用的并称之“自顶向下”（Top-Down）的设计方法。自顶向下的设计采用功能分割的方法，从顶向下逐次将设计内容进行分块和细化。在设计过程中采用层次化和模块化方式，将使系统设计变得简捷和方便。层次化设计是分层次、分模块地进行设计描述。描述器件总功能的模块放在最上层，称为顶层设计；描述器件某一部分功能的模块放在下层，称为底层设计；底层模块还可以再向下分层，直至最后完成硬件电子系统电路的整体设计。

所以，对于目标器件为 FPGA/CPLD 的 VHDL 和 Verilog HDL 设计，其设计方法采用自顶向下的设计方法。因为，自顶向下设计方法的有效应用必须基于功能强大的 EDA 工具、具备集系统描述、行为描述和结构描述功能为一体的 VHDL 和 Verilog HDL，以及先进的 ASIC 制造工艺和 FPGA/CPLD 开发技术。这些工具和先进的开发技术，在目前都已经开始运用，并且逐步走向成熟。所以，自顶向下的设计方法已经是目前 EDA 的首选设计方法，是 ASIC 或 FPGA 开发的主要设计手段。

应用 VHDL 和 Verilog HDL 进行自上而下的设计，就是使用 VHDL 和 Verilog HDL 模型在所有综合级别上对硬件设计进行说明、建模和仿真测试。自顶向下的设计方法能使系统被分解为各个模块的集合之后，对设计的每个独立模块指派不同的工作小组。这些小组可以工作在不同地点，甚至可以分属不同的单位，最后将不同的模块集成为最终的系统模型，并对其进行综合测试和评价。

1.5 EDA 设 计 流 程

利用 EDA 技术进行电路设计的大部分工作是在 EDA 软件工作平台上进行的，EDA 设计流程如图 1.5.1 所示。EDA 设计流程包括设计准备、设计输入、设计处理和器件编程四个步骤，以及相应的功能仿真、时序仿真和器件测试三个设计验证过程。

1.5.1 设计准备

设计准备是设计者在进行设计之前，依据任务要求，确定系统所要完成的功能及复杂程度，器件资源的利用、成本等所要做的准备工作，如进行方案论证、系统设计和器件选择等。

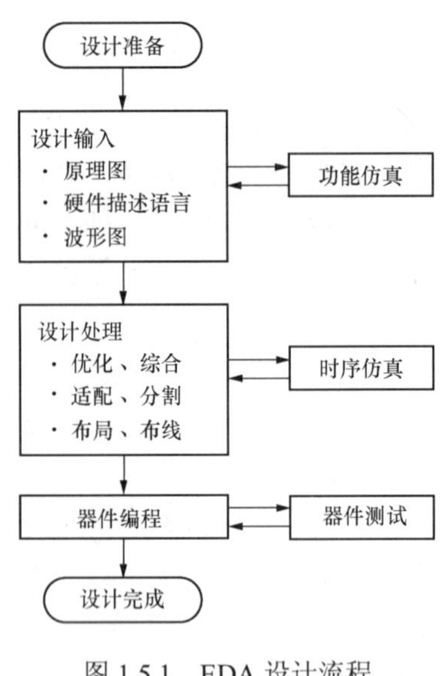

图 1.5.1 EDA 设计流程

1.5.2 设计输入

设计输入是将设计的电路或系统按照 EDA 开发软件要求的某种形式表示出来，并送入计算机的过程。设计输入有多种方式，包括采用硬件描述语言（如 VHDL 和 Verilog HDL）进行设计的文本输入方式、图形输入方式和波形输入方式，或者采用文本、图形两者混合的设计输入方式；也可以采用自顶向下（Top-Down）的层次结构设计方法，将多个输入文件合并成一个设计文件等。

1. 图形输入方式

图形输入也称为原理图输入，这是一种最直接的设计输入方式。它使用软件系统提供的元器件库及各种符号和连线画出设计电路的原理图，形成图形输入文件。这种方式大多用在对系统及各部分电路很熟悉的情况，或在系统对时间特性要求较高的场合。优点是容易实现仿真，便于信号的观察和电路的调整。

2. 文本输入方式

文本输入是采用硬件描述语言进行电路设计的方式。硬件描述语言有普通硬件描述语言和行为描述语言，它们用文本方式描述设计和输入。普通硬件描述语言有 AHDL、CUPL 等，它们支持逻辑方程、真值表、状态机等逻辑表达方式。行为描述语言是目前常用的高层硬件描述语言，有 VHDL、Verilog HDL 等，它们具有很强的逻辑描述和仿真功能，可实现与工艺无关的编程与设计，可以使设计者在系统设计、逻辑验证阶段就确立方案的可行性，而且输入效率高，在不同的设计输入库之间转换也非常方便。运用 VHDL 或 Verilog HDL 硬件描述语言进行设计已是当前的趋势。

3. 波形输入方式

波形输入主要用于建立和编辑波形设计文件及输入仿真向量和功能测试向量。波形设计输入适合用于时序逻辑和有重复性的逻辑函数，系统软件可以根据用户定义的输入/输出波形自动生成逻辑关系。

波形编辑功能还允许设计者对波形进行复制、剪切、粘贴、重复与伸展，从而可以用内部节点、触发器和状态机建立设计文件，并将波形进行组合，显示各种进制的状态值。还可以通过将一组波形重叠到另一组波形上，对两组仿真结果进行比较。

1.5.3 设计处理

设计处理是 EDA 设计中的核心环节。在设计处理阶段，编译软件对设计输入文件进行逻辑化简、综合和优化，并适当地用一片或多片器件自动地进行适配，最后产生编程用的编程文件。设计处理主要包括设计编译和检查、设计优化和综合、适配和分割、布局和布线、生成编程数据文件等过程。

1. 设计编译和检查

设计输入完成之后，立即进行编译。在编译过程中，首先进行语法检验，如检查原理图的信号线有无漏接、信号有无双重来源、文本输入文件中关键词有无错误等各种语法错误，并及时标出错误的类型及位置，供设计者修改。然后进行设计规则检验，检查总的设计有无超出器件资源或规定的限制并将编译报告列出，指明违反规则和潜在不可靠电路的情况以供设计者纠正。

2. 设计优化和综合

设计优化主要包括面积优化和速度优化。面积优化的结果使得设计所占用的逻辑资源（门数或逻辑元件数）最少；时间优化的结果使得输入信号经历最短的路径到达输出，即传输延迟时间最短。综合的目的是将多个模块化设计文件合并为一个网表文件，并使层次设计平面化（即展平）。

3. 适配和分割

在适配和分割过程，确定优化以后的逻辑能否与下载目标器件CPLD或FPGA中的宏单元和I/O单元适配，然后将设计分割为多个便于适配的逻辑小块形式映射到器件相应的宏单元中。如果整个设计不能装入一片器件时，可以将整个设计自动分割成多块并装入同一系列的多片器件中去。

分割工作可以全部自动实现，也可以部分由用户控制，还可以全部由用户控制。分割时应使所需器件数目和用于器件之间通信的引脚数目尽可能少。

4. 布局和布线

布局和布线工作是在设计检验通过以后由软件自动完成的，它能以最优的方式对逻辑元件布局，并准确地实现元件间的布线互连。布局和布线完成后，软件会自动生成布线报告，提供有关设计中各部分资源的使用情况等信息。

5. 生成编程数据文件

设计处理的最后一步是产生可供器件编程使用的数据文件。对CPLD来说，是产生熔丝图文件，即JEDEC文件（电子器件工程联合会制定的标准格式，简称JED文件）；对于FPGA来说，是生成位流数据文件（Bit-stream Generation，简称BG文件）。

1.5.4 设计校验

设计校验过程包括功能仿真和时序仿真，这两项工作是在设计处理过程中同时进行的。功能仿真是在设计输入完成之后，选择具体器件在编译之前进行的逻辑功能验证，因此又称为前仿真。此时的仿真没有延时信息或者只有由系统添加的微小标准延时，这对于初步的功能检测非常方便。仿真前，要先利用波形编辑器或硬件描述语言等建立波形文件或测试向量（即将所关心的输入信号组合成序列），仿真结果将会生成报告文件和输出信号波形，从中便可以观察到各个节点的信号变化。若发现错误，则返回设计输入中修改逻辑设计。

时序仿真是在选择了具体器件并完成布局、布线之后进行的时序关系仿真，因此又称为后仿真或延时仿真。由于不同器件的内部延时不一样，不同的布局、布线方案也会给延时造成不同的影响，因此在设计处理以后，对系统和各模块进行时序仿真，分析其时序关系，估计设计的性能及检查和消除竞争冒险等，是非常必要的。

1.5.5 器件编程

器件编程是指将设计处理中产生的编程数据文件通过软件放到具体的可编程逻辑器件中去。对CPLD器件来说，是将JED文件下载（Down Load）到CPLD器件中去；对FPGA来说，是将位流数据BG文件配置到FPGA中去。

器件编程需要满足一定的条件，如编程电压、编程时序和编程算法等。普通的CPLD器件和一次性编程的FPGA都需要专用的编程器来完成器件的编程工作。基于SRAM的FPGA

可以由 EPROM 或其他存储体进行配置。在系统可编程器件（ISP-PLD）则不需要专门的编程器，只要一根与计算机互连的下载编程电缆即可。

1.5.6 器件测试和设计验证

在完成器件编程之后，可以用编译时产生的文件对器件进行检验、加密，或采用边界扫描测试技术进行功能测试，测试成功后设计工作才算告一段落。

设计验证可以在 EDA 硬件开发平台上进行。EDA 硬件开发平台的核心部件是一片可编程逻辑器件、FPGA 或 CPLD，再附加一些输入/输出设备，如按键、数码显示器、指示灯、喇叭等，同时还提供时序电路需要的脉冲源。将设计电路编程下载到 FPGA 或 CPLD 中后，根据 EDA 硬件开发平台的操作模式要求，进行相应的输入操作，然后检查输出结果，验证设计电路。

本章小结

EDA（电子设计自动化）技术是一门迅速发展起来的新技术。EDA 技术是以大规模集成电路为设计载体，以硬件描述语言（Hardware Description Language，HDL）为描述系统的主要表达方式，以计算机为设计环境，利用软件开发工具自动完成设计系统的编译、化简、综合、仿真、布局布线、优化，直至完成对特定芯片的适配、映射、编程下载，最终将设计系统集成到特定的芯片中，如大规模可编程逻辑器件（现场可编程门阵列-FPGA/复杂可编程逻辑器件-CPLD）或专用集成电路（Application Specific Integrated Circuit，ASIC），从而实现既定的电子电路设计功能

EDA 技术主要包括硬件描述语言（HDL）、EDA 工具软件、可编程逻辑器件（PLD）等方面的内容。目前国际上流行的硬件描述语言主要有 VHDL 和 Verilog HDL。EDA 工具在 EDA 技术应用中占据着极其重要的位置，利用 EDA 技术进行电路设计的大部分工作是在 EDA 软件工作平台上进行的，通常采用“自顶向下”（Top-Down）的设计方法。EDA 设计流程包括设计准备、设计输入、设计处理和器件编程四个步骤，以及相应的功能仿真、时序仿真和器件测试三个设计验证过程。

EDA 技术的出现和不断的发展，使得电子电路设计者的工作仅限于利用硬件描述语言和 EDA 软件开发工具来完成对系统硬件功能的实现，极大地提高了设计效率和灵活性，并可定做出具有自主知识产权的集成电路芯片。EDA 技术已经成为电子设计的重要工具，正在发挥越来越重要的作用。

习题

1.1 EDA 的英文全称是什么?EDA 技术的含义是什么？

1.2 EDA 技术的发展分为哪几个阶段？简述 EDA 技术的发展历程。

1.3 EDA 技术主要包含哪几个方面的内容？

1.4 最具代表性的和使用最广泛的硬件描述语言有哪几种？

1.5 目前被 IEEE 采纳的硬件描述语言有哪几种？

1.6 简述 EDA 技术中自顶向下的设计方法。

1.7　简述EDA的设计流程。

1.8　解释下列词语：EDA、ASIC、PLD、FPGA、CPLD、IP、HDL、SoC、SOPC。

1.9　目前比较流行的、主流厂家的EDA的软件工具有哪些?

1.10　国际上比较著名的PLD器件厂商有哪几家?

1.11　FPGA/CPLD在EDA技术中有什么作用?

第2章 可编程逻辑器件

内容提要

本章主要介绍可编程逻辑器件的原理与应用。首先讲述了可编程逻辑器件的发展概况，然后简单介绍了可编程逻辑器件的基本结构和分类，最后对PAL、GAL、CPLD和FPGA等典型的可编程逻辑器件的结构特点、工作原理以及应用作了较为系统的介绍。

2.1 概 述

可编程逻辑器件（Programmable Logic Device，PLD）是20世纪70年代发展起来的一种允许用户配置的集成逻辑器件。可编程逻辑器件与专用集成电路相比较，具有成本低、使用灵活、设计周期短、可靠性高等特点，因此极大地促进了数字集成电路的发展。目前应用最广泛的当属现场可编程门阵列（FPGA）和复杂可编程逻辑器件（CPLD）。

可编程逻辑器件（Programmable Logic Device，PLD）是大规模集成电路技术的飞速发展与计算机辅助设计（CAD）、计算机辅助生产（CAM）和计算机辅助测试（CAT）相结合的一种产物。PLD作为一种通用型器件来生产，其逻辑功能是由用户通过对器件编程来自行设定的。它可以把一个数字系统集成在一片PLD上，而不必由芯片制造商去设计和制作专用集成芯片。PLD具有通用型器件批量大、成本低和专用型器件构成系统体积小、电路可靠的特点。

可编程逻辑器件的出现，改变了传统的数字系统设计方法。传统的数字系统设计，采用固定功能器件（通用型器件），通过设计电路来实现系统功能。采用可编程逻辑器件，通过定义器件内部的逻辑和输入、输出端，将原来由电路板设计完成的大部分工作放在芯片设计中进行。这样不仅可通过芯片设计实现各种数字逻辑系统功能，而且由于引出端定义的灵活性，大大减轻了电路图设计的工作量和难度，从而有效地增强了设计的灵活性，提高了工作效率。

可编程逻辑器件（PLD）从20世纪70年代发展到现在，共经历了4个阶段，已形成了许多类型的产品，其结构、工艺、集成度、速度和性能等都在不断改进和提高。

从20世纪70年代初到70年代中期为第1阶段，只有简单的可编程只读存储器（PROM）、紫外线可擦除只读存储器（EPROM）和电可擦只读存储器（E^2PROM）3种，由于结构的限制，它们只能完成简单的数字逻辑功能。像1970年制成的PROM，它由全译码的与阵列和可编程的或阵列组成，由于阵列规模大，速度低，因此它的主要用途是做存储器。

20世纪70年代中期到80年代中期为第2阶段，出现了结构上稍微复杂的可编程阵列逻辑（PAL）和通用阵列逻辑（GAL）器件，正式被称为PLD，能够完成各种逻辑运算功能。20世纪70年代中期出现的可编程逻辑阵列（Programmable Logic Array，PLA）器件由可编程的与阵列和可编程的或阵列组成，虽然其阵列规模大为减小，提高了芯片的利用率，但由于编程复杂，支持 PLA 的开发软件有一定难度，因而也没有得到广泛应用。20 世纪 70 年代末美国 MMI 公司（Monolithic Memories Inc，单片存储器公司）率先推出了可编程阵列逻辑（Programmable Array Logic，PAL）器件，它由可编程的与阵列和固定的或阵列组成，采用熔丝编程方式，双极性工艺制造，器件的工作速度很高。由于它的输出结构种类很多，设计很灵活，因而成为第一个得到普遍应用的可编程逻辑器件。20 世纪 80 年代初期 Lattice 公司发明了通用阵列逻辑（Generic Array Logic，GAL）器件，它在 PAL 的基础上进一步改进，采用了输出逻辑宏单元（OLMC）的形式和 E^2PROM 工艺结构，因而具有可擦除、可重复编程、数据可长期保存和可重新组合结构等优点。GAL 比 PAL 使用更加灵活，它可以取代大部分 SSI、MSI 和 PAL 器件，所以在 20 世纪 80 年代得到广泛的应用。

PAL 和 GAL 都属于低密度 PLD，其结构简单，设计灵活，但规模小，难以实现复杂的逻辑功能。20 世纪 80 年代中期，随着集成电路工艺水平的不断提高，PLD 突破了传统的单一结构，向着高密度、高速度、低功耗以及结构体系更灵活、适用范围更广泛的方向发展，因而出现了高密度的 PLD。

20 世纪 80 年代中期到 90 年代末为第 3 阶段，Xilinx 和 Altera 公司分别推出了与标准门阵列类似的现场可编程门阵列（FPGA）和类似于 PAL 结构的复杂可编程逻辑器件（CPLD），提高了逻辑运算的速度，能够实现超大规模的电路。其中复杂可编程逻辑器件（Complex Programmable Logic Device，CPLD）是在 20 世纪 80 年代中期，随着半导体工艺的不断完善，用户对器件集成度需求不断提高的形势下发展起来的产物。CPLD 对简单 PLD 的结构和功能进行了扩展，具有更多的乘积项、更多的宏单元和更多的 I/O 端口，增加了内部连线，改进了内部结构体系，因而设计更加灵活，其发展也非常迅速。现场可编程门阵列（Field Programmable Gate Array，FPGA）是 20 世纪 80 年代中期推出的另一种类型的可编程逻辑器件，它由一组排列规则、组合灵活的可编程门阵列构成。FPGA 的门阵列结构可以达到比 CPLD 更高的集成度，含有更多的 I/O 端口和触发器资源，同时具有更复杂的布线结构，用户可通过编程将内部的逻辑单元连成任何复杂的数字系统，并且具有更大的灵活性。目前，FPGA 已成为设计数字电路或系统的首选器件。

20 世纪 90 年代末到目前为第 4 阶段，出现了可编程片上系统（SOPC）技术，它是可编程逻辑器件和专用集成电路技术相融合的结果，涵盖了实时化数字信号处理技术、高速数据收发器、复杂计算以及嵌入式系统设计技术的全部内容，用户可以基于 FPGA，构建可编程片上系统，使可编程逻辑器件的应用范围从单片扩展到系统级。

2.2 可编程逻辑器件的组成和分类

PLD 是中大规模通用器件，中规模的 PLD 有若干个可编程的基本单元；大规模的 PLD 可以有数十个或更多的基本单元及联系各基本单元的可编程信道。还有一种大规模 PLD 是自变量可达数十个的多因变量通用电路。下面先以二极管电路为例，说明 PLD 中基本电路的编程方法。

“与–或”形式的逻辑电路由产生乘积项的一组与门及求乘积项和的一组或门组成。这种结构有序的电路可以用矩阵表示。图 2.2.1 所示为一组二极管与门矩阵。图中每一根横线是一个与门的输入信号传输线；每一根纵线是一个与门的输出线，输出乘积项为 P_i。设想在每一根横线与纵线的交点（又叫做结点）准备一个二极管，通过二极管的两端连接横线与纵线，就组成了与门（线与）。所谓“编程”，就是按逻辑函数选择其中一些二极管“连接”或“不连接”，以便组成符合逻辑函数要求的乘积项。

图 2.2.2 所示为一组或门矩阵，图中每一根横线是一个乘积项的输入信号传输线；每一根纵线是一个或门的输出线。在每一根横线与纵线的交点（结点）处，备有一个二极管。若按照逻辑函数选择某些二极管和输出线“连接”或“不连接”，便可组成符合逻辑函数要求的“和”。

为方便用户使用，器件生产厂先制成一种半成品，其中含有完整的矩阵（又称为门阵列），所有的管子均已连接好（或不连接）。在用户把逻辑设计交给器件生产厂之后，再按设计要求把其中某些连线切断（或连通），就成为用户所要求的电路。在大批量生产的设备中，宜选用这种集成电路。

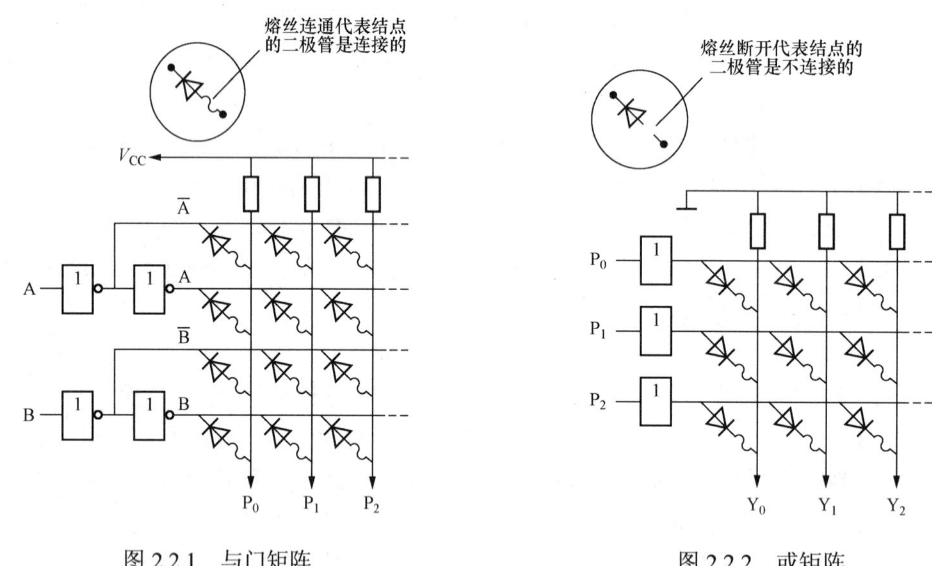

图 2.2.1 与门矩阵

图 2.2.2 或矩阵

为了便于画图，在本章中采用了图 2.2.3 所示的逻辑图形符号。

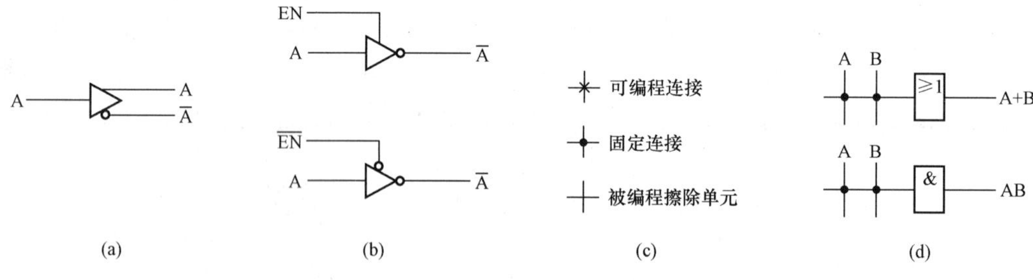

图 2.2.3 PLD 电路中门电路的惯用画法

（a）互补输出的缓冲器；（b）三态输出的缓冲器；（c）PLD 的连接方式；（d）两输入或门和两输入与门

可编程逻辑器件的分类方法有以下几种。

（1）按集成度分类。可编逻辑程器件从集成密度上可分为低密度可编程逻辑器件和高密度可编程逻辑器件两类。低密度可编程逻辑器件主要指早期发展起来的 PLD，其集成密度一般小于 1000 门/片，高密度可编程逻辑器件包括 CPLD 和 FPGA 等，其集成密度一般大于 1000

门/片。对于低密度可编程逻辑器件，依据可编程的部位可将其分为可编程只读存储器 PROM、可编程逻辑阵列 PLA、可编程阵列逻辑 PAL、通用阵列逻辑 GAL 等四类，见表 2.2.1。

表 2.2.1 **低密度 PLD 分类**

分　类	与阵列	或阵列	输出电路
PROM	固定	可编程	固定
PLA	可编程	可编程	固定
PAL	可编程	固定	固定
GAL	可编程	固定	可组态

（2）按编程方式分类。可编逻辑程器件按编程方式可分为两类：一类是一次性编程（One Time Programmable，OTP）器件；另一类是可多次编程器件。OTP 器件只允许对器件编程一次，编程后不能修改，其优点是集成度高、工作效率和可靠性高、抗干扰性强。可多次编程器件的优点是可多次修改设计，特别适用于系统样机的研制。

（3）按编程工艺分类。可编逻辑程器件按编程工艺可分为三类：熔丝或反熔丝编程器件、浮栅编程器件和 SRAM 编程器件。熔丝或反熔丝编程器件为非易失一次编程器件，PROM、PAL 采用了熔丝编程工艺，Actel 公司的 FPGA 采用了反熔丝编程工艺。浮栅编程器件属于非易失可重复擦除器件，GAL、CPLD 大都采用浮栅编程工艺。SRAM 即静态存储器，属于易失性器件，Xilinx 公司的 FPGA 便采用了这种技术。

2.3 可编程阵列逻辑（PAL）器件

可编程阵列逻辑（Programmable Array Logic，PAL）器件是 20 世纪 70 年代后期推出的一种低密度、一次性可编程逻辑器件。它采用可编程与门阵列（也称与阵列）和固定连接或门阵列（也称或阵列）的基本结构形式，一般采用熔丝技术实现与门阵列的编程

1. PAL 器件的基本结构

PAL 器件基本是由可编程的与阵列、固定的或阵列和输出反馈单元构成的。图 2.3.1 所示的是一个 3 输入、3 输出的 PAL 器件基本结构，其中与阵列可编程连接，图中用“✳”表示，或阵列是固定连接，图中用“＋”表示。

一般的 PAL 器件有固定的输出和反馈结构，不同型号的 PAL 器件有不同的输出和反馈结构，可适用于各种组合逻辑电路和时序逻辑电路的设计。

PAL 门阵列可以用乘积之和的形式实现逻辑函数，每个输出是若干个乘积之和，其中乘积项数目不变。图 2.3.2（a）是一个 PAL 编程前的结构图，它的每个输出包含 4 个乘积项。若用它来实现下列 4 个逻辑函数

$$Y_0 = \overline{A}B\overline{C} + AC + BC \tag{2.3.1}$$

$$Y_1 = \overline{AB}C + A\overline{BC} + AB\overline{C} \tag{2.3.2}$$

$$Y_2 = \overline{A}B + A\overline{B} \tag{2.3.3}$$

$$Y_3 = \overline{A}B + \overline{A}C \tag{2.3.4}$$

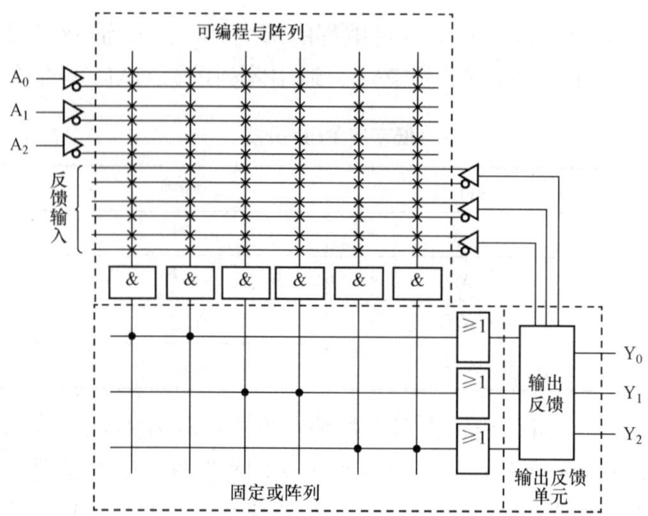

图 2.3.1 PAL 器件的基本结构

则编程后的 PAL 连接形式如图 2.3.2（b）所示。

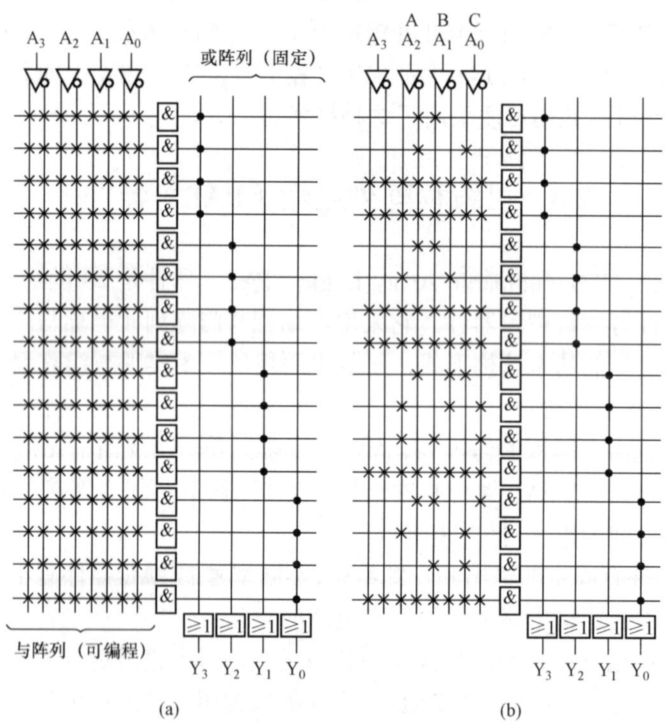

图 2.3.2 用 PAL 器件实现逻辑函数

（a）编程前的内部结构；（b）编程后的内部结构

2. 典型 PAL 器件介绍

PAL16L8 是一种典型的 PAL 器件，图 2.3.3 给出了该器件完整的内部结构图。

由图 2.3.3 可知，PAL16L8 器件为可编程输入/输出型结构的 PAL 器件，电路内部包括 8 个与或阵列和 8 个三态输出缓冲器。每个与或阵列由 32 输入端的与门和 7 输入端的或门组成。

它有 16 个输入端（包括反馈）、8 个输出端，每个输出中有 8 个乘积项，共有 8×8=64 个乘积项。其中每个输出中第一个乘积项为专用乘积项，用于控制三态输出缓冲器的输出。PAL16L8 器件最多可有 16 个引出端作为输入端，而输出端最多为 8 个。引脚 1～9 以及引脚 11 作为输入端，引脚 13～18 可以用做输入端或输出端，用户可以根据自己的需要决定。引脚 12 和 19 只能做输出端。

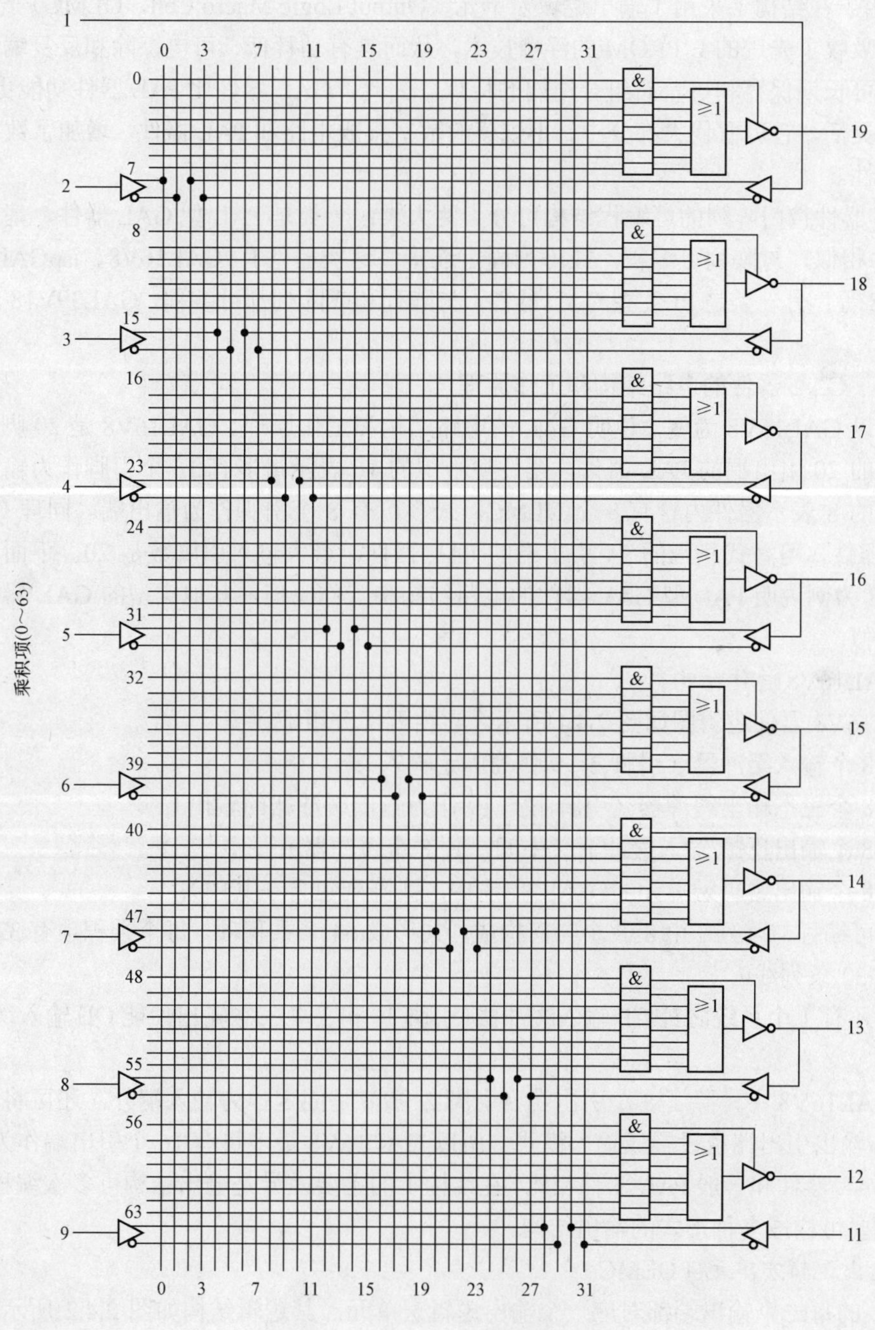

图 2.3.3 PAL16L8 器件逻辑图

2.4 通用逻辑阵列（GAL）器件

由于 PAL 只能编程一次，而且需根据不同的输出结构要求选用不同型号的 PAL 器件，因此给使用带来了不便，而在 PAL 基础上发展起来的通用阵列逻辑器件（Generic Array Logic，GAL），由于在结构上采用了输出逻辑宏单元（Output Logic Macro Cell，OLMC）结构形式，在工艺上吸收了先进的 E^2PROM 的浮栅技术，从而具有功耗低、可电擦除和反复编程、速度快、数据可长期保存和可重新组合结构的特点。因此，GAL 器件比 PAL 器件功能更加全面，结构更加灵活，它可取代大部分中、小规模的数字集成电路和 PAL 器件，增加了数字系统设计的灵活性。

GAL 器件按门阵列的可编程结构可分为两大类：一类是 PAL 型 GAL 器件，基本结构与 PAL 器件相似，与阵列可编程，或阵列固定连接，这类器件有 GAL16V8、ispGAL16Z8 和 GAL20V8 等；另一类是 PLA 型 GAL 器件，与阵列和或阵列都可编程，GAL39V18 属于这类器件。

2.4.1 GAL 器件的电路结构和工作原理

下面以 GAL16V8 为例，说明 GAL 的电路结构和工作原理。GAL16V8 是 20 脚器件，可替代相应的 20 引出端的 PAL 器件，器件型号中的 16 表示最多有 16 个引脚作为输入端，器件型号中的 8 表示器件内含有 8 个 OLMC，最多可有 8 个引脚作为输出端。同理 GAL20V8 是 24 脚器件，可替代相应的 24 引出端的 PAL 器件，最大输入引脚数是 20。下面以通用型 GAL16V8 为例说明 PAL 型 GAL 器件的电路结构和工作原理，其他类型的 GAL 器件结构工作原理类似。

1. GAL16V8 总体结构

GAL16V8 器件逻辑图如图 2.4.1 所示。它由五部分组成：

（1）8 个输入缓冲器（引脚 2～9 作为固定输入）；

（2）8 个三态输出缓冲器（引脚 12～19 作为输出缓冲器的输出）；

（3）8 个输出反馈/输入缓冲器（中间一列 8 个缓冲器）；

（4）8 个输出逻辑宏单元（OLMC12～19，或阵列包含在其中）；

（5）可编程与阵列（由 8×8 个与门构成，共形成 64 个乘积项，每个乘积项有 32 个输入，对应图中 32 条列线）。

另外还有 1 个系统时钟 CP 输入缓冲器（引脚 1）和 1 个三态输出使能 OE 输入缓冲器（引脚 11）。

在 GAL16V8 中，除了 8 个引出端（引脚 2～9）是固定作为输入端外，还可将其他 8 个双向输入/输出引出端也设置成输入模式，所以 GAL16V8 最多可有 16 个引出端作为输入端。PAL 型 GAL 器件和一般 PAL 器件相比，在结构上的主要差异是输出结构可多次编程和改写，且根据需要可构成多种形式的输出结构。

2. 输出逻辑宏单元（OLMC）

GAL 的每一个输出端都对应一个输出逻辑宏单元，其逻辑结构如图 2.4.2 所示。它主要由四部分组成。

（1）可编程异或门：作用与 PAL 器件的异或结构相同，用结构控制字中的 XOR（n）来

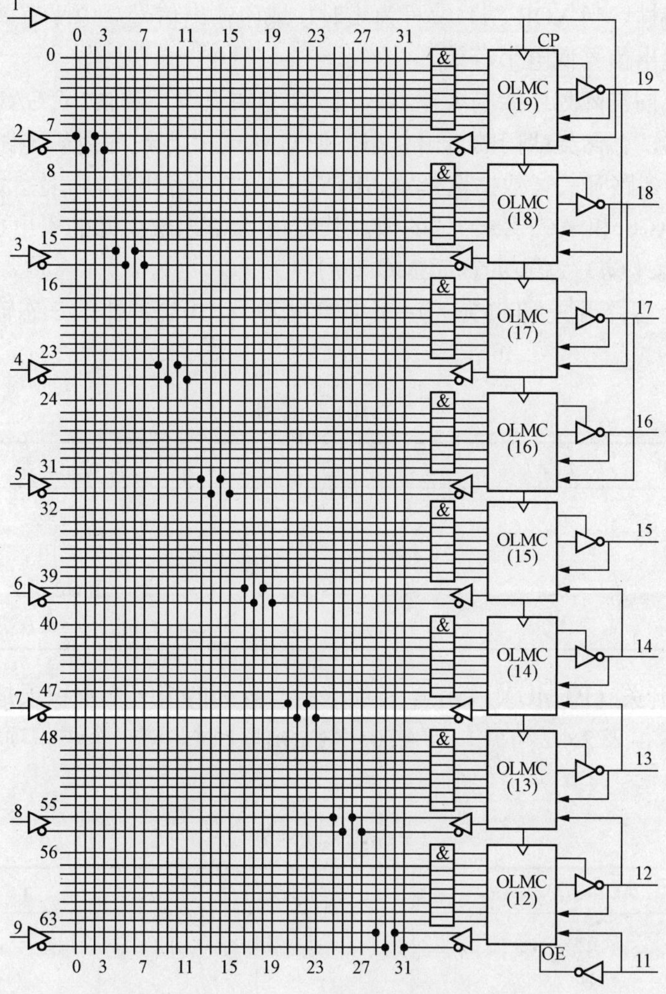

图 2.4.1 GAL16V8 逻辑图

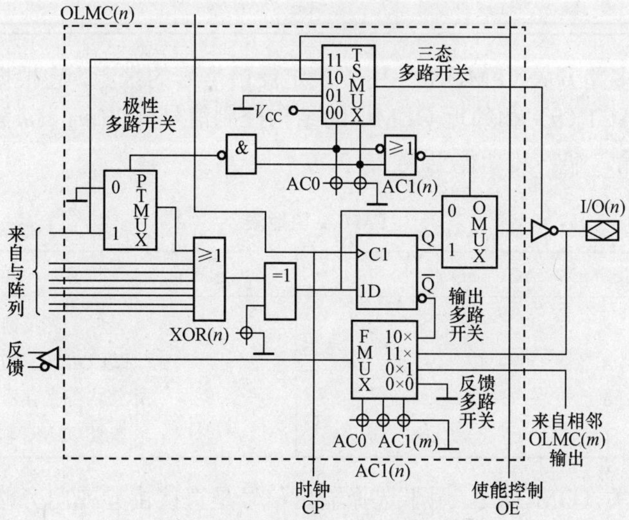

图 2.4.2 输出逻辑宏单元 OLMC

选择输出信号的极性。当 XOR（n）编程为 1 时，或门输出信号高电平有效；当 XOR（n）编程为 0 时，或门输出信号低电平有效。

（2）或阵列：同与阵列连接的 8 输入或门（8 个乘积项），构成了 GAL 器件的或阵列。

（3）D 触发器：存储异或门的输出状态，使 GAL 适用于时序逻辑电路。

（4）4 个数据多路开关（数据选择器 MUX）：这些多路开关的状态，取决于设计者可编程的结构控制字 AC0 和 AC1（n）位的值，其中 n 为输出宏单元的引出端号。AC0 为各个 OLMC 所共用，AC1（n）为第 n 个 OLMC 专用。

1）可编程三态多路开关（TSMUX）：用于控制选择输出缓冲器的三态输出使能控制信号，其功能见表 2.4.1。

表 2.4.1　　TSMUX 功能表

AC0	AC1（n）	输出功能
0	0	使能
0	1	高阻
1	0	由 OE 决定
1	1	由设计者编程决定

2）乘积多路开关（PTMUX）：用于控制来自与阵列的第一个乘积项是否作为或门输入，其功能见表 2.4.2。由表 2.4.2 可知，当 $\overline{AC0 \times AC1(n)} = 1$ 时，第一个乘积项作为或门的一个输入项。

表 2.4.2　　PTMUX 功能表

AC0	AC1（n）	控制电平	输出功能
0	0	1	用户定义使用
0	1	1	
1	0	1	
1	1	0	三态输出使能控制

3）可编程反馈多路开关（FMUX）：用于决定反馈信号的来源。它根据 AC0、本级 OLMC 的结构控制字信号 AC1（n）和邻近 OLMC 的结构控制信号 AC1(m)　($m \neq n$)，选择不同的信号反馈给与阵列的输入端。其功能见表 2.4.3。

表 2.4.3　　FMUX 功能表

AC0	AC1（n）	AC1（m）	功　能
0	×	0	无反馈
0	×	1	邻近 OLMC 输出作输入
1	0	×	本级内部寄存器输出反馈
1	1	×	本级 OLMC 输出反馈

4）输出多路开关（OMUX）：用于选择输出信号是直接由异或门旁路输出，还是经 D 触发器输出，其功能见表 2.4.4。由表 2.4.4 可知，当其控制信号 $\overline{\overline{AC0} + AC1(n)} = 0$ 时，异或门的

输出信号直接送到输出缓冲器，输出为组合型；$\overline{\overline{AC0}+AC1(n)}=1$ 时，D 触发器输出作为输出端，输出为寄存器型。

表 2.4.4 **OMUX 功能表**

$AC0$	$AC1(n)$	功能
0	0	组合型输出
0	1	组合型输出
1	0	寄存器型输出
1	1	组合型输出

3. OLMC 的结构控制字

各输出逻辑宏单元 OLMC 的结构控制字 SYN、AC0、AC1（n）和 XOR（n）都存放在 GAL 器件的可编程存储单元中，如图 2.4.3 所示，GAL16V8 的各种配置就是由这些结构控制字来控制的。

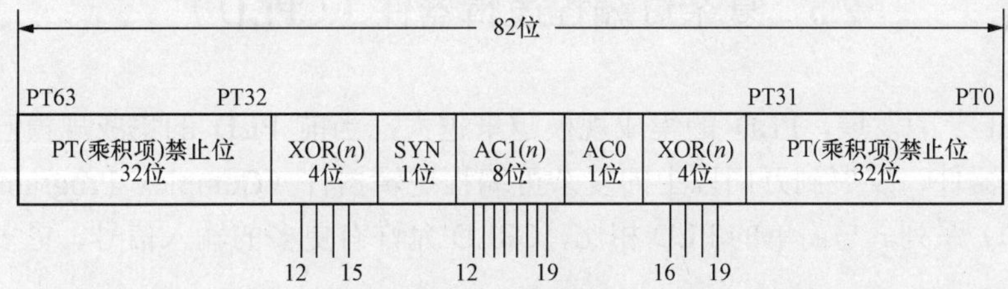

图 2.4.3 GAL16V8 的结构控制字

下面简要介绍结构控制的功能。

（1）同步位 SYN：每个 OLMC 共用。当 SYN=1 时，GAL 器件是一个纯组合型逻辑器件；SYN=0 时，GAL 器件是一个具有寄存器输出的逻辑器件。此外，对于 GAL16V18 中的 OLMC（12）和 OLMC（19），$\overline{SYN}$ 代替 AC0，SYN 代替 AC1（m）作为可编程反馈多路开关 FMUX 的控制输入。

（2）结构控制位 AC0：也是每个 OLMC 共用的，它与各个 OLMC 的 AC1（n）配合，控制每个 OLMC 中的 4 个多路选择开关的状态。

（3）结构控制字 AC1（n）：共 8 位（n=12～19），每个 OLMC 占 1 位。

（4）极性控制位 XOR（n）：也共有 8 位（n=12～19），每个 OLMC 占 1 位。当 XOR（n）=1，引出端输出高电平有效，当 XOR（n）=0 时，引出端输出低电平有效。

（5）乘积禁止位：共有 64 位（i=0～63），分别控制与阵列的 64 个乘积项，以屏蔽某些不用的乘积项。

2.4.2 GAL 器件的应用

GAL 的逻辑设计和开发过程同 PAL 大致相同。

【例 2.4.1】 用 GAL16V8 器件实现一个带使能输出的 2 线–4 线译码器。

解 设使能控制输入为 $\overline{ST}$，译码地址输入为 A_1 和 A_0，输出为 $\overline{Y_3}$、$\overline{Y_2}$、$\overline{Y_1}$、$\overline{Y_0}$。当输出使能控制 $\overline{ST}$ 为 0 时，2 线–4 线译码器输出表达式为

$$\overline{Y_0}=\overline{\overline{A_1}\,\overline{A_0}}\text{，}\quad \overline{Y_1}=\overline{\overline{A_1}A_0}$$

$$\overline{Y_2}=\overline{A_1\overline{A_0}}\text{，}\quad \overline{Y_3}=\overline{A_1A_0}$$

选择使能控制信号$\overline{ST}$由 11 引出端输入，输出$\overline{Y_3}$、$\overline{Y_2}$、$\overline{Y_1}$、$\overline{Y_0}$分别由 OLMC（12）～OLMC（15）提供。由相应 GAL 开发软件具体设置的结构控制字存储单元和各 OLMC 的具体配置见表 2.4.5。

表 2.4.5　　[例 2.4.1]的 OLMC 配置

OLMC（*n*）	乘积项数	SYN	AC0	AC1（*n*）	XOR（*n*）	输出极性	配置模式
15	1	1	0	0	0	低电平	专用组合
14	1	1	0	0	0	低电平	专用组合
13	1	1	0	0	0	低电平	专用组合
12	1	1	0	0	0	低电平	专用组合

2.5　复杂可编程逻辑器件（CPLD）

随着集成工艺的发展，PLD 的集成规模越来越大，当前 PLD 的集成规模已从低密度的 PAL 和 GAL 器件，发展到万门以上的复杂可编程逻辑器件（Complex Programmable Logic Device，CPLD）系列。与简单的 PLD 相比，CPLD 允许有更多的输入信号、更多的乘积项和更多的宏单元。

目前主要的半导体器件公司，如 Xilinx、Altera、Lattice 和 AMD 公司等，在各自生产的高密度 PLD 产品中，都有自己的特点，但总体结构大致是相同的。大多数 CPLD 器件中至少包含了三部分，即可编程逻辑宏单元、可编程 I/O 单元、可编程内部连线。

1. 可编程逻辑宏单元

逻辑宏单元内部主要包括与或阵列、可编程触发器和多路选择器等电路，能独立地配置为时序或组合工作方式。CPLD 器件的宏单元在内部，称为内部逻辑宏单元。CPLD 除了密度高之外，许多优点都反映在逻辑宏单元上，具体分析如下。

（1）共享相邻乘积项和结构。在共享相邻乘积项和结构中，每个逻辑单元中含有两个或项输出，而每个或项均由固定的几个乘积项输入，如图 2.5.1 所示。每个或项输出均可连接到相邻的连接单元，甚至本单元中的两个或项都可用于相邻的两个逻辑单元中。这种结构提高了各单元或门的使用效率，可实现较为复杂的逻辑功能。

（2）多触发器结构和“隐埋”触发器结构。一般 GAL 器件每个输出宏单元有一个触发器，在 CPLD 基本结构的宏单元内有两个或两个以上的触发器，其中只有一个触发器可与 I/O 引出端相连，其余均为“隐埋”触发器。它们不与 I/O 引出端相连，但有自己的内部输入信号，其输出可以通过相应的缓冲电路反馈到与阵列，从而可以构成较复杂的时序电路。

（3）触发器类型可编程结构。图 2.5.2 所示为触发器类型可编程结构，通过对输出触发器编程，可实现四种不同类型触发器结构，即 D、T、JK 和 RS 触发器。它们与逻辑宏单元相配置，可实现多种逻辑电路结构。

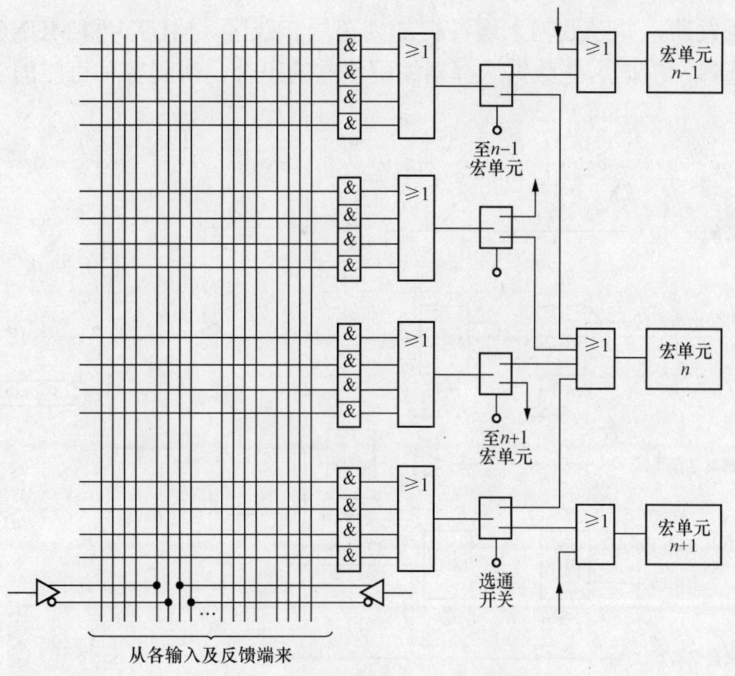

图 2.5.1 共享相邻乘积项和的结构

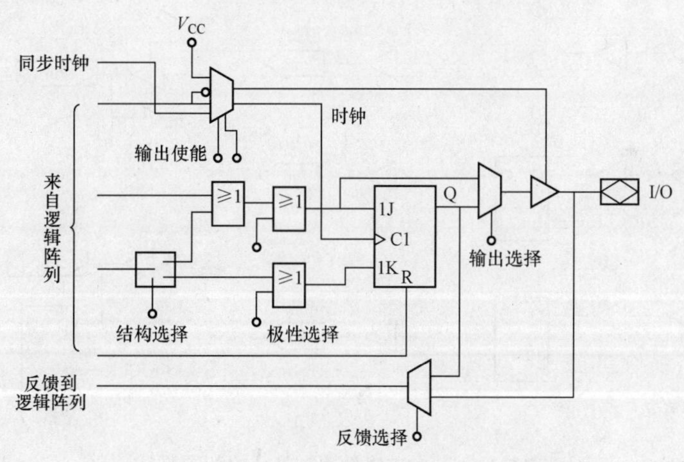

图 2.5.2 触发器类型可编程结构

2. 可编程 I/O 单元

I/O 单元是 CPLD 外部封装引脚和内部逻辑间的接口。每个 I/O 单元对应一个封装引脚，通过对 I/O 单元中可编程单元的编程，可将引脚定义为输入、输出和双向功能。ispLSI1016I/O 单元的简化原理框图如图 2.5.3 所示，它由三态输出缓冲器、输入缓冲器、输入寄存器/锁存器和几个可编程的数据选择器组成。触发器有两种工作方式：当 R/L 为高电平时，它被设置成边沿触发器；而当 R/L 为低电平时，它被设置成锁存器。MUX1 用于控制三态输出缓冲器的工作状态。MUX2 用于选择输出信号的传送通道。MUX3 用于选择输出极性。MUX4 用于输入方式的选择，在异步输入方式下，输入信号直接经输入缓冲器送到全局布线区的输入端；在同步输入方式下，输入信号加到触发器的输入端，必须等时钟信号 IOCLK 到达后才能被存入触发器，并经过输入缓冲器加到全局布线区。MUX5 和 MUX6 用于时钟信号的来源和极性选择。根据这些数据选择器编程状态的组合，得到各种可能的 I/O 单元组态如图 2.5.4 所示。

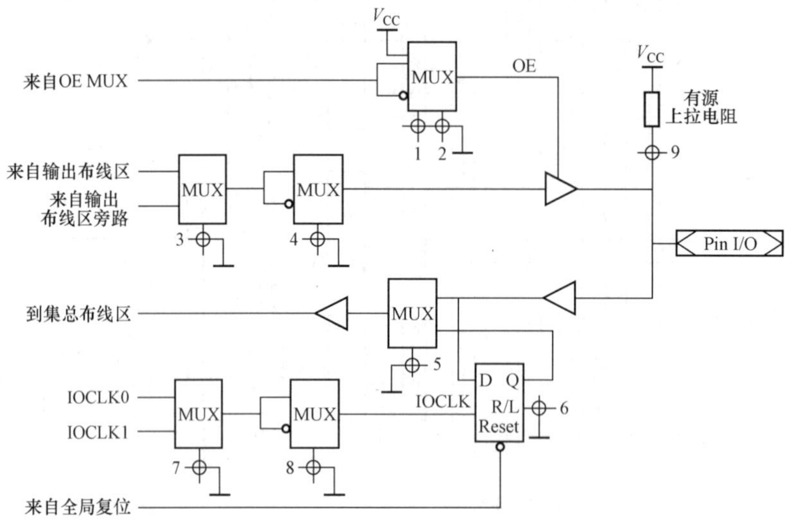

图 2.5.3 ispLSI 器件 I/O 单元的结构图

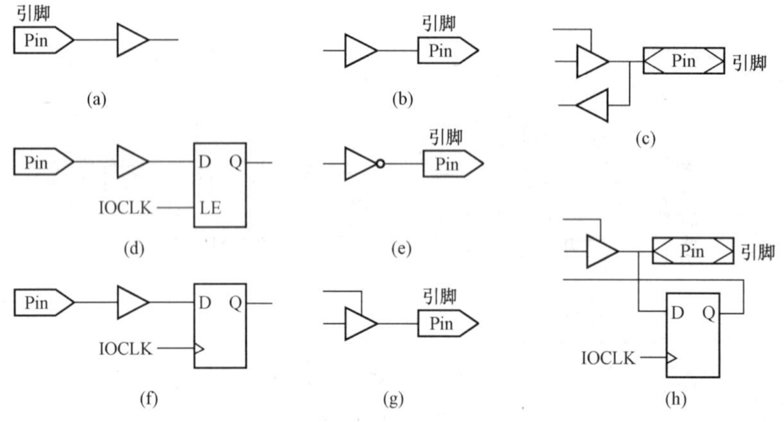

图 2.5.4 ispLSI 器件 I/O 单元的配置形式

（a）输入缓冲器；（b）输出缓冲器；（c）双向 I/O 引脚；（d）锁存输入；（e）反向输出缓冲器；

（f）寄存器输入（输入单元）；（g）带有使能的三态输出缓冲器（输出单元）；

（h）带寄存器输入的双向 I/O 引脚（双向单元）

3. 可编程连线阵列

可编程连线阵列的作用是在各逻辑宏单元之间和 I/O 单元之间提供互连网络。各逻辑宏单元通过可编程连线阵列接收来自专用输入或输出端的信号，并将宏单元的信号反馈到其需要到达的目的地。这种互连机制有很大的灵活性，它允许在不影响引脚分配的情况下改变内部的设计。

2.6 现场可编程门阵列（FPGA）器件

现场可编程门阵列（Field Programmable Gate Array，FPGA）器件与前面介绍的PLD器件的结构形式不同。PLD采用与或逻辑阵列加上输出逻辑单元的结构形式，而FPGA的电路结构是由若干独立的可编程模块组成，用户可以通过编程将这些模块连接成所需要设计的数字系统。

FPGA 器件由三个可编程逻辑模块阵列和一个可配置的静态存储器（SARM）组成。这三个可编程逻辑模块阵列分别是：可配置逻辑模块（Configurable Logic Blocks，CLB）、输入/输出模块（Input Output Blocks，IOB）和互连资源（Interconnect Capital Resource，ICR）。下面以XC4000系列的FPGA器件为例来说明，如图2.6.1所示，多个CLB组成FPGA的二维核心阵列，以实现设计者所需的逻辑功能。可编程输入/输出模块为内部逻辑与器件封装引脚之间提供了可编程接口，它通常排列在芯片四周。ICR位于器件内部的逻辑模块之间，经编程实现CLB与CLB以及CLB与IOB之间的互连。FPGA的功能由可配置的静态存储器（SARM）存放的编程数据决定，这些编程数据决定和控制各个CLB、IOB及内部连线的逻辑功能和它们之间的互连关系。

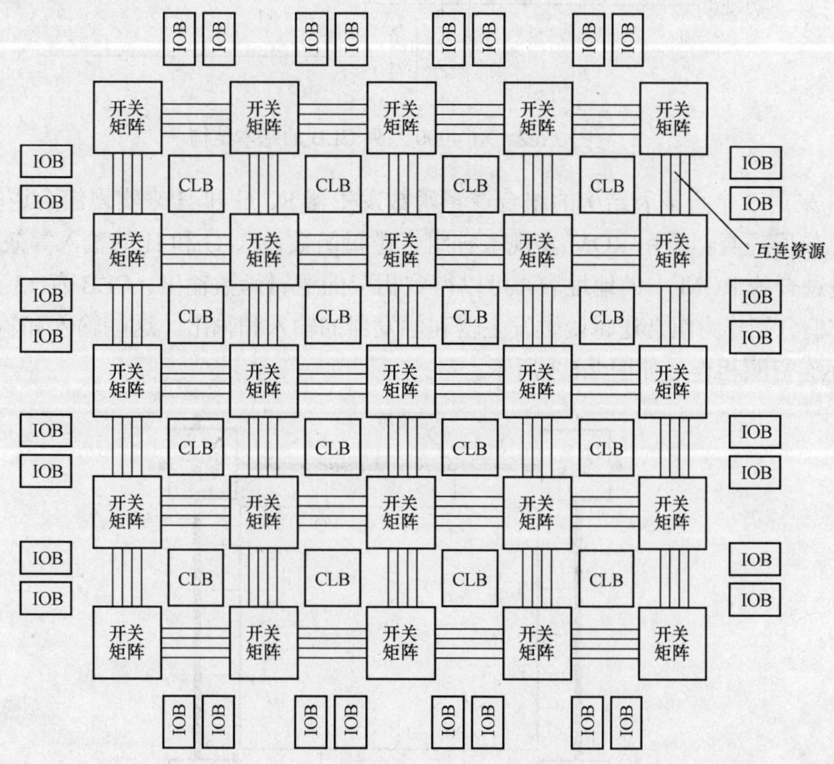

图2.6.1 XC4000系列FPGA基本结构

1. 可配置逻辑模块（CLB）

可配置逻辑模块（CLB）是FPGA中的基本逻辑单元电路，它能实现绝大多数的逻辑功能，多个CLB以二维阵列的形式分布在器件的中部。XC4000系列的CLB的基本结构如图

2.6.2 所示。从图中可知，每个 CLB 主要由组合逻辑函数发生器、触发器、编程数据存储单元和数据选择器等电路组成。

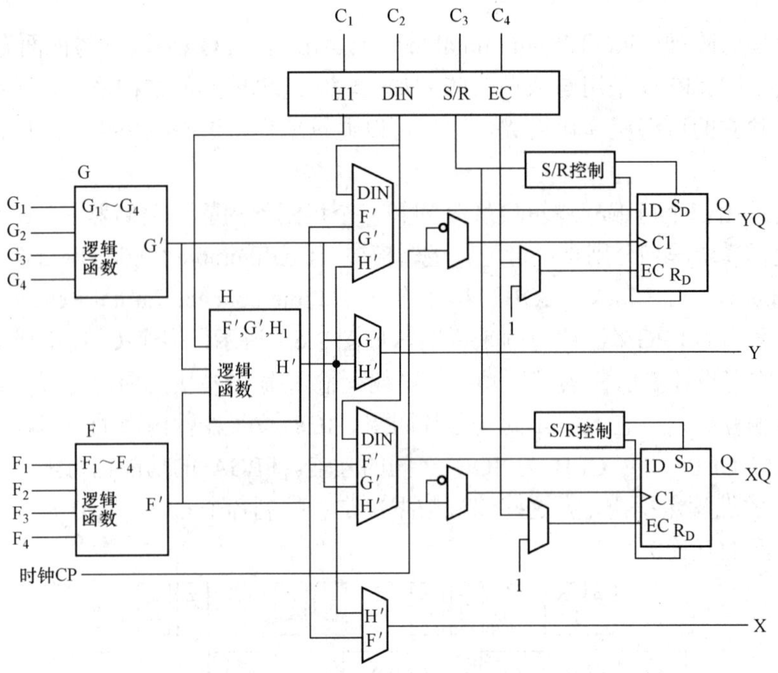

图 2.6.2 XC4000 系列 CLB 的基本结构

CLB 采用 3 个查找表结构的组合逻辑函数发生器 F、G 和 H 来实现组合逻辑函数，查找表结构工作原理类似于用 ROM 实现多种组合逻辑函数，F、G 和 H 的输入等效于 ROM 的地址码，通过查找 ROM 中的地址表，可以得到相应的逻辑函数输出。CLB 有 13 个输入和 4 个输出，它们分别作为组合逻辑函数发生器和触发器的输入和输出。这些输入和输出可与 CLB 周围的互连资源相连，如图 2.6.3 所示。

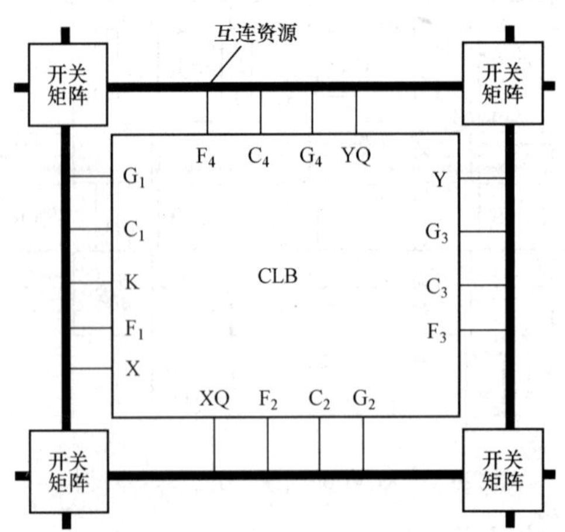

图 2.6.3 CLB 与互连资源互连关系

F 和 G 是两个 4 输入变量逻辑函数发生器，F_1～F_4 和 G_1～G_4 分别为 F 和 G 的输入，F′

和 G′为输出，F′、G′可以是 4 变量的任意组合逻辑函数。H 为 3 变量组合逻辑函数发生器，它可以完成 3 输入（F′、G′和 H_1）的任意组合逻辑函数。所以，3 个逻辑函数发生器的两级组合能实现高达 9 个输入变量的组合逻辑函数。通过对数据选择器编程，F′和 H′可以接至 X 输出，G′和 H′可接至 Y，X 和 Y 为 CLB 的组合逻辑输出端。F′、G′和 H′也可以接至 CLB 的内部触发器。

每个 CLB 有两个边沿触发的 D 触发器，通过 4 选 1 选择器可分别选择 DIN、F′、G′和 H′之一作为触发器的输入信号。两个 D 触发器有共同的时钟 CP 和时钟使能输入端 EC。R/S 控制电路可以分别对两个触发器异步置位和复位。每个 D 触发器的时钟 CP 通过各自的选择器可选择上升沿或下降沿触发。时钟使能端 EC 也可通过选择器直接接收 CLB 内部控制信号 EC 或接高电平。

2. 输入输出模块 IOB

IOB 是 FPGA 外部封装引脚和内部逻辑间的接口，其结构如图 2.6.4 所示。XC4000 系列 IOB 主要由输入触发器、输入缓冲器和输出触发/锁存器、输出缓冲器组成。每个 IOB 对应一个封装引脚，通过在 IOB 有关的编程数据存储单元中写入不同的数据，可将引脚定义为输入输出和双向功能。

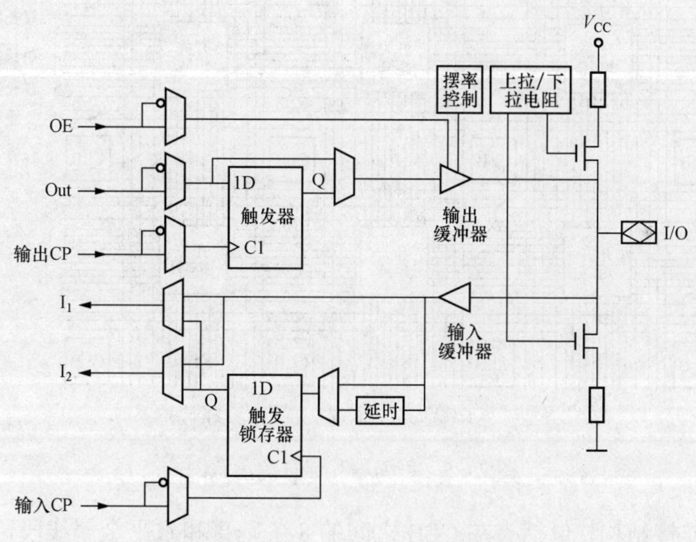

图 2.6.4 XC4000 系列 IOB 的结构

IOB 有输入和输出两条信号通路。当 I/O 引脚作为输出时，内部逻辑信号由 Out 进入 IOB 模块，通过对数据选择器编程可选择是否反相，再由下一个数据选择器选择是直接送三态缓冲器还是经过 D 触发器寄存后再送三态缓冲器。三态输出缓冲器的使能控制信号 OE 也可以通过编程定义为高电平有效或低电平有效。当 I/O 引脚用作输入时，引脚上的输入信号通过输入缓冲器，能直接由 I_1、I_2 输入到内部逻辑电路或由触发器寄存后输入至内部逻辑电路。输入和输出触发器有各自的时钟输入信号，通过编程可选择上升沿触发或下降沿触发。

另外，对输出缓冲器还可进行摆率（电平跳变的速率）控制，可以选择快速和慢速两种方式，选择快速方式可适应频率较高的信号输出；而选择慢速方式则可减少功率和降低噪声。

3. 互连资源 ICR

可编程互连资源分布在 CLB 阵列的行、列间隙上，由水平和垂直的两层金属线段组成格栅状结构。通过遍布器件内的可编程互连资源，可将器件内部任意两点连接起来，能将 FPGA 中数目很大的 CLB 和 IOB 连接成各种复杂系统。

XC4000 系列使用的是分层连线资源结构，根据应用的不同，ICR 一般提供三种连线结构，即通用单/双长线连接、长线连接和全局时钟线连接。

（1）通用单/双长线连接。通用单/双长线连接结构图如图 2.6.5 所示，它主要用于 CLB 之间的连接。单长线的长度相当于两个 CLB 之间的距离，双长线的长度相当于 2 倍的单长线的长度。双长线在电路中成对出现。单长线与 CLB 输入、输出间有许多直接连接点，因此有很高的布线成功率。它提供了相邻 CLB 之间的快速互连和复杂互连的灵活性，但传输信号每通过一个可编程开关矩阵，就增加一次延迟，所以单长线不适合长距离传输的信号。与单长线相比，双长线减少了经过矩阵开关的数量，更有效地提供了中等距离的信号通路，提高了系统的工作速度。

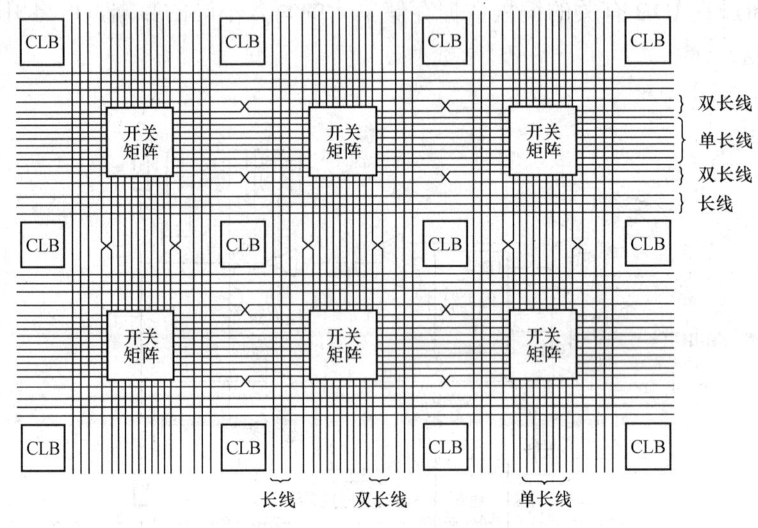

图 2.6.5 可编程互连资源示意图

通用单长线连接结构，包括夹在 CLB 之间的 8 条垂直和水平金属线段，在这些金属线段的交叉点处是可编程开关矩阵。CLB 的输入和输出分别接至相邻的通用单长线，进而可与开关矩阵相连，通过编程可控制开关矩阵将某个 CLB 与其他 CLB 或 IOB 连在一起。通用双长线连接结构，包括夹在 CLB 之间的 4 条垂直和水平金属线段。双长线金属线段长度是单长线金属长度的两倍，要穿过两个 CLB 之后，这些金属线段才与可编程的开关矩阵相连。因此，通用双长线可使两个相隔（非相邻）的 CLB 连接起来。

（2）长线连接。在通用单/双长线的旁边还有 3 条从阵列的一头到另一头的线段，称之为水平长线和垂直长线，如图 2.6.5 所示。这些长线不经过可编程开关矩阵，所以信号延迟时间短，长线主要用于长距离或多分支信号的传送，用于高扇出和时间要求苛刻的信号网。

（3）全局时钟线连接。8 条全局线贯穿 XC4000 器件，可达到每个 CLB。全局连线主要用来提供全局的时钟信号和高扇出的控制信号。

2.7 FPGA和CPLD的差别与特点

尽管FPGA和CPLD都是可编程ASIC器件，有很多共同特点，但由于CPLD和FPGA结构上的差异，因此具有各自不同的特点。

（1）CPLD更适合完成各种算法和组合逻辑，FPGA更适合于完成时序逻辑。换句话说，FPGA更适合于触发器丰富的结构，而CPLD更适合于触发器有限而乘积项丰富的结构。

（2）CPLD的连续式布线结构决定了它的时序延迟是均匀的、可预测的，而FPGA的分段式布线结构决定了其延迟的不可预测性。

（3）在编程上FPGA比CPLD具有更大的灵活性。CPLD通过修改具有固定的内连电路的逻辑功能来编程，FPGA主要通过改变内部连线的布线来编程；FPGA可在逻辑门下编程，而CPLD是在逻辑块下编程。

（4）FPGA的集成度比CPLD高，具有更复杂的布线结构和逻辑实现。

（5）CPLD比FPGA使用起来更方便。CPLD的编程采用EEPROM或FAST FLASH技术，无需外部存储器芯片，使用简单。而FPGA的编程信息需存放在外部存储器上，使用方法复杂。CPLD的速度比FPGA快，并且具有较大的时间可预测性。这是由于FPGA是门级编程，并且CLB之间采用分布式互联，而CPLD是逻辑块级编程，并且其逻辑块之间的互联是集总式的。

（6）在编程方式上，CPLD主要是基于E^2PROM或FLASH存储器编程，编程次数可达1万次，优点是系统断电时编程信息也不丢失。CPLD又可分为在编程器上编程和在系统编程两类。FPGA大部分是基于SRAM编程，编程信息在系统断电时丢失，每次上电时，需从器件外部将编程数据重新写入SRAM中。其优点是可以编程任意次，可在工作中快速编程，从而实现板级和系统级的动态配置。

（7）CPLD保密性好，FPGA保密性差。

（8）一般情况下，CPLD的功耗要比FPGA大，且集成度越高越明显。

2.8 可编程逻辑器件产品简介

随着可编程逻辑器件应用的日益广泛，许多IC制造厂家涉足PLD/FPGA领域。目前世界上有十几家生产CPLD/FPGA的公司，最大的三家是ALTERA、XILINX、Lattice，其中ALTERA和XILINX占有了60%以上的市场份额。

2.8.1 Altera系列产品

1. 主流PLD产品

Altera产品的基本构造块是逻辑单元。在Classic、MAX 3000A、MAX 5000、MAX 7000、MAX 9000系列中，逻辑单元称为宏单元（Macrocell），宏单元由可编程的“与阵”和固定的“或阵”构成；FLEX 8000，FLEX 6000，FLEX 10K，APEX 20K，ACEX 1K等系列的逻辑单元（LE）则采用查找表（LUT，Look-Up Table）结构来构成。

不同结构的器件侧重的应用场合不同，如MAX器件的宏单元分解组合逻辑的功能很强，一个宏单元可以分解数十个组合逻辑输入，因此MAX系列的产品较适合设计组合逻辑电路；

而 FLEX 器件的制造工艺允许它拥有较多的 LUT 与触发器，从逻辑单元的数量来看后者远高于前者，因此采用 LUT 的 ACEX 等产品更适合用来设计需要用到大量触发器的复杂时序逻辑电路。

由于 PLD 器件都具有可重复编程的功能，所以其内部必须采用一定的工艺来实现这种功能。FLEX 8000、FLEX 6000、FLEX 10K、APEX、ACEX 1K 等系列采用 SRAM（静态随机存储器）工艺，MAX 3000A、MAX 7000、MAX 9000 系列则采用 E^2PROM（电可擦除可编程存储器）工艺，而早期的 Classic、MAX 5000 系列则大多采用 EPROM（紫外线擦除的可编程存储器）工艺。

MAXII：新一代 PLD 器件，0.18μm flash 工艺，2004 年底推出，采用 FPGA 结构，配置芯片集成在内部，和普通 PLD 一样上电即可工作。容量比上一代大大增加，内部集成一片 8Kbit/s 串行 E^2PROM，增加很多功能。MAXII 采用 2.5V 或者 3.3V 内核电压，MAXII G 系列采用 1.8V 内核电压。性价比不错，未来几年主流器件。

2. 主流 FPGA 产品

Altera 的主流 FPGA 分为两大类，一种侧重低成本应用，容量中等，性能可以满足一般的逻辑设计要求，如 Cyclone、CycloneII；还有一种侧重于高性能应用，容量大，性能能满足各类高端应用，如 Startix、StratixII 等，用户可以根据自己实际应用要求进行选择。在性能可以满足的情况下，优先选择低成本器件。

（1）Cyclone（飓风）：Altera 中等规模 FPGA，2003 年推出，0.13μm 工艺，1.5V 内核供电，与 Stratix 结构类似，是一种低成本 FPGA 系列 ，是目前主流产品，其配置芯片也改用全新的产品。Altera 最成功的器件之一，性价比不错，是一种适合中低端应用的通用 FPGA，推荐使用。

（2）CycloneII：Cyclone 的下一代产品，2005 年推出，90nm 工艺，1.2V 内核供电，属于低成本 FPGA，性能和 Cyclone 相当，提供了硬件乘法器单元， 刚刚推出的新一代低成本 FPGA，将逐步取代 Cyclone 器件，成为 Altera 在中低 FPGA 市场中的主力产品。

（3）Arria：Altera 的 Arria FPGA 设计用于对成本和功耗敏感的收发器应用。Arria FPGA 系列提供丰富的存储器、逻辑和数字信号处理（DSP）模块资源，结合 10GB 收发器优异的信号完整性，帮助集成更多的功能，提高系统带宽。Arria 系列包括 Arria GX、Arria II 和 Arria V 器件，片内收发器支持 FPGA 串行数据在高频下的输入、输出。Arria 系列的最新型号是集成了 10GB 收发器的 Arria V FPGA。

Arria V FPGA 系列在主流应用中实现了最低功耗和最低系统成本。Arria V FPGA 含有独特的创新技术，例如，6GB 和 10GB 低功耗收发器、多个功能强大的硬核知识产权（IP）、含有重新设计的自适应逻辑模块（ALM）的低功耗内核体系结构、精度可调 DSP 模块、分布式新的 M10K 嵌入式存储器模块以及分段式时钟综合锁相环（PLL）等。通过这些创新技术，Arria V FPGA 满足了在功耗、带宽和成本上独特的设计需求。

Arria II FPGA 系列适用于对成本敏感的应用。Arria II FPGA 基于全功能 40nm FPGA 架构，它包括 ALM、DSP 模块和嵌入式 RAM，以及硬核 PCI Express®IP。Arria II FPGA 系列的 Arria II GX 和 GZ FPGA 是具有 6.375Gbit/s 收发器、业界功耗最低的 FPGA。与其他的 6GB FPGA 不同，Altera 的 Arria II FPGA 实用性更强，帮助更迅速地完成工程设计。

Arria GX FPGA 系列是 Altera 具有收发器的低成本 90nm FPGA 系列。采用速率高达 3.125

Gbit/s 的收发器，可以链接现有模块和器件，支持 PCI Express、千兆以太网、Serial RapidIO、SDI、XAUI 等多种协议。Arria GX FPGA 系列采用了 Altera 成熟可靠的收发器技术，在设计中确保了优异的信号完整性。

（4）Stratix：Stratix 系列 FPGA 器件适合于高性能、大容量等各种高端产品设计应用。

Stratix V FPGA 在所有 28nm FPGA 中实现了最大带宽和最高系统集成度，非常灵活。器件系列包括兼容背板，芯片至芯片和芯片至模块的 14.1Gbit/s（GS 和 GX）以及支持芯片至芯片和芯片至模块的 28GB（GT）收发器，950KB 逻辑单元（LE），以及 3926 个精度可调数字信号处理（DSP）模块。

Stratix IV FPGA 在所有 40nm FPGA 中，具有最大的密度、最好的性能和最低的功耗。Stratix IV FPGA 系列提供增强型（E）和带有收发器（GX 和 GT）的增强型器件，满足了无线和固网通信、军事、广播等众多市场和应用的需求。这一高性能 40nm FPGA 系列包含了同类最佳的 11.3 Gbit/s 收发器。

Stratix III FPGA 是业界功耗最低的高性能 65nm FPGA，可以借助逻辑型（L）、存储器增强型（E）和数字信号处理型（DSP）来综合考虑设计资源要求，而不会采用资源比实际需求大得多的器件进行设计，从而节省了电路板，缩短了编译时间，降低了成本。Stratix III FPGA 面向大量应用的高端内核系统处理设计。

Stratix II 和 Stratix II GX 型 FPGA 引入了自适应逻辑模块（ALM）体系结构，采用了高性能 8 输入分段式查找表(LUT)来替代 4 输入 LUT ，这也是 Altera 目前最新的高端 FPGA 所采用的结构。Stratix 和 Stratix GX 是 Stratix FPGA 系列中最早的型号产品。这一高性能 FPGA 系列引入了 DSP 硬核 IP 模块以及 Altera 应用广泛的 TriMatrix 片内存储器和灵活的 I/O 结构。

3. MAX 7000 系列的结构特点

（1）概述。MAX 7000 系列是 Altera 公司目前销量最大的产品，属于高性能、高密度的 CPLD，其制造工艺采用了先进的 CMOS EEPROM 技术，该系列器件的特点如下。

1）采用第二代多阵列矩阵（MAX）结构。

2）MAX 7000S 系列通过标准的 JTAG 接口（IEEE Std.1149.1-1990），支持在系统可编程（ISP，In System Programmable）。

3）集成密度为 600～5000 个可用门。

4）引脚到引脚之间的延时为 6 ns，工作频率最高可达 151.5 MHz。

5）3.3 V 或者 5 V 电源供电：①EPM7032V 和 EPM7128SV 全为 3.3 V；②所有的器件为 3.3 V 或 5.0 V I/O 电平（44 个引脚的器件除外）。

6）在可编程功率节省模式下工作，每个宏单元的功耗可降到原来的 50%或更低。

7）高性能的可编程连线阵列（PIA）提供一个高速的，延时可预测的互连网络资源。

8）每个宏单元中可编程扩展乘积项（Product-Terms）可达 32 个。

9）具有可编程保密位,可全面保护用户设计思想。

MAX 7000 系列中的高密度一族称为 MAX 7000E 系列，它们包括 EPM7128E、EPM7160E、EPM7192E 和 EPM7256E。这些器件有几项加强的功能，比如附加全局时钟、附加输出使能控制以及增加的连线资源、快速输入寄存器等。

MAX 7000S 系列、MAX 7000A 系列除了具有 MAX 7000E 的增强特性外，还有在系统可编程（ISP）功能和JTAG边界扫描测试（BST）电路。其中MAX7000S系列包括EPM7032S、EPM7064S、EPM7128S、EPM7160S、EPM 7192S、EPM7256S等器件，MAX 7000A系列包括EPM7128A，EPM7256A等器件。

MAX 7000芯片在结构上包含32到256个宏单元。每16个宏单元组成一个逻辑阵列块（LAB），每个宏单元有一个可编程的与阵列和一个固定的或阵列，以及一个寄存器，这个寄存器具有独立可编程的时钟，时钟使能，清除和置位等功能。为了能构成复杂的逻辑函数，每个宏单元可使用共享扩展乘积项和高速并行扩展乘积项，它们可向每个宏单元提供多达32个乘积项。

（2）结构与功能。MAX 7000在结构上包括逻辑阵列块LAB （Logic Array Blocks)、宏单元（Macrocells)、扩展乘积项（共享和并联）(Expender Product Terms)、可编程连线阵列PIA（Programmable Interconnect Array）和I/O控制块（I/O Control Blocks)。

1）逻辑阵列块（LAB)。MAX 7000主要是由逻辑阵列块（LAB）以及它们之间的连线构成的，如图2.8.1所示，每个LAB由16个宏单元组成，多个LAB通过可编程连线阵列PIA和全局总线连接在一起，全局总线由所有的专用输入，I/O引脚和宏单元馈入信号。每个LAB的输入信号包括来自PIA的36个信号、全局控制信号（用于宏单元内的寄存器实现辅助功能）和从I/O引脚到寄存器的直接输入信号。

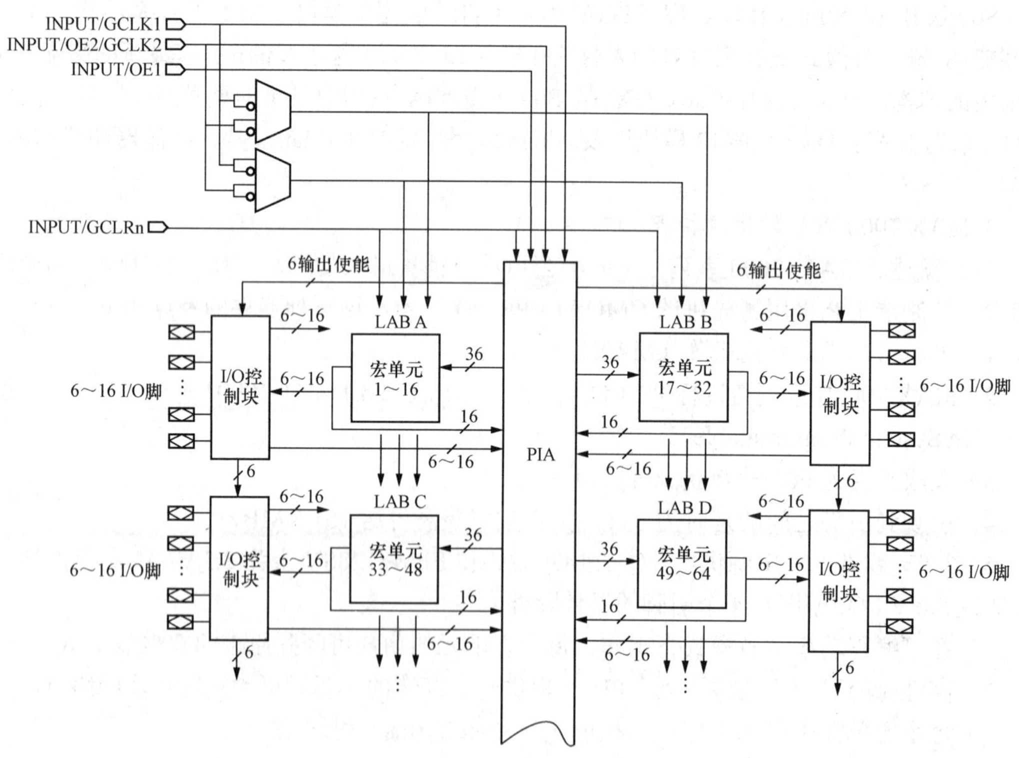

图2.8.1 MAX 7000E和MAX 7000S的结构图

2）宏单元（MacroCell)。每个宏单元由3个功能块组成，即逻辑阵列，乘积项选择矩阵和可编程触发器。宏单元的结构框图如图2.8.2所示。逻辑阵列实现组合逻辑功能，它可给每个宏单元提供5个乘积项。“乘积项选择矩阵”分配这些乘积项作为到或门和异或门的主要逻辑输入，以实现组合逻辑函数；每个宏单元的一个乘积项可以反相后回送到逻辑阵列。

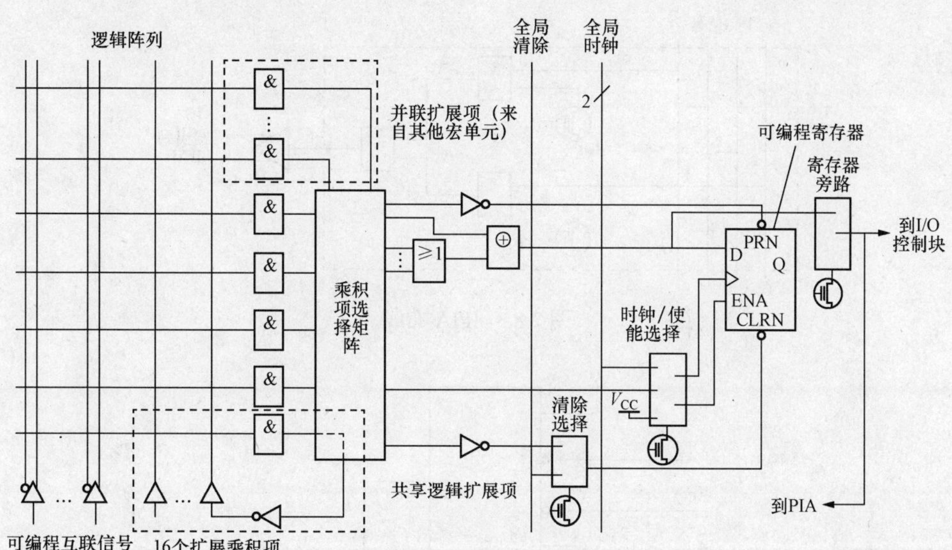

图 2.8.2 宏单元结构框图

这个“可共享”的乘积项能够连到同一个 LAB 中任何其他乘积项上。根据设计的逻辑需要，开发工具 Quartus II 将自动优化乘积项的分配。每个宏单元的寄存器可以单独地编程为具有可编程时钟控制的 D、JK 或 RS 触发器工作方。如果需要也可将寄存器旁路，以实现纯组合逻辑的输出。在设计输入时，用户可以规定所希望的寄存器类型，然后 Quartus II 对每一个寄存器功能选择最有效的触发器工作方式，以使设计所需要的器件资源最少。

宏单元的寄存器支持异步清除、异步置位功能，乘积项选择矩阵分配乘积项来控制这些操作。当然，每个寄存器的复位功能可以由低电平有效的，专用的全局复位信号来驱动。

3）扩展乘积项（Expender Product Terms）。尽管大多逻辑函数能够用每个宏单元中的 5 个乘积项实现，但某些逻辑函数比较复杂，要实现它们的话，需要附加乘积项。为提供所需要的逻辑资源，利用了 MAX 7000 结构中具有的共享和并联扩展乘积项，而不是利用另一个宏单元，这两种扩展项作为附加的乘积项直接送到本 LAB 的任意宏单元中，利用扩展项可保证在实现逻辑综合时，用尽可能少的逻辑资源，得到尽可能快的工作速度。

4）可编程连线阵列。可编程连线阵列（PIA）是将各 LAB 相互连接，构成所需的逻辑布线通道，它能够把器件中任何信号源连到其目的地。所有 MAX 7000 的专用输入，I/O 引脚和宏单元输出均馈送到 PIA，PIA 可把这些信号送到整个器件内的各个地方，图 2.8.3 表示的是 PIA 如何布线到 LAB。

在掩膜或现场可编程门阵列（FPGA）中，基于通道布线方案的布线延时是累加的、可变的和与路径有关的；而 MAX 7000 的 PIA 有固定的延时，因此，PIA 消除了信号之间的时间偏移，使得时间性能容易预测。

5）I/O 控制块。I/O 控制块允许每个 I/O 引脚单独地配置为输入、输出和双向工作方式。所有 I/O 引脚都有一个三态缓冲器，它能由全局输出使能信号中的一个控制或者把使能端直接连到地（GND）或电源（V_{CC}）上。I/O 控制块有两个全局输出使能信号，它们由两个专用的低电平有效的输出使能引脚 OE1 和 OE2 来驱动。图 2.8.4 所示为 I/O 控制块的结构图。

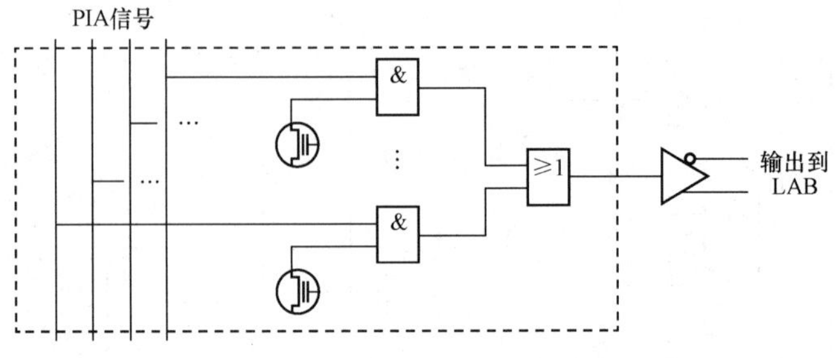

图 2.8.3　PIA 布线

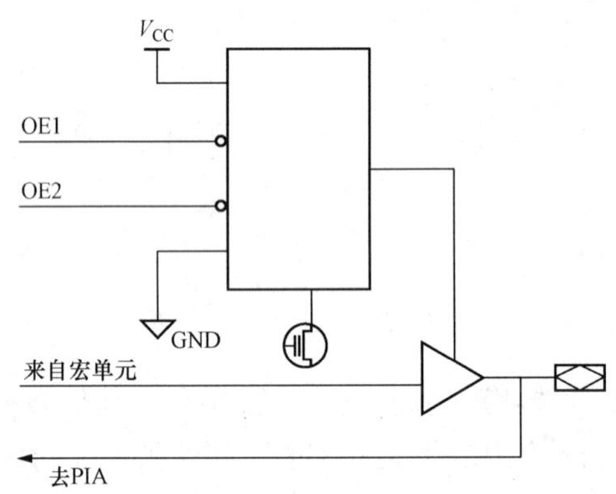

图 2.8.4　MAX 7000 的 I/O 控制块

当三态缓冲器的控制端连到地（GND）时，其输出为高阻态，并且 I/O 引脚可作为专用输入引脚使用。当三态缓冲器的控制端连到电源（V_{CC}）时，输出被使能。

6）可编程速度/功率控制。MAX 7000 器件提供节省功率的工作模式，可使用户定义的信号路径或整个器件工作在低功耗状态。由于许多逻辑应用的所有门中只有小部分工作在高频率，所以在这种模式下工作，可使整个器件总功耗下降到原来的 50%或更低。

设计者可以对器件中的每个独立的宏单元编程为高速（接通）或者低速（关闭），这样可使设计中影响速度的关键路径工作在高速、高功耗状态，而器件的其他部分仍工作于低速、低功耗状态，从而降低整个器件的功耗。

7）设计加密。所有 MAX 7000 CPLD 都包含一个可编程的保密位，该保密位控制能否读出器件内的配置数据。当保密位被编程时，器件内的设计不能被复制和读出。由于在 E^2PROM 内的编程数据是看不见的，故利用保密位可实现高级的设计保密。当 CPLD 被擦除时，保密位则和所有其他的编程数据一起被擦除。

8）在系统编程（ISP）。MAX 7000A，MAX 7000S 系列芯片支持在系统编程的功能，支持 JTAG 边界扫描测试的功能。只要通过一根下载电缆连接到目标板上，就可以非常方便地实现多次重复编程，大大方便了调试电路的工作。

4. FLEX 10K 系列的结构特点

（1）概述。FLEX（Flexible Logic Element Matrix，灵活逻辑单元矩阵）系列是 Altera 公司推出的主流产品，具有高密度、在线配置、高速度与连续式布线结构等特点。FLEX 10K

系列是 Altera 于 1998 年推出的，它的集成度达到了 10 万门级，而且，它还是业界首次集成了嵌入式阵列块 EAB 的芯片。所谓 EAB，实际是一种大规模的 SRAM 资源，它可以被方便地设置为 RAM、ROM、FIFO 以及双口 RAM 等存储器。EAB 的出现极大地拓展了 PLD 芯片的应用领域。

FLEX 10K 系列的特点如下。

1）高密度，典型门数达 10000～250 000，逻辑单元数为 576～12160。

2）功能更强大的 I/O 引脚。每一个引脚都是独立的三态门结构，具有可编程的速率控制。

3）嵌入式阵列块（EAB）。每个 EAB 提供 2 Kbit，可用来作存储器使用或者用来实现逻辑功能。

4）逻辑单元采用查找表（LUT）结构。

5）采用连续式的快速通道（Fast Track）互连。可精确预测信号在器件内部的延时。

6）实现快速加法器和计数器的专用进位链。

7）实现高速，多输入逻辑函数的专用级联链。

（2）结构与功能。FLEX 10K 在结构上包括嵌入式阵列块（EAB）、逻辑阵列块（LAB）、快速通道（Fast Track）互连和 I/O 单元（IOE）。FLEX 10K 结构如图 2.8.5 所示，由一组 LE 组成一个 LAB，LAB 按行和列排成一个矩阵，并且在每一行中放置了一个嵌入式阵列块（EAB）。在器件内部，信号的互连及信号与器件引脚的连接由快速通道（Fast Track）提供，在每行（或每列）Fast Track 互连线的两端连接着若干个 I/O 单元（IOE）。

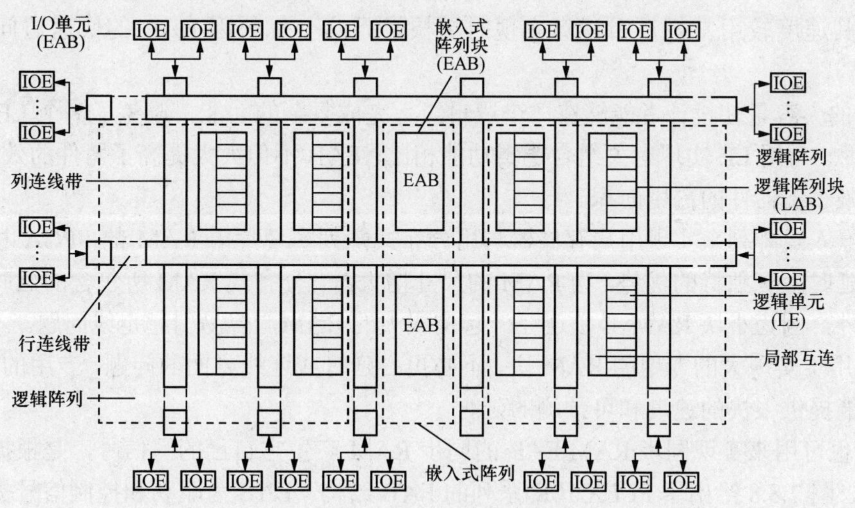

图 2.8.5 FLEX 10K 内部结构

1）嵌入式阵列块（EAB）。嵌入式阵列块（EAB）是一种输入、输出端带有寄存器的非常灵活的 RAM，它既可以作为存储器使用，也可以用来实现逻辑功能。

当作为存储器使用时，每个 EAB 可提供 2048bit，可用来构成 RAM，ROM，FIFO RAM 或双端口 RAM。每个 EAB 单独使用时，可配置成以下几种尺寸：256×8bit、512×4bit、1024×2bit 或 2048×1bit，如图 2.8.6 所示，多个 EAB 可组合成一个规模更大的 RAM 或 ROM 使用，比如，两个 256×8bit 的 RAM 可组合成一个 256×16bit 的 RAM；两个 512×4bit 的 RAM 可组合成一个 512×16bit 的 RAM，如图 2.8.7 所示。

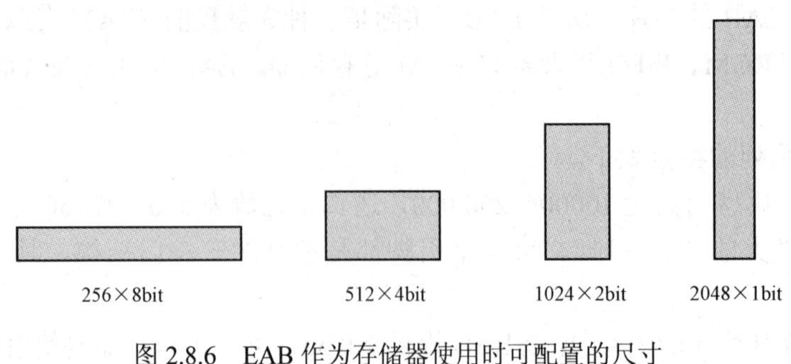

图 2.8.6　EAB 作为存储器使用时可配置的尺寸

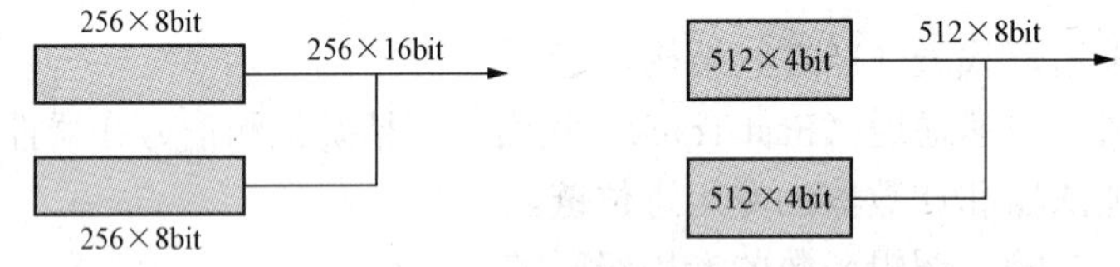

图 2.8.7　EAB 并联使用

EAB 的另一个应用是用来实现复杂的逻辑功能。每个 EAB 可相当于大约 100～300 个等效门，能方便地构成乘法器、加法器、纠错电路等模块，并由这些功能模块进一步构成诸如数字滤波器、微控制器等系统。逻辑功能通过配置时编程 EAB 为只读模型，生成一个大的 LUT（查找表）来实现。在这个 LUT 中，组合功能通过查找表而不是通过计算来完成，其速度较用常规逻辑运算实现时更快，且这一优势因 EAB 的快速访问而得到进一步加强。

EAB 的大容量使设计者能够在一个逻辑级上完成复杂的功能，避免了多个 LE 连接带来的连线延时。与用 LE 实现有关组合逻辑功能相比，EAB 不但大大提高了器件的效率与性能，也极大地减小了器件的占用面积。

利用嵌入式阵列来实现用户存储器与用分布式阵列实现片内 RAM 的 FPGA 相比，前者在设计和延时上有独特的优势。当 RAM 的尺寸增大时，分布式 RAM 所包含的延时是难以估计的，此外，因为小块 RAM 必须连在一起构成大的 RAM，容易引起走线问题。与此相反，EAB 能被用于实现大的专用的 RAM 块，不必担心延时或连线方面的问题，专用的 EAB 易于使用，并能提供很快的速度和可预测的延时。

EAB 也可用来实现同步 RAM.EAB 的同步 RAM 产生它自己的写信号，是根据全局时钟自定时的，图 2.8.8 给出了 FLEX 10K 系列的 EAB 结构。EAB 为驱动和控制信号提供灵活的选择，全局信号、专用时钟和 EAB 局部互连均可驱动时钟。EAB 的输入和输出寄存器可使用不同的时钟信号，寄存器能被独立地嵌入数据输入、EAB 输出、地址和 WE 信号上。全局信号、EAB 局部互连均可驱动写允许信号，由于 LE 可驱动 EAB 局部互连，因此 LE 能够控制写信号或 EAB 时钟信号。

每个 EAB 由行互连馈入信号，其输出可传输至行和列互连。每位 EAB 输出可驱动两个行通道中的任一个和两个列通道中的任一个，未利用的行通道可被另一个列通道驱动。这个特性为 EAB 输出增加了可用的连线资源。

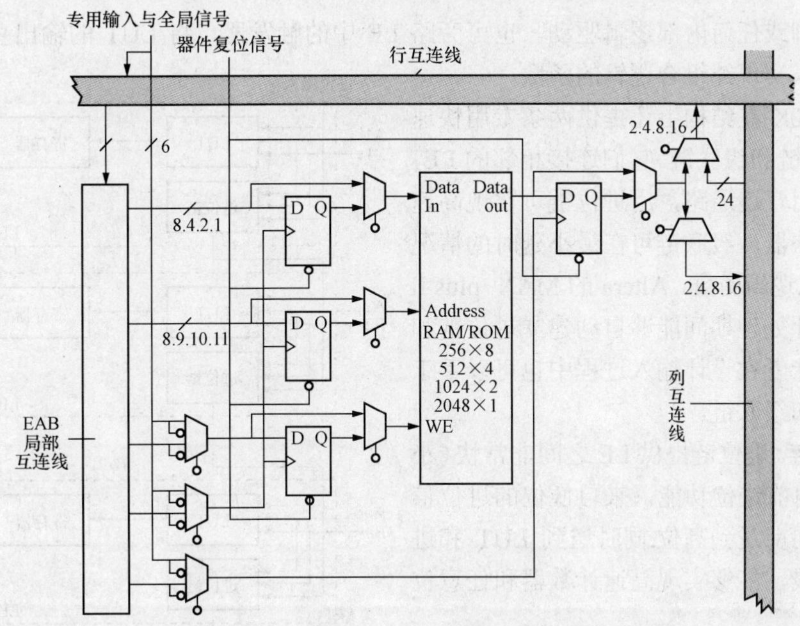

图 2.8.8 FLEX 10K 的 EAB 结构

2）逻辑单元（LE)。逻辑单元 LE 由组合电路和时序电路两部分组成，每个 LE 包含一个 4 输入查找表，一个具有使能，预置和清零输入端的可编程寄存器，一个进位链和一个级联链。每个 LE 有两个输出，可驱动局部互连和快速通道互连，如图 2.8.9 所示。

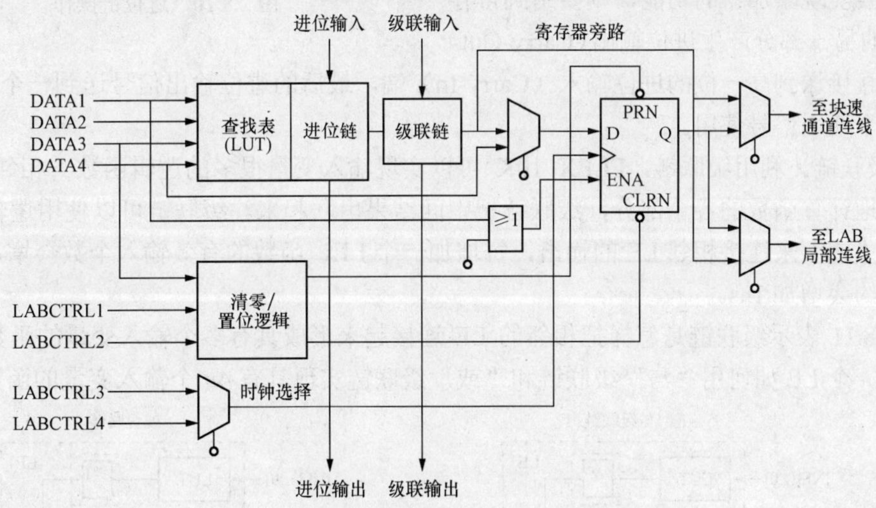

图 2.8.9 FLEX 10K 的逻辑单元

在 LE 中，LUT 和寄存器能分别被用于实现不相关的功能。寄存器的数据输入端能被 LUT 的输出驱动，也可由 DATA4 信号直接驱动，LUT 和寄存器的输出可分别由 LE 的两个输出端同时输出。这一特性被称为寄存器打包，它能够有效地提高 LE 的利用率。

LUT 是一种函数发生器，能快速计算 4 输入变量的任意函数。LE 中的可编程触发器可设置成 D、T、JK 或 RS 触发器，该触发器的时钟、清除和置位控制信号可由专用输入引脚，通用 I/O 引脚或任何内部逻辑驱动。也可旁路 LE 中的触发器，将 LUT 的输出直接连到 LE 的输出端，以实现纯组合逻辑的函数。

FLEX 10K 在结构上还提供两条专用快速通路，即进位链和级联链。它们连接相邻的 LE，但不占用通用互连通路，用进位链可实现高速计数器和加法器，级联链可在最小延时的情况下实现多输入逻辑函数。Altera 的 MAX+plus II 编译器在设计处理期间能够自动建立进位链和级联链，设计者在设计输入过程中也可以手工插入进位链和级联链。

a）进位链。进位链提供 LE 之间非常快（小于 1ns）的向前进位功能，来自低位的进位信号经进位链向前送到高位，同时送到 LUT 和进位链的下一段，能够实现高速计数器和任意位数的加法器。

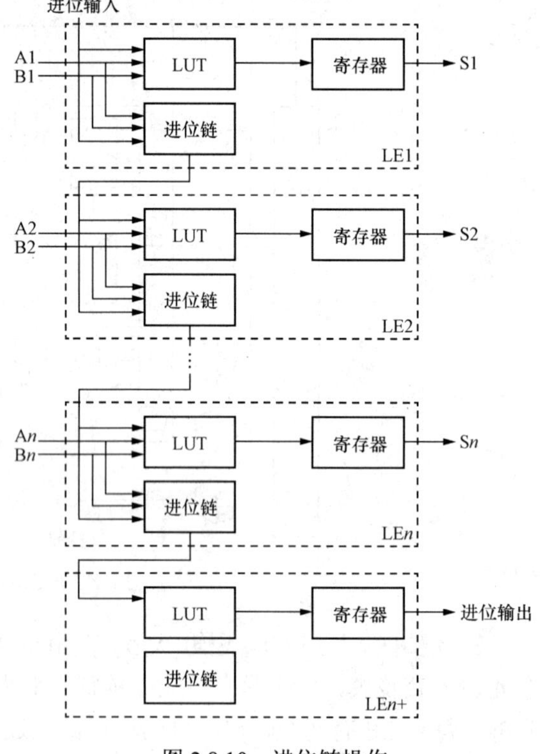

图 2.8.10　进位链操作

图 2.8.10 表示如何借助进位链用 n+1 个 LE 来实现 n 位全加器，LUT 的一部分产生两个输入信号和进位信号的“和”，并将“和”送到 LE 的输出端。对于简单加法器，一般将寄存器旁路，但要实现累加器的功能，则要用到寄存器。LUT 的另一部分产生进位输出（Carry-Out）信号，它直接送到高一位的进位输入（Carry-In）端。最后的进位输出信号送到一个 LE，可以作为一个通用信号使用。

b）级联链。利用级联链，FLEX 10K 可以实现输入变量很多的逻辑函数。相邻的 LUT 用来并行地计算函数的各个部分，级联链把中间结果串联起来。级联链可以使用逻辑“与”或者逻辑“或”来连接相邻 LE 的输出，每增加一个 LE，函数的有效输入个数会增加 4 个，其延时大约会增加 1ns。

图 2.8.11 表示级联链是怎样把相邻的 LE 连接起来形成具有多个输入变量的函数的，它表示的是 n 个 LE 如何用“与”级联链和“或”级联链实现具有 4n 个输入变量的函数的。

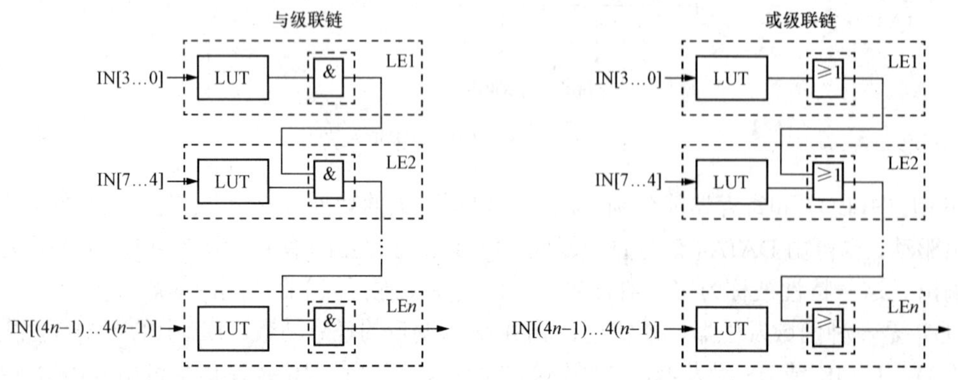

图 2.8.11　级联链操作

c）逻辑单元的工作模式。FLEX 10K 逻辑单元有四种工作模式，每种模式对 LE 资源的使用情况各不相同。在每种模式里，输入到 LE 的 10 个可用信号中有 7 个送到不同的位置，以实现所需求的逻辑功能。这 7 个输入信号是：来自 LAB 局部互连的 4 个数据输入，来自可编程寄存器的反馈信号以及来自前级 LE 的进位输入和级联输入，加到 LE 的其余 3 个输入为寄存器提供时钟，消除和置位信号，Quartus II 软件自动为每种应用选择适当的模式。

3）逻辑阵列块（LAB）。FLEX 10K 的逻辑阵列块由 8 个 LE，与 LE 相连的进位链和级联链，LAB 控制信号和 LAB 局部互连线组成，LAB 构成 FLEX 10K 的主体部分，每个 LAB 提供 4 个可供 8 个 LE 使用的控制信号，其中两个可用作时钟，另外两个用作清除/置位逻辑控制。LAB 的控制信号可由专用输入引脚，I/O 引脚或借助 LAB 局部互连的任何内部信号直接驱动，专用输入端一般用作公共的时钟、清除或置位信号，FLEX 10K 的逻辑阵列块如图 2.8.12 所示。

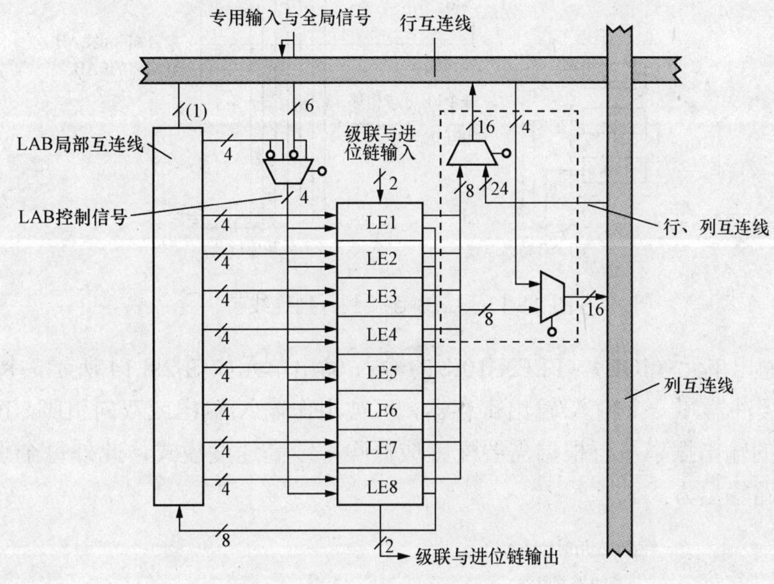

图 2.8.12 FLEX 10K 的 LAB

4）快速通道（Fast Track）。在 FLEX 10K 中，不同 LAB 中的 LE 之间及 LE 与器件 I/O 引脚之间的互连是通过 Fast Track 实现的，Fast Track 是贯穿整个器件长和宽的一系列水平和垂直的连续式布线通道，由若干组行连线和列连线组成，每一组行连线视器件大小不同可以有 144、216 根或 312 根，每一组列连线均是 24 根。

图 2.8.13 所示 FLEX 10K 的 LAB Fast Track 由行连线带和列连线带组成。采用这种布线结构，即使对于复杂的设计也可预测其性能。相反，其他 FPGA 中的分段式连线结构需要用一些开关矩阵把数目不同的若干条线段连接起来，这就增加了逻辑资源间的延时，从而使性能下降。FLEX 10K 器件内部的 LAB 排列成很多行与列，组成一个矩阵，每行 LAB 有一个专用的行连线带，行连线带由上百条行通道组成，这些通道水平地贯通整个器件，它们承载进出这一行中 LAB 的信号，行连线带可以驱动 I/O 引脚或馈送到器件中的其他 LAB。

列连线带由 24 条列通道组成，LAB 中的每个 LE 最多可驱动两条独立的列通道，一个 LAB 可驱动 16 条列通道。列通道垂直地贯通整个器件，不同行中的 LAB 借助局部的多路选择器共享这些资源，图 2.8.13 表示 LAB 与行列连线的关系。

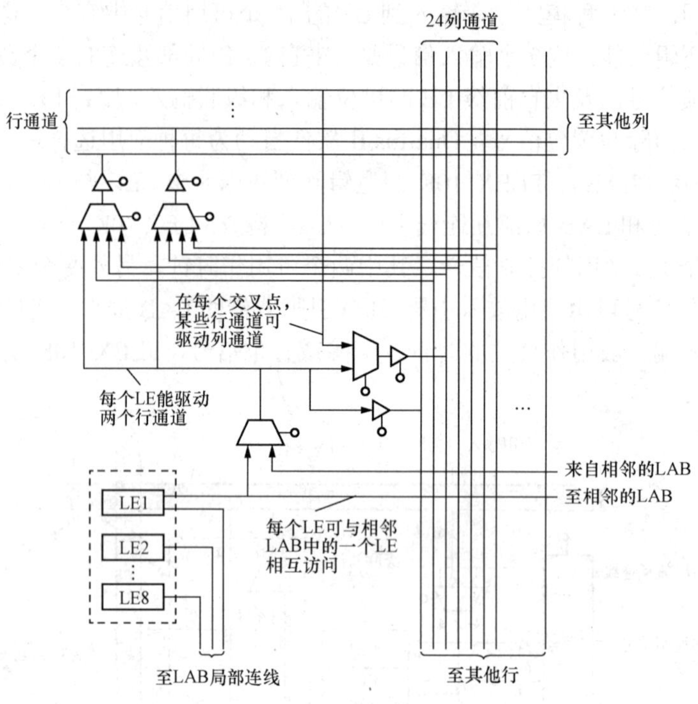

图 2.8.13 LAB 连接到行列连线带

5）输入/输出单元（IOE）。FLEX 10K 的输入/输出单元如图 2.8.14 所示，每个 IOE 包含一个双向 I/O 缓冲器和一个输入/输出寄存器，可被用作输入/输出或双向引脚。IOE 中的输出缓冲器有可调的输出摆率，可根据需要配置成低噪声或高速度模式，此外每个引脚还可被设置为集电极开路输出方式。

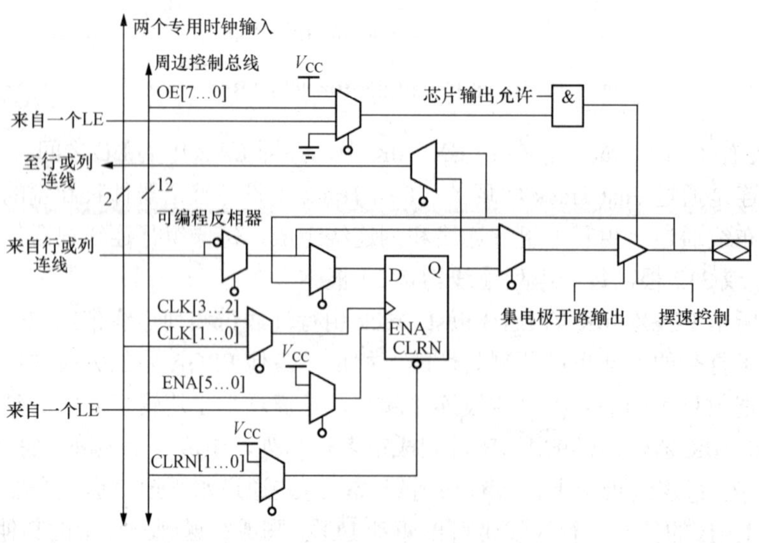

图 2.8.14 FLEX 10K 的输入/输出单元

IOE 中的时钟、清除、时钟使能和输出使能由被称作周边控制总线 I/O 控制信号网络提供。周边控制总线提供多达 12 个周边控制信号，并用高速驱动器使穿越器件的信号偏移最小。这些信号是可配置的，能提供最多 8 个输出使能信号、6 个时钟使能信号、2 个时钟信号和 2 个清零信号。每个周边控制信号可被一专用输入引脚驱动，或被特定行中每个 LAB 的第一个 LE 驱动。

如果要求多于 6 个时钟使能或多于 8 个输出使能信号，则可由一个特定的 LE 驱动时钟使能和输出使能信号来实现对器件中每个 IOE 的控制。IOE 中的整片输出使能（Device-Wide Output Disable）引脚是一个低电平有效脚，可被用来使器件上所有引脚变成三态，这一选项可在设计文件中设置。

（3）数据配置。Altera 提供了专门的配置器件来存储基于 SRAM 工艺的 APEX、FLEX 和 ACEX 系列器件的配置数据，提供的配置器件支持 ISP 和多重端口电压标准。

配置器件基于 E^2PROM 工艺或者是 FLASH 工艺，多数配置器件支持 ISP，使得设计流程得以简化，并且可以现场升级，其密度为 500KB～9MB。此外，配置器件支持 1.8～5V 电压，非常适用于混合设计。

所有的 APEX、FLEX 和 ACEX 系列器件均可控制整个配置过程，在不需要外部集成控制器的条件下,可以自动地从配置器件中读取数据，完成配置过程。

FLEX 10K 系列器件作为典型的使用 SRAM 工艺的器件，其内部逻辑功能和连线由芯片内 SRAM 所存储的数据决定。系统加电时，通过存储在芯片外部的串行 EPROM 或由系统控制器提供的数据对 FLEX 10K 器件进行编程。

Altera 的 EPC1441 和 EPC1 是专门供 FLEX10K 器件配置用的 E^2PROM，它们借助串行数据流配置 FLEX10K。配置数据也可以配置在其他的 E^2PROM 中，或者通过 Altera 的 BitBlaster 串行下载电缆下载到 FLEX10K 器件中，配置完成以后，还可通过复位进行在线重配置，装入新数据，实现新功能。由于重新配置所需时间少于 100ms，所以在系统工作过程中可以实时地改变配置。

5. Cyclone II 系列的结构特点

Altera 公司推出的 Cyclone II 系列 FPGA 是基于获得极大成功的 Cyclone 系列之上推出的最新产品，具有更低的成本、更大的容量和更多特殊性能的特性。Altera 新款 Cyclone II 器件系列是建立在 Altera 第一代 Cyclone 系列所创建的低成本 FPGA 领导地位之上的，提供了低风险和低成本的解决方案，是中低规模 ASIC 最具吸引力的替代方案。

Cyclone II 器件采用 TSMC 90nm 低 K 工业技术之上的 300mm 晶圆片，这种技术结合 Altera 低成本的设计方式，使之能够在更低的成本下制造出更大容量的器件。这种新的器件比第一代 Cyclone 产品具有两倍多的 I/O 引脚，且对可编程逻辑、存储块和其他特性进行最优的组合。这样，整个系统可以在 Cyclone II 以 ASIC 方案的价格中实现，但具有更低的风险和更快的面市时间。

（1）Cyclone II 器件的主要特性。Cyclone II 器件可提供新的器件系列具有 4608～68416 个逻辑单元（LE），设计了一组优化的特性，其中包括多达 150 个嵌入 18 位×18 位乘法器、专用外部存储器接口电路、4Kbit 嵌入存储块、锁相环（PLL）和高速差分 I/O 能力。

Cyclone II 器件扩展了 FPGA 在成本敏感性、大批量应用领域的影响力，延续了第一代 Cyclone 器件系列的成功。表 2.8.1 所示为 Cyclone II FPGA 系列的特性和能力，表 2.8.2 列出了 Cyclone II 器件的适用配置器件表 2.8.3 为 Cyclone II 特性一览表。

表 2.8.1　　Cyclone II FPGA 简介

器件	EP2C5	EP2C8	EP2C15	EP2C20	EP2C35	EP2C50	EP2C70
逻辑单元	4608	8256	14448	18752	33216	50528	68416
M4K RAM 块（4Kbit+ 512 校验位）	26	36	52	52	105	129	250
总比特数	119808	165888	239616	239616	483840	594432	1152,000
嵌入式 18 位×18 位乘法器	13	18	26	26	35	86	150
PLLs	2	2	4	4	4	4	4
最多用户 I/O 引脚	158	182	315	315	475	450	622
差分通道	58	77	132	132	205	193	262

表 2.8.2　　Cyclone II 器件的适用配置器件

配置器件	支持 Cyclone II 器件						
	EP2C5	EP2C8	EP2C15	EP2C20	EP2C35	EP2C50	EP2C70
EPCS1	√						
EPCS4	√	√	√	√			
EPCS16	√	√	√	√	√	√	√
EPCS64	√	√	√	√	√	√	√

表 2.8.3　　Cyclone II 特性一览表

特　性	说　　明
成本优化的架构	Cyclone II 器件架构为最低的成本而优化，提供多达 68416 个逻辑单元（LE），密度超过第一代 Cyclone FPGA 的 3 倍；Cyclone II FPGA 内部的逻辑资源可以用来实现复杂的应用
高性能	Cyclone II FPGA 要比竞争低成本 90nm FPGA 快 60%，是市场上性能最好的低成本 90-nm FPGA
低功耗	Cyclone II FPGA 功耗只有竞争低成本 90nm FPGA 的一半，大大降低了静态和动态功耗
工艺技术	Cyclone II FPGA 在 300mm 晶圆的基础上，采用了 TSMC 领先的 90nm 低电介工艺技术而生产
嵌入式存储器	Cyclone II FPGA 基于流行的 M4K 存储器块，提供多达 1.1Mbit 的嵌入式存储器，可以支持配置为广泛的操作模式，包括 RAM、ROM、先入先出（FIFO）缓冲器以及单端口和双端口模式
嵌入式乘法器	Cyclone II FPGA 提供最多 150 个 18 位×18 位比特乘法器，是低成本数字信号处理（DSP）应用的理想方案。这些乘法器可用于实现通用 DSP 功能，如有限冲击响应（FIR）滤波器、快速傅里叶变换、相关器、编/解码器以及数控振荡器（NCO）
外部存储器接口	Cyclone II 器件提供高级外部存储器接口支持，允许开发人员集成外部单倍数据传输速率（SDR）、双倍数据速率（DDR）、DDR2 SDRAM 器件以及第二代 4 倍数据传输速率（QDRII）SRAM 器件，数据传输速率最高可达 668 Mbit/s
差分 I/O 支持	Cyclone II 器件提供差分信号支持，包括 LVDS、RSDS、mini-LVDS、LVPECL、SSTL 和 HSTL I/O 标准。LVDS 标准支持接收端最高 805 Mbit/s 数据传输速率，发送端最高 622 Mbit/s
单端 I/O 支持	Cyclone II 器件支持各种单端 I/O 标准，如当前系统中常用的 LVTTL、LVCMOS、SSTL、HSTL、PCI 和 PCI-X 标准

续表

特 性	说 明
接口和协议支持	Cyclone II 器件支持串行总线和网络接口（如 PCI 和 PCI-X），快速访问外部存储器件，同时还支持大量通信协议，包括以太网协议和通用接口
时钟管理电路	Cyclone II 器件支持最多达 4 个可编程锁相环（PLL）和最多 16 个全局时钟线，提供强大的时钟管理和频率合成能力，使系统性能最大化。这些 PLL 提供的高级特性包括频率合成、可编程占空比、外部时钟输出、可编程带宽、输入时钟扩频、锁定探测以及支持差分输入/输出时钟信号
Nios® II 嵌入式处理器	Cyclone II 器件的 Nios II 嵌入式处理器降低了成本，提高了灵活性，给低成本分立式微处理器提供了一个理想的替代方案
片内匹配	Cyclone II FPGA 支持驱动阻抗匹配和片内串行终端匹配；片内匹配消除了对外部电阻的需求，提高了信号完整性，简化电路板设计；Cyclone II FPGA 通过外部电阻还可支持并行匹配和差分匹配
快速接通能力	Cyclone II FPGA 具有快速接通能力，上电后能够迅速工作，是汽车等需要快速启动的应用的理想选择；在器件订购码中以“A”表示具有较短上电复位（POR）时间的 Cyclone II FPGA（EP2C5A、EP2C8A、EP2C15A 和 EP2C20A）
热插拔及上电顺序	Cyclone II 器件提供强大的片内热插拔以及上电顺序支持，确保器件正确操作不依赖上电顺序；该特性同时实现了上电之前和上电过程中对器件和三态 I/O 缓冲的保护，使 Cyclone II 器件成为多电压系统以及具高可靠性和冗余需求的应用的理想方案
循环冗余码（CRC）	Cyclone II 器件具有 32bitCRC 自动校验功能。内置的 CRC 校验电路简化了校验流程，只需在 Quartus II 软件中单击一下即可；这是 FPGA 中对付单事件干扰（SEU）问题最有效的解决方案
Cyclone II 与 Cyclone FPGA 的差别	Cyclone II FPGA 提供比 Cyclone FPGA 更新、更先进的特性。这些特性包括嵌入式乘法器、支持 DDR2 和 QDR II 存储器件的外部存储器接口、片内串行匹配，以及支持更多的差分和单端 I/O 标准
串行配置器件	Cyclone II 器件可以采用 Altera 的低成本串行配置器件进行配置，这种串行配置器件最大可提供 64Mbit 的 Flash 存储器

（2）Cyclone II 器件的结构。

1）Cyclone II 器件的总体结构。Cyclone II 通过一个基于行、列的二维结构来实现自定义逻辑，这种行列互连结构用于实现 LAB（Logic Array Block）、存储器模块和乘法器之间的互连。Cyclone II 的结构如图 2.8.15 所示。

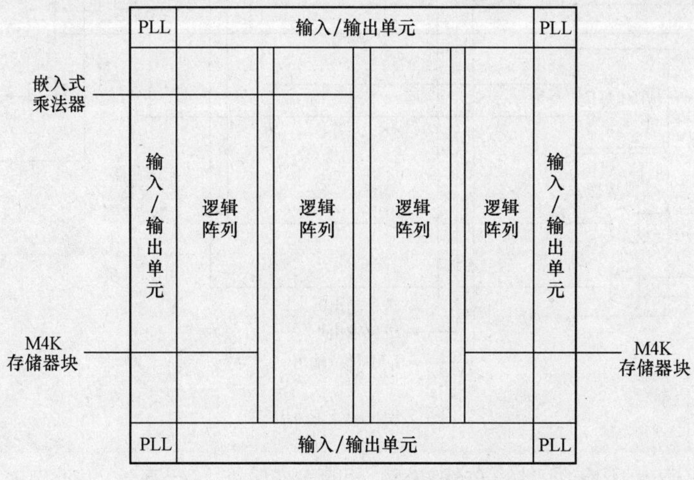

图 2.8.15 Cyclone II 的总体结构

逻辑整列由 LAB 组成，每个 LAB 包含 16 个逻辑单元（Logic Elements，LE）。LE 是能够有效实现用户逻辑的最小单元，LAB 在 FPGA 排成行和列。Cyclone II 中的 LE 有 4608～68416 个。

Cyclone 最多可以提供 16 个全局时钟网络和 4 个 PLL，全局时钟网络可以为 FPGA 中的所有资源提供时钟，包括输入/输出单元、LE、乘法器、存储模块等。Cyclone 的 PLL 可以用于时钟的合成与移相，又可以对外输出提供给高速差分 I/O。

M4K 存储模块是真正的双端口存储模块，每个模块有 4Kbit，并支持奇偶校验。这些模块可以作为真正的双端口模块、简单的双端口模块和单端口模块使用。最高支持 36 位宽，时钟可达 250MHz。存储模块在 FPGA 中被排列成列的形式，并夹在 LAB 当中，Cyclone II 可以提供 119～1152Kbit 的嵌入存储器。

每个嵌入的乘法模块可以当做两个 9 位×9 位的乘法器使用，也可以当做 1 个 9 位×9 位的乘法器使用，时钟可达 250MHz。乘法器在 FPGA 中以列的形式排列。

每个器件的 I/O 引脚都由位于 FPGA 周围的输入/输出单元驱动。I/O 引脚支持多种标准的单端信号和差分信号。例如 66MHz 或 33MHz，64bit 或 32bit 的 PCI，输入传输速率可达 805Mbit/s，输出传输速率可达 640Mbit/s 的 LVDS 的差分信号。每个 IOE 都包含一个双向 I/O 缓冲器和一个三态寄存器以便寄存 I/O 使能信号。

2）LE 结构。LE 是 Cyclone II 中最小的逻辑单元，每个 LE 包含一个 4 输入的 LUT（它可以构建成任意 4 个参数的逻辑函数的函数发生器）、可编程的寄存器、进位链接线、寄存器链接线，如图 2.8.16 所示。

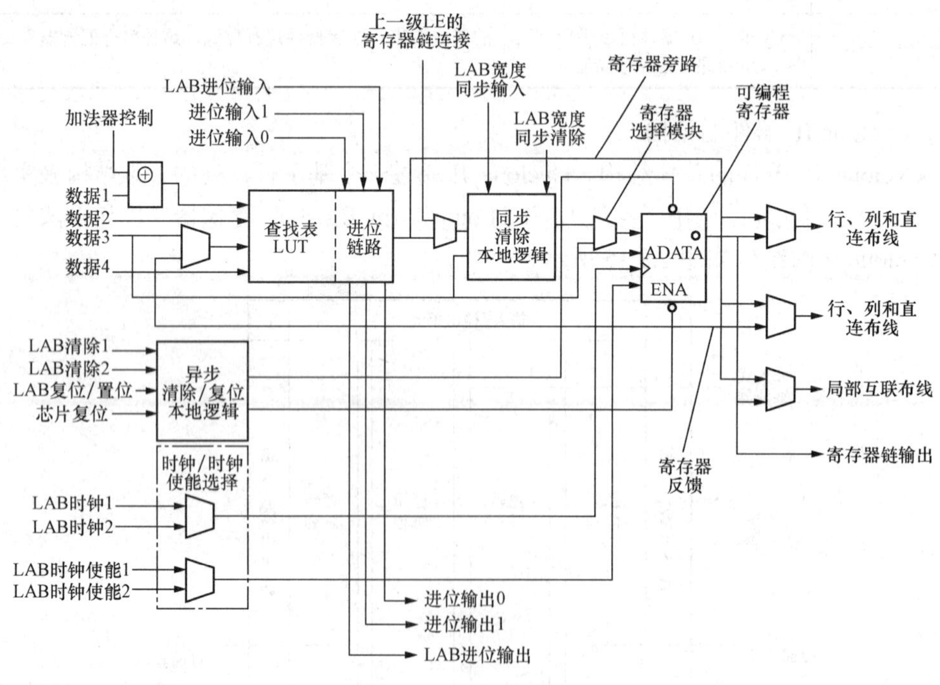

图 2.8.16 LE 结构

每个 LE 可以驱动所有类型的布线资源，即局部互连、行互连、列互连、LUT 链、寄存器链以及直连线。

每个 LE 的可编程寄存器可以配置成 D、T、JK 或 SR 触发器。每个寄存器都有数据、时钟、时钟使能和复位信号。该触发器的时钟和复位信号可以由全局信号、通用 I/O 引脚或者内部逻辑驱动。通用 I/O 或内部逻辑都可以驱动时钟使能信号。对于纯组合逻辑，可以将触发器旁路，将 LUT 的输出直接连到 LE 的输出。

每个 LE 都有三个输出驱动局部、行、列互连的布线资源，LUT 或者寄存器的输出都可以单独驱动这三种布线资源。两个输出都可以驱动列、行、直连链路的布线资源，另一个数据驱动局部互连布线资源。这个特性使得 LUT 驱动一个输出，而寄存器可以驱动另一个输出。这个特性被称做寄存器封装，即一个 LE 中的 LUT 和触发器能够完成不相干的功能，因此提高了 LE 的资源利用率。

LE 的另一个封装模式就是允许寄存器的输出反馈给同一个 LE 中的 LUT，作为它输入的一部分，所以这个寄存器与它自己的输出端 LUT 封装在了一起。这为优化设计提供了另一个手段。

Cyclone II 中还提供了两条专用高速数据通道，用于连接相邻的 LE，这就是进位链和级联链。进位链用来支持高速计数器和加法器；级联链可实现最小延时的多输入逻辑函数。

3）LAB 结构。LAB 结构如图 2.8.17 所示。每个 LAB 由 LAB 控制信号、16 个 LE、LE 进位链、寄存器链和局部互连组成。局部互连负责在本 LAB 中的 LE 间传送数据。寄存器链将 LE 的寄存器输出传送给同一个 LAB 中相邻 LE。Quartus II 编译器将相关的逻辑放到同一个 LAB 或相邻的 LAB 中来使用局部互连资源和寄存器链以实现更高的性能和面积控制。

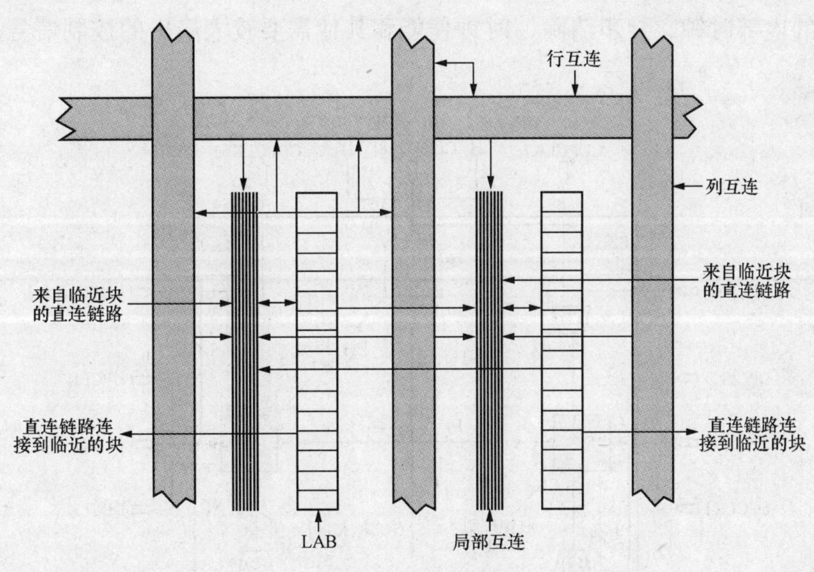

图 2.8.17 LAB 结构

当前 LAB 中的局部互连负责本 LAB 中的连接，为行—列结构互连提供帮助，并给 LAB 内部的 LE 输出提供互连。相邻的 LAB、PLL、M4K 存储单元也可以通过它左右的直连链路来使用 LAB 中的局部互连。如果需要更好的性能和设计弹性，直连链路具备的最小化占用行—列结构链路的能力将发挥作用。每个 LE 可以驱动使用 30 个其他的 LE，这要通过快速局部互连和直连链路来实现。图 2.8.18 描绘的是直连链路的结构。

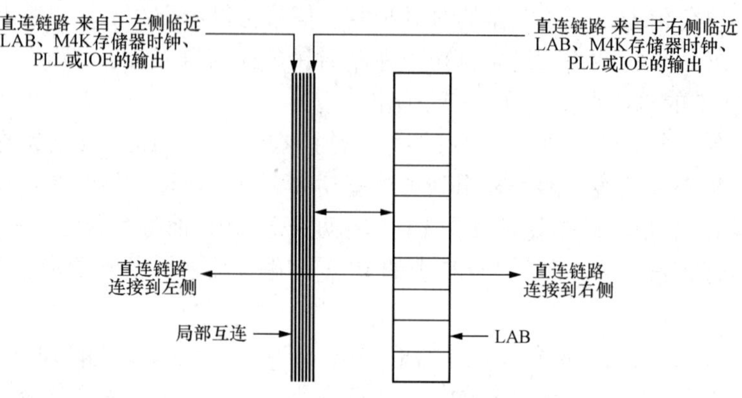

图 2.8.18 直连链路结构

4）全局时钟网络。全局时钟网络是整个设计工作的基础，驱动着各个模块的运行。全局时钟保证了所有 LE 的时钟都严格同步，这是时序设计的保证，保证各寄存器不会进入不稳定状态。

图 2.8.19 给出了 Cyclone II 2C35 的全局时钟网络。2C35 共有 4 个 PLL、16 个专用时钟引脚和 20 个两用时钟引脚，这些都可以驱动全局时钟网络。全局时钟网络的 16 条全局时钟线贯穿器件内部所有组件。全局时钟网络可以给所有的内部组件提供时钟源，包括所有 IOE、LE 和存储器时钟。全局时钟线也可以被用作控制信号，例如从外部引脚引入的时钟使能和同步/异步清除信号，或者是提供给 DDR SDRAM/FCRAM 界面的 DQS 信号。内部逻辑产生的内部时钟、异步清除、时钟使能和其他需要较大扇出的控制信号，也可以使用全局时钟线。

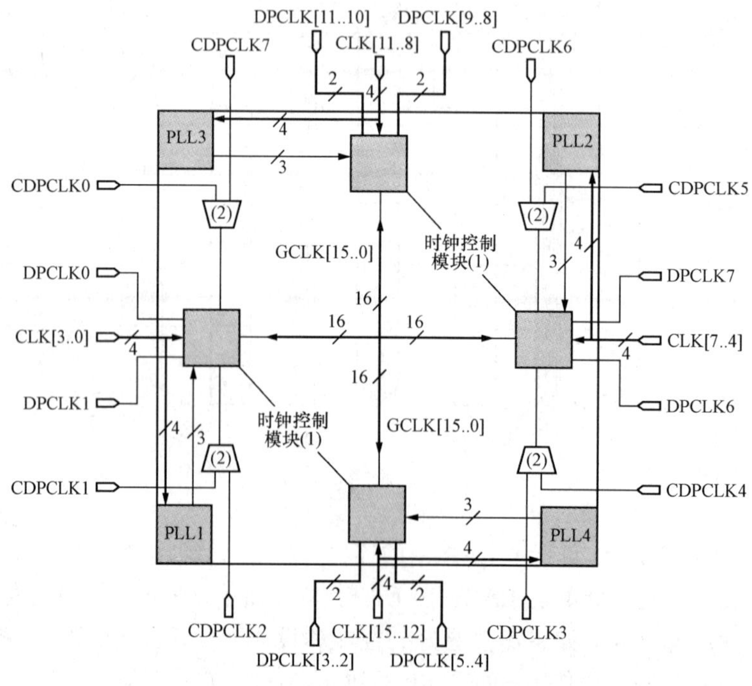

图 2.8.19 Cyclone II 2C35 的全局时钟网络结构

时钟控制模块用于选择每个全局时钟网络的时钟。专用时钟引脚 CLK、PLL 的输出，两用时钟引脚 DPCLK 和内部逻辑信号都可以是时钟控制模块的输入。时钟控制模块的输出用于驱动全局时钟网络。

时钟控制模块的结构如图 2.8.20 所示。从图中可以看出，一个时钟控制模块最多可以有两个全局时钟输入、2 个 PLL 时钟输入、一个内部逻辑输入和一个两用时钟输入。

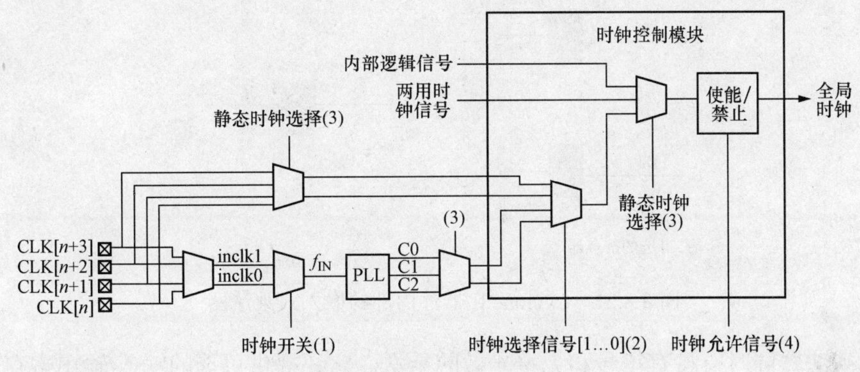

图 2.8.20 时钟控制模块结构图

（3）Cyclone II 器件低成本 DSP 解决方案。单独使用 Cyclone II FPGA 或者作为数字信号处理（DSP）协处理器来提高 DSP 应用的性价比，包括视频和图像处理、通信系统和普通 DSP 功能等。Cyclone II 器件含有经过优化的系列 DSP 功能，由 Altera 全套 DSP 流程提供支持。Cyclone II DSP 支持包括：

1）150 个 18×18 乘法器；

2）1.1 Mbit 的片内嵌入式存储器；

3）外部存储器高速接口；

4）DSP 知识产权（IP）内核；

5）The MathWorks Simulink 和 MATLAB 软件与 DSP Builder 的接口。

Cyclone II 器件是低成本 DSP 应用的理想选择（见表 2.8.4）。

表 2.8.4 **Cyclone II DSP 应用**

消 费 类	有线和无线通信
● Set-Top Boxes ● 照相机 ● 音频/视频会议设备 ● 等离子显示器 ● 高清晰度电视机（HDTV） ● 便携式摄像机	● 调制解调器 ● 数字环路线缆接入复用器（DSLAM）系统 ● 高速无线用户端（CPE）设备 ● 无线局域网（LAN）接入节点
汽 车	**军事、工业和医学应用**
● 导航系统 ● 卫星无线电接收器 ● 混合电视接收器 ● 远程信息处理 ● 娱乐设备	● 医用设备（例如：MRI、X 射线） ● 雷达 ● 软件无线电 ● 网络测试设备

与基于逻辑单元（LE）的乘法器相比，嵌入式乘法器提供了更高的性能和逻辑效率。Cyclone II 器件内部的嵌入式乘法器是低成本 DSP 应用的理想解决方案。Cyclone II FPGA 内部的嵌入式乘法器能够实现在典型 DSP 功能中经常用到的简单乘法器操作。每个嵌入式乘法器（见图 2.8.21）都能够被配置成为一个 18 位×18 位的乘法器，或两个 9 位×9 位的乘法器。

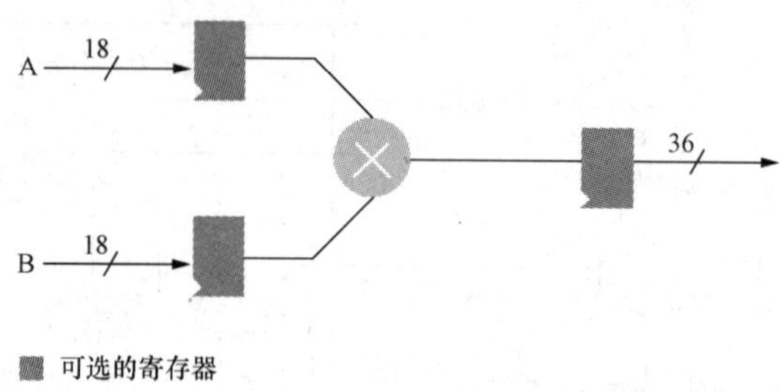

图 2.8.21　Cyclone II 器件内部的嵌入式乘法器

嵌入式乘法器同时支持有符号和无符号数的乘法。它还提供可选的输入/输出寄存器，用以提高性能。嵌入式乘法器也可以与 Cyclone II 器件的 M4K RAM 块进行无缝集成，实现使用包括乘法和存储器操作的高效 DSP 算法，如 FIR 滤波器和视频处理。表 2.8.5 所示为 Cyclone II 器件提供的乘法器数量。

表 2.8.5　　Cyclone II 器件内可用乘法器数量

器　件	LE	18 位×18 位乘法器	9 位×9 位乘法器
EP2C5	4608	13	26
EP2C8	8256	18	36
EP2C20	18752	26	52
EP2C35	33216	35	70
EP2C50	50528	86	172
EP2C70	68416	150	300

以上两列乘法器的数量不能相加（也就是说，EP2C1 器件提供 13 个 18 位×18 位的乘法器或 26 个 9 位×9 位的乘法器，但不同时提供）。

Cyclone II 器件的嵌入式乘法器能够在 250 MHz 下运行，消除了复杂算法计算的性能瓶颈，将 DSP 系统的整体吞吐量提高了若干个数量级。Cyclone II 器件可被用做 DSP 应用的 FPGA 协处理器，分担 DSP 处理器的复杂算法计算，以更低的系统成本推进系统的整体性能。

（4）专用外部存储器接口。Cyclone II 器件被设计成为能够通过一个专用的接口，和双倍数据速率（DDR、DDR2）、单倍速率（SDR）SDRAM 器件以及四倍数据速率（QDRII）SRAM 器件进行通信，保证快速可靠的数据传输，传输速率最高达到 668 Mbit/s。开发人员可以在几分钟里集成 SDRAM 和 SRAM 器件到他们的系统中，和基于 Cyclone II 优化的、现成的 IP 控制器核一起运行。表 2.8.6 总结了 Cyclone II 外部存储器接口支持。

表 2.8.6 Cyclone II 器件支持的外部存储器接口

存储技术	I/O 标准	最大总线宽（bit）	最大时钟速度（MHz）	最大数据传输速率（Mbit/s）
SDR SDRAM	3.3-V LVTTL	72	167	167
DDR SDRAM	2.5-V SSTL Class I, II	72	167	334
DDR2 SDRAM	1.8-V SSTL Class I, II	72	167	334
QDRII SRAM	1.8-V HSTL Class I, II	36	167	668

DDR SDRAM 器件近年十分流行，主要是因为其低功耗、相对低的价格和高带宽特性。由于数据处理在时钟的两个沿都会发生，DDR SDRAM 器件是传输速率较慢的 SDR 架构总体有效数据带宽的两倍。DDR SDRAM 器件应用已经远远超越了个人电脑（PC）的领域，现在已经广泛应用于从网络、通信到机顶盒和家庭娱乐系统等领域。DDR2 存储器保持了这些特性，并提供了更快的时钟速率和性能。四倍数据传输速率（QDRII）SRAM 器件使系统设计人员能够将数据吞吐能力最大化，主要在通信应用领域，数据传输速率可以最高达167MHz。QDR II 架构具有双数据端口（输入/输出）的特性，每个时钟周期各执行两次操作，从而实现每个时钟周期完成四个数据指令。这种性能提升对于带宽和延迟敏感的应用更加显著，例如用于查找表、链表和控制器缓存的主存储器。

Cyclone II 器件被设计成为和外部存储器件进行高速可靠地将数据输入、输出传送。高速接口的关键技术在于采用专用 I/O 特性，确保所有的时序需求都被满足，通过最小的设计消耗获取最好的性能。

每个 Cyclone II 器件都采用了优化的 I/O 引脚，以接入 DDR/DDR2、SDR SDRAM 和 QDRII SRAM 器件。每个 I/O 区都具有最多两套接口信号引脚，每套引脚包含一个单一数据选通（DQS）引脚和相关数据（DQ）引脚。这些引脚被设计成为与采用 SSTL-18 Class I/II、SSTL-2 Class I/II 和 HSTL Class I/II I/O 标准的外部存储器件进行高速数据传输。每个器件可最多支持 72 个 DQ 引脚，并带有相应的 DQS 引脚，支持一个具有 64bit 数据和纠错的双面存储器模块（DIMM）。

专用数据选通 DQS 电路在读周期中针对优化了的时钟和数据序列将 DQS 信号做了移相。这个电路不使用外部印制电路板（PCB）的回溯延迟，使选通 DQS 和数据 DQ 信号之间的时钟歪斜最小。这确保了高速 DDR 存储器的时序要求能够得到可靠的满足，节省 PCB 成本。图 2.8.22 所示为典型的 Cyclone II FPGA 和 DDR 存储器器件之间的接口。数据引脚成组地在板上进行布线。时钟选通信号随着数据组一起布线，每组一根。Cyclone II 器件的存储器控制器 IP 核产生地址和控制信号发送给片外存储器。Cyclone II 器件也产生系统时钟。

（5）Cyclone II 器件内的锁相环。Cyclone II 器件具备最多 4 个增强型锁相环（PLL），提供先进的时钟管理能力，例如频率合成、可编程相移、外部时钟输出、可编程占空比、锁定检测、可编程带宽、输入时钟扩频和支持高速差分输入/输出时钟信号。Cyclone II 器件的 PLL 简化了时序问题和整体电路板版面设计。Cyclone II PLL 提供了经济的时序控制方案，应用于包括消费、通信、计算、汽车、工业和无线系统等领域。图 2.8.23 描述了 Cyclone II PLL 的原理框图。

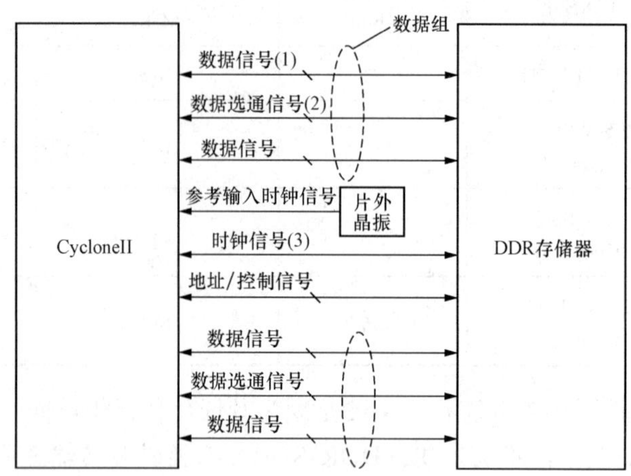

图 2.8.22　典型的 Cyclone II FPGA 和 DDR 存储器接口

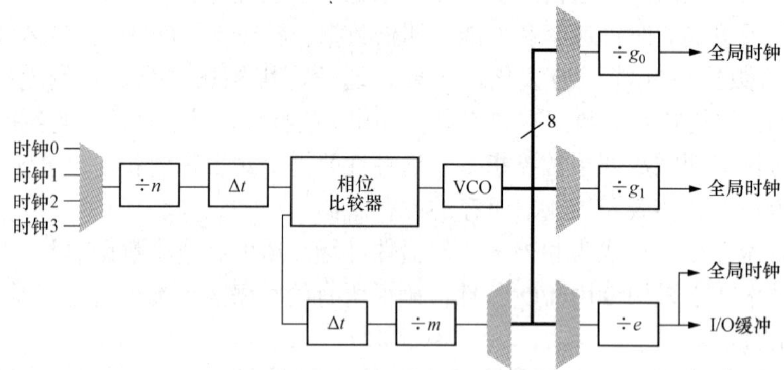

图 2.8.23　Cyclone II 器件的 PLL 原理框图

Cyclone II PLL 提供了时钟合成能力，允许内部时钟在与输入时钟频率不同的频率下运行。每个 PLL 能够提供最多达 3 个输出时钟，每个输出时钟的频率可互不相同。PLL 提供 *m* 倍频或（*n*×post-scale 计数器）比率的分频，这里 *m*、*n* 和 post-scale 计数器可以是 1 到 32 中的任何整数。

Cyclone II PLL 允许开发人员实现时间范围的多路复用应用，通常只需例化一个电路，与过去的每个时钟周期一个电路不同。通过使用时分多路复用，可以利用较少的逻辑单元实现一个给定功能，从而以器件资源共享的方式提高器件面积效率。

下面介绍外部时钟输出和时钟反馈。

1）每个 PLL 支持一个差分或一个单端外部输出时钟。每个 PLL 带有一对外部时钟输出引脚。外部时钟输出引脚支持多种 I/O 标准，见表 2.8.7。外部时钟输出可被用做系统时钟或用来使板上不同的器件同步。时钟反馈特性可以作为内部延迟的补偿，或用来调整外部时钟输出与时钟输入的相位关系。

表 2.8.7 **Cyclone II PLL 的特性**

特　性	PLL　支　持
输入时钟频率	11～311 MHz
输出时钟频率	10～400 MHz
外部输出引脚的时钟频率	10～200 MHz
时钟倍频和分频	*m*/（*n* × post-scale 计数器）（1）
相移	增量粒度 125ps（2），（3）
可编程占空比	支持
可编程带宽	支持
扩频	支持输入时钟的扩频
内部时钟输出数	3
外部时钟输出数	一个差分或单端
输入时钟和外部时钟输出 I/O 标准支持	LVTTL, LVCMOS, 2.5/1.8/1.5 V, 3.3 V PCI, SSTL-2 Class I & II, SSTL-3 Class I & II, LVDS, HSTL, PCI-X, LVPECL

2）Cyclone II PLL 具有先进的时钟移相能力，能够实现可编程相移。开发人员能够实现 125ps 时间粒度的相位移动。这种可编程相移特性是满足时序约束的理想方法，例如对于苛刻的时钟沿精确定位情况下如何满足建立保持时间需求。

3）Cyclone II PLL 锁定检测信号。锁定输出指示当前已经有一个稳定的和参考时钟同步的时钟输出信号。锁定检测信号可用于系统控制和同步电路板上的不同器件。

可编程占空比允许 PLL 产生不同占空比的输出时钟。可编程占空比特性对于双倍数据速率（DDR）应用非常有效，在这里数据可以在时钟的正负边沿都进行数据传送。可编程占空比允许开发人员控制时钟正负边沿的位置，简化和这些沿相关的建立保持时间需求。

4）Cyclone II PLL 的带宽是衡量其跟踪输入时钟和抖动能力的标准。利用 Cyclone II 器件，开发人员可以控制 PLL 的带宽设置，根据需要滤除输入时钟抖动。高带宽的 PLL 可以快速锁住参考时钟，并抵制时钟中的任何变化。低带宽的 PLL 将花费较长的时间去锁定时钟，但是能滤除更多的抖动。对于需要级联 PLL 的应用，Cyclone II 的可编程带宽特性为开发人员提供了极大的灵活性。

5）扩频技术被用于降低系统的电磁干扰（EMI）。这种技术通过在宽频率范围内分配时钟能量来实现。Cyclone II 器件的 PLL 支持对输入时钟扩频。Cyclone II PLL 能够成功地跟踪在 200 kHz 的调制频率上进行了 2%中心扩展的输入时钟。

（6）Cyclone II I/O 支持。

1）单端 I/O 标准：Cyclone II 器件支持单端 I/O 标准，例如 LVTTL、LVCMOS、SSTL-2、SSTL-18、HSTL-18、HSTL-15、PCI 和 PCI-X， 以连接至板上其他器件。当 FPGA 与其他高级存储器件如双倍数据速率（DDR 和 DDR2）SDRAM 和 QDRII SRAM 器件一起工作时，单端 I/O 标准是关键因素。表 2.8.8 列出了 Cyclone II 器件内的单端 I/O 标准和所支持的目标性能。

表 2.8.8　　Cyclone II 器件单端 I/O 标准支持

I/O 标准	性能（MHz）	典型应用
3.3V/2.5V/1.8V LVTTL	167	通用
3.3V/2.5V/1.8V/1.5V LVCMOS	167	通用
3.3V PCI	66	个人电脑（PC），嵌入式应用
3.3V PCI-X	100	PC，嵌入式应用
2.5V/1.8V SSTL Class I	167	存储器
2.5V/1.8V SSTL Class II	133/125	存储器
1.8V/1.5V HSTL Class I	167	存储器
1.8V/1.5V HSTL Class II	100	存储器

2）差分 I/O 标准:与单端/IO 标准相比，Cyclone II 器件的差分信号提供更好的噪声容限，产生更低的电磁干扰（EMI），并降低了功耗。表 2.8.9 列出了 Cyclone II 器件内的差分 I/O 标准和所支持的目标性能。

表 2.8.9　　Cyclone II 器件的差分 I/O 标准支持

I/O 标准	性　能	典型应用
LVDS	805 Mbit/s 接收端，622 Mbit/s 发送端	芯片到芯片接口应用，背板驱动
mini-LVDS	170 Mbit/s	通用
RSDS	170 Mbit/s	通用
LVPECL	150 MHz	只用于时钟输入
差分 HSTL	167 MHz	存储器
差分 SSTL	167 MHz	存储器

图 2.8.24 所示为 Cyclone II 器件内的 LVDS 接口，图 2.8.25 所示为 Cyclone II 器件内的 RSDS 和 Mini-LVDS 接口。

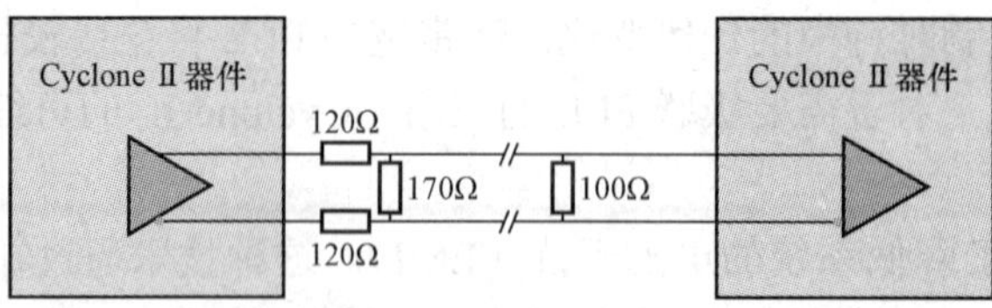

图 2.8.24　Cyclone II 器件内的 LVDS 接口

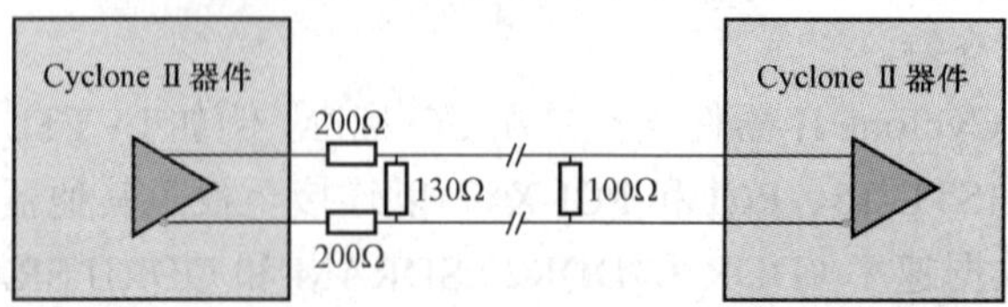

图 2.8.25　Cyclone II 器件内的 RSDS 和 mini-LVDS 接口

表 2.8.10 列出了 Cyclone II 器件内差分数据通道数量和所支持的目标性能。

表 2.8.10　　Cyclone II 器件内差分数据通道数量和所支持的目标性能

器 件	封 装	差分通道数量	LVDS 性能		RSDS 和 mini-LVDS 性能	
			发送（Mbit/s）	接收（Mbit/s）	发送（Mbit/s）	接收（Mbit/s）
EP2C5	144pin TQFP	30	622	805	170	170
	208pin PQFP	52	622	805	170	170
	256pin FBGA（4）	55	622	805	170	170
EP2C8	144pin TQFP	30	622	805	170	170
	208pin PQFP	52	622	805	170	170
	256pin FBGA	75	622	805	170	170
EP2C20	208pin PQFP	40	622	805	170	170
	256pin FBGA	63	622	805	170	170
	484pin FBGA	125	622	805	170	170
EP2C35	484pin FBGA	125	622	805	170	170
	672pin FBGA	200	622	805	170	170
EP2C50	484pin FBGA	115	622	805	170	170
	672pin FBGA	192	622	805	170	170
EP2C70	672pin FBGA	182	622	805	170	170
	896pin FBGA	275	622	805	170	170

2.8.2　Xilinx 系列产品

Xilinx 在 1985 年首次推出了 FPGA，随后推出新的集成度更高、速度更快、价格更低、功耗更小的 FPGA 器件系列，同时也推出了具有独特特点的 CPLD 系列。Xilinx 的可编程器件产品有多个系列，主要分成两类，属于 CPLD 器件系列的分别是 X2000、XC300、XC4000、XC5200、XC9500、XC9500XV、XC9500XL 以及 CoolRunner 等系列；属于 FPGA 器件系列的分别是 Spartan/XL、Spartan-II、Spartan-II E、Spartan-3、Spartan-3E、Virtex、Virtex-E、Virtex-E EM、Virtex-II、Virtex-II Pro、Virtex-4 以及 Virtex-5 等系列。目前，Xilinx 主流的 CPLD 产品主要是 XC9500 系列，而 Xilinx 主流的 FPGA 产品主要是 Virtex-4。

1. XC9500 系列 CPLD 器件

XC9500 系列 CPLD 器件主要应用于网络、通信和汽车应用电子等电子产品中。该系列器件采用了功耗低、处理速度快的快速闪存技术（FastFlash）,具有在系统可编程的能力；同时该系列器件支持 PCI 总线规范和 JTAG 边界扫描测试功能，并且该系列提供了 36～288 个宏单元，800～6400 个可用门的集成密度，并具有多种封装选项和 I/O 性能，能够很容易地实现不同密度器件间的移植。XC9500 系列 CPLD 器件又分为 XC9500 系列、XC9500XL 系列和 XC9500XV 系列，其主要特性如下。

（1）XC9500 系列器件的特性是：引脚至引脚延时为 5s；内部系统工作频率可达 125MHz；多种电压的 I/O 接口，可支持的电压为 5.0V/3.3V；在系统编程工作电压为 5.0V。

（2）XC9500XL 系列器件的特性是：引脚至引脚延时为 4s；内部系统工作频率可达 208MHz；多种电压的 I/O 接口，可支持的电压为 5.0V/3.3V/2.5V；在系统编程工作电压为 3.3V。

（3）XC9500XL 系列器件的特性是：引脚至引脚延时为 3.5s；内部系统工作频率可达 200MHz；多种电压的I/O接口，可支持的电压为3.3V/2.5V/1.8V；在系统编程工作电压为2.5V。

2. Virtex-4 系列 FPGA 器件

Virtex-4 系列是 Xilinx 新一代高端 FPGA 器件，该系列器件采用了 90nm 工艺制造，可提供高达 20 万逻辑单元集成密度和高达 500MHz 的系统时钟控制。整个系列分为 3 个面向特定应用领域而优化的 FPGA 平台架构，分别是 Virtex-4 LX 系列、Virtex-4SX 系列和 Virtex-4FX 系列。

（1）Virtex-4 LX 系列。该系列器件主要应用于高性能逻辑解决方案。该系列器件内部包含先进数字时钟管理器（DCM）、相位匹配时钟分频器（PMCD）、片上差分时钟网络、带有 FIFO 控制逻辑的 500MHz SmartRAM 技术、每个 I/O 都有集成集成 ChipSync 源同步技术的 1Gbit/s I/O 和 Xtreme DSP 逻辑模块等。

（2）Virtex-4 SX 系列。该系列器件主要应用于高性能数字信号处理解决方案。该系列器件内部不但集成了 Virtex-4 LX 系列器件的各种功能外，还集成了很多 SmartRAM 存储器块和 512 个 Xtreme DSP 逻辑模块。在高达 500MHz 的时钟频率下，可提供高达 256GigaM-ACs/s 的 DSP 总带宽，然而功耗仅为 57μW/MHz。

（3）Virtex-4 FX 系列。该系列器件主要应用于高性能全功能嵌入式解决方案。该系列器件内部不但集成了 Virtex-4 LX 系列器件的各种功能外，还嵌入了两个 32 位 RISC PowerPC 处理器和 4 个集成的 10MB/100MB/1000MB Ethernet MAC 内核，从而实现了高性能嵌入式处理器应用。同时该系列器件还包括有 24 个业界领先的 RocketIO 高速串行收发器，该收发器支持所有的高速串行数据传输速率。

2.8.3 Lattice 系列产品

Lattice 是最早推出基于 EECMOS 技术的高密度可编程器件的公司。Lattice 可编程器件产品有多个系列，主要分成两类，属于 CPLD 器件系列的主要有 ispLSI、ispMACH、MACHXO 等系列；属于 FPGA 器件系列的主要有 Lattice EC&ECP、Lattice ECP2、Lattice ECP2M、Lattice XP 等系列，目前 Lattice 主流的 CPLD 产品主要是 ispMACH4000 系列和 MACHXO 系列，而 Lattice 主流的 FPGA 产品主要是 Lattice EC&ECP 系列。

（1）ispLSI 系列 CPLD 器件。ispLSI 系列 CPLD 器件是 Lattice 公司最早推出的大规模可编程逻辑器件，该系列器件主要分成 4 个子系列，即 ispLSI1000 系列、ispLSI2000 系列、ispLSI3000 系列和 ispLSI6000 系列。它们的基本结构和功能类似，但每种产品的应用场合不同。

1）ispLSI1000 系列。该系列为最基本的可编程器件，其集成度在 2000～8000 门；引脚到引脚的延迟时间在 7.5～15ns；系统的工作频率范围为 80～125MHz，ispLSI1000 系列器件可以在高速率下完成控制、LANS、译码和总线管理等。

2）ispLSI2000 系列。该系列为高性能可编程器件，其集成度在 1000～6000 门；引脚到引脚的延迟时间在 0～10ns；系统的工作频率范围为 100～180MHz，ispLSI1000 系列器件具有更多的 I/O 接口，可以用于计数器、计时器以及作为微处理器高速 RISC/CISC 的定时接口等。

3）ispLSI3000 系列。该系列为高性能和高密度相结合的可编程器件，其集成度在 8000～14000 门；引脚到引脚的延迟时间在 7.5～15ns；系统的工作频率范围为 77～125MHz， ispLSI3000 系列针对可编程器件的更高密度的设计进行了优化，内部嵌入了完整的系统逻辑、DSP 功能逻辑、压缩逻辑和全编码逻辑功能。因此该系列器件能够实现非常复杂的逻辑功能。该系列器件主要应用于数字信号处理、图形处理、数据压缩以及数据加密和解密功等。

4）ispLSI6000 系列。该系列为内部带有内存的更高集成密度和性能的可编程器件，其集成度高达 25000 门；引脚到引脚的延迟时间是 15ns；系统的工作频率范围为 77MHz，ispLSI6000 系列器件将预设计的具有更高性能、复杂存储功能与逻辑功能和可编程逻辑单元集成在一起，因此，它是实现了功能更强大的可编程逻辑器件。该系列器件主要应用于电信、数据通信和数据处理等复杂场合。

（2）ispMACH4000 系列 CPLD 器件。该系列器件主要分成 3 个子系列：ispMACH4000V 系列、ispMACH4000B 系列和 ispMACH4000C 系列。ispMACH4000 系列 CPLD 器件支持多种电压 I/O 接口，可支持的电压为 1.8V/2.5V/3.3V；引脚到引脚的延迟时间是 2.5ns，可达到 400MHz 的系统性能。

（3）Lattice EC&ECP 系列 FPGA 器件。Lattice EC&ECP 系列 FPGA 器件功能是优化的，非常适用于对成本控制要求较高的应用领域，如消费品、汽车、医疗、工业、网络和计算机等。这个系列具有灵活的 sysIO 缓冲器和 sysCLOCK，支持 LVCMOS、LVTTL、PCI、LVDS、SSTL 和 HSTL；具有专用的 sysDDR 电路，可简化 DDR 存储器接口的实现；具有多种低成本的配置选项，支持工业标准 SPI 接口配置和其他常规协议，如并行、串行和 JTAG 等。在 Lattice ECP 系列产品中还嵌入了具有高性能的乘法、加法、减法和累加功能的 DSP 模块。

本 章 小 结

可编程逻辑器件 PLD 是一种可由用户通过自己编程配置各种逻辑功能的芯片，它经历了从简单 PLD（如 PROM、PAL 和 GAL）到采用大规模集成电路技术的复杂 PLD（如 CPLD 和 FPGA）的发展过程。

本章简单介绍了可编程逻辑器件的发展和分类，以及各类逻辑器件的特点。通过对 FPGA/CPLD 的基本原理、结构、特点和应用的介绍，明确了 FPGA 和 CPLD 各自的不同。另外，还介绍了几个厂家的各系列的逻辑器件结构和性能上的特点，及其它们用来实现哪些逻辑功能，适用于哪些场合。在实际系统中，应根据系统的具体要求，选择合适的大规模可编程芯片，使系统性能更加稳定可靠。

习 题

2.1 PLD 的含义是什么？简述 PLD 的发展历程。

2.2 PLD 的分类方法有哪几种？各有什么特征？

2.3 PLD 的基本结构由几部分组成？每部分的功能是什么？

2.4 PAL 由哪几部分组成？

2.5 PAL 实现组合逻辑函数的基本原理是什么？

2.6 GAL16V8 器件由哪五部分组成，分别起什么作用？

2.7 CPLD 的基本结构由哪几部分组成？每一部分的作用是什么？

2.8 FPGA 的基本结构由哪几部分组成？每一部分的作用是什么？

2.9 比较 CPLD 和 FPGA 的区别。

2.10 Altera 公司有哪些器件系列？

2.11 Xilinx 公司有哪些器件系列？

2.12 Lattice 公司有哪些器件系列？

第3章 EDA 开发软件及应用

内 容 提 要

目前，常用的EDA开发环境有Altera公司的Quartus II、Modelsim，Xilinx公司的ISE，Lattice公司的ISP Design Expert等。本章以Altera公司的Quartus II 9.0为主，介绍EDA开发软件的使用方法，并通过具体实例讲解在该设计平台上设计输入、综合分析、布局布线、时序仿真、编程配置、调试下载等过程；另外，还介绍了可以用于数字电路设计的EDA仿真软件Modelsim的性能、特点和仿真设计流程。

3.1 Quartus II 简 介

Quartus II 是Altera公司继Maxplus II之后推出的用于可编程片上系统（SOPC）设计的一个集成开发环境，是针对其公司生产的CPLD/FPGA器件的综合性开发软件，它的版本不断升级，从4.0版到11.0版，本章介绍的为9.0版。它支持原理图、VHDL、VerilogHDL以及AHDL（Altera Hardware Description Language）等多种设计输入形式，内嵌自有的综合器以及仿真器，可以完成从设计输入到硬件配置的完整PLD设计流程。它根据设计者需要提供了一个完整的多平台开发环境，拥有FPGA和CPLD设计所有阶段的解决方案。Quartus II可以在XP、Linux以及UNIX上使用，除了可以使用Tcl脚本完成设计流程外，提供了完善的用户图形界面设计方式。它具有运行速度快，界面统一，功能集中，易学易用等特点。

Quartus II 支持的器件包括Altera公司的MAX3000A系列、MAX7000系列、ACEX1K系列、APEX20K系列、ACEXII系列、FLEX6000系列、FLEX10K系列；支持MAX7000/MAX3000等乘积项器件；支持Cyclone系列、CycloneII系列、CycloneIII系列、StratixII系列、Stratix GX系列等。支持Altera的IP核，包含了LPM/MegaFunction宏功能模块库，用户可以充分利用成熟的模块，简化了设计的复杂性，加快了设计速度。对第三方EDA工具的良好支持也使用户可以在设计流程的各个阶段使用熟悉的第三方EDA工具。此外，Quartus II通过和DSP Builder工具与Matlab/Simulink相结合，可方便地实现各种DSP应用系统，支持Altera的片上可编程系统（SOPC）开发，集系统级设计、嵌入式软件开发、可编程逻辑设计于一体，是一种综合性的开发平台。Quartus II作为一种可编程逻辑的设计环境，由于其强大的设计能力和直观易用的接口，越来越受到数字系统设计者的欢迎。

3.2 Quartus II 软件的安装

1. PC系统配置

为了使Quartus II软件的性能达到最佳，Altera公司建议计算机的最低配置如下。

（1）奔腾 II 400 MHz，512 MB 以上系统内存。

（2）大于 4GB 的安装 Quartus II 9.0 软件所需的最小硬盘空间。

（3）Microsoft Windows NT 4.0（Service Pack 4 以上）、Windows 2000 或 Windows XP。

（4）Microsoft Windows 兼容的 SVGA 显示器。

（5）至少有下面的端口之一：用于 ByteBlaster II 或 ByteBlasterMV 下载电缆的并行口（LPT 口）；用于 MasterBlaster 通信电缆的串行口；用于 USB-Blaster 下载电缆、MasterBlaster 通信电缆以及 APU（Altera Programming Unit）的 USB 口（仅用于 Windows 2000 和 Windows XP）。

（6）Microsoft IE 5.0 以上浏览器。

（7）TCP/IP 网络协议。

2. Quartus II 9.0 软件安装步骤

（1）双击运行 Quartus II 9.0.exe 安装文件，进入 Web Edition Setup 窗口，单击“Next”按钮，如图 3.2.1 所示。

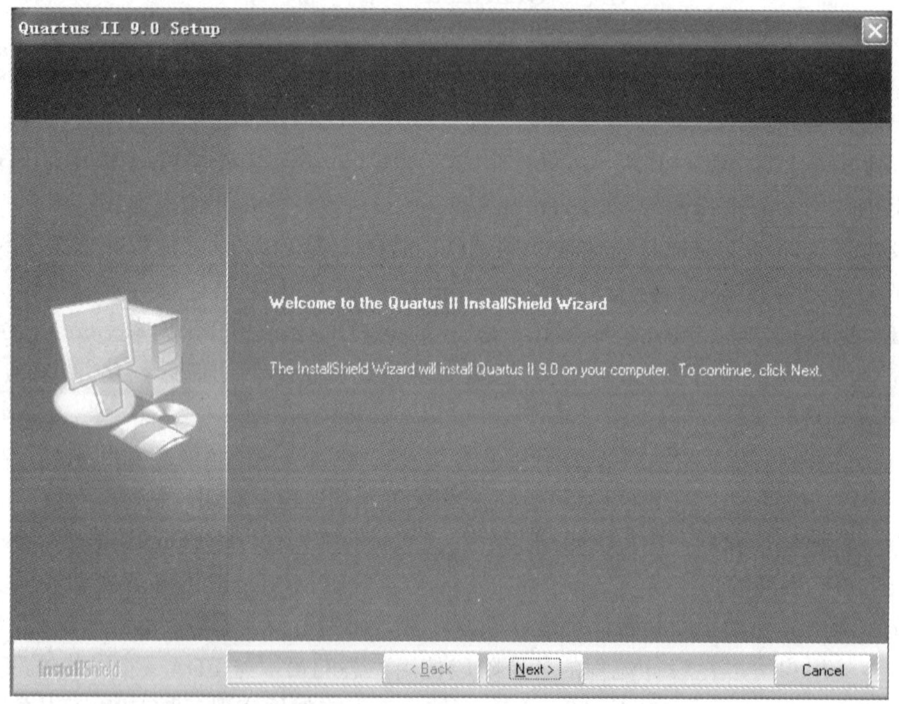

图 3.2.1 Quartus II 软件安装窗口

（2）进入 Quartus II License Agreement 窗口，点选 I accept item of the licence agreement，如图 3.2.2 所示，单击“Next”按钮。

（3）进入 Customer Information 窗口，输入名字及公司后，单击“Next”按钮，如图 3.2.3 所示。

（4）进入 Choose Destination Location 窗口，单击 Browse 可以更改路径，改好路径后，单击“Next”按钮，如图 3.2.4 所示。

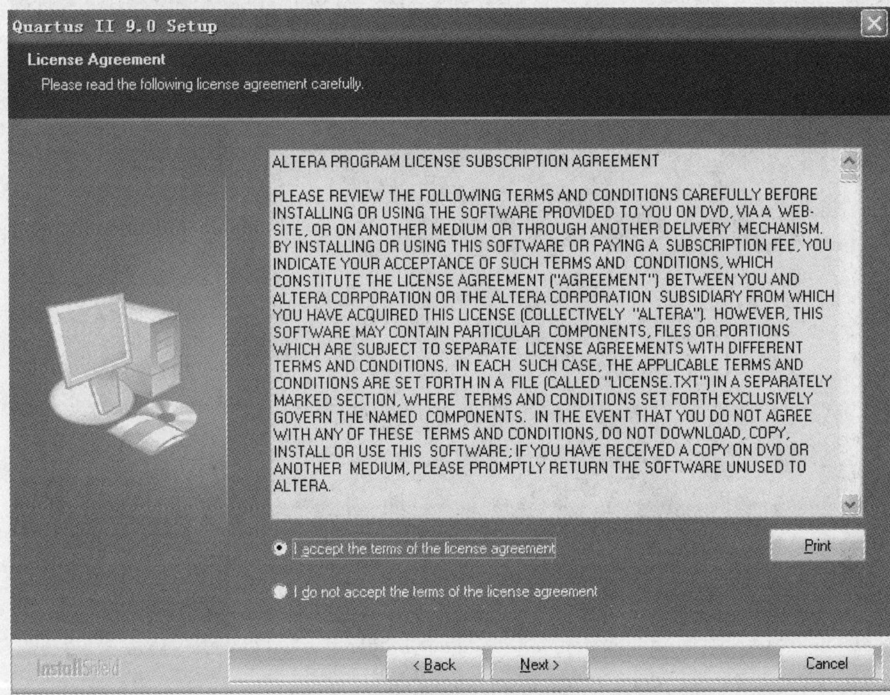

图 3.2.2 Quartus II License Agreement 窗口

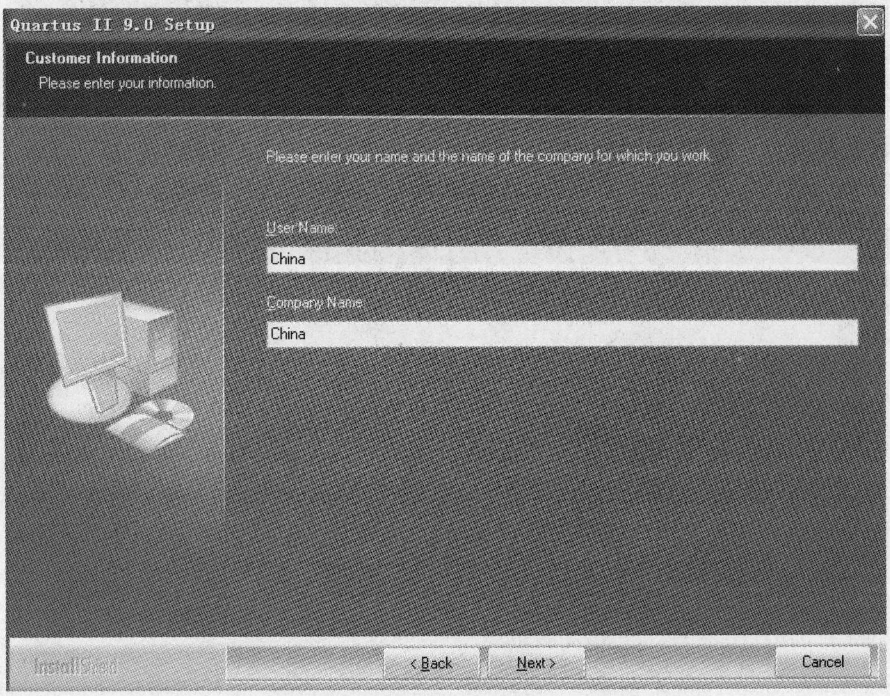

图 3.2.3 Customer Information 窗口

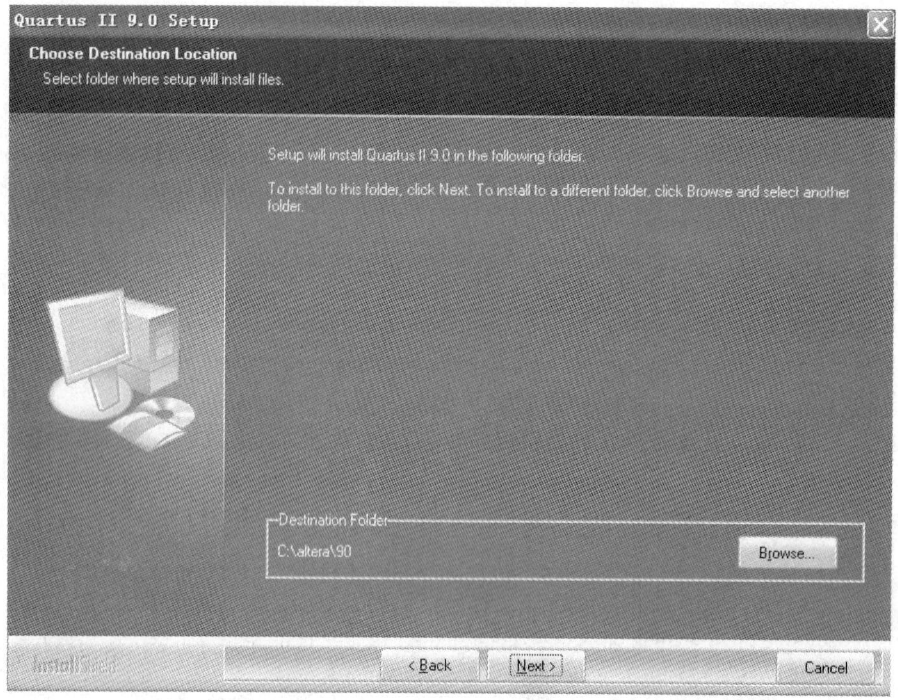

图 3.2.4　Choose Destination Location 窗口

（5）进入 Select Program Folder 窗口，单击“Next”按钮，如图 3.2.5 所示。

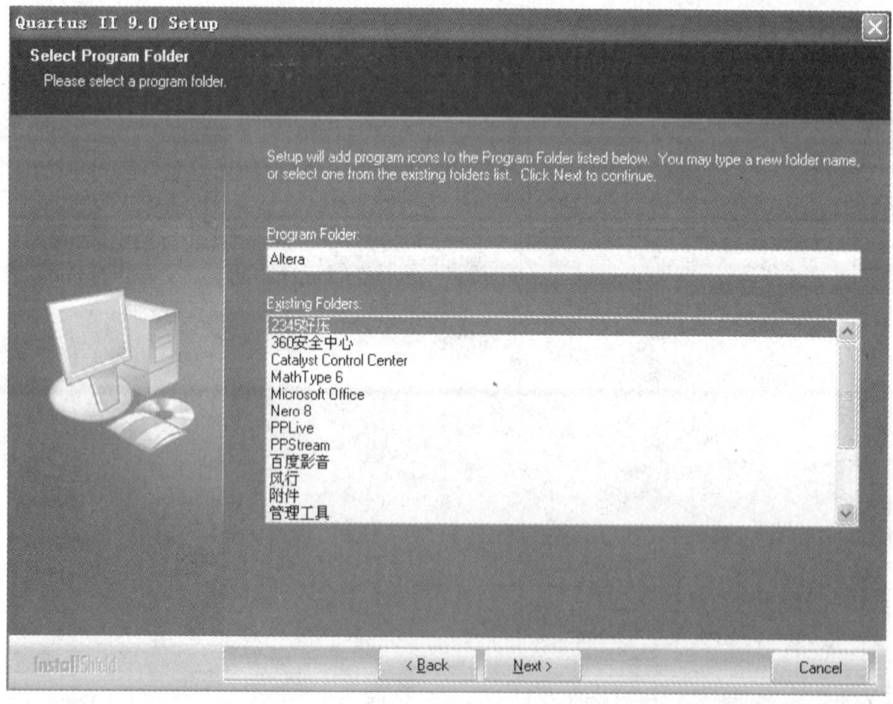

图 3.2.5　Select Program Folder 窗口

（6）进入 Setup Type 窗口，选择 Complete，单击“Next”按钮，如图 3.2.6 所示。

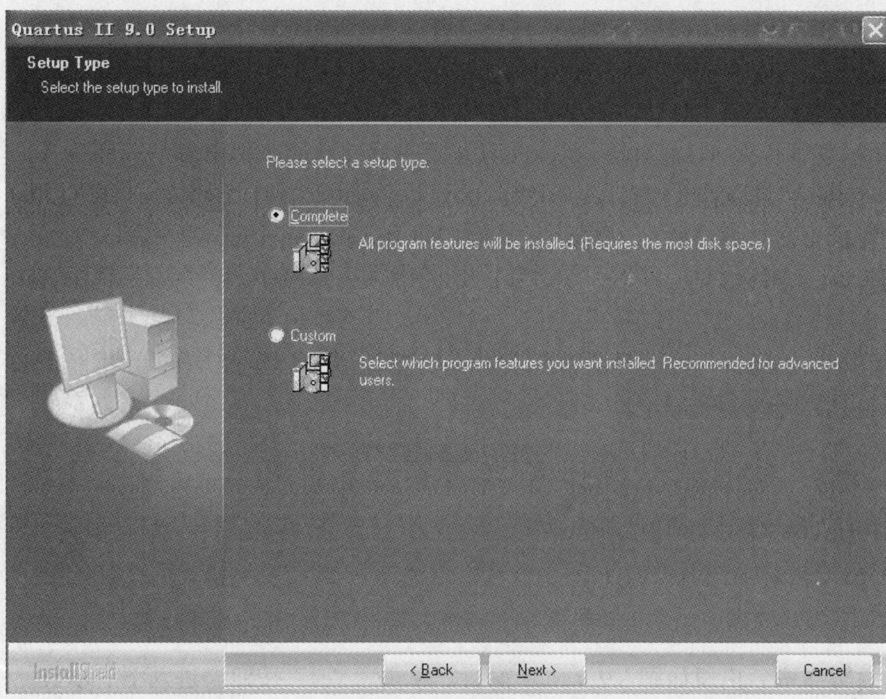

图 3.2.6 Setup Type 窗口

（7）进入 Star Copying Files 窗口，单击“Next”按钮，如图 3.2.7 所示。

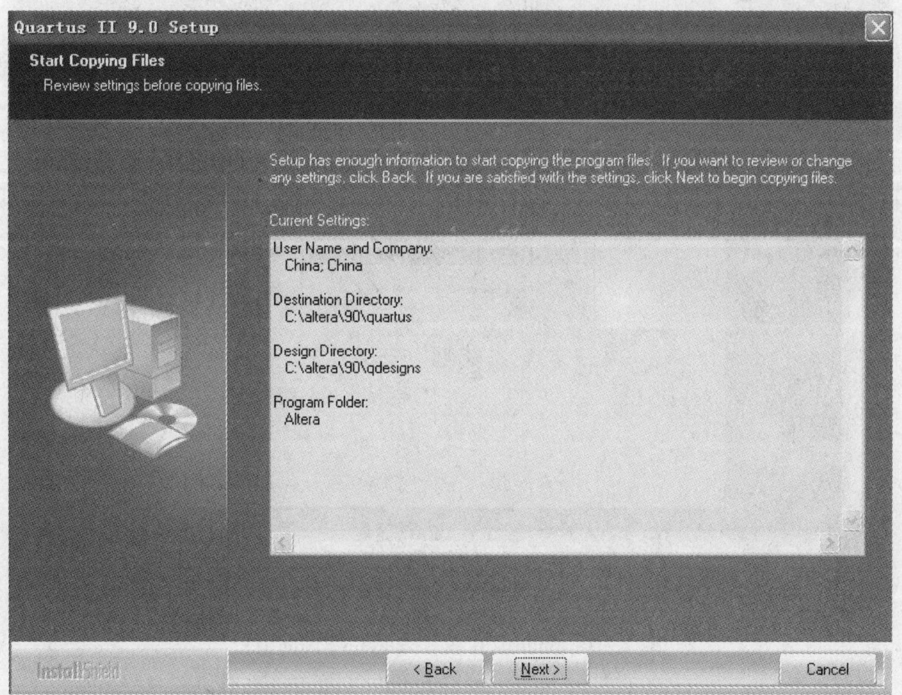

图 3.2.7 Star Copying Files 窗口

（8）进入安装窗口，这需要较长时间的等待，如图 3.2.8 所示。

图 3.2.8　Quartus II 软件安装窗口

（9）安装完毕后出现如图 3.2.9 所示窗口，单击“Yes”按钮，进入下一步。

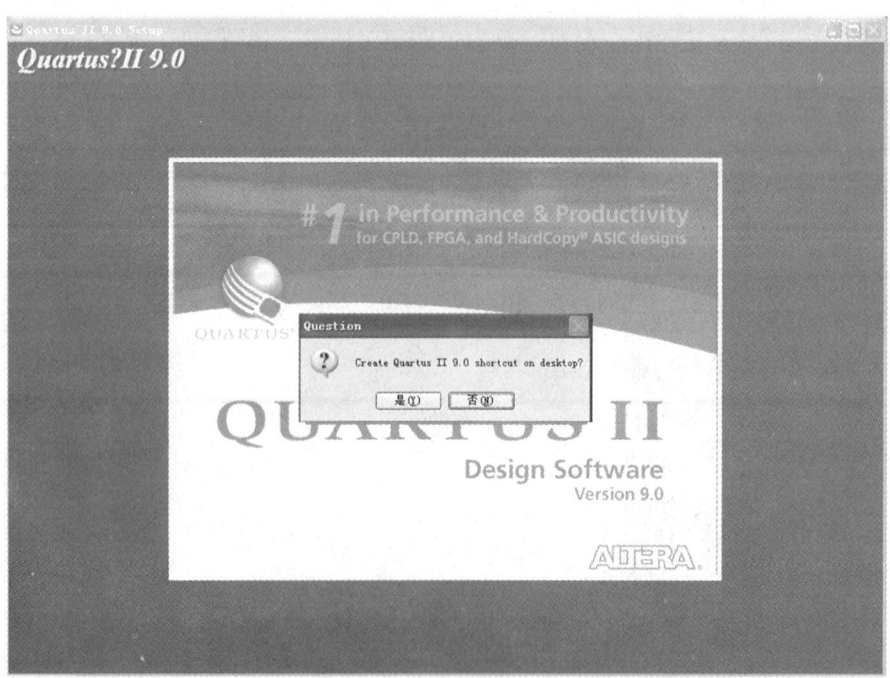

图 3.2.9　Quartus II 软件安装完毕询问窗口

（10）出现如图 3.2.10 所示的页面，此时已安装完成大部分，请单击“Finish”按钮。

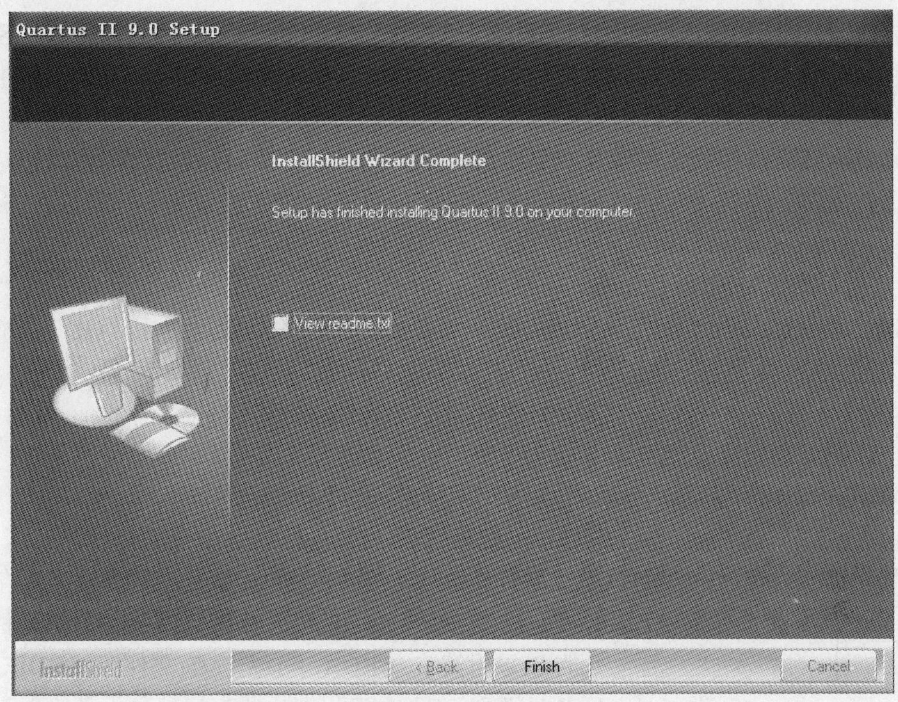

图 3.2.10 Quartus II 软件安装完毕窗口

3. Quartus II 9.0 软件的授权

安装完 Quartus II 软件之后，在首次运行它之前，还必须要有 Altera 公司提供的授权文件（license.dat）。首次启动 Quartus II 软件，如果软件不能检测到一个有效的授权文件，则将给出三种选择：执行 30 天的评估版模式，从 Altera 网站自动提取授权以及指定一个有效授权文件的正确位置。如果用户已经有了 Altera 提供的下面的信息，则可以通过网站 www.altera.com 中的 Licensing 部分得到一个 ASCII 权文件 license.dat：

（1）购买 Quartus II 开发系统时提供的一个六位数的 Altera ID。

（2）序列码，下面的形式之一：对于 network license（多用户）版本，序列码以大写字母 G 开头，后面紧跟 5 个数字（Gxxxxx）；对于 node-locked license（单用户）版本，序列码直接标注在软件狗（Software Guard）上，以大写字母 T 开头（Txxxxxxxxx）。

（3）网络接口卡（NIC）号在命令行输入模式下，可以通过下面的两种方式查看 NIC 号：

1）输入“<硬盘驱动器>：\quartus4\bin\lmutil lmhostid↙”。

2）输入“<硬盘驱动器>：ipconfig /all ↙”。

根据上面的信息，即可通过下面的步骤获得授权文件：

（1）打开 IE 浏览器，在地址输入栏中输入 www.altera.com/licensing，即可进入 Altera 软件授权主页。

（2）如果使用的是 node-locked license（单用户）版本，选择 FIXEDPC 项；如果使用的是 network license（多用户）版本，选择 FLOATPC，FLOATNET 或 FLOATLNX 项。

（3）根据要求，填写信息。

（4）Altera 通过 E-mail 附件和文本两种方式给用户发送授权文件 license.dat。单用户版可以直接使用附件中的授权文件，网络版需要对授权文件进行简单的修改后才可以使用。

网络版授权文件的修改：在得到了网络版的授权文件 license.dat 以后，需要在授权文件中指定服务器名称、服务器端口号以及 Daemon 可执行文件所在的目录，授权文件中的服务器 HOST ID 是与申请授权文件时所提供的服务器的 NIC ID 对应的。

在 Quartus II 软件中指定授权文件：上面的操作完成之后，可以通过下面方法指定授权文件位置。

（1）启动 Quartus II 软件；

（2）在提示界面中选择“Specify valid license file”项，将弹出 Tools 菜单中的“License Setup”页面，在 License file 栏中指定 license.dat 文件所在的目录，单击“OK”按钮退出。

3.3 Quartus II 软件的设计流程

用 Quartus II 软件进行数字系统开发的流程如图 3.3.1 所示。

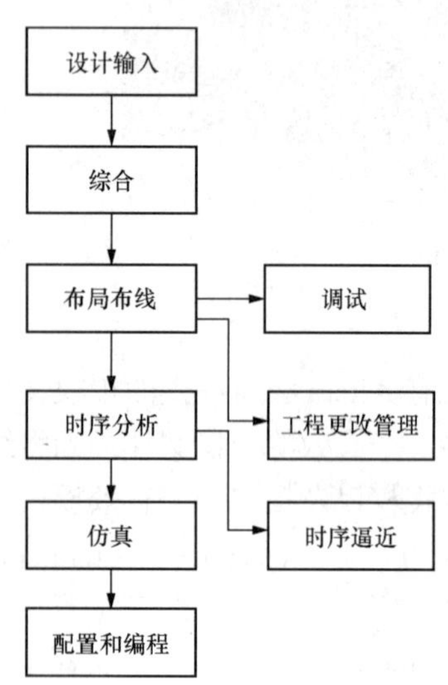

图 3.3.1 Quartus II 软件开发流程图

1. 设计输入

设计输入主要包括原理图输入、文本输入、存储器数据文件（如 HEX、MIF 等）输入、波形输入等几种方式，还可以采用第三方 EDA 工具产生的文件（如 EDIF、HDL、VQM 等）。在一个工程中，还支持几种设计输入方法的混合输入方法。

2. 综合

综合是根据设定的参数和策略对设计项目进行网表提取、逻辑综合、器件适配，并产生报告文件、延时信息文件及编程文件，供分析、仿真和编程使用。Quartus II 综合工具可以自动实现这个过程。

3. 时序分析

时序分析属于设计校验。其作用是测试设计的逻辑功能和内部时序的正确性。仿真包括功能仿真和时序仿真，仿真验证可以通过多种方式进行，例如，可以利用第三方仿真软件 Modelsim 进行，也可利用 Quartus II 自带的仿真工具进行。

4. 编程和配置

用得到的编程文件通过编程电缆配置目标器件，就是针对目标器件进行引脚分配，经全程编译后下载，以实际硬件验证逻辑的实现是否正确。硬件测试无误后，就可以对配置芯片进行编程，达到掉电不丢失的目的，完成相应的设计流程。

在设计过程中，如果出现错误，则需重新回到设计输入阶段，改正错误或调整电路后重新测试。

3.4 Quartus II 软件的设计应用

3.4.1 Quartus II 软件的用户界面

启动 Quartus II 软件后默认的界面主要由菜单栏、工具按钮、层次结构显示窗口、信息提示窗口和工作区等部分组成，如图 3.4.1 所示。

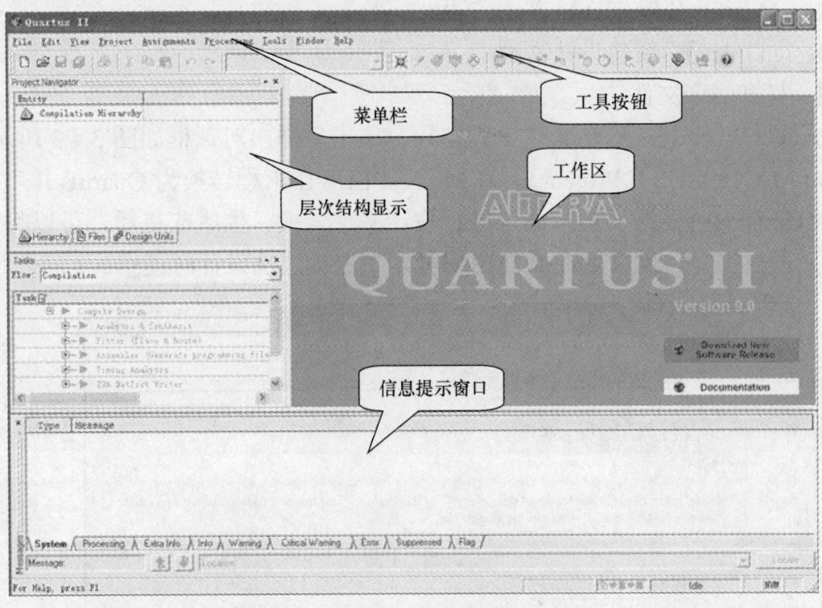

图 3.4.1 Quartus II 软件用户界面

菜单栏主要由文件（File）、编辑（Edit）、视图（View）、工程（Project）、资源分配（Assignments）、操作（Processing）、工具（Tools）、窗口（Window）和帮助（Help）等下拉菜单组成。

1.【File】菜单

在主菜单中单击【File】弹出下拉菜单，如图 3.4.2（a）所示，【File】菜单各项命令功能如下：

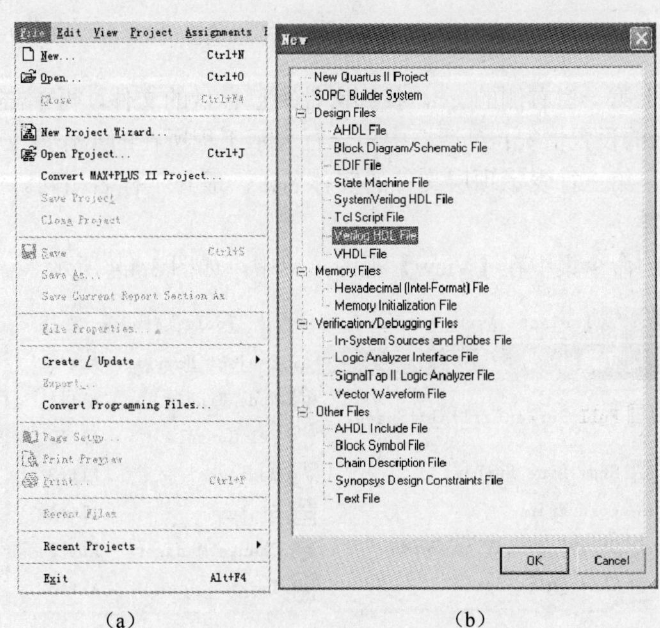

图 3.4.2 [File]和[New]菜单窗口

【New】：新建工程或文件，其下还有子菜单，如图 3.4.2（b）所示。

（1）【New Quartus II Project】：新建工程。

（2）【Design Files】：新建设计文件。

【Open】：打开一个文件。

【New Project Wizard】：启动新建工程向导。单击后弹出对话框如图 3.4.3 所示。

【Convert MAX+PLUS II Project】：将 MAX+PLUS II 工程转换为 Quartus II 工程。

【Creat∠Update】：根据子菜单命令进行设计文件转换、生成或更新，可以将设计的文件封装成一个元器件符号，供以后在原理图编辑器下进行层次设计时使用。

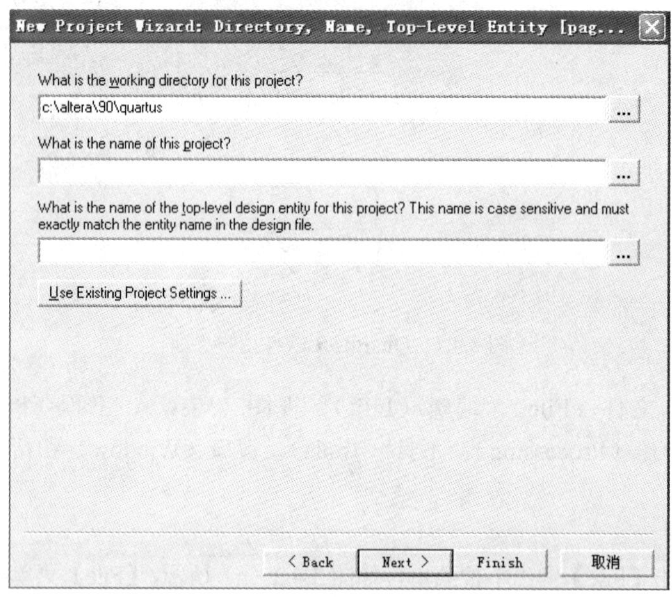

图 3.4.3 [New Project Wizard]窗口

单击对话框最上第一栏右侧的 ... ，找到文件夹已存盘的文件，再单击“打开”按钮。即出现如图 3.4.3 所示的设置情况；对话框中第一行表示工程所在的工作库文件夹，第二行表示此项工程的工程名，第三行表示顶层文件的实体名，一般与工程名相同。

2.【View】菜单

显示效果设置的命令集中在【View】视图菜单中，如图 3.4.4 所示。

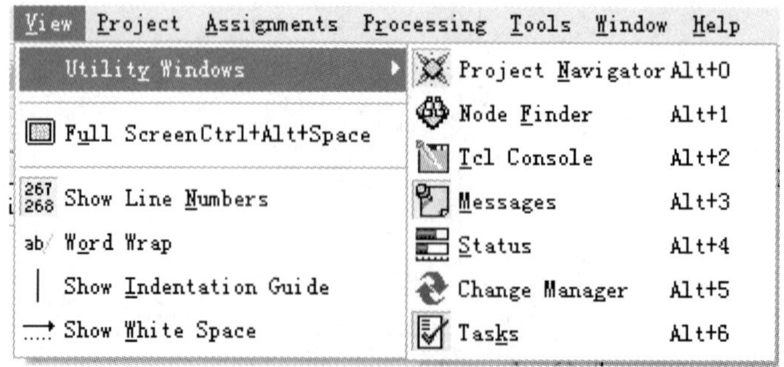

图 3.4.4 View 视图菜单

【Utility Windows】：实用工具窗口，单击选中子菜单中某项工具，该工具窗口会在主窗口中打开显示。例如，默认设置【Project Navigator】（工程向导窗口）、【Messages】（信息提示栏）和【Status】（状态提示栏）三个窗口是打开的。用户可以单击其中某项，改变其选中状态，使对应窗口关闭，不再显示在主视窗中。另外【Node Finder】对应的是节点查找器窗口；【Tcl Console】对应的是Tcl操纵窗口，该窗口通过Tcl语言以命令行的形式完成Quartus设计各个流程；【Change Manager】变化管理器窗口，通过该窗口可以查看和管理已编译过程中的各项变化。

3.【Assignment】菜单

【Assignment】菜单如图3.4.5所示。

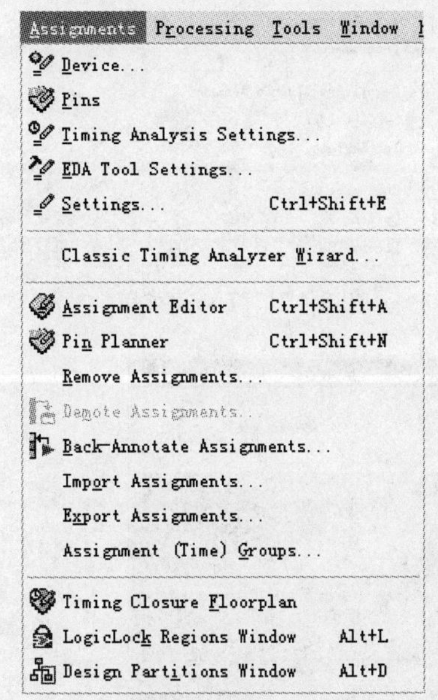

图3.4.5 [Assignment]菜单

【Device】选项：为当前设计选择器件。

【Pin】选项：为当前层次树的一个或多个逻辑功能块分配芯片引脚或芯片内的位置。

【Timing Analysis Settings】选项：为当前设计的tpd、tco、tsu、fmax等时间参数设定时序要求。

【EDA Tool Settings】选项：EDA设置工具，使用此工具可以对工程进行综合、仿真、时序分析等。EDA设置工具属于第三方工具。

【Settings】选项：设置控制，可以使用它对工程、文件、参数等进行修改，还可以设置编译器、仿真器，时序分析、功耗分析等。

【Assignment Editor】选项：任务编辑器。

【Pin Planner】选项：可以使用它将所设计电路的I/O引脚合理地分配到已设定器件的引脚上。

4.【Processing】菜单

【Processing】菜单如图3.4.6所示，功能是对所设计的电路进行编译和检查设计的正确性。

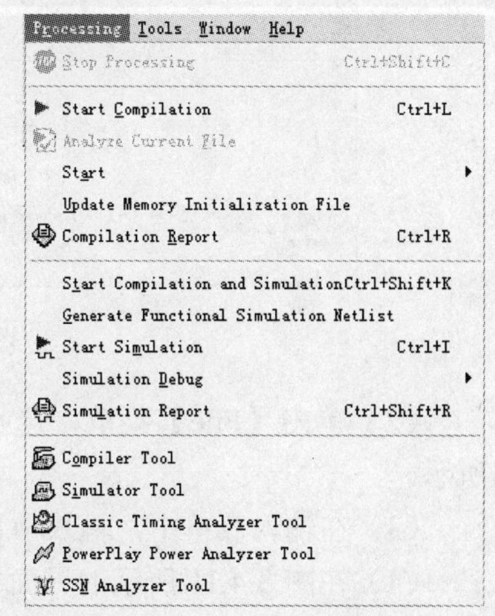

图3.4.6 [Processing]菜单

【Stop Process】选项：停止编译设计项目。

【Start Compilation】选项：开始完全编译过程，这里包括分析与综合、适配、装配文件、定时分析、网表文件提取等过程。

【Analyze Current File】选项：分析当前的设计文件，主要是对当前设计文件的语法、语序进行检查。

【Compilation Report】选项：适配信息报告，通过它可以查看详细的适配信息，包括设置和适配结果等。

【Start Simulation】选项：开始功能仿真。

【Simulation Report】选项：生成功能仿真报告。

【Compiler Tool】选项：一个编译工具，可以有选择地对项目中的各个文件进行分别编译。

【Simulator Tool】选项：对编译过的电路进行功能仿真

和时序仿真。

【Classic Timing Analyzer Tool】选项：Classic 时序仿真工具。

【Power Play Power Analyzer Tool】选项：Power Play 功耗分析工具。

5.【Tools】菜单

【Tools】菜单如图 3.4.7 所示。

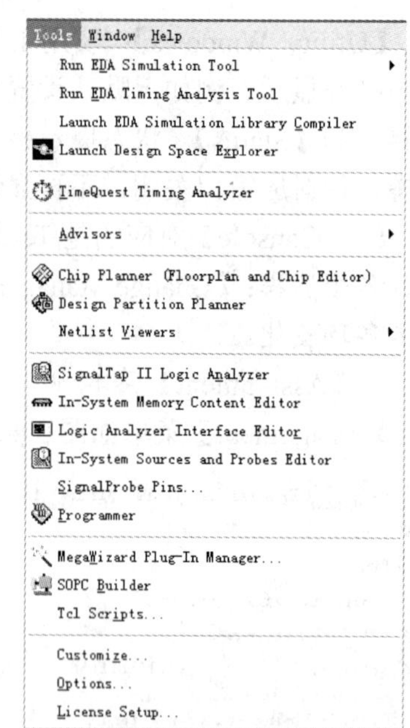

图 3.4.7 [Tools]菜单

【Run EDA Simulation Tool】选项：运行 EDA 仿真工具，EDA 是第三方仿真工具。

【Run EDA Timing Analysis Tool】选项：运行 EDA 时序分析工具。

【Programmer】选项：打开编程器窗口，以便对 Altera 的器件进行下载编程。

3.4.2 Quartus II 软件设计入门

1. 建立新工程

（1）启动 Quartus II，如图 3.4.8 所示。

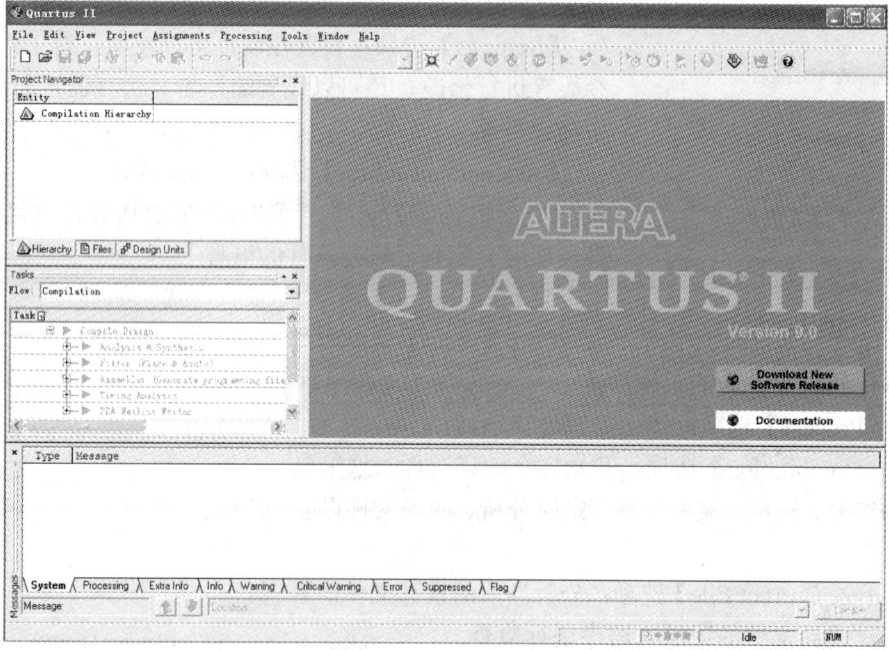

图 3.4.8 Quartus II 软件用户界面

（2）单击【File】菜单，选择【New Project Wizard】，启动新建工程向导，如图 3.4.9 所示。

（3）在输入表单中，输入项目目录、项目名称和顶层模块名，如图 3.4.10 所示。

（4）在图 3.4.11 所示的界面中添加项目需要包含进来的文件或非默认库，本实例中使用默认设置。

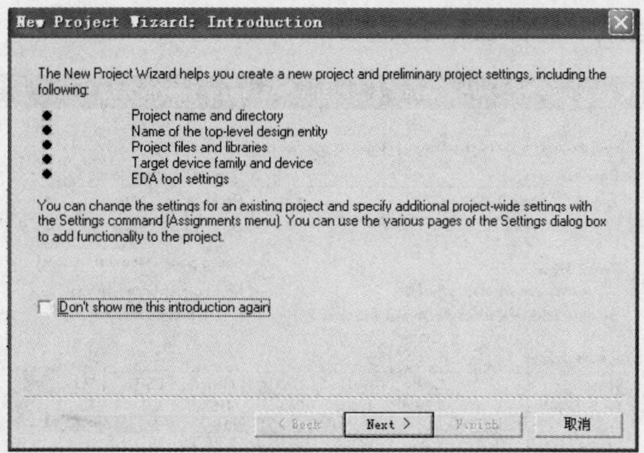

图 3.4.9 新建工程向导介绍页

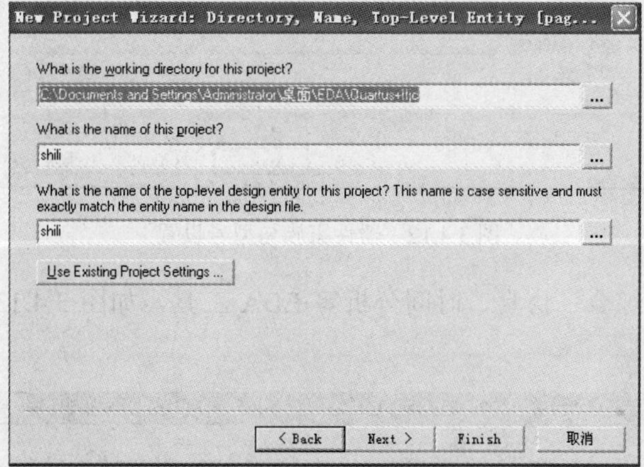

图 3.4.10 顶层实体名称、工程名称与文件夹设置对话框

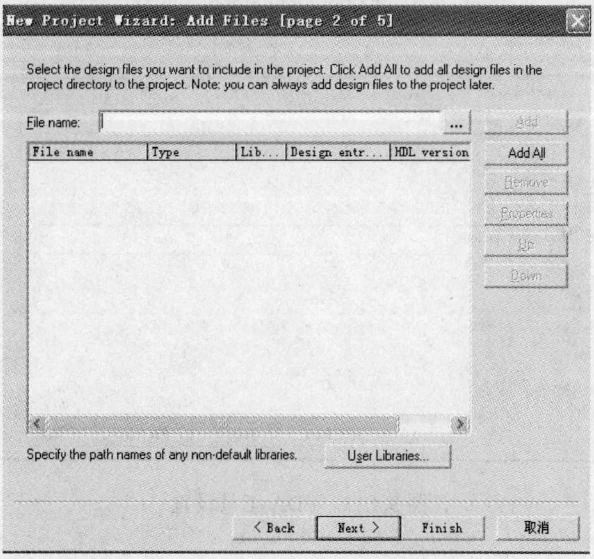

图 3.4.11 添加文件对话框

（5）选择 FPGA 器件，如图 3.4.12 所示。

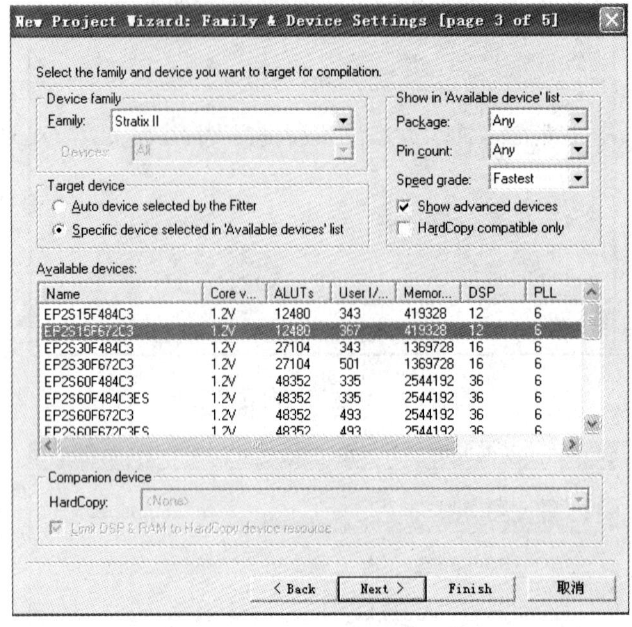

图 3.4.12　器件家族与型号设置

（6）设定第三方综合、仿真、时间分析等 EDA 工具，如图 3.4.13 所示，本实例选择默认。

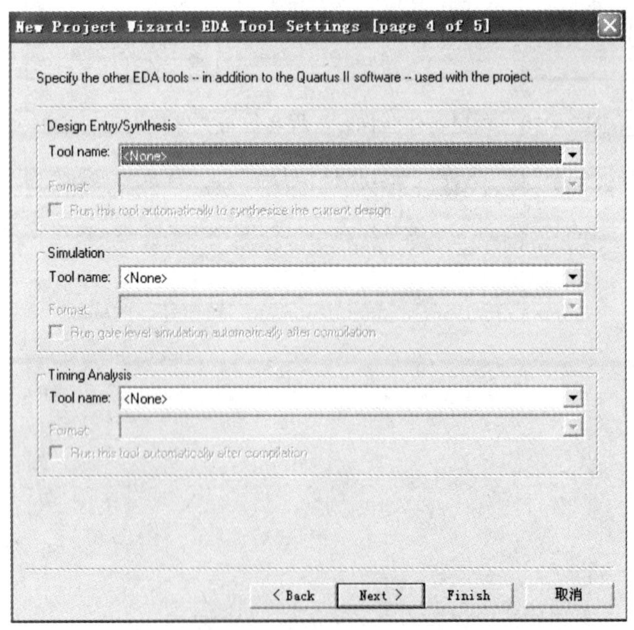

图 3.4.13　EDA 工具设置

（7）罗列相关信息，如图 3.4.14 所示。

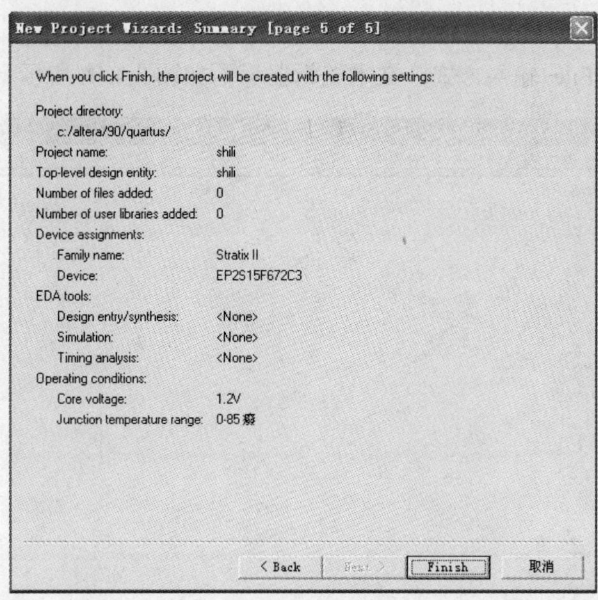

图 3.4.14 工程信息汇总

2. 设计输入

在【File】菜单中选择 NEW 命令，弹出对话框如图 3.4.15 所示。

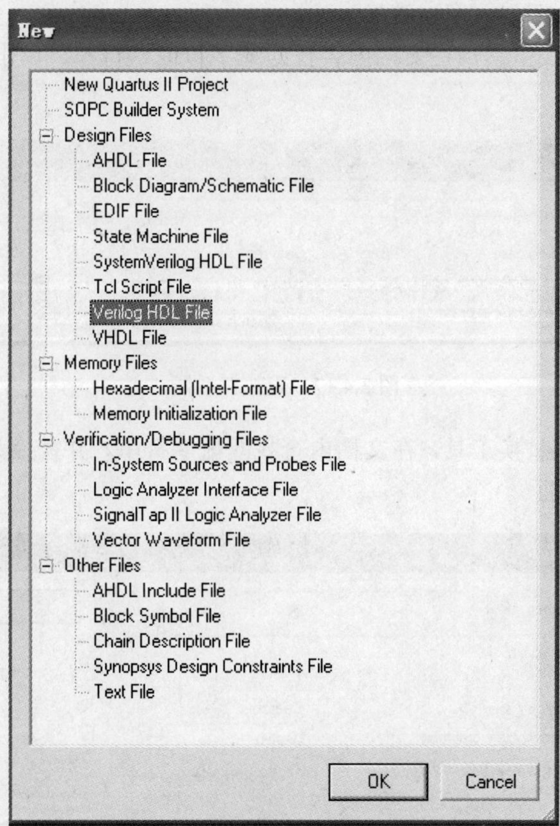

图 3.4.15 新建文件对话框

如前所述，Quartus II 支持多种输入方式，下面分别进行介绍。

（1）Verilog HDL File 输入方式。文本编辑器界面如图 3.4.16 所示。

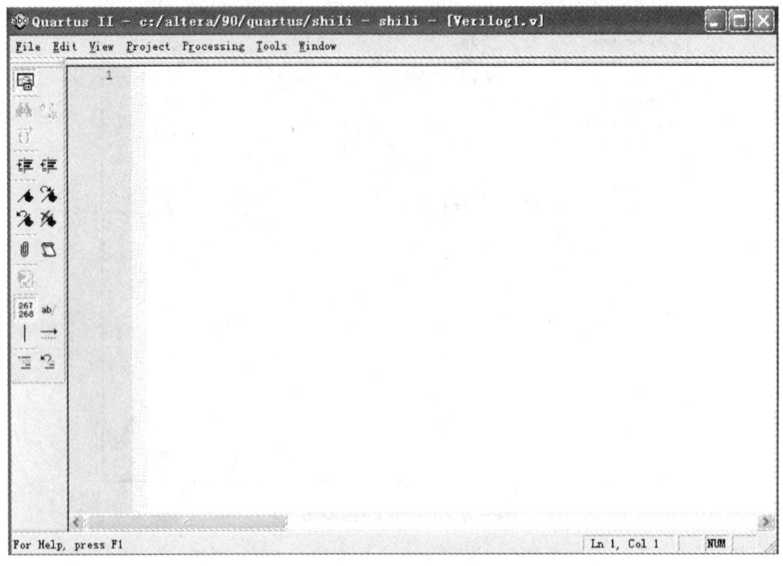

图 3.4.16 文本编辑器界面

1）（Attach Window）：窗口转换

2）（Find）：查找工具，在文档内查找匹配字符或字符串，单击后弹出图 3.4.17 所示查找对话框。

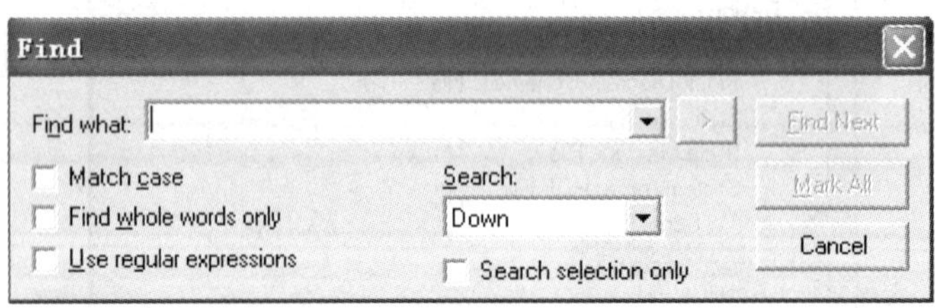

图 3.4.17 查找对话框

3）（Replace）：替换工具，在文档内查找匹配字符串，并替换为新的字符串，单击后弹出图 3.4.18 所示对话框。

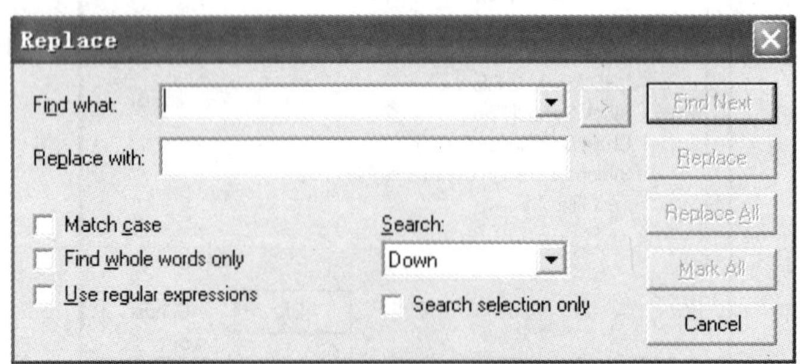

图 3.4.18 替换对话框

4）（Find Matching Delimiter）：查找匹配的定义符号，在文档中查找具有首尾呼应的语法结构的匹配定义符号。

5）（Increase Indent）：增加光标所在行的文字缩进量。

6）（Decrease Indent）：减小光标所在行的文字缩进量。

7）（Set Bookmark）：在光标所在行设置书签标志。

8）（Jump to Bookmark）：调到书签标志行并高亮显示该行内容。

9）（Delete Bookmark）：删除书签标志。

10）（Insert Template）：插入文件。

11）（Show Line Numbers）：显示文本的行序号。

（2）原理图输入方式。原理图编辑器界面如图3.4.19所示。

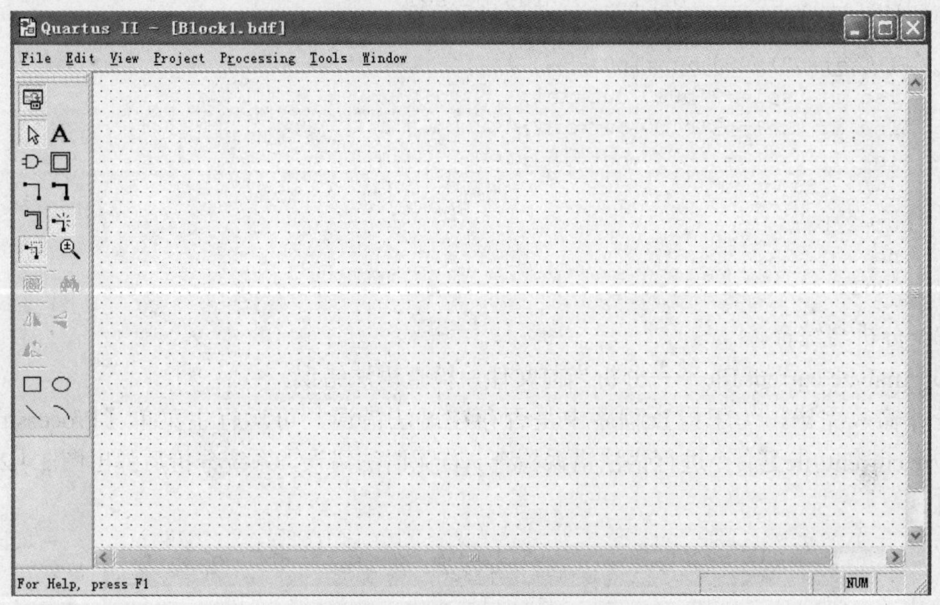

图3.4.19 原理图编辑器界面

1）（Selection and Smart Drawing Tool）：非命令状态光标显示。该按钮处于凹陷状态时，表示当前系统处于非命令状态。

2）A（Text Tool）文本工具：在原理图上添加文本字符的工具。

3）（Symbol Tool）：原理图符号添加工具。

4）（Block Tool）：块图绘制工具。

5）（Othogonal Node Tool）：节点导线绘制工具，绘制将单个节点连接起来的电气连接线。

6）（Othogonal Bus Tool）：总线绘制工具，绘制将总线连接起来的电气连接线。

7）（Othogonal Conduit Tool）：管道绘制工具。

8）（Use Rubberbanding）：导线弹性设置按钮。该按钮按下时，原理图的导线具有弹性，某段导线移动过程中其连接部分能够自动跟随移动；按钮浮起时，导线不具有弹性，移动时会与其他连接部分断开。

9）（Use Partial Line Selection）：导线部分选择功能。

3.4.3 Quartus II 设计实例分析

1. 用 Verilog HDL File 输入法进行设计。

【例 3.4.1】 4 选 1 数据选择器的实现。

解 （1）按 Quartus II 软件设计入门中介绍的步骤，新建一个工程，工程名为 xuanzeqi。

（2）选择 Verilog HDL File 输入方式，输入的程序如下。

```
module xuanzeqi (out,in0,in1, in2,in3,sel) ;
output out;
input in0,in1,in2,in3;
input[1:0] sel;
reg out;
always@ (in0 or in1 or in2 or in3 or sel)
   begin
   if (sel==2'b00) out=in0;
   else if (sel==2'b01) out=in1;
   else if (sel==2'b10) out=in2;
   else if (sel==2'b11) out=in3;
   else
   out=2'bx;
   end
endmodule
```

（3）分析与综合。

1）Analyze current file——分析当前文件，检查语法错误。

设计输入完毕，为了检查程序中是否存在语法错误，可运行主菜单【Processing】→【Analyze current file】命令进行语法错误检查。若无语法错误，系统分析后弹出图 3.4.20 所示的信息。

图 3.4.20 Analyze current file 成功提示

若程序中存在语法错误，则系统会提示分析流程未成功，单击“确定”按钮，关闭对话框后，用户阅读位于工作区下方的信息栏，查看具体错误信息，双击错误信息提示行，可以定位源程序中错误所在的大体位置。

2）Start Analysis & Synthesis——分析与综合。

在快捷工具栏上单击，或者选择主菜单命令【Processing】→【Start】→【Start Analysis & Synthesis】，运行分析与综合流程。对于设计文件，在不运行【Analyze current file】命令的情况下，也可直接运行此命令，该流程中也包含了语法错误检查的功能。执行该命令后，系统整合当前设计的所有设计文件，形成网表文件并建立该设计的数据库，若设计无误，则系统弹出如图 3.4.21 所示的信息对话框提示分析与综合成功执行。

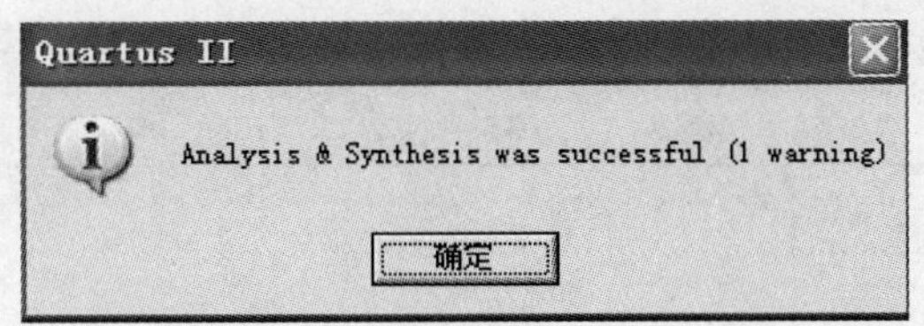

图 3.4.21　分析与综合成功提示

分析与综合过程中出现错误或警告时，同样会弹出相应的信息提示对话框。用户单击“确定”按钮后，可通过工作区下方的【Message】信息显示栏查看错误类型，定位错误信息。有些警告信息虽然出现，但不影响系统的分析与综合过程通过，此时，用户可根据错误类型决定是否采取修正措施。

（4）适配。在 Quartus II 提供的开发环境中，既提供了单独的适配（Fitter）命令，也可以通过运行全程编译命令完成适配过程。在菜单上选择【Processing】→【Start】→【Start Fitter】命令，将当前设计的逻辑电路适配到目标器件中，运行此命令之前，必须运行分析与综合命令并成功。适配也可通过运行全程编译命令完成。

（5）全程编译。从主菜单选取【Processing】→【Start Compilation】，也可单击工具栏上的快捷按钮 ►，运行全程编译命令。该命令是一项综合命令，它包含了语法排错、网表文件生成与提取、逻辑综合、适配生成编程配置文件等各项工作在内，囊括了前述各个分析、综合、适配的命令，因此称为全程编译。执行此命令后，即可获得用于下载到目标器件的配置文件。

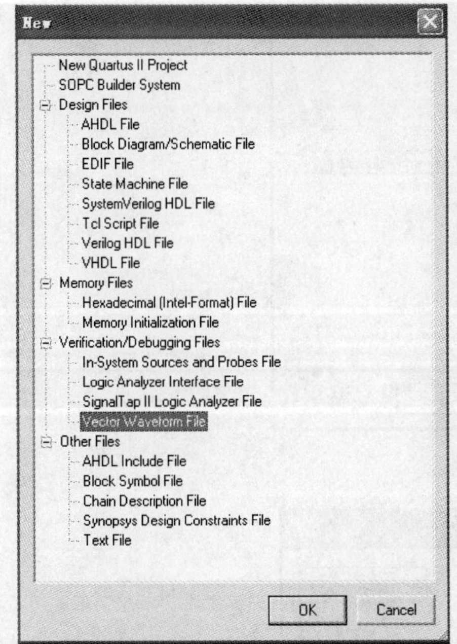

图 3.4.22　新建波形文件对话框

（6）时序仿真。为了验证设计的逻辑功能和内部时序的正确性，需要对设计进行时序仿真。仿真验证可以通过多种方式进行，例如，可以利用第三方仿真软件 Modelsim 进行，也可利用 Quartus II 自带的仿真工具进行。下面介绍 Quartus II 的波形编辑器建立波形矢量文件并进行仿真的方法。

建立数据选择器波形矢量文件并进行仿真，具体操作步骤如下。

1）建立波形文件，打开波形编辑器，选择菜单【File】→【New】命令，或单击工具栏上的 🗋，在【New】对话框内选择【Other Files】标签页，在文件类型列表中选取 Vector Waveform File 选项，如图 3.4.22 所示，单击“OK”按钮，建立波形文件。

2）建立新波形文件，即进入波形编辑器，界面如图 3.4.23 所示。

3）设置仿真截止时间。在菜单中选择【edit】→【End Time】设置对话框，如图 3.4.24 所示，在 Time 一栏内，更改仿真时间为 10，单位仍选μs，单击“OK”按钮，完成设置。

4）保存波形文件。在菜单上选择【File】→【SAVE】命令，保存文件。

5）将设计 xuanzeqi 的端口名引入波形文件。方法如下：双击波形编辑器的空白节点列表区，弹出如图 3.4.25 所示的插入节点或总线对话框。

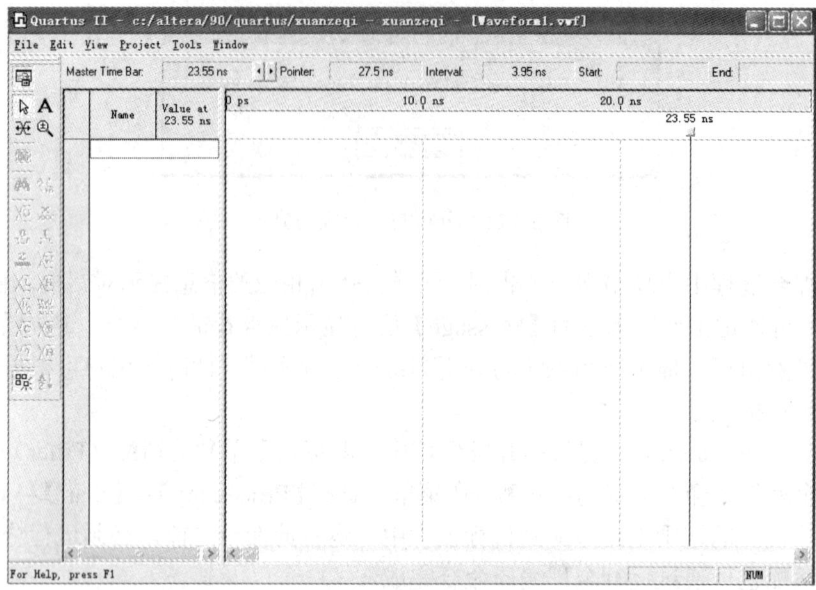

图 3.4.23 波形编辑器界面

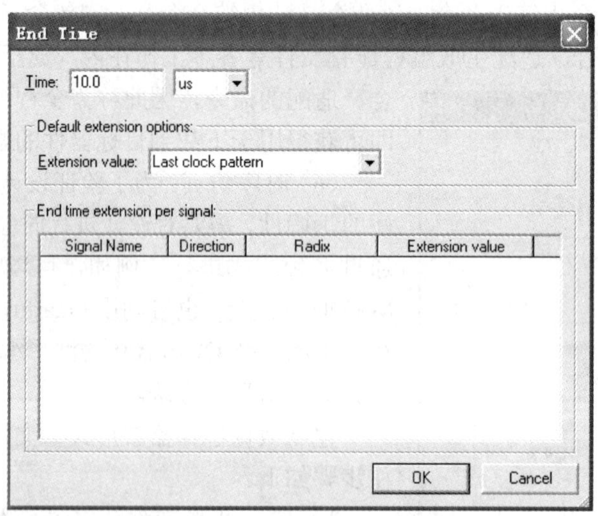

图 3.4.24 仿真截止时间设置

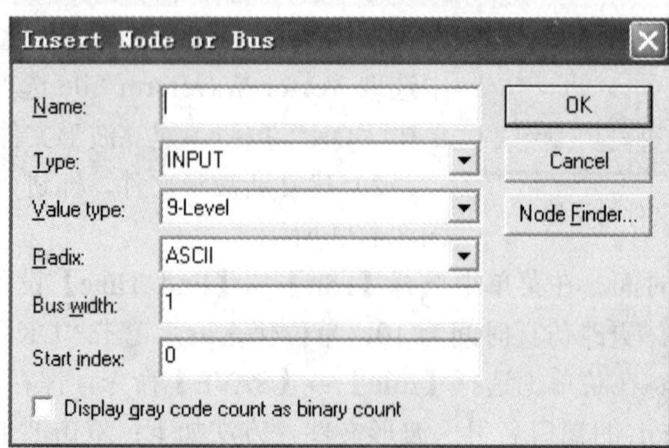

图 3.4.25 插入节点或总线对话框

6）通过【Name】一栏中输入设计中的端口名称，单击“OK”按钮引入各个仿真节点。另外，也可以通过【Node Finder】节点查找器来加载节点信息。下面采用节点查找器引入节点。

7）在【Insert Node or Bus】对话框中单击 Node Finder... ，进入节点查找器对话框，如图 3.4.26 所示。

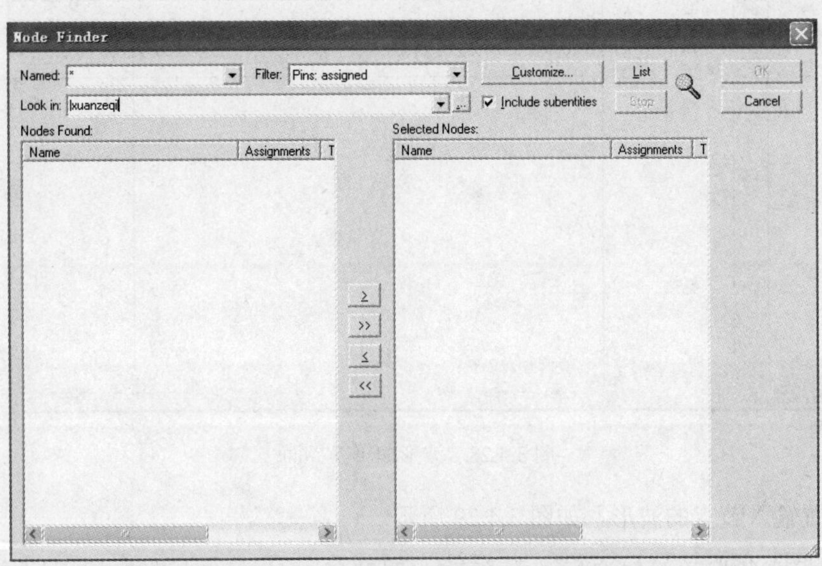

图 3.4.26 节点查找器对话框

8）在【Filter】过滤匹配栏中选中 Pins：unassigned 一项，单击 List ，在【Nodes Found】一栏内会列出匹配的已找到的节点，如图 3.4.27 所示。

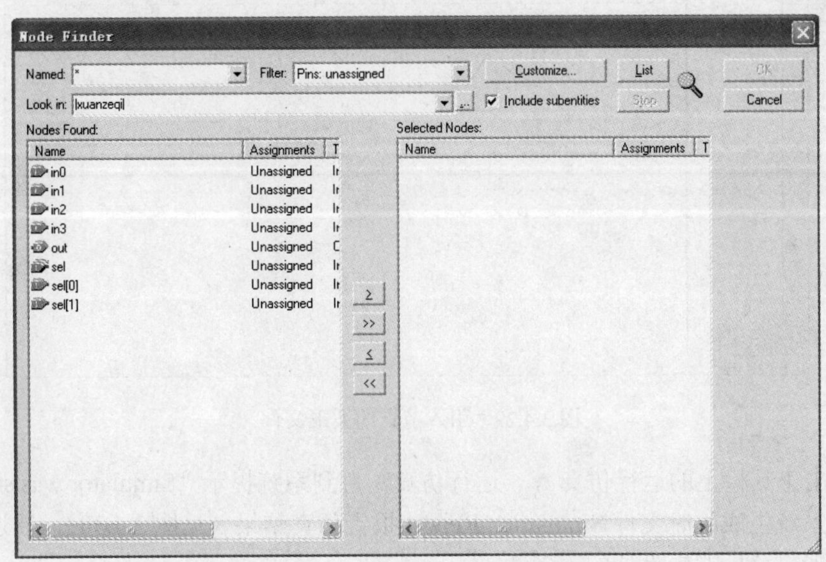

图 3.4.27 已找到的节点

9）选择已找到的节点，加入到【Select Nodes】选中节点列表区域内，单击“OK”按钮，回到插入节点或总线对话框，再次单击“OK”按钮，回到波形编辑器，如图 3.4.28 所示。

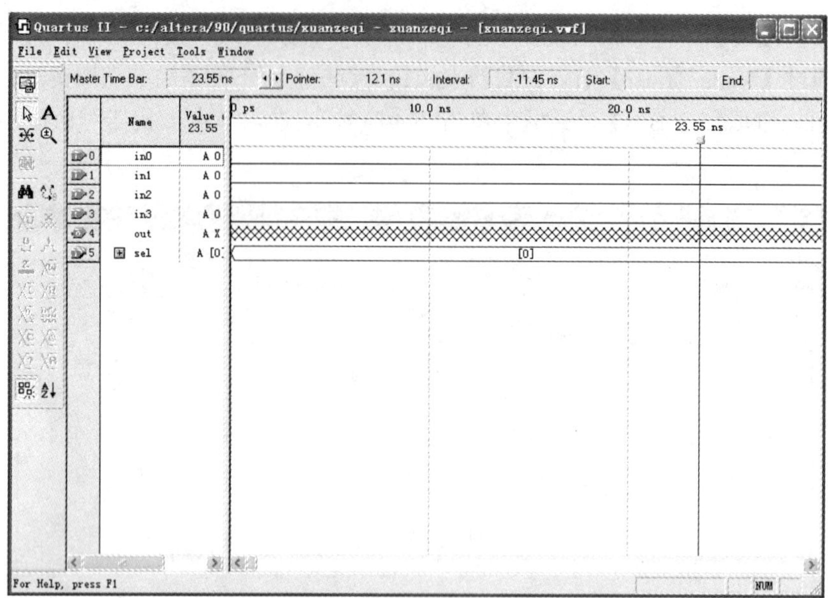

图 3.4.28　波形编辑器界面

10）设置输入节点的波形，如图 3.4.29 所示。

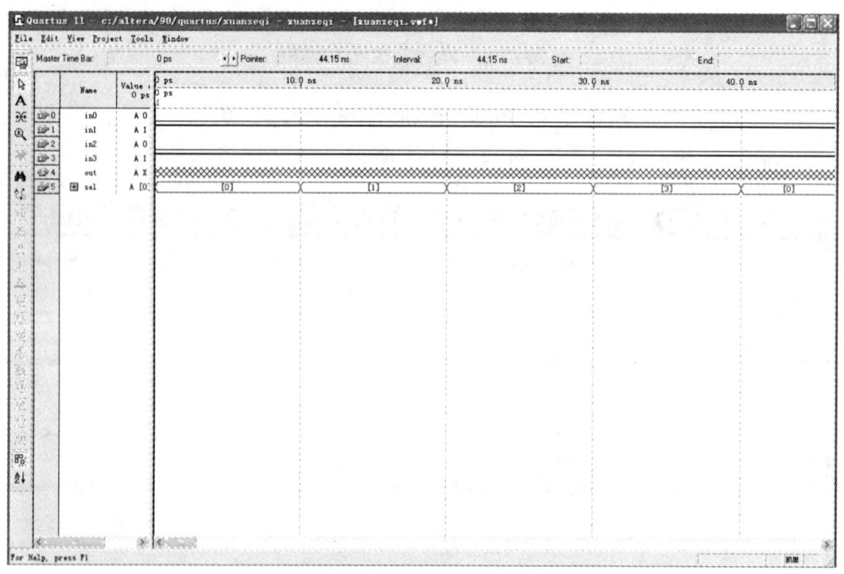

图 3.4.29　引入节点的波形文件

11）单击工具栏上的运行仿真，运行仿真，直到系统提示“Simulator was successful”。仿真结束，系统生成临时文件 Simulation Report 报告仿真结果（见图 3.4.30），通过观察仿真报告中的波形，分析逻辑设计的正确性。

（7）引脚分配与下载。设计文件经过前述步骤后的处理后，就可以将其针对目标器件进行引脚分配，经全程编译后下载，以实际硬件验证逻辑的实现是否正确，硬件测试无误后，就可以对配置芯片进行编程，达到掉电不丢失的目的，完成 FPGA 的设计流程。

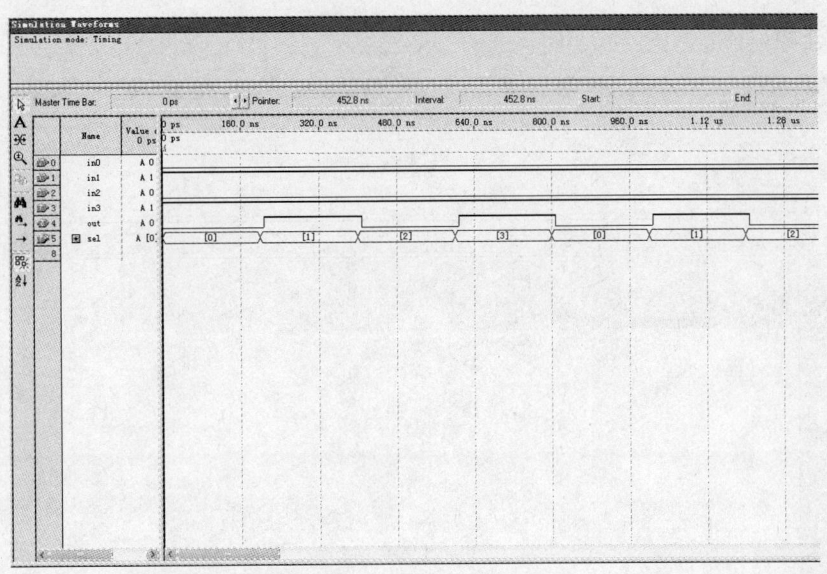

图 3.4.30　仿真输入波形结果

1）引脚分配。引脚分配是将逻辑设计的输入/输出端口与硬件相结合，将其指定到目标器件的 I/O 口上与具有特定功能的引脚上（如 CLK 输入脚）上。这样，FPGA/CPLD 目标芯片外围的硬件资源可和片内的逻辑实现连接，以配合片内的逻辑设计工作。

a）在菜单中单击【Assignment】→【Assignment Editor】，进入 Assignment Editor（资源分配器），如图 3.4.31 所示。

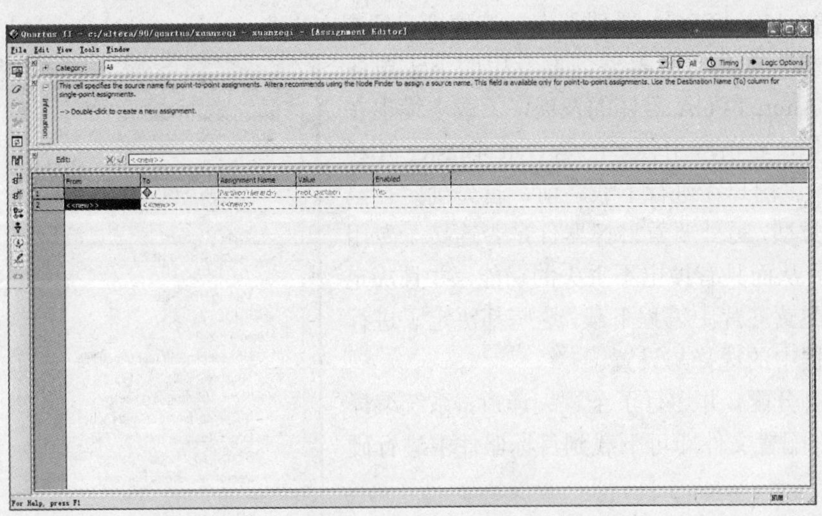

图 3.4.31　资源分配编辑器

b）在【Category】目录栏中，从过滤项的下拉列表中选择 Pin 项，进入引脚分配状态，可见下方的资源分配列表区域内的项目发生变化。

c）在列表区【To】栏内，双击下方的【New】，出现本工程的输入/输出端口名称，依次选择要分配的端口；再双击【Location】栏下方对应的【New】，出现目标器件的所有可分配引脚序号，将端口名与引脚号按照正确的对应关系分配关系。如图 3.4.32 所示，为引脚即将分配完毕的界面。

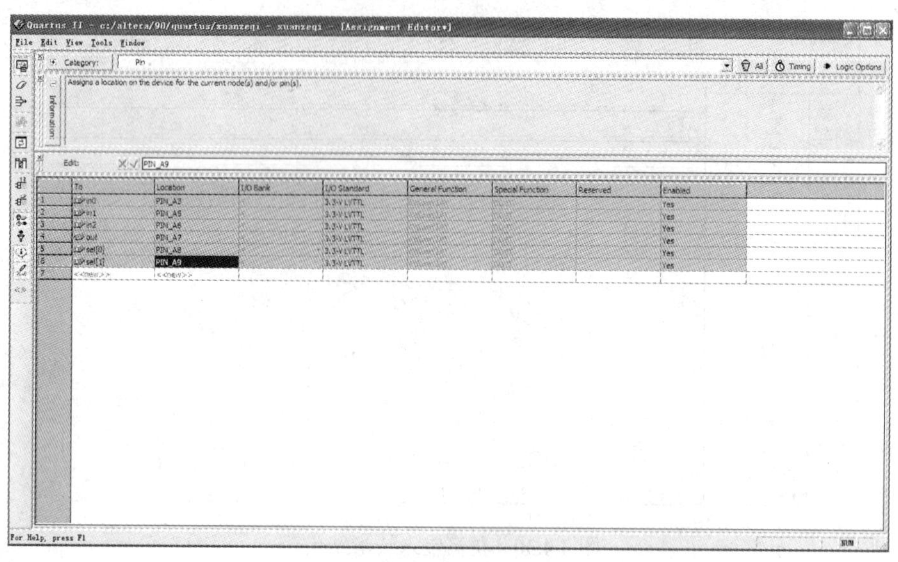

图 3.4.32 引脚分配

d）引脚分配完毕，再运行一次全程编译，将引脚分配信息编译到编程下载文件中，这样就可以准备编程下载进行硬件验证了。

2）编程与配置。Altera FPGA 器件的配置方式有多种，包括 FPGA 主动（Active）方式、FPGA 被动（Passive）方式和 JTAG 方式。JTAG 方式是 IEEE1149.1 边界扫描测试的标准接口，绝大多数 Altera FPGA 器件都支持这种接口配置方式。

由计算机下载到目标器件需要专用的下载电缆连接，伴随 Altera FPGA 器件的发展，下载电缆也在不断升级变化，目前应用较多的是 Byte Blaster II 和 USB Blaster 。用户在进行下载之前，首先确定自己的下载电缆类型，另外要看目标器件是否连接了专用的配置芯片，从而具有掉电不丢失的功能，并且决定是否选择向配置芯片中编程下载，这些都决定了进行编程配置过程中的选择与设置。

经过引脚分配，并运行了全程编译后，系统编译产生的 SOF 配置文件即可下载到目标器件中进行硬件测试。

2. 用原理图输入法设计四选一数据选择器

（1）按 Quartus II 软件设计入门中介绍的步骤，新建一个工程，工程名为 xuanzeqi。

（2）选择原理图输入方式（Block Diagram/Schematic File），如图 3.4.33 所示。

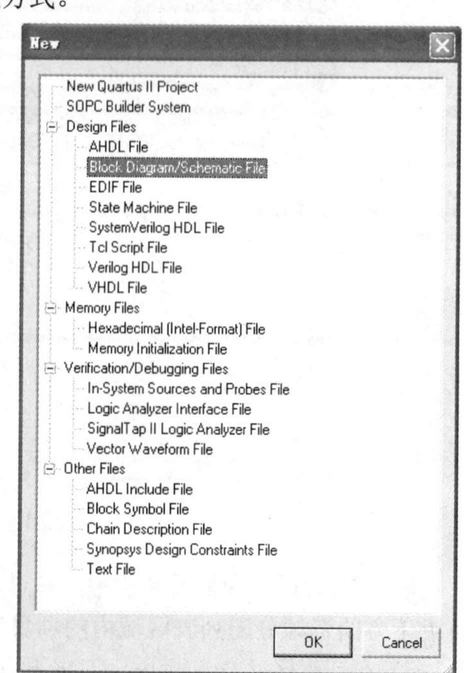

图 3.4.33 新建原理图对话窗口

（3）进入原理图编辑器界面，如图 3.4.34 所示。

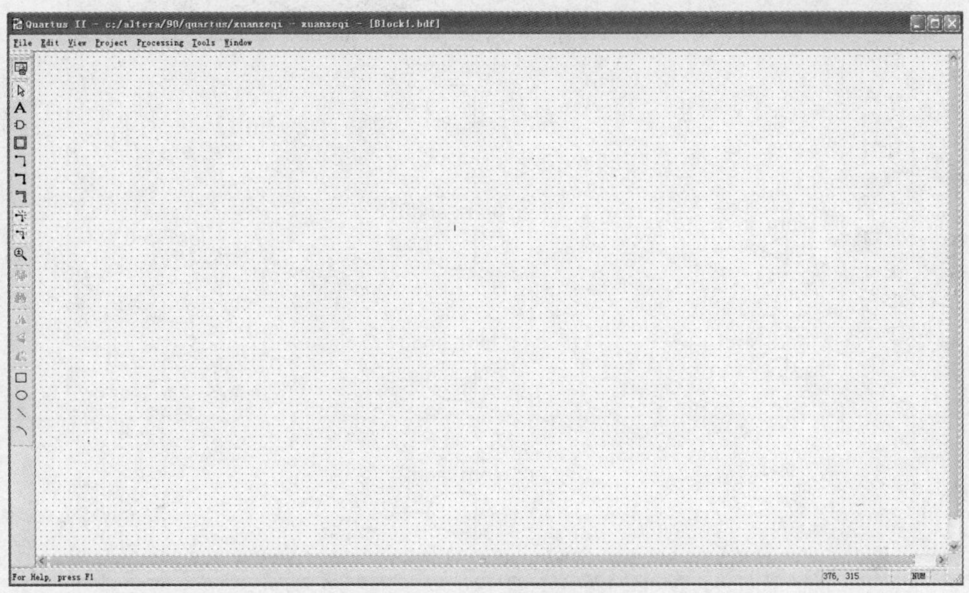

图 3.4.34　原理图编辑器界面

（4）单击 ，从 Libraries 下拉列表（见图 3.4.35）中依次找到四选一逻辑电路图需要的门电路，放置到文件中，如图 3.4.36 所示。

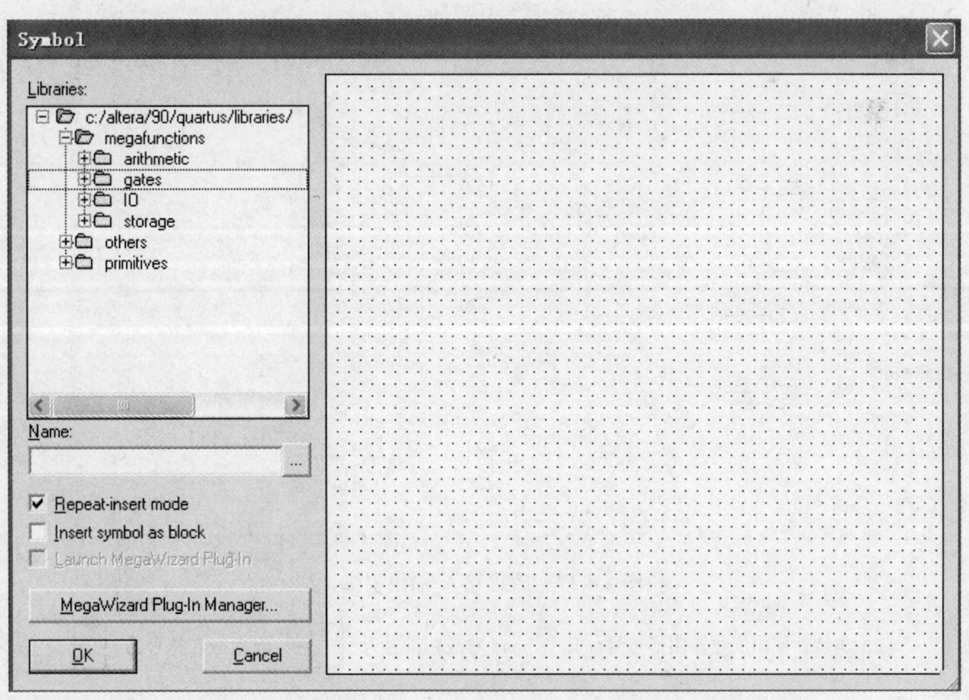

图 3.4.35　符号对话框

（5）重复上述步骤，从 primitivs/pin 库中选择 input 和 output 元件放置到编辑窗口中，如图 3.4.37 所示。

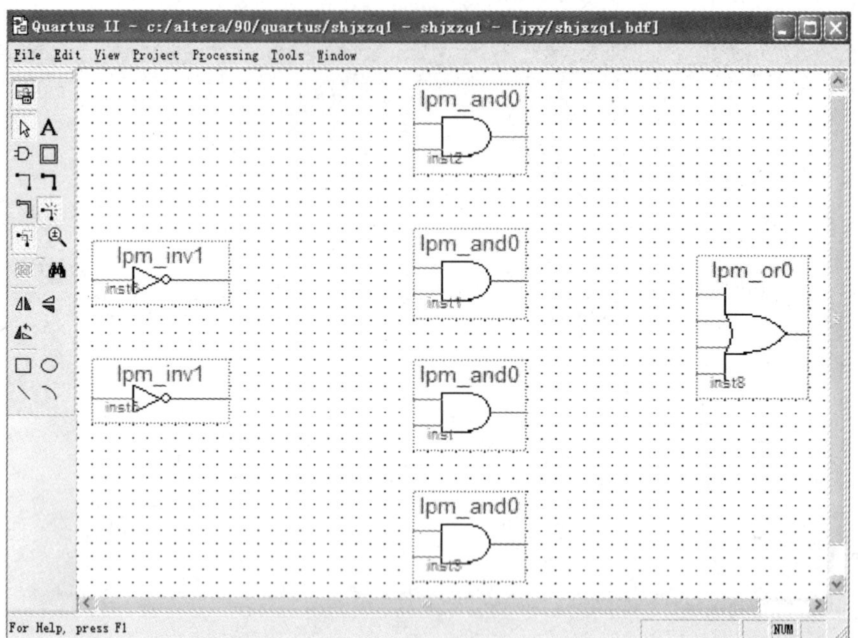

图 3.4.36 选择原理图符号

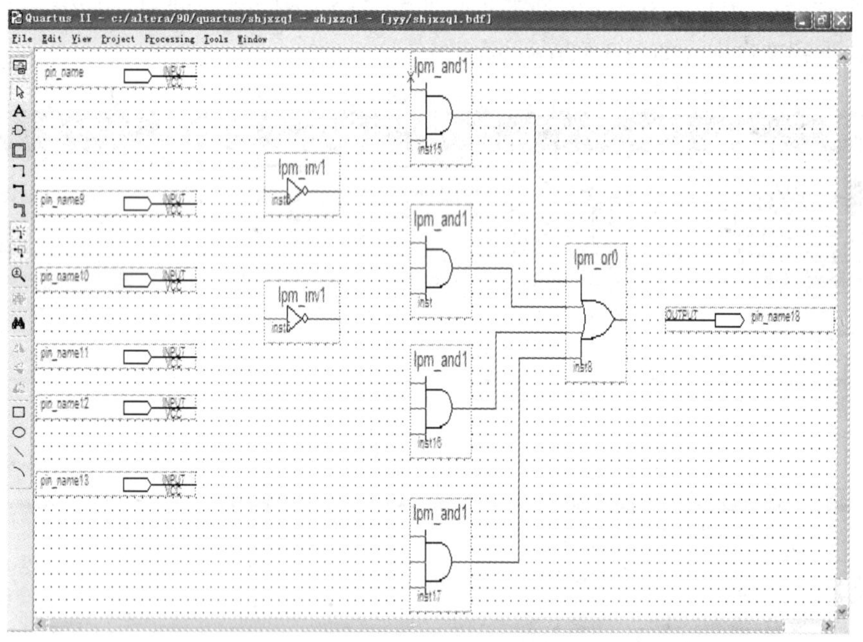

图 3.4.37 放置输入/输出引脚

注：本软件使用旧逻辑图形符号，其中，and 对应新符号为 &，or 对应新符号为 ≥1 。

（6）连线。将鼠标移动到引脚、符号或连接端口处，鼠标变成“+”形状时，则允许画线，按住鼠标左键拖动，松开左键，线已画好。若需删除一根连线，只需要用鼠标选定该线，然后按<Delete>键即可。原理图连线完毕如图 3.4.38 所示。

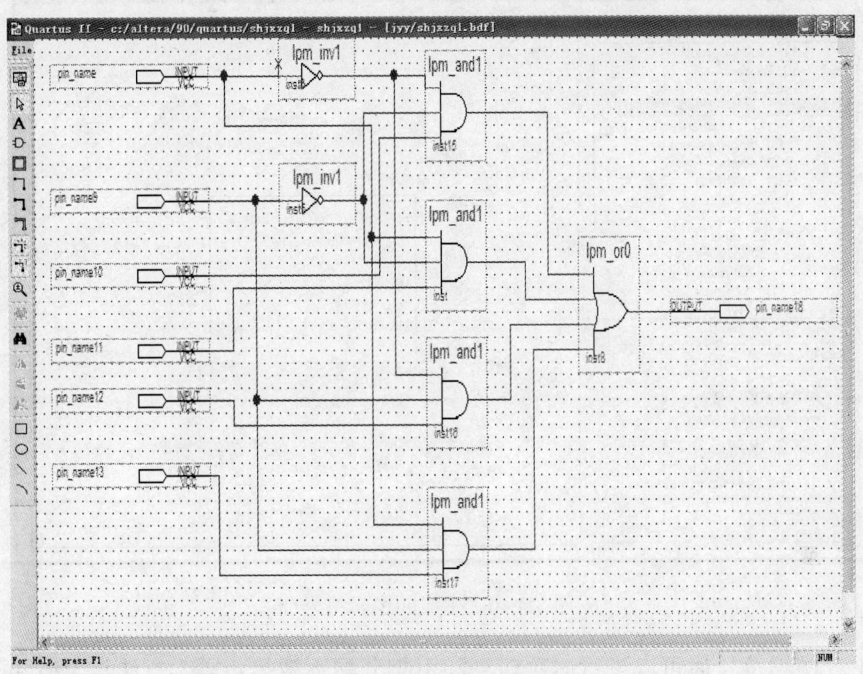

图 3.4.38 连线完毕的原理图

（7）为引脚和导线命名，电路设计输入完成。

（8）生成逻辑符号。

选择菜单命令 File→Create/Update→Create Symbol Files for Current File，如图 3.4.39 所示，生成逻辑符号如图 3.4.40 所示。

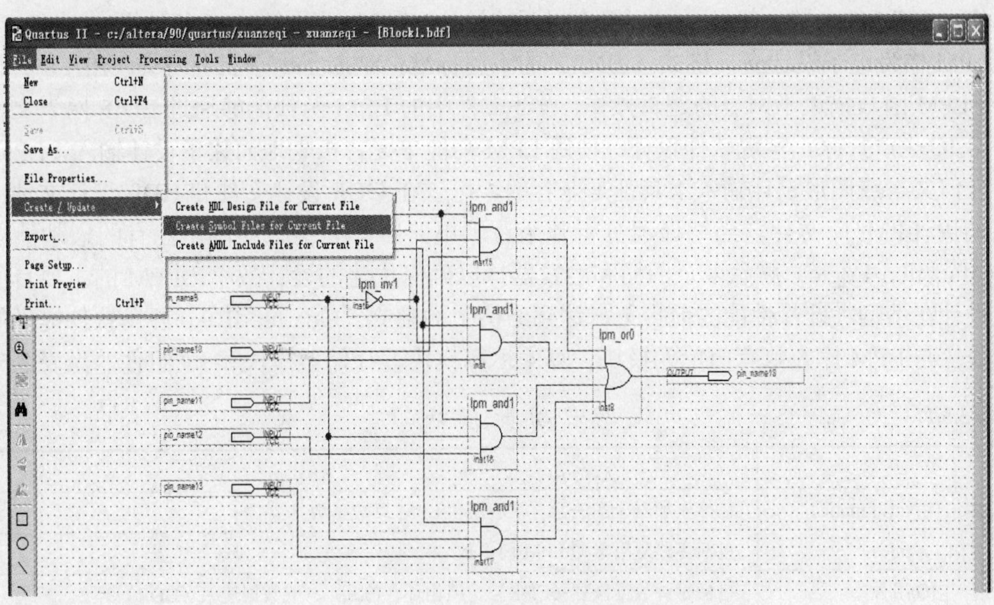

图 3.4.39 生成逻辑符号的操作界面

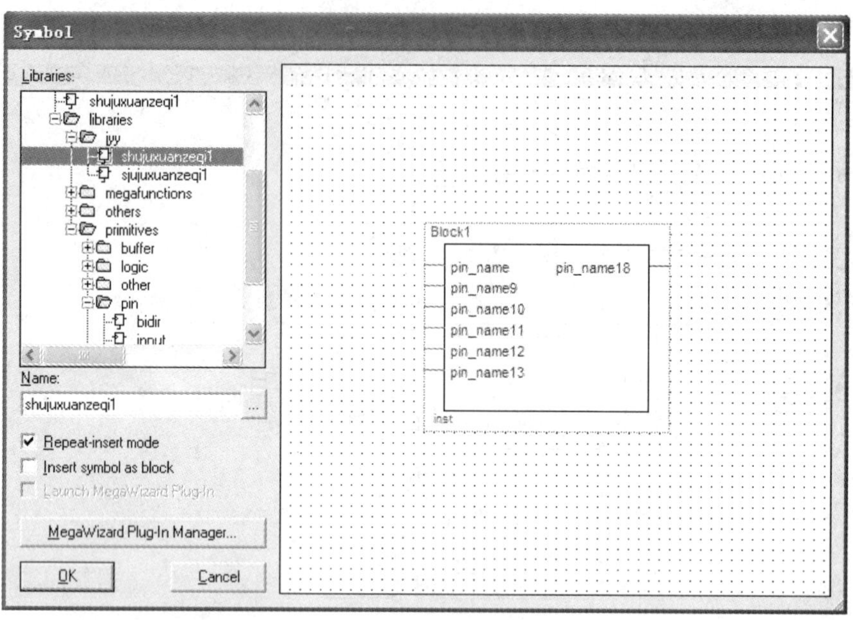

图 3.4.40 生成的逻辑符号

（9）生成逻辑符号后可以进行时序仿真和引脚分配下载等步骤，方法与 Verilog HDL File 输入法设计中介绍的相关步骤相同。

3.5 Quartus II 中可参数化宏模块介绍及应用

3.5.1 可参数化宏模块概述

LPM（Library Parameterized Modules）是参数化模块，即参数化的宏功能模块库。用户通过修改 LPM 的参数，就可以得到用户想要的设计。LPM 标准在 1990 年被提出，1993 年 4 月，LPM 作为电子设计交换格式（EDIF）的附属标准，纳入了电子工业协会（EIA）的临时标准。LPM 函数描述了网表的逻辑操作，设计文件中的 LPM 函数能够通过 EDIF 网表文件直接传给 IC 生产厂家，实现软件设计。使用 LPM 功能单元，极大地简化了设计输入，LPM 函数与任何文本或图形设计输入工具都是兼容的，可以在 GDF 设计文件和 HDL 设计文件中，任意调用 LPM 库文件。当编译器分析整个逻辑电路时，它会自动利用已有的宏功能逻辑（Megafunction Logic）删除多余的门和触发器，以确保优化的设计效率。LPM 的主要目的就是使设计在不牺牲硅片性能的前提下，达到结构上的独立。Quartus II 9.0 开发软件提供的宏功能模块与 LPM 库大致有门单元模块、算术运算模块、存储器模块和 IO 组件，见表 3.5.1。

表 3.5.1 宏功能模块

类型	描述
算术组件（arithmetic）	包括累加器、加法器、乘法器和 LPM 算数函数
门（gates）	包括多路复用器和 LPM 门函数
IO 组件	包括时钟数据恢复（CDR）、锁相环（PLL）、双数据速率（DDR）等
存储组件（storage）	包括 FIFO、RAM、ROM 宏功能模块、存储器、移位寄存器宏功能模块

3.5.2　可参数化宏模块应用

下面以一个简单的 4 位加法器为例，说明可参数化宏模块的使用方法。

（1）建立一个名为 counter4 的工程，在工程中新建一个名为 counter4.bdf 的原理图文件。

（2）双击原理图编辑窗口，在弹出的元件选择窗口的“Libraries”栏中选择“arithmetic”中的 lpm_counter 元件，如图 3.5.1 所示。

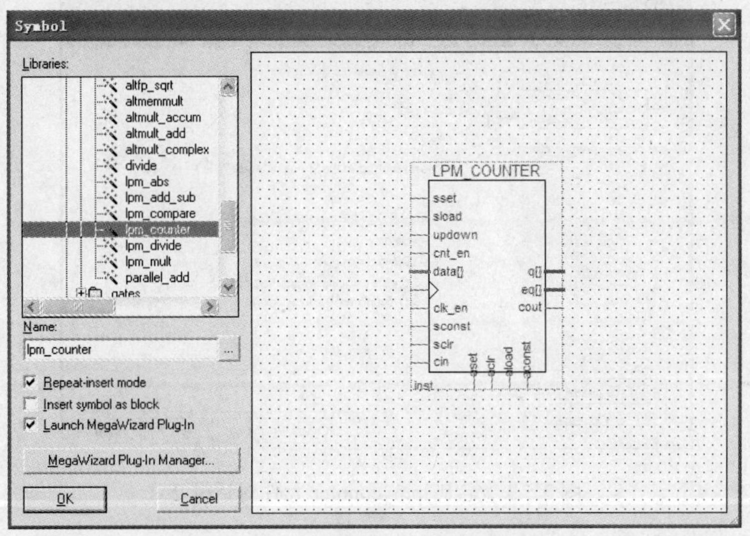

图 3.5.1　lpm_counter 元件选择窗口

（3）单击“OK”按钮，弹出宏功能模块定制管理器（见图 3.5.2），可以对 lpm_counter 元件的各种参数进行选择，定制适合设计需要的模块。在该对话框中选择 Verilog HDL 作为输出文件类型，并在“What name do you want for the output file？”栏中输入生成的 4 位计数器名称和保存的文件夹路径。

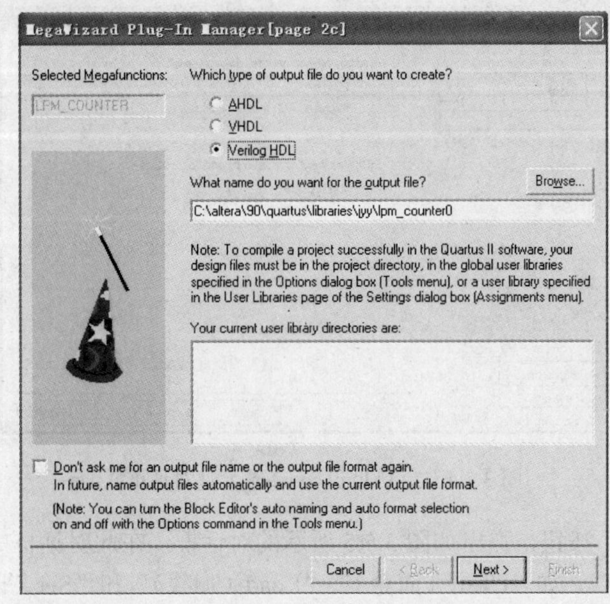

图 3.5.2　定制 lpm_counter 元件对话框 1

（4）单击“Next”按钮，弹出如图 3.5.3 所示的对话框，对计数器的输出位数和时钟有效边沿进行设置。

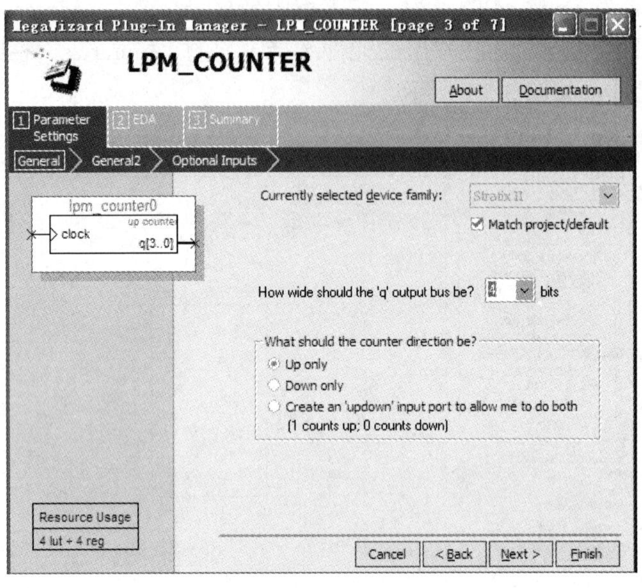

图 3.5.3 定制 lpm_counter 元件对话框 2

（5）单击“Next”按钮，对计数器的类型“Plain binary（二进制）”或“Modulus（任意模值）”；同时可以选择增加一些输入/输出端口，如图 3.5.4 所示。

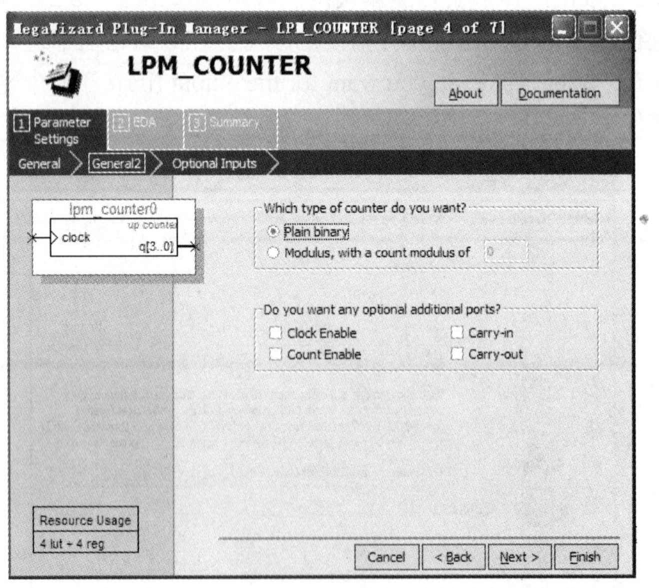

图 3.5.4 定制 lpm_counter 元件对话框 3

（6）单击“Next”按钮，弹出如图 3.5.5 所示的对话框，在此对话框中，为计数器添加同步或一步控制输入端口，如“Clear（清楚）”、“Load（加载）”和“Set（设置）”。如果不添加这些端口，则直接单击“Next”按钮即可。

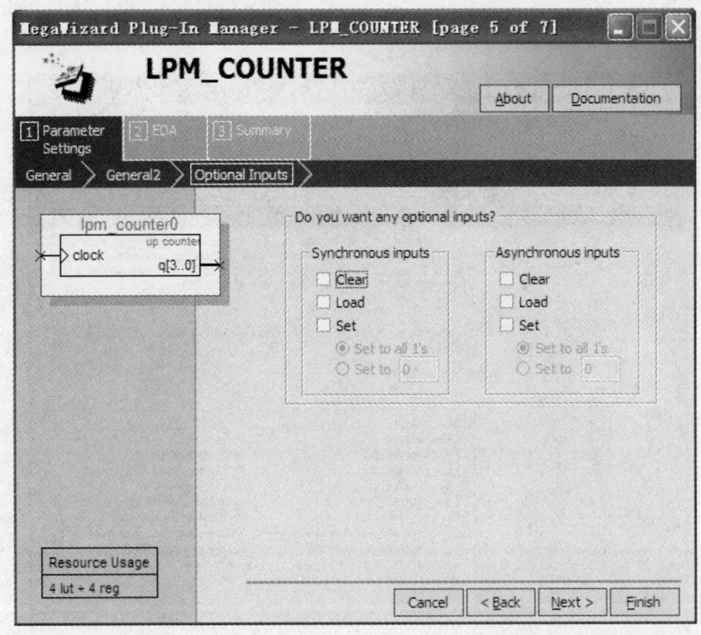

图 3.5.5　定制 lpm_counter 元件对话框 4

（7）在图 3.5.5 所示的对话框中，给出了 lpm_counter 元件仿真库的基本信息，继续单击“Next”按钮，进入定制 lpm_counter 元件参数的最后一个页面，如图 3.5.6 所示。

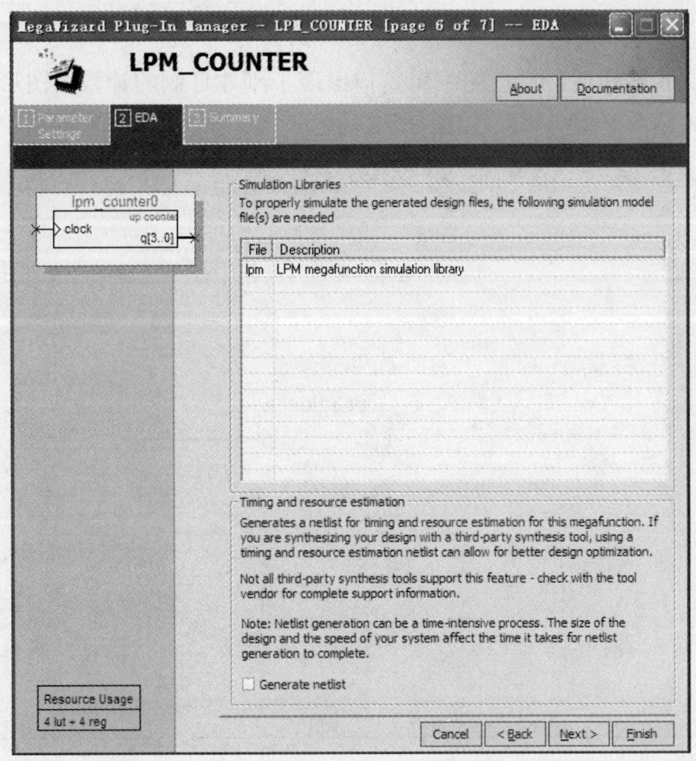

图 3.5.6　定制 lpm_counter 元件对话框 5

（8）最后一个页面如图 3.5.7 所示，单击 Finish 按钮，结束 lpm_counter 元件的定制。

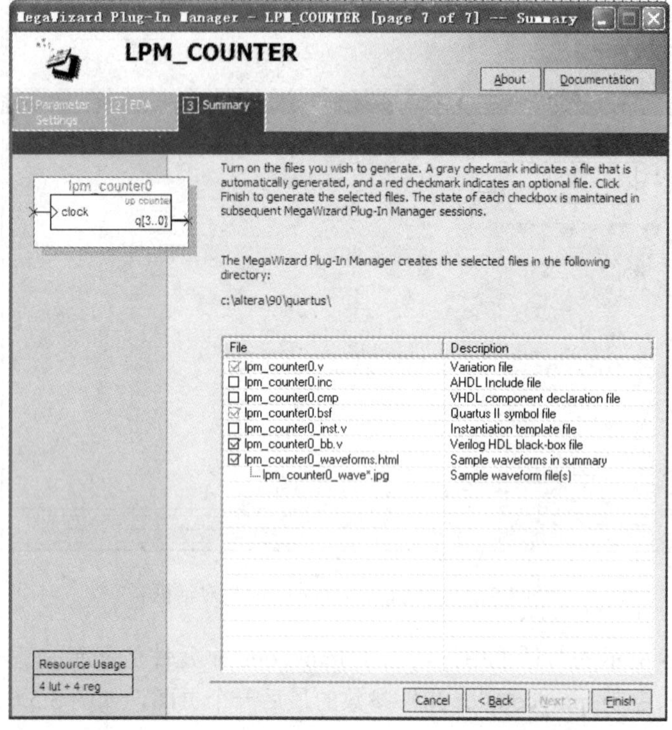

图 3.5.7 定制 lpm_counter 元件对话框 6

（9）单击 Finish 按钮后，原理图编辑窗口出现了刚才订制的计数器图形，将计数器放在合适文件，并添加输入/输出端口，如图 3.5.8 所示。

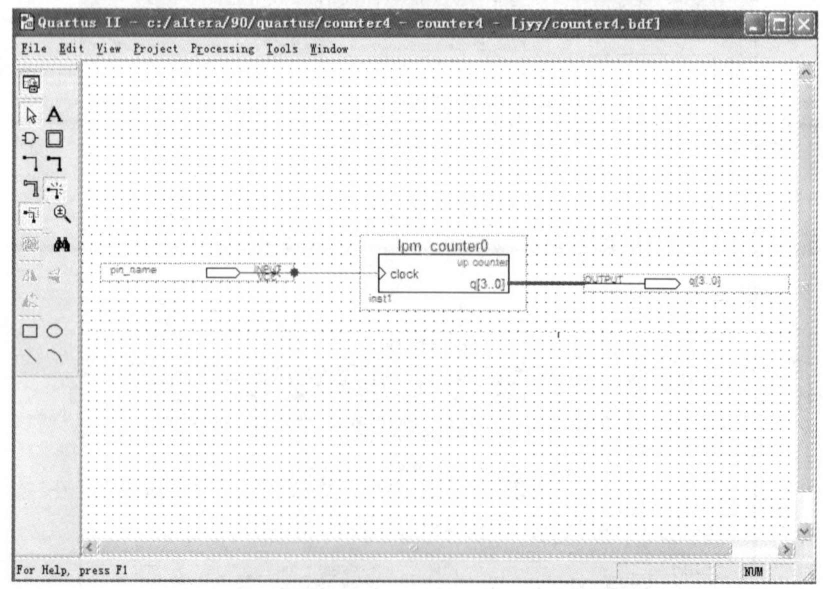

图 3.5.8 参数化 4 位加法计数器原理图

（10）存盘、编译、绘制仿真波形文件，做波形仿真。

3.6 嵌入式逻辑分析仪 SignalTap II

3.6.1 SignalTap II 概述

随着 FPGA 容量的增大，FPGA 的设计日益复杂，设计调试成为一个很繁重的任务。为了使得设计尽快投入市场，设计人员需要一种简易有效的测试工具，以尽可能的缩短测试时间。一种新的调试工具 Quartus II 中的 SignalTap II 满足了 FPGA 开发中硬件调试的要求，它具有无干扰、便于升级、使用简单、价格低廉等特点。

SignalTap II 嵌入逻辑分析仪集成到 Quartus II 设计软件中，能够捕获和显示可编程单芯片系统（SOPC）设计中实时信号的状态，这样开发者就可以在整个设计过程中以系统级的速度观察硬件和软件的交互作用。它支持多达 1024 个通道，采样深度高达 128KB，每个分析仪均有 10 级触发输入/输出，从而增加了采样的精度。SignalTap II 为设计者提供了业界领先的 SOPC 设计的实时可视性，能够大大减少验证过程中所花费的时间。目前 SignalTap II 逻辑分析仪支持的器件系列包括 APEXT II、APEX20KE、APEX20KC、APEX20K、Cyclone、Excalibur、Mercury、Stratix GX、Stratix。

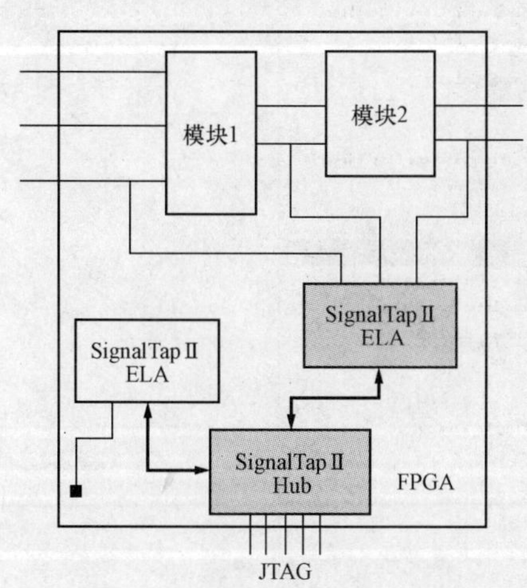

图 3.6.1　SignalTap II 嵌入逻辑分析仪

SignalTap II 将逻辑分析模块嵌入到 FPGA 中，如图 3.6.1 所示。逻辑分析模块对待测节点的数据进行捕获，数据通过 JTAG 接口从 FPGA 传送到 Quartus II 软件中显示。使用 SignalTap II 无需额外的逻辑分析设备，只需将一根 JTAG 接口的下载电缆连接到要调试的 FPGA 器件。SignalTap II 对 FPGA 的引脚和内部的连线信号进行捕获后，将数据存储在一定的 RAM 块中。因此，需要用于捕获的采样时钟信号和保存被测信号的一定点数的 RAM 块。

使用 SignalTap II 的一般流程是：设计人员在完成设计并编译工程后，建立 SignalTap II （.stp）文件并加入工程→配置 STP 文件→编译并下载设计到 FPGA→在 Quartus II 软件中显示被测信号的波形→在测试完毕后将该逻辑分析仪从项目中删除。以下描述设置 SignalTap II 文件的基本流程。

（1）设置采样时钟。采样时钟决定了显示信号波形的分辨率，它的频率要大于被测信号的最高频率，否则无法正确反映被测信号波形的变化。SignalTap II 在时钟上升沿将被测信号存储到缓存器。

（2）设置被测信号。可以使用 Node Finder 中的 SignalTap II 滤波器查找所有预综合和布局布线后的 SignalTap II 节点，添加要观察的信号。逻辑分析器不可测试的信号包括逻辑单元的进位信号、PLL 的时钟输出、JTAG 引脚信号、LVDS（低压差分）信号。

（3）配置采样深度，确定 RAM 的大小。SignalTap II 所能显示的被测信号波形的时间长度为 T_x，计算公式为 $T_x=N\times T_s$，其中 N 为缓存中存储的采样点数，T_s 为采样时钟的周期。

（4）设置 buffer acquisition mode。buffer acquisition mode 包括循环采样存储、连续存储两种模式。循环采样存储也就是分段存储，将整个缓存分成多个片段（segment），每当触发条件满足时就捕获一段数据。该功能可以去掉无关的数据，使采样缓存的使用更加灵活。

（5）触发级别。SignalTap II 支持多触发级的触发方式，最多可支持 10 级触发。

（6）触发条件。可以设定复杂的触发条件用来捕获相应的数据，以协助调试设计。当触发条件满足时，在 signalTap 时钟的上升沿采样被测信号。

完成 STP 设置后，将 STP 文件同原有的设计下载到 FPGA 中，在 Quartus II 中 SignalTap II 窗口下查看逻辑分析仪捕获结果。SignalTap II 可将数据通过多余的 I/O 引脚输出，以供外设的逻辑分析器使用；或输出为 csv、tbl、vcd、vwf 文件格式以供第三方仿真工具使用。

在一个设计工程中创建 SignalTap II 文件有两种方法：一种与建立其他类型的设计文件、仿真文件类似，在菜单中单击【File】→【New】，然后在打开的【New】对话框中［见图 3.6.2（a）］，建立 SignalTap II 文件即可；另一种方法是利用【Tools】工具菜单栏［见图 3.6.2（b）］中的【SignalTap II Logic Analyzer】命令启动逻辑分析仪，SignalTap II 逻辑分析仪的界面如图 3.6.3 所示。

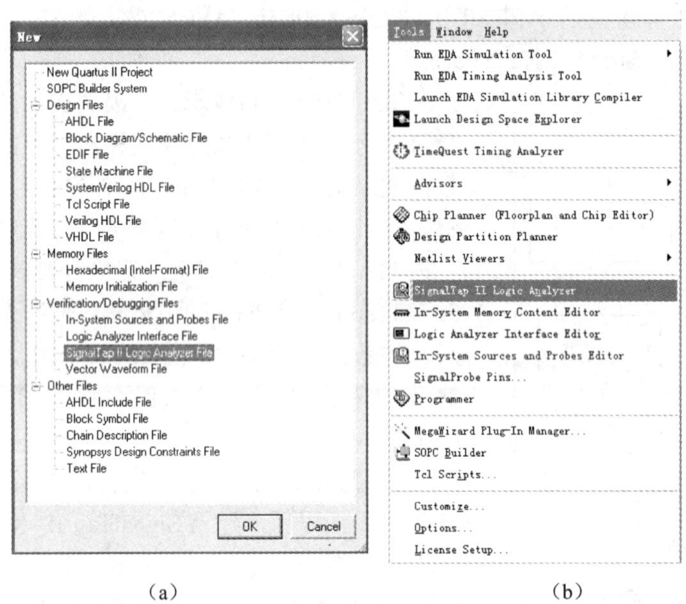

（a）　　　　　　　　（b）

图 3.6.2　建立 SignalTap II 文件

（a）[New]菜单；（b）[Tools]菜单

该界面包括信号显示栏、资源显示栏、硬件及配置、文件加载栏和参数设置栏等。

【Instrance Manager】资源显示栏：显示当前实例运行进度及其所用的资源情况。设置好采样深度后，每添加一个信号，此栏就相应显示已使用了多少 RAM 块，该栏上方含有逻辑分析仪的运行、停止等快捷键，以及进度信息提示。

【JTAG Chain Configuration】硬件及配置文件加载栏：添加当前可用的硬件连接，将 SignalTap II 文件成功包含到工程设计中，成功编译后，将包含有 SignalTap II 信息的配置文件加载进来，以便下载到器件中进行调试。

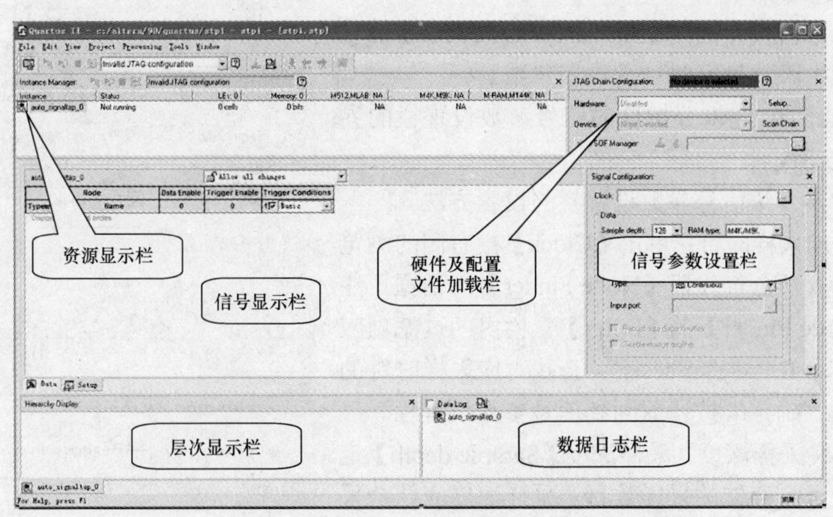

图 3.6.3 SignalTap II 逻辑分析仪界面

信息显示栏：这里是逻辑分析仪的主工作区，添加并显示待观察的信号，设置触发条件，双击此栏中的空白位置，弹出信号才查找对话框，找到需要观察的信号后，就可以添加到该栏内显示。信号选入后，可以进行触发条件的设置。运行逻辑分析以后，能够以不同格式显示选定信号的采样数据。

【Signal Configuration】信号参数设置栏：设置逻辑分析仪的采样时钟、采样深度、使用 RAM 的类型，以及触发器格式等。注意在普通显示模式下，该栏不能完整显示，右侧有滚动条可以查看其隐藏部分的内容。

【Hierachy Display】层次显示栏：显示添加的信号在模块中的层次关系。

【Data Log】数据日志栏：显示使用 SignalTap II 逻辑分析仪捕获的历史数据和相应的触发条件。分析仪捕获了数据后，将其存放在日志中并以波形的形式显示出来。

3.6.2 逻辑分析仪的使用操作

下面介绍 SignalTap II 的应用方法。

1. 建立文件

建立 SignalTap II 文件，并保存为 stp1.stp。

保存文件时，会出现如图 3.6.4 所示的对话框，询问是否在当前工程中使能该文件，选择“是”，则此后编译过程中会将 SignalTap II 文件所带的逻辑分析信息载入，生成的下载文件中也包含了相应的配置信息，这样才能够在目标器件运行逻辑设计的同时进行逻辑分析。

图 3.6.4 使能逻辑分析仪提示

2. 设置参数

在逻辑分析仪界面的【Signal Configuration】信号参数设置栏内添加触发时钟及设置参数。

SignalTap II 逻辑分析仪的信号参数设置栏的界面如图 3.6.5 所示。

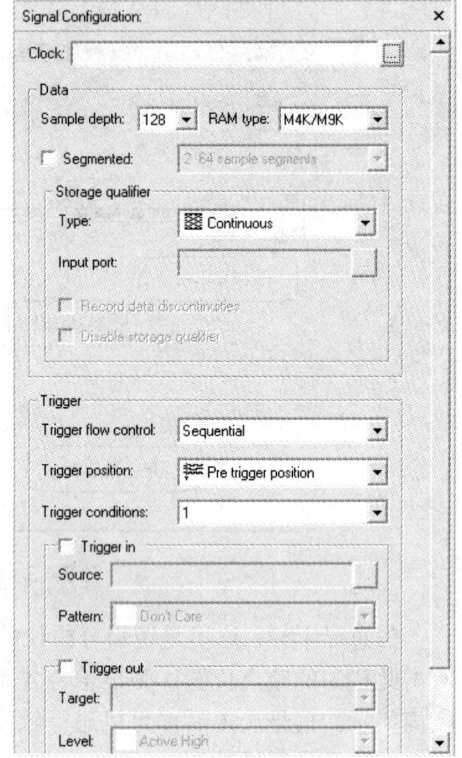

图 3.6.5 信号参数设置

下面简要介绍信号参数设置栏的设置方法。

（1）添加采样时钟：单击【Clock】栏右侧的浏览按钮，进入节点查找器【Node Finder】对话框。注意此时【Node Finder】的【Filter】一栏内的过滤项应为“SignalTap II Pre-Synthesis”，查找对应采样时钟的节点，单击“确定”按钮返回到信号参数设置栏。

（2）定义采样深度：采样深度【Sample depth】定义了每个信号可存储的采样数目。采样深度应结合采样时钟与待观察信号之间的周期关系和待观察信号个数来确定。其可设置范围是 0～128KB。采样深度越大，则耗费的 RAM 区越多。

（3）定义 RAM 类型：【RAM】栏内设置使用哪种类型的 RAM 块资源。

（4）【Storage qualifier】存储限定：简单的说就是可以让设计者有选择的存储某些或者某段信号的内容，当然这个特性并不是说减少了 Memory 的使用，而是在定制完 SignalTap 后在当下消耗的 Memory 里如何有效的、更好的展现信号全部特征。这里主要介绍 Qualifier 的六个类型。

1）Continuous：默认设置即所有选取信号被采样存储。

2）Input Port：选择任何信号作为写使能信号，可以是内部信号也可以是外部引脚。

3）Transitional：采样信号只在被选择信号发生变化的时候存储，当这个类型被使能的时候在 SignalTap 设置页的 node list 会多出两列来显示哪个或者哪些信号被选择了。

4）Conditional：采样信号只在被选择信号定义的逻辑为真时才被存储，同样在设置页也会多出两列来显示那些信号被选择来定义了什么逻辑。

5）Start/Stop：跟 Conditional 类似，基于两个设置好的条件，一个开始一个停止，满足开始条件就开始存储，满足停止条件就是结束存储，同样在设置页也会多出三列来显示哪些信号被选择来定义这两个条件。

6）State-based：最后一种就是基于状态机触发流程，这是一种更完备的控制何时以及如何来存储采样信号。

（5）【Trigger】：设置触发信号属性。【Trigger conditions】一栏内可设置触发等级。可设置多达 10 级的触发条件。【Trigger in】一栏内设置启动逻辑分析仪的触发信号。【Trigger out】一栏内设置一个输出的信号，用以触发外部器件。

3. 添加待观测信号及触发条件

在信号栏内有一行灰色提示语“Double-click to add nodes”，双击此区域可添加节点信号。需要说明的是，在向信号栏内添加节点信号时，需要工程设计已经经过全编译的操作。信息栏内有两个标签页：【data】页和【Setup】页。

4. 编译包含 STP 文件的工程设计

首先设置 SignalTap II 逻辑分析仪的编译参数。选择菜单命令【Assignments】→【Settings】，打开【Settings】对话框，在【Category】目录栏中选择【SignalTap II Logic Analyzer】选项，打开其对应的目录页，选中“Enable SignalTap II Logic Analyzer”选项，并通过“浏览”按钮选中相应文件作为输入文件。该页面设置好后，启动全编译即可。

5. 检测连接硬件并下载

在【JTAG Chain Configuration】栏内，单击“Hardware”栏右侧的 setup 按钮，选择硬件连接端口和类型，进行硬件添加。若能够正常连接，系统会自动检测并连接，同时在 Device 栏内显示器件信息。

单击“SOF Manager”右侧的按钮，选择后缀为 sof 的相应文件并返回。

单击“SOF Manager”栏内的 Program Device（编程快捷）按钮，将 SOF 文件下载到目标器件。

在【Intrance Manager】一栏内单击快捷按钮 Autorun Analysis，启动逻辑分析仪，进行自动分析。该命令能够让逻辑分析仪自动反复执行，不断更新数据信息。运行逻辑分析以后，信号显示栏会自动切换到【Data】页面内，显示信号的数据信息。这样就完成了 SignalTap II 逻辑分析仪的设置与应用。通过上面的操作，可以看到与传统的逻辑分析仪相比，SignalTap II 逻辑分析仪具有以下优点。

（1）测试方便，不占用器件引脚。如果使用传统逻辑分析仪器，必须将信号引到目标器件的空闲引脚上，再连接测试仪器。为了方便连接仪器，有时就需要从 PCB 上引出测试点，从而占用 PCB 空间。当器件缺少空闲引脚时，就难以测试内部信号。而 SignalTap II 逻辑分析仪只需进行软件设置，占用一定 RAM 资源后就可以使用。

（2）传统逻辑分析仪价格昂贵，而 SignalTap II 逻辑分析仪集成在 Quartus II 软件中，无需额外费用。

虽然 SignalTap II 逻辑分析仪具有上述优点，但是由于要占用 RAM 块，并且要随工程设计一起编译，因此可能会影响工程设计的布局布线。而数据的采样深度也受到剩余 RAM 的限制。

3.7 仿真软件 ModelSim 及其应用

3.7.1 ModelSim 简介

ModelSim 是业界优秀的 HDL 仿真器，具备强大的模拟仿真功能，在设计、编译、仿真、测试、调试开发过程中，有一整套工具供使用，而且操作起来极其灵活，可以通过菜单、快捷键和命令行的方式进行工作。ModelSim 的窗口管理界面让用户使用起来很方便，它能很好地与操作系统环境协调工作。ModelSim 的一个很显著的特点就是它具备命令行的操作方式，类似于一个 shell 有很多操作指令供使用，给人的感觉就像是工作在 Unix 环境下，这种命令行操作方式是基于 Tcl/Tk 的，其功能相当强大。

ModelSim 的功能侧重于编译、仿真，不能指定编译的器件，不具有编程下载能力。不像 Quartus II 可以在编译前选择器件。而且 ModelSim 在时序仿真时无法编辑输入波形，不像

Quartus II 可以自行设置输入波形，仿真后自动产生输出波形，而是需要在源文件中就确定输入，如编写测试台程序来完成初始化、模块输入的工作，或者通过外部宏文件提供激励。这样才可以看到仿真模块的时序波形图。ModelSim 还具有分析代码的能力，可以看出不同的代码段消耗资源的情况，从而可以对代码进行改善，以提高其效率。

ModelSim 分几种不同的版本，即 SE、PE、LE 和 OEM，其中 SE 是最高级的版本。而集成在 Actel、Atmel、Altera、Xilinx 以及 Lattice 等 FPGA 厂商设计工具中的均是其 OEM 版本。本教材 ModelSim- Altera 6.4a 是专门针对 Altera 公司 Quartus II 的配套产品，与本教材介绍的内容相对应，学习使用比较方便。

3.7.2 ModelSim 的使用方法

ModelSim 有交互命令方式（即在 ModelSim 的主窗口通过输入命令实现编辑、编译和仿真操作）、图形用交互方式（即通过菜单进行交互）和批处理方式（类似 DOS 批处理或 Unix 的 shell 工作方式）三种执行方式。ModelSim 启动后，首先出现如图 3.7.1 所示的主窗口界面。主窗口（Main window）中包括工具栏、工作区和命令窗口。在工作区可以显示 Project Tab、Library Tab、Sim Tab（显示 Load Design、Hierarchical Structure）；在命令行操作区，可以用命令提示符的方式进行编译、仿真设计，同时打开其他窗口。在工作区中用树状列表的形式来观察库（Library）、项目源文件（Project）和设计仿真的结构。

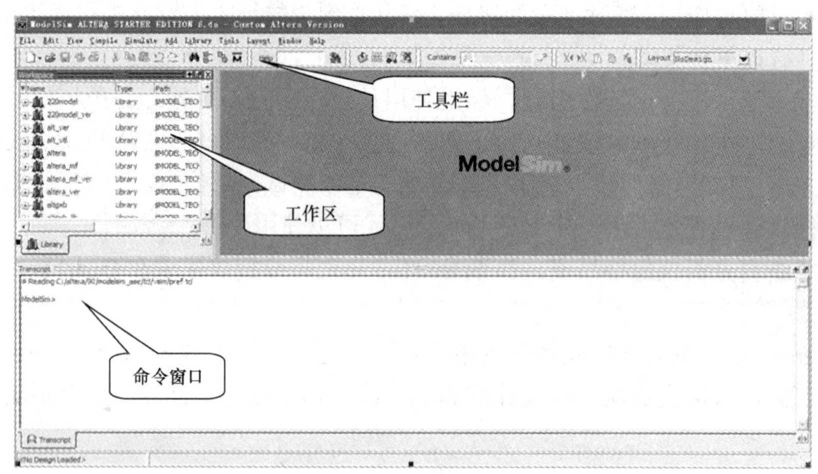

图 3.7.1 ModelSim 用户界面

在使用 ModelSim 之前，应先建立用户自己的工程文件夹，用于存放各种设计文件和仿真文件，然后建立 work 库。在 VHDL 中 work 库是默认的工作库，因此 ModelSim 必须首先建立一个 work 库。

下面以 4 位加法器为例，介绍 ModelSim 仿真软件的使用及仿真过程。

1. 创建工程

在 ModelSim 的主窗口，执行 File/Project 命令，弹出建立新项目的对话框，如图 3.7.2 所示，在对话框中填入要建立的新项目名称及所在的文件夹，单击 OK 按钮确定后，项目已被建立，在工作区中出现 Project 标签页。一般来说，所有的源代码都要编译到同一个库（包括 VHDL 和 Verilog HDL）。

2. 添加源代码

完成新建工程向导后，会弹出如图 3.7.3 所示的对话框。

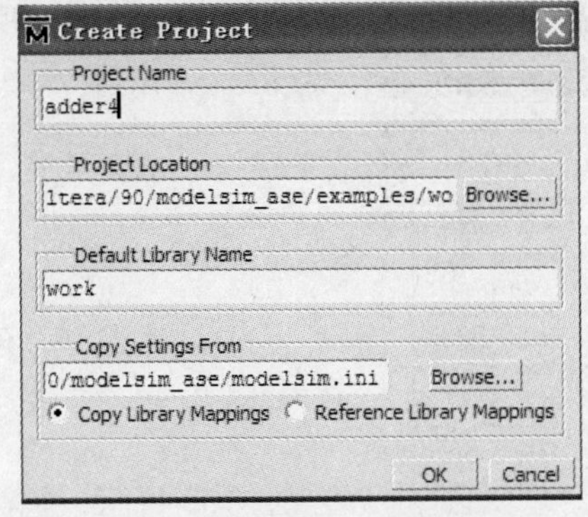

图 3.7.2 创建工程窗口

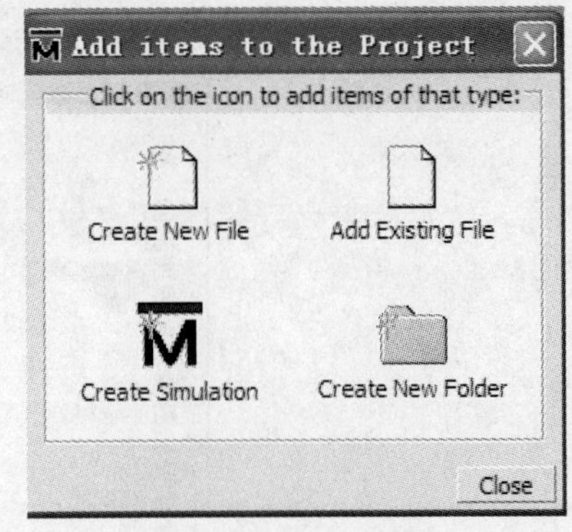

图 3.7.3 创建文件窗口

该对话框提示是选择新建源文件还是添加已有的源文件，如果是添加已有的源文件，则单击 Add Existing File，会弹出如图 3.7.4 所示的对话框。单击 Browse 按钮选择要添加的源文件。

如果是新建一个源文件，单击 Creat New File，会弹出如图 3.7.5 所示的对话框，单击 Browse 按钮，选择新建文件的保存路径，在 File Name 框中键入新建文件的名称。

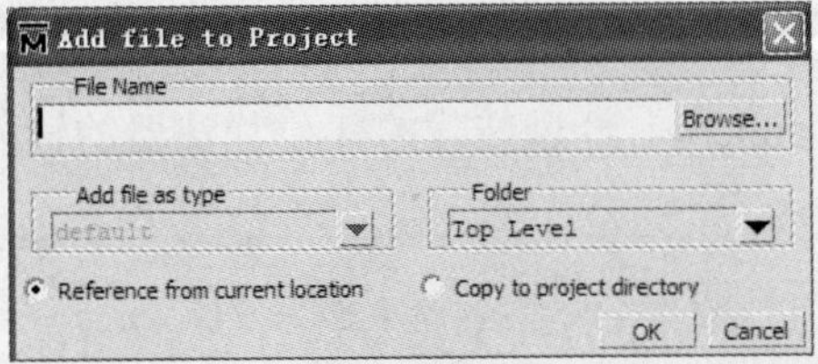

图 3.7.4 添加已有文件对话框

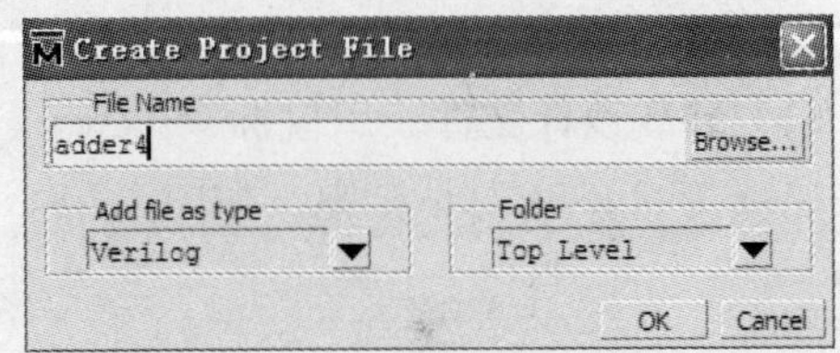

图 3.7.5 新文件命名对话框

新建一个名为 adder4.v 的源文件，源代码如下：

```
module adder4 (cout,sum,a,b,cin);
output[3:0] sum;
output cout;
input[3:0] a,b;
input cin;
assign{cout,sum}=a+b+cin;
endmodule
```

完成源文件如图 3.7.6 所示。

图 3.7.6 adder4 的源文件

3. 编译

完成源程序的编译后，在 ModelSim 编辑窗口 Compile 下执行 Compile All 命令，即可以对源程序进行编译，编译成功后，add4 的设计实体就会出现在 work 库中，如图 3.7.7 所示。

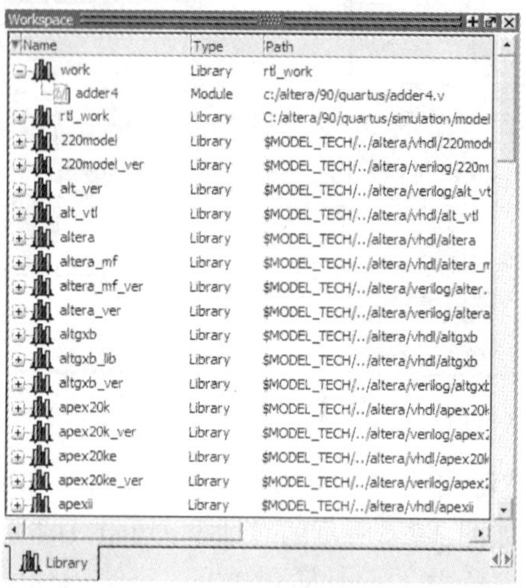

图 3.7.7 Workspace 对话框

4. 仿真

（1）装载设计文件。用鼠标双击 work 库中的 adder4，经过装载的 4 位加法器的输入/输出端出现在 objects 对话框中，如图 3.7.8 所示。

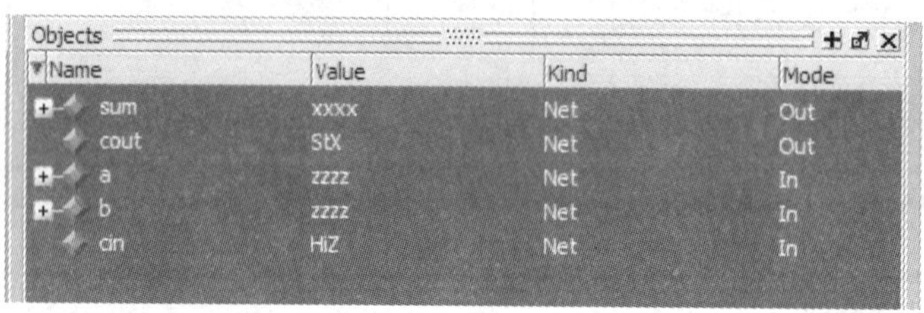

图 3.7.8 Objects 窗口

用鼠标左键选中相应输入/输出端，单击右键，选择 Add →To Wave→Selected Items，相应输入/输出引脚出现在 wave-defult 波形仿真窗口内，如图 3.7.9 所示。

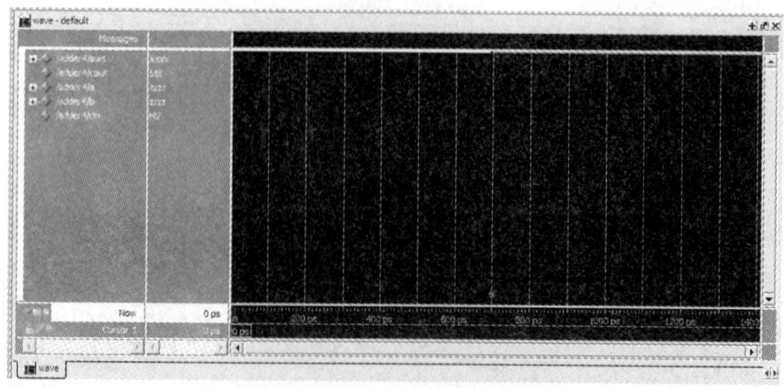

图 3.7.9 波形窗口

（2）设置仿真激励信号。将 ModelSim wave-defult 窗口中的输入信号用鼠标选中后，单击右键，选择信号激励类型，如输入 a，设置为 0101，具体方法为选中 a 中某位，单击右键，选择 Force，出现如图 3.7.10 所示窗口，设定相应值。

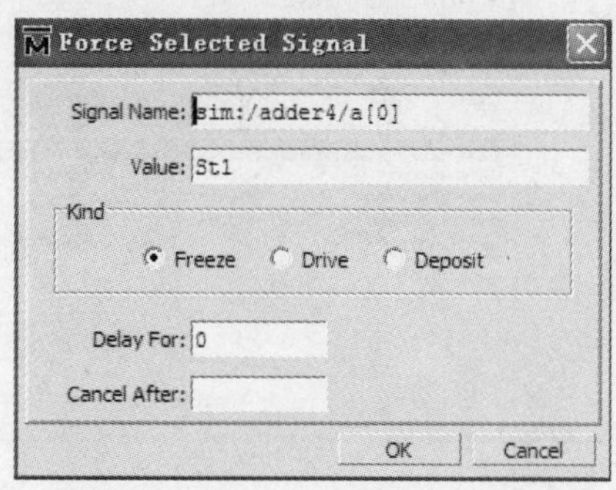

图 3.7.10 定义激励信号对话框

同理可以设定 b 为 1110，进位输入 cin 为 1。

（3）仿真设计文件。按动 ModelSim 波形窗口上的 Run（运行）按键，仿真波形将按一次键输出一个时钟周期的方式对电路进行仿真，4 位加法器的仿真波形如图 3.7.11 所示。

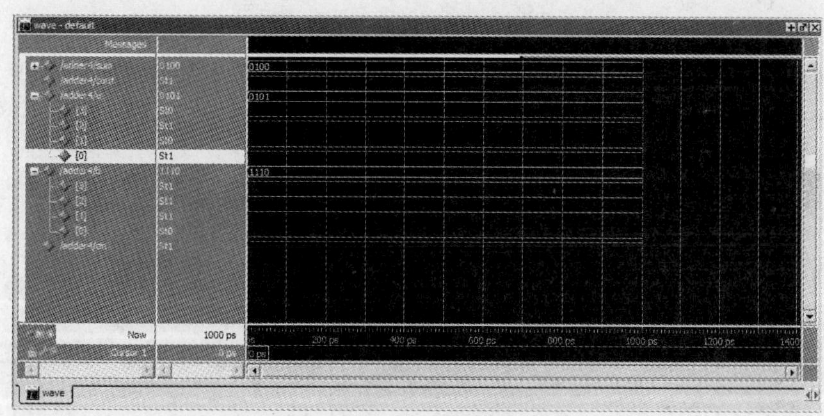

图 3.7.11 仿真波形结果

3.7.3 ModelSim 与 Quartus II 的接口

ModelSim 是一种快速仿真工具，但对设计文件的输入与编译不如 Quartus II 那样方便快捷，因此在 EDA 设计中，设计者常用 Quartus II 对设计文件进行输入编辑与编译，利用 ModelSim 对文件进行仿真。

在 Quartus II 环境下，假设完成了 4 位加法器的输入与编译综合，下一步选择 ModelSim 进行仿真。具体步骤如下。

（1）进入 Quartus II 软件的 Assignments→EDA Tool Settings，出现如图 3.7.12 所示的对话框。

双击 Simulation，出现图 3.7.13 所示对话框，在对话框中，可以对 Tool name、Format for output netlist 等进行选择设定，设置完成后单击“OK”。

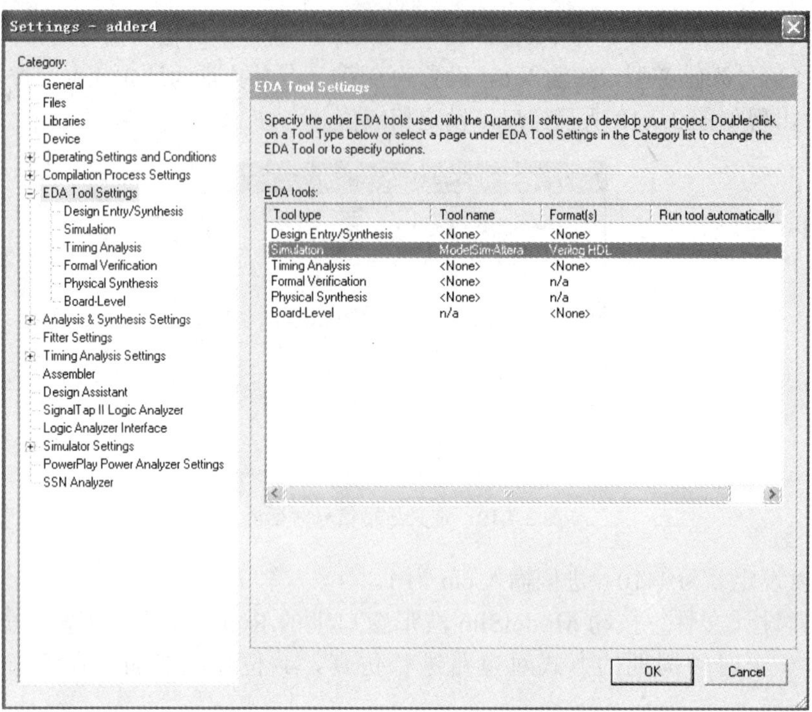

图 3.7.12 选择仿真工具对话框

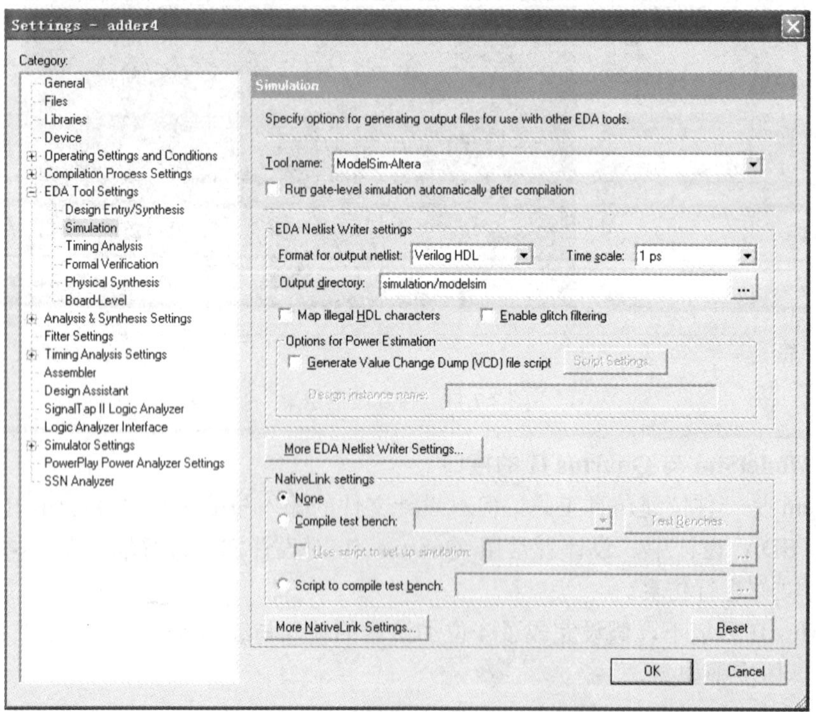

图 3.7.13 仿真工具设定对话框

（2）进入 Quartus II 软件的 Tools→Run EDA Simulation Tool→Run RTL Simulation，对编译完成后的文件进行功能仿真。此时，系统会自动连接启动 ModelSim 软件，Quartus II 软件

编译完成的 adder4 的设计实体就会出现在 ModelSim 软件的 work 库中，如图 3.7.14 所示，接下来便可按照相应的步骤对设计进行仿真。

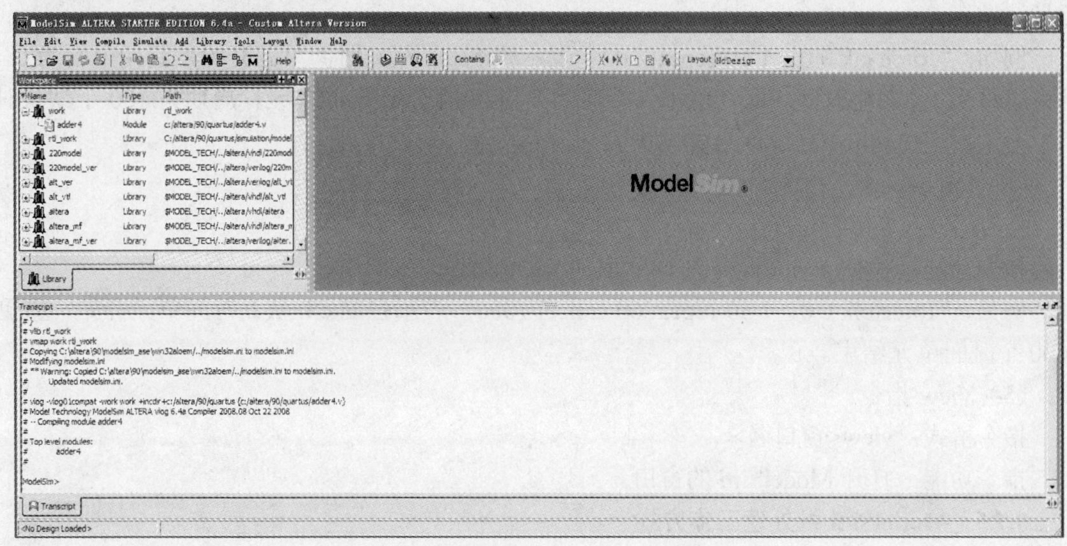

图 3.7.14　ModelSim 用户界面

3.7.4　ModelSim 交互命令方式仿真

ModelSim 交互命令方式是在 ModelSim 主窗口的命令窗口上，通过输入命令来实现的，这种命令方式具有更好的调试和交互功能。ModelSim 提供了多种指令，即可以是单步指令，也可以构成批处理文件，用来控制逻辑、编译和仿真流程。

ModelSim 用于仿真的主要命令包括 Run、Force 和 View 等指令，其他指令可参考 ModelSim 说明书或帮助。

（1）Run 指令。

指令格式：Run[<timesteps>][<time_unit>]

其中，参数 timesteps（时间步长）和 time_unit（时间单位）是可选项，time_unit 可以是 fs、ps、ns、us、ms、sec 几种。

指令功能：运行（仿真）并指定时间单元。

例如：run 表示运行；run 1000 表示运行 1000 个默认的时间单元（ps）；run 2500 ns 表示运行 2500 ns；run-continue 表示继续运行；run all 表示运行全程。

（2）force 指令。

指令格式：force<item_name> <value>[<time>]，[<value>][<time>]

其中，参数 item_name 不能默认，它可以是端口号，也可以是内部信号，且还支持通配符号，但只匹配一个；value 也不能默认，其类型必须与 item_name 一致；time 是可选项，支持时间单元。

例如，“force clr1”表示 clr 赋值为 1；“force clr1 100”表示经历 100 个默认时间单元延迟后 clr 赋值为 1；“force clr1，0 1000”表示为 clr 赋值为 1 后经历 1000 个默认时间单元延迟后 clr 赋值 0。

（3）force -repeat 指令。

指令格式：force<开始时间> <开始电平值>，<结束电平值> <忽略时间>-repeat<周期>

指令功能：每隔一定的周期（period）重复一定的 force 命令。该指令常用来产生时钟信号。

例如，“force clk 0 0，1 30-repeat 100”表示强制 clk 从 0 时间单元开始，起始电平为 0，结束电平为 1，忽略时间（即 0 电平保持时间）为 30 个默认时间单元，周期为 100 个默认时间单元，占空比为（100–30）/100=70%。

（4）force -cancel 指令。

指令格式：forc-cancel<period>

指令功能：执行 period 周期时间后取消 force 指令。

例如，“force clk 0 0，1 30-repeat 60-cancel 1000”表示强制 clk 从 0 时间单元开始，直到 1000 个时间单元结束。

（5）View 指令。

指令格式：view<窗口名>

指令功能：打开 ModelSim 的窗口。

3.7.5 ModelSim 批处理工作方式

如果采用单步指令来控制仿真流程，每次都要输入相应的指令，是很繁琐的事情，ModelSim 提供了一个简化方式。即可以把这些文件形成一个批处理文件后再执行。

在 ModelSim 的主窗口，执行 File→New→Source→Do 命令，进入 ModelSim 的 Do 文件编辑方式。在编辑窗口输入下列计数器仿真批处理文件（cont10.do）的代码：

```
Vism work cnt10
force-freeze sim: /cnt10/clk 0,0{50ns}-r 100    //设置时钟
force-freeze sim: /cnt10/rst 0,1 200,0 1000     //设置复位信号
force-freeze sim: /cnt10/ena 1,0 2200,1 2600    //设置使能信号
adder wave-r/*
```

完成计数器仿真批处理文件的编辑后，用“cont10.do”为文件名保存在计数器设计文件相同的文件夹中（.do 是 Do 文件的扩展名）。Do 文件的调用方式：do filename parameters，并通过 ModelSim 进行编译。在 ModelSim 窗口中执行“do cont10.do”，完成对计数器设计的仿真。

本 章 小 结

随着EDA技术的发展，世界各大集成电路生产商和软件公司相继推出了各种版本的EDA工具软件。这些工具软件各具特色，使用方法不尽相同。

Quartus II 软件是 Altera 公司推出的第四代可编程逻辑器件开发软件，适合于大规模逻辑电路设计。本章结合设计实例，介绍了集成开发环境 Quartus II 的基本特点和基本设计流程，以及 Quartus II 中可参数化宏模块的种类和各宏模块的功能，并介绍了 Quartus II 中 SignalTap II 嵌入逻辑分析仪的使用方法。Quartus II 集成环境支持系统级设计、嵌入式系统设计和可编程器件设计的设计输入、编译、综合、布线、时序分析、仿真、编程下载等 EDA 设计过程。Quartus II 支持多种编辑输入法，包括图形编辑输入法，VHDL、Verilog HDL 和 AHDL 的文

本编辑输入法，符号编辑输入法，以及内存编辑输入法。

本章同时对 ModelSim 进行了介绍，它是一种快速而方便的 HDL 编译型仿真工具，支持 VHDL 和 Verilog HDL 的编辑、编译和仿真。ModelSim 有交互命令方式、图形用户交互方式和批处理方式等执行方式。

习 题

3.1 简述 Quartus II 软件的特点。

3.2 简述 Quartus II 文本设计输入法的流程。

3.3 简述 Quartus II 原理图设计输入法的流程。

3.4 使用 Quartus II 软件进行 4 人抢答器系统设计并进行编译仿真。

3.5 在 Quartus II 开发工具中，利用两片 4 位二进制加/减计数器 74191 设计 8 位二进制加/减计数器，并仿真验证设计结果。

3.6 在 Quartus II 开发工具中，利用两片全加器 74283 设计 8 位全加器电路，并仿真验证设计结果。

3.7 在 Quartus II 开发工具中，利用移位寄存器、锁存器等设计一个 4×4 乘法器，并仿真验证设计结果。

3.8 使用 Quartus II 软件设计一个带有异步清零端 12 位二进制全加器，并编译仿真。

3.9 简述 ModelSim 仿真器的基本操作过程。

3.10 用 ModelSim 验证习题 3.8 设计的 12 位二进制全加器。

第 4 章 Verilog HDL 硬件描述语言

内 容 提 要

Verilog HDL 硬件描述语言是 EDA 技术的重要组成部分。本章在介绍 Verilog HDL 的发展历程和特点的基础上，首先详细讲述了构成 Verilog HDL 的词法、数据类型和操作符等语言要素，然后重点介绍了 Verilog HDL 的门级建模、数据流建模、行为级建模和结构建模的方法，最后简要介绍了任务和函数、编译预处理、系统任务和系统函数的内容。

4.1 Verilog HDL 概 述

Verilog HDL 是一种用于数字系统建模的硬件描述语言，最初是由 GDA（Gateway Design Automatic）公司的 Phil Moorby 于 1983 年创造的，作为 GDA 公司模拟器产品开发的硬件建模语言。之后，Phil Moorby 又设计了 Verilog-XL 仿真器，并获得了巨大的成功。此时，Verilog HDL 语言仅仅是 GDA 公司内部用于模拟和仿真的专用语言。由于该公司的仿真器产品受到普遍欢迎，Verilog HDL 硬件描述语言作为一种实用方便的语言逐渐为广大的设计者们所接受，同时也为 Verilog HDL 语言的推广提供了契机。1989 年，GDA 被 Cadence 公司收购。1990 年，Candence 将 Verilog HDL 向公众推广，并成立了一个非营利的开放性 Verilog 国际组织 OVI （Open Verilog International），专门负责促进 Verilog HDL 语言的发展和推广，并于 1995 年被 IEEE 采纳为 IEEE 标准，即 IEEE Std l364—1995（Verilog—1995 版本），2001 年升级为 IEEE Std l364—2001 标准（Verilog—2001 版本），2005 年升级为 System Verilog—2005 版本。

Verilog HDL 作为目前应用最为广泛的硬件描述语言之一，可用于从算法级、门级到开关级的多种抽象设计层次的数字系统建模。被建模的数字系统对象的复杂性可以介于简单的门和完整的电子数字系统之间。Verilog HDL 硬件描述语言可以分层次描述数字系统，并可在这个描述中建立清晰的时序模型。

Verilog HDL 硬件描述语言具有下述描述能力：设计的行为特性、设计的数据流特性、设计的结构组成以及包含响应监控和设计验证方面的时延和波形产生机制。所有这些都可以使用同一种建模语言来完成。此外，Verilog HDL 硬件描述语言提供了编程语言接口，通过该接口可以在仿真验证期间从设计外部访问设计，与设计内部的运行信息进行交互。

Verilog HDL 硬件描述语言不仅定义了语法，而且对每个语法结构都定义了清晰的模拟、仿真语义。因此，用这种语言编写的模型能够使用 Verilog 仿真器进行验证。Verilog HDL 语言从 C 编程语言中继承了多种操作符和结构，还提供了扩展的建模能力，完全可以满足从最复杂的芯片到完整电子系统的描述。

采用 Verilog HDL 硬件描述语言进行电路设计的最大优点是其与工艺的无关性，这使得设计者在进行电路设计时可以不必过多考虑工艺实现的具体细节，只需要根据系统设计的要求施加不同的约束条件，即可设计出实际电路。实际上，利用计算机的强大功能，在 EDA 工具的支持下，把逻辑验证与具体工艺库相匹配，将布线及延迟计算分成不同的阶段来实现，从而减少了设计者的繁重劳动。

Verilog HDL 硬件描述语言支持硬件设计的开发、验证、综合和测试，硬件数据之间的通信，硬件的设计、维护和修改。现在 Verilog HDL 硬件描述语言已经成为数字系统设计的首选语言，并成为综合、验证和布局布线技术的基础。

4.2 Verilog HDL 语言要素

4.2.1 词法

Verilog HDL 源程序由各种符号流组成，这些符号包括空白符、注释、操作符、常数、字符串、标识符和关键字等，将其称为词法。准确无误地理解和掌握 Verilog HDL 词法的规则和用法，对正确地完成 Verilog HDL 程序设计十分重要。

1. 空白符

Verilog HDL 中的空白符包括空格符、制表符、换行符和换页符等。同 C 语言一样，空白符如果不是出现在字符串中，在编译仿真时会被忽略。空白符在程序中用来分隔各种不同的词法符号，使程序代码错落有致，排版和结构清晰，便于阅读。

Verilog HDL 的程序代码书写自由，可以加入空白符采用多行编写，也可以把多行完成的程序代码写到一行上，甚至于在一行内完成一个模块的描述也是可能的。所以，合理地使用空白符可以使源程序具有一定的可读性和编程风格。

2. 注释

Verilog 允许程序员在程序代码中插入注释行，用于解释程序段的作用，标记程序有关的信息等，以增加程序的可读性和便于文档管理。所以，添加注释行是一种非常好的编程习惯。注释行同样会被编译器和仿真器所忽略，程序员可以在任意地方添加注释。

Verilog 中可以以两种方式进行注释，即单行注释和多行注释。

（1）单行注释。以“//”开始到本行行末结束都被认为是注释，不允许续行，这种注释方式最简单明晰。

（2）多行注释。以/*开始到*/结束，这两者之间的内容都会被认为是注释，可以跨越多行，但中间不允许嵌套。这种方式比较灵活，允许注释多行，以及在行中注释多处。

3. 标识符与命名规则

标识符是程序代码中对模块、端口、实例、程序块、变量、常量、连线等对象定义的名字，程序员使用标识符来访问对象。Verilog HDL 中的标识符是由任意一组字母、数字、$符号和_（下划线）符号组成的字符序列，但标识符的第一个字符必须是字母或者下划线。

定义标识符时应遵循如下规则。

（1）首字符不能是数字或$（$专门用来代表系统命令，如系统任务和系统函数，将在后面的章节中进行介绍）。

（2）字符数要小于 1024 个。

（3）字母要区分大小写。

（4）不能与关键字同名。

例如，Count、COUNT（与 Count 不同）、_R1_D2、R56_68、FIVE$都是正确的标识符；而 1a、?b、$c、a*b 是错误的标识符。

4. 转义标识符

Verilog HDL 允许使用转义标识符。转义标识符以反斜线“\”开始，以空白符（空格、制表符和换行符）结束。Verilog 将反斜线和空白符之间的字符逐个进行处理。所有的可打印字符均可包含在转义字符中，而反斜线和表示结束的空白符不作为标识符的一部分。下面是转义标识符的示例举例如下：

```
\74LS00
\.*. $
\{* * * * * *}
\~Q
\OutGate (与 OutGate 等同)
```

5. 关键字

关键字是 Verilog HDL 预留的用于定义语言结构的专用字，有其特定专用的作用，应避免定义与关键字相同的标识符。Verilog HDL 中的关键字都采用小写字母形式，不能以反斜线开头。Verilog HDL 中的关键字见表 4.2.1。

表 4.2.1　Verilog HDL 中的关键字

always	if	release
and	ifnone	repeat
assign	incdir	rnmos
automatic	include	rpmos
begin	initial	rtran
buf	inout	rtranif0
bufif0	input	rtranif1
bufif1	instance	scalared
case	integer	showcancelled
casex	join	signed
casez	large	small
cell	liblist	specify
cmos	library	specparam
config	localparam	strong0
deassign	macrormodule	strong1
default	medium	supply0
defparam	module	supplyl
design	nand	table
disable	negedge	task
edge	nmos	time
else	nor	tran
end	noshowcancelled	tranif0
endcase	not	tranif1
endconfig	notif0	tri
endfunction	notif1	tri0
endgenerate	or	tril
endmodule	output	triand
endprimitive	parameter	trior
endspecify	pmos	trireg

续表

endtable	posedge	unsigned
endtask	primitive	use
event	pull0	vectored
for	pull1	wait
force	pulldown	wand
forever	pullup	weak0
fork	pulsestyle_onevent	weak1
function	pulsestyle_ondetect	while
generate	rcmos	wire
genvar	real	wor
highz0	realtime	xnor
highz1	reg	xor

4.2.2　数据类型

Verilog HDL 的数据类型分为常量和变量，在程序运行过程中常量的值是保持不变的。Verilog HDL 有整数、实数和字符串三种数值常量以及参数常量。变量是在程序运行时其值可以改变的量，Verilog HDL 的变量分为线网型和寄存器型两种，两者在驱动方式、保持方式和对应的硬件实现都不相同。这两种类型的变量在定义时均要设置位宽，当处于默认状态时，位宽默认为一位。变量的每一个位可以取 0、1、x、z 中的任意值。

本节主要介绍几种常用的数据类型，即数值常量、参数常量、线网型变量和寄存器型变量，以及存储器型变量的定义方式。其他数据类型可以参考 Verilog HDL 语法手册。

1. 逻辑值集合

Verilog HDL 有下列四种基本的值：①0：逻辑 0 或“假”；②1：逻辑 1 或“真”；③x：未知；④z：高阻。

注意：这四种值的解释都内置于语言中。如一个为 z 的值总是意味着高阻抗，一个为 0 的值通常是指逻辑 0。

说明：在门的输入或一个表达式中的为“z”的值通常解释成“x”。此外，x 值和 z 值都是不分大小写的，也就是说，值 0x1z 与值 0X1Z 相同。

Verilog HDL 中的常量是由以上这四类基本值组成的。

2. 数值常量

Verilog HDL 中有三类数值常量：①整数；②实数；③字符串。

下面分别介绍这三类数值常量。

（1）整数。整数的书写格式为：

<+/–> <位宽>'<进制符号> <数值>

其中：<+/–>表示常量是正整数还是负整数，当常量是正整数时，前面的正号可以省略；<位宽>用十进制数定义了常量数值对应的二进制数的位数宽度；

<进制符号>定义了后面数值的进制格式，进制符号包括 b 或 B（表示二进制数），d 或 D（表示十进制数），h 或 H（表示十六进制数），o 或 O（表示八进制数）；

<数值>是基于进制的数字序列。如果基数定义为 b 或 B，数值可以是 0，1，x（X），z（Z）。对于基数是 d 或 D 的情况，数值符可以是从 0 到 9 的任何十进制数，但不可以是 X 或 Z。x 和 z 以及十六进制中的 a 到 f 不区分大小写。

在整数表示中，需要注意如下几点。

1）为了提高数值的易读性，可以在较长的数字之间增加下划线，例如 8'b1001_0011 表示位宽为 8 位的二进制数 10010011。下划线“_”可以随意使用在整数或实数中，其本身不代表任何意义，但不能作为首字符。

2）在二进制表示中，x、z 只代表相应位的逻辑状态；在八进制表示中，一位 x 或 z 代表 3 个二进制位都处于 x 或 z 状态；在十六进制表示中，一位 x 或 z 代表 4 个二进制位都处于 x 或 z 状态。

3）当没有定义整数的<位宽>时，则该整数的位宽为机器的字长（至少为 32 位）。

4）当定义的位宽比数值的实际二进制位数少时，则多余高位部分被截去，如 5'b11011011 实际是 5'b11011；当定义的位宽比数值的实际二进制位数多，且最高位为 0 或 1 时，则高位由 0 填充；当位宽比数值的实际二进制位数多，但最高位为 x 或 z 时，高位相应由 x 或 z 填充。例如，数值 5'b11 实际为 5'b00011，而 5'bx1xz 实际是 5'bxx1xz。

5）数值常量中的“？”表示高阻状态，是 z 的另一种表示符号。如“2'B1?”表示两位的二进制数，其中的一位是高阻状态。

6）十进制数的位宽和进制符号可以使用默认值，例如：

```
125                          //表示十进制数 125
```

下面是整数型常量实例：

```
8'b10110001          //位宽为 8 位的二进制数 10110001
8'hf5                //位宽为 8 位的十六进制数 f5
5'O37                //位宽为 5 位的八进制数 37
4'D2                 //位宽为 4 位的十进制数 2
4'B1x_01             //位宽为 4 位的二进制数 1x01
7'Hx                 //位宽为 7 位的 x(扩展的 x),即 xxxxxxx
4'hZ                 //位宽为 4 位的 z(扩展的 z),即 zzzz
23456                //位宽为 32 位的十进制数 23456
'hd5                 //位宽为 32 位的十六进制数 d5
```

非法整数举例：

```
4'd-4                //非法表示,数值不能为负
3' b001              //非法表示,'和进制符号 b 之间不允许出现空格
(2+3)'b10110         //非法表示,位宽不能为表达式
```

（2）实数。实数型常量可以有两种形式定义。

1）十进制计数法。

例如：

```
2.0
5.67
157.12
0.1
```

注意：小数点两边必须都有数字，否则为非法的表示形式。

例如：`2.`　　　　　　　　　　//非法表示

2）科学计数法。

例如：

```
23_5.1e2                    //其值为 23510.0,忽略下划线
```

注意：e 与 E 相同

例如：
```
3.6E2                       //其值为 360.0
5E-4                        //其值为 0.0005
```

另外，Verilog 语言定义了实数如何隐式地转换为整数。方法是将实数通过四舍五入被转换为最接近的整数。

例如：

```
42.446、42.45               //被转换为整数 42
92.5、92.699                //被转换为整数 93
-15.62                      //被转换为整数 - 16
-26.22                      //被转换为整数 - 26
```

（3）字符串。字符串是用双引号括起来的可打印字符序列。对于字符串的限制是，它必须在一行中书写完，不能书写在多行中，即不能包含回车符。Verilog 将字符串当做一个单字节的 ASCII 字符序列。

例如：
```
"Hello Verilog World "
"a/b "
```

在 Verilog HDL 中引入字符串的主要目的是配合仿真工具，显示一些按照指定格式输出的相关信息。

字符串中的某些特殊字符必须用反斜线"\"来说明（也称转义）。例如：

```
\n          表示换行符
\t          表示制表符
\\          表示反斜线(\)本身
\"          表示双引号字符(")
\206        表示八进制数 206 对应的字符
```

3. 参数常量

参数是常量的一种，一般在程序前部定义，经常用来定义延时、线宽、寄存器位数等物理量，可以增加代码的可读性和可维护性。

参数常量定义的格式为：parameter　参数名 1=表达式 1，参数名 2=表达式 2，参数名 3=表达式 3，……；

其中 parameter 是参数常量定义关键字，参数名是用户定义的标识符，表达式是为参数常量赋的值。例如

```
parameter Vcc = 5,fbus = 8'b11010001;
```

上述语句定义了参数常量 Vcc 的值为十进制数 5，参数常量 fbus 的值为二进制数 11010001。

4. 线网型变量

线网型变量是输出值始终根据输入变化而更新的变量，其逻辑值由驱动元件决定，具有实时更新性，它一般用来定义硬件电路中元件间的各种物理连线。线网型变量不能存储赋值，而且必须受到驱动器的驱动。当没有驱动源对其驱动时，它将保持高阻状态（trireg 保持在不定态）。对线网型变量有两种驱动方式，一种方式是在结构描述中将其连接到一个逻辑门或模块的输出端，另一种方式是用连续赋值语句 assign 对其进行赋值。

为了能够精确地反映硬件电路中各种可能的物理信号连接特性，Verilog HDL 提供了多种线网型变量，其定义及相应的功能说明见表 4.2.2。

表 4.2.2　常用线网型变量及功能说明

线网型变量	功 能 说 明
wire，tri	标准连线
wor，trior	多重驱动时，具有线或特性的连线
wand，triand	多重驱动时，具有线与特性的连线
tri1，tri0	上拉电阻、下拉电阻
supply1，supply0	电源线、地线
trireg	具有电荷保持特性的连线

在线网型变量变量中，wire 型变量是最常用的一种。wire 型变量常用来表示以 assign 语句赋值的组合逻辑信号。Verilog HDL 模块中的输入/输出信号类型默认时自动定义为 wire 型。wire 型信号可以作为任何方程式的输入，也可以作为 assign 语句和例化元件的输出。对综合而言，wire 型变量的取值可以是 0、1、x 和 z。

wire 型变量的定义格式如下：

```
wire [msb:lsb] 变量名 1,变量名 2,……,变量名 n;
```

其中，msb 和 lsb 定义了范围，它们之间用冒号分隔，并且均为常数表达式。如果没有定义范围，则其默认值为 1 位变量。

例如：

```
wire   a,b,c;            //定义了 3 个 wire 型的变量,位宽均为 1 位
wire[7:0]  databus;      //定义了 1 个 wire 型的数据总线,位宽为 8 位
wire[15:0]  addrbus;     //定义了 1 个 wire 型的地址总线,位宽为 16 位
```

5. 寄存器型变量

寄存器型变量表示一个数据的存储单元，它不特指寄存器，而是所有具有存储能力的硬件电路的通称，如触发器、锁存器等。

寄存器型变量只能在 always 语句和 initial 语句中被赋值，并且在下一次赋值前保持原值不变。寄存器型变量的默认值是不定态 x。

寄存器型变量与线型变量的显著区别是寄存器型变量需要被明确地赋值，并且在接受下一次赋值之前，始终保持原值不变，而线型变量需要有持续的驱动。

Verilog HDL 中的寄存器型变量有四种，见表 4.2.3。integer、real 和 time 三种寄存器型变量都是纯数学的抽象描述，不对应任何具体的硬件电路，但它们可以描述与模拟有关的计算。例如，可以利用 time 型变量控制经过特定的时间后关闭显示等。

表 4.2.3　常用寄存器型变量及功能说明

寄存器型变量	功 能 说 明
reg	常用的寄存器型变量
integer	32 位带符号整数型变量
real	64 位带符号实数型变量
time	无符号时间变量

reg 型变量是数字系统中存储设备的抽象，常用于具体的硬件描述，因此是最常用的寄存器型变量。

reg 型变量定义的关键字是 reg，定义格式如下：

```
reg [msb:lsb]   变量 1,变量 2,…,变量 n;
```

用 reg 定义的变量有一个范围选项（即位宽），默认的位宽是 1。位宽为 1 位的变量称为标量，位宽超过 1 位的变量称为向量。标量的定义不需要加位宽选项，例如

```
reg     a,b;          //定义两个 reg 型变量 a,b
```

向量定义时需要位宽选项，例如：

```
reg[7:0]     data;    //定义 1 个 8 位寄存器型变量,最高有效位是 7,最低有效位是 0
reg[0:7] data;        //定义 1 个 8 位寄存器型变量,最高有效位是 0,最低有效位是 7
```

向量定义后可以采用多种使用形式（即赋值）。例如：

1）为整个向量赋值的形式为

```
data=8'b00000000;
```

2）为向量的部分位赋值的形式为

```
data[5:3]=3'b111;//将 data 的第 5,4,3 位赋值为"111"
```

3）为向量的某一位赋值的形式为

```
data[7]=1;
```

6. 存储器型变量

若干个相同宽度的向量构成数组。在数字系统中，reg 型数组变量即为存储器（memory）型变量。

存储器型变量的定义格式如下：

```
reg[msb:lsb]  memory1[upper1:lower1],
          memory2[upper2:lower2],
……;
```

其中，memory1、memory2 等为存储器的名称，[upper1：lower1]定义了存储器 memory1 的地址空间的大小，高位地址写在方括号的左边，低位地址写在方括号的右边；[msb：lsb]定义了存储器中每个单元（字）的位宽。

下面是存储器定义的一个例子：

```
reg[7:0]     mymemory[1023:0];
```

上述语句定义了一个 1024 个字存储器变量 mymemory，每个字的字长为 8 位。

在表达式中可以用下面的语句来使用存储器：

```
mymemory[7] = 75;  //存储器 mymemory 的第 7 个字被赋值 75
```

使用 parameter 参数定义存储器的格式为：

```
reg [wordsize-1:0]  memory_name[memsize-1:0];
```

例如：

```
parameter  wordsize=8,memsize=1024;
```

```
reg [wordsize-1:0]  mymemory [memsize-1:0];
```

和前例一样，定义了一个由 1024 个 8 位寄存器构成的存储器，即存储器的字长为 8 位，地址单元数为 1K。

4.2.3 操作符

操作符也称为运算符，是 Verilog HDL 预定义的函数名字，这些函数对被操作的对象（即操作数）进行规定的运算，并产生一个结果。

在 Verilog HDL 语言中，不同操作符所带的操作数有所不同，按其所带的操作数个数，操作符可分为三种。

（1）单目操作符（unary operator）：可以带一个操作数，操作数放在操作符的右边。

（2）双目操作符（binary operator）：可以带两个操作数，操作数放在操作符的两边。

（3）三目操作符（ternary operator）：可以带三个操作数，这三个操作数用三目操作符分隔开。

如～clock 中，～是一个单目取反操作符，clock 是操作数；a+b 中，+是一个双目加法操作符，a 和 b 是操作数；s ? t : u 中，? : 是一个三目条件操作符，s、t、u 是操作数。

Verilog HDL 的操作符分为算术操作符、逻辑操作符、位操作符、缩减操作符、关系操作符、等式操作符、移位操作符、条件操作符和位拼接操作符共 9 类。

1. 算术操作符（Arithmetic operators）

在 Verilog HDL 语言中，算术操作符又称为二进制操作符，共有下面几种。

（1）+：加法操作符（或称为正值操作符），如 a+b，+3；

（2）–：减法操作符（或称为负值操作符），如 a–b，–3；

（3）*：乘法操作符，如 a * b；

（4）/：除法操作符，如 5/3；

（5）%：模操作符（或称为求余操作符），要求%两边均为整型数据，在两个整数相除的基础上，取出其余数。例如，5 % 7 的值为 5，13 % 5 的值是 3；

（6）**：幂操作符，如 a * *b 表示 a 的 b 次幂。

如果算术操作符中的任意操作数是 x 或 z，那么运算结果的全部位为 x。例如：'b10x1 + 'b01111 的运算结果为不确定数'bxxxxx。

+和–操作符也可以作为单目操作符来使用，这时它们表示操作数的正负。单目的+和–操作符比双目操作符具有更高的优先级。

执行算术操作和赋值时，注意哪些操作数为无符号数、哪些操作数为有符号数非常重要。一般来说，无符号数存储在线网、一般寄存器、基数格式表示形式的整数中；有符号数存储在整数寄存器、十进制形式的整数中。

2. 逻辑操作符（Logical operators）

在 Verilog HDL 语言中，逻辑操作符包括&&（逻辑与）、||（逻辑或）、!（逻辑非）。其中&&和||是双目操作符，要求有两个操作数，!是单目操作符，只要求一个操作数。例如，A&&B 表示 A 和 B 进行逻辑与运算；A || B 表示 A 和 B 进行逻辑或运算；!A 表示对 A 进行逻辑非运算。

在逻辑操作符的逻辑运算中，若操作数是一位的，逻辑运算的真值表见表 4.2.4 所示。

表 4.2.4　　逻辑运算的真值表

A	B	!A	!B	A&&B	A‖B
0	0	1	1	0	0
0	1	1	0	0	1
1	0	0	1	0	1
1	1	0	0	1	1

在逻辑操作符的运算中，若操作数是不止一位，则应将操作数作为一个整体来对待，即如果操作数的各位全是 0，则相当于逻辑 0，但只要某一位是 1，则操作数整体看作逻辑 1。逻辑运算符的运算结果是一位的。

例如：

```
    A 的数值是 4'b0010
    B 的数值是 4'b0000
则  !A=0,!B=1,A&&B=0,A‖B=1
```

注意：如果任意一个操作数内某一位为 x 或 z，则逻辑运算的结果也为 x。

3. 位操作符（Bitwise operators）

位操作符包括～（按位取反）、&（按位与）、|（按位或）、^（按位异或）、^～或～^（按位同或）。这些位操作符中除了～是单目运算符以外，其余均为二目运算符，即要求运算符两侧各有一个操作数。这些操作符在输入操作数的对应位上按位操作，并产生向量结果。表 4.2.5 是位操作符的运算规则。

表 4.2.5　　位操作符的运算规则

（a）按位取反操作的结果

～（按位取反）	操　作　数	结　果
	0 1 x z	1 0 x z

（b）按位与操作的结果

&（按位与）		操作数 1			
		0	1	x	z
操作数 2	0	0	0	0	0
	1	0	1	x	x
	x	0	x	x	x
	z	0	x	x	z

（c）按位或操作的结果

|（按位或）		操作数 1			
		0	1	x	z
操作数 2	0	0	1	x	x
	1	1	1	1	1
	x	x	1	x	x
	z	x	1	x	x

（d）按位异或操作的结果

^（按位异或）		操作数 1			
		0	1	x	z
操作数 2	0	0	1	x	x
	1	1	0	x	x
	x	x	x	x	x
	z	x	x	x	x

（e）按位同或操作的结果

^～或～^（按位同或）		操作数 1			
		0	1	x	z
操作数 2	0	1	0	x	x
	1	0	1	x	x
	x	x	x	x	x
	z	x	x	x	x

例如，设 A=4'b1010，B=4'b1101，C=4'b10x1，则

```
~A=4'b0101
```

```
A&B=4'b1000
A|B=4'b1111
A^B=4'b0111
A^~B=4'b1000
A&C=4'b10x0
~C=4'b01x0
```

在进行位运算时，当两个操作数的位宽不同时，计算机会自动将两个操作数按右端对齐，位数少的操作数会在高位用 0 补齐。

注意，位操作符~（按位取反）、&（按位与）、|（按位或）和逻辑操作符!（逻辑非）、&&（逻辑与）、||（逻辑或）是完全不同的。逻辑操作符执行逻辑操作，运算的结果是一个逻辑 0、1 或 x；位操作符产生一个跟较长位宽操作数等宽的数值向量，该数值向量的每一位都是操作数按位运算的结果。

例如：设 X=4'b1010，Y=4'b0000，

```
X|Y  //按位或操作,结果为 4'b1010
X||Y  //逻辑或操作,等价于 1||0,结果为 1
```

4. 缩减操作符（Reduction operators）

缩减操作符包括&（缩减与）、~&（缩减与非）、|（缩减或）、~|（缩减或非）、^（缩减异或）、^~或~^（缩减同或）。缩减操作运算法则与逻辑操作运算相同，但操作的运算对象只有一个。缩减操作符是单目操作符，对单个操作数的各位进行与、或、非等操作。操作符放在操作数的前面，运算的结果是 1 位逻辑值。

缩减运算的具体运算过程是这样的：第 1 步先将操作数的第 1 位与第 2 位进行逻辑运算，第 2 步将运算结果与第 3 位进行逻辑运算，依此类推，直至最后一位。

（1）&（缩减与）。操作数中只要有任意一位的值为 0，则该操作的结果便为 0；操作数中只要有任意一位的值为 x 或 z，则该操作的结果便为 x；否则其操作结果为 1。

（2）~&（缩减与非）。缩减与操作结果的求反。

（3）|（缩减或）。操作数中只要有任意一位的值为 1，则该操作的结果便为 1；操作数中只要有任意一位的为 x 或 z，则该操作的结果便为 x；否则其操作结果为 0。

（4）~|（缩减或非）。缩减或操作结果的求反。

（5）^（缩减异或）。操作数中只要有任意一位的值为 x 或 z，则该操作的结果便为 x；若操作数中有偶数个 1，则该操作的结果便为 0；否则其操作结果为 1。

（6）^~或~^（缩减同或）。缩减同或操作结果的求反。

例如，设 A = 8'b1101，则& A = 0（在缩减与运算中，只有 A 中的数字全为 1 时，结果才为 1）；|A = 1（在缩减或运算中，只有 A 中的数字全为 0 时，结果才为 0）。

注意，由于逻辑操作符、位操作符和缩减操作符都使用相同的符号表示，因此有时容易混淆，区分这些操作符的重点在于分清操作数的数目和计算结果的规则。

5. 关系操作符（Pelational operators）

关系操作符用来对两个操作数进行比较。关系操作符有<（小于）、<=（小于等于）、>（大于）、>=（大于等于）。其中，<=也是赋值运算的赋值符号。

关系运算的结果是 1 位逻辑值。在进行关系运算时，如果操作数之间的关系成立，则计算结果为 1；如果操作数之间的关系不成立，则计算结果为 0；如果操作数中有一位为 x 或 z，

那么计算结果为 x。

例如：23 > 45

结果为 0

而 52< 8'hxFF

结果为 x。

如果操作数长度不同，长度较短的操作数在高位方向（左方）添 0 补齐。

例如：

```
'b1000 > = 'b01110
```

等价于：

```
'b01000 > = 'b01110
```

结果为 0。

6. 等式操作符（Equality operators）

等式操作符包括= =（等于）、!=（不等于）、= = =（全等）、!= =（不全等）四种。这些操作符都是双目操作符，等式运算的结果也是 1 位逻辑值，当运算结果为真时，返回值 1；为假则返回值 0。

相等操作符（==）与全等操作符（===）的区别是：当进行相等运算时，两个操作数必须逐位相等，其比较结果的值才为 1（真），如果某些位是不定或高阻状态，其相等比较的结果就会是不定值；而进行全等运算时，对不定或高阻状态位也进行比较，当两个操作数完全一致时，其结果的值才为 1（真），否则结果为 0（假）。

例如，设 A=4'b11x0，B=4'b11x0 则

```
A = = B     运算的结果为 x(未知);
A = = = B   运算的结果为 1(真)。
```

如果操作数的位宽不相等，位宽较小的操作数在左侧添 0 位补齐，例如：

```
2'b10 = = 4'b0010
```

与下面的表达式相同：

```
4'b0010 = = 4'b0010
```

运算的结果为真（1）。

7. 移位操作符（Shift operators）

移位操作符用来完成数据的左移和右移功能，移出的空位用 0 填补。移位操作符包括>>（右移）、<<（左移）。其使用方法为：

```
操作数>> n;        //将操作数的内容右移 n 位,同时从左边开始用 0 来填补移出的位数。
操作数<< n;        //将操作数的内容左移 n 位,同时从右边开始用 0 来填补移出的位数。
```

例如，设 A = 4'b1101，B= 4'b0110，则 A >> 1 的结果是 A = 4'b0110；而 B << 2 的结果是 B = 4'b1000。

如果右侧操作数的值为 x 或 z，移位操作的结果为 x。

8. 条件操作符（Conditional operators）

条件操作符为：? : ，它是一个三目操作符，其操作数有 3 个。条件操作符根据条件表达

式的值选择表达式，格式为：

条件表达式?表达式 1:表达式 2

如果条件表达式为真（即值为 1），则选择表达式 1；如果条件表达式为假（值为 0），则选择表达式 2。如果条件表达式为 x 或 z，则操作结果将按以下逻辑执行表达式 1 和表达式 2 的按位操作：0 与 0 得到结果 0，1 与 1 得到结果 1，其余情况下的结果为 x。

如对于 2 选 1 的 MUX 可以采用如下描述：

```
out1 = select ? input1:input2;
即 select=1 时,输出为 input1,否则为 input2。
```

下面为另外两个实例：

```
wire [0:2] Student = Marks > 18 ? Grade_A : Grade_C;
```

计算表达式 Marks > 18；如果真，Grade_A 赋值为 Student； 如果 Marks < =18，Grade_C 赋值为 Student。下面为另一实例：

```
always
#5 Ctr = (Ctr != 25)? (Ctr + 1):5;
```

过程赋值中的表达式表明如果 Ctr 不等于 25，则加 1；否则如果 Ctr 值为 25 时，将 Ctr 值重新置为 5。

9. 位拼接操作符（Concatenation operators）

位拼接操作符是 Verilog HDL 语言中一种比较特殊的操作符，其作用是把两个或多个信号中某些位拼接在一起进行运算操作。其使用方法如下：

{信号 1 的某几位，信号 2 的某几位,……,信号 n 的某几位}

即把几个信号的某些位详细地列出来，中间用逗号隔开，最后用大括号括起来表示一个整体信号。例如：

```
{a[1:0],b[3:2]}
  也可以写成
{a[1],a[0],b[3],b[2]}
```

在位拼接表达式中不允许存在没有指明位数的信号。这是因为在计算拼接信号位宽的大小时必须知道其中每个信号的位宽。例如：

```
若 A=4 'b01110
则{A,5}                //非法,因为常数 5 的位宽不确定。
```

对于一些信号的重复拼接，可以使用简化的表达方式{n{a}}。这里 a 是被拼接的对象，n 是重复的次数，它表示将信号 a 重复拼接 n 次。例如：

```
{4{a}}                 //等同于{a,a,a,a}
```

位拼接还可以用嵌套的方式表达。例如：

```
{a,{3{a,b}}}           //等同于{a,a,b,a,b,a,b}
```

用于表示重复的表达式，如上例中的 4 和 3 必须是常数表达式。

10. 操作符的优先级

操作符的优先级见表 4.2.6。表中顶部的操作符优先级最高，底部的最低，列在同一行的操作符的优先级相同。所有的操作符（?: 操作符除外）在表达式中都是从左向右结合的。圆括号可以用来改变优先级，并使运算顺序更清晰，对操作符的优先级不能确定时，最好使用圆括号来确定表达式的优先顺序，既可以避免出错，也可以增加程序的可读性。

表 4.2.6　　操作符的优先级和名称

<table>
<tr><th>操 作 符</th><th>操 作 符 名 称</th></tr>
<tr><td>+、−</td><td>正、负</td></tr>
<tr><td>!、~</td><td>逻辑非、按位取反</td></tr>
<tr><td>*、/、%</td><td>乘、除、求模</td></tr>
<tr><td>+、−</td><td>加、减</td></tr>
<tr><td><<、>></td><td>左移、右移</td></tr>
<tr><td><、<=、>、>=</td><td>小于、小于等于、>大于、大于等于</td></tr>
<tr><td>= =、!=、= = =、!= =</td><td>等于、不等于、全等、不全等</td></tr>
<tr><td>&、~&</td><td>缩减与、缩减与非</td></tr>
<tr><td>^、^~或~^</td><td>缩减异或、缩减同或</td></tr>
<tr><td>|、~|</td><td>缩减或、缩减或非</td></tr>
<tr><td>**</td><td>幂</td></tr>
<tr><td>&</td><td>按位与</td></tr>
<tr><td>^、^~或~^</td><td>按位异或、按位同或</td></tr>
<tr><td>|</td><td>按位或</td></tr>
<tr><td>&&</td><td>逻辑与</td></tr>
<tr><td>||</td><td>逻辑或</td></tr>
<tr><td>?:</td><td>条件</td></tr>
<tr><td>{}</td><td>位拼接</td></tr>
</table>

4.3　Verilog HDL 设计模块的基本结构

Verilog HDL 程序设计由模块（module）构成的，每个模块对应的是硬件电路的逻辑实体，其范围可以从简单的门到整个大的系统，比如一个计数器、一个存储子系统、一个微处理器等。因此每个模块都有自己独立的功能和结构，以及用于与其他模块之间相互通信的端口。一个模块可以包括整个设计模型或者设计模型的一部分，模块可以进行层次嵌套，每个模块都是以关键词 module 开始，以关键词 endmodule 来结尾。

一个完整的 Verilog HDL 设计模块包括端口定义、I/O 说明、参数定义（可选）、信号类型说明和功能描述几个部分，其基本结构如图 4.3.1 所示。

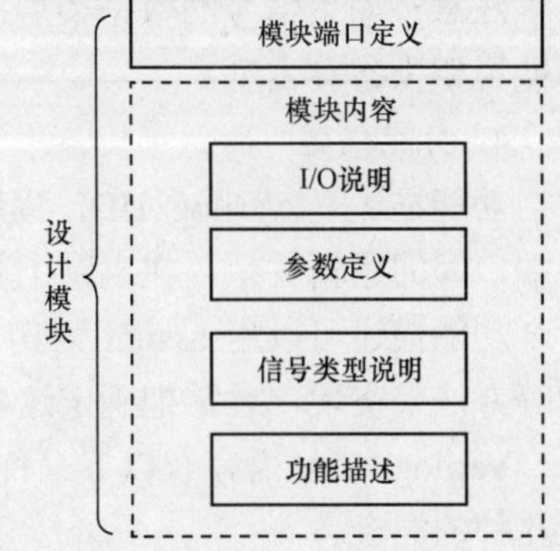

图 4.3.1　Verilog HDL 程序模块结构图

4.3.1　模块端口定义

模块端口定义用来声明设计电路模块的输入/输出端口，端口定义格式如下

```
module 模块名(端口 1,端口 2,端口 3,…);
```

模块名是设计电路的名称，它由用户按照标识符规则命名，也是保存的源文件名称。圆

括号中以逗号分隔列出的端口名是该模块的全部输入、输出端口。例如，用 adder 作为 1 位全加器的 Verilog HDL 设计模块名，sum 是求和输出，cout 是向高位的进位输出，ina、inb 是两个加数的输入，cin 是低位进位输入，则 adder 模块的端口定义为：

```
module adder(sum,cont,ina,inb,cin);
```

4.3.2 模块内容

模块内容包括 I/O 说明、参数定义、信号类型说明和功能描述。

1. 模块的 I/O 说明

模块的 I/O 说明用来声明模块端口定义中各端口数据流动方向，包括输入（input）、输出（output）和双向（inout）。I/O 说明格式如下：

```
input  端口 1,端口 2,端口 3,……;  //说明输入端口
output 端口 1,端口 2,端口 3,……;  //说明输出端口
例如,1 位全加器的 I/O 说明格式为
input     ina,inb,cin;
output    sum,cont;
```

2. 参数定义

参数定义是将常量用符号常量代替，以增加程序的可读性和可修改性，它是一个可选择的语句。

3. 信号类型说明

信号类型说明用来说明设计电路的功能描述中，所用的信号的数据类型以及函数。对模块中所用到的所有信号（包括 I/O 端口信号、节点信号等）都必须进行信号类型的说明。Verilog HDL 提供了各种信号类型，分别模拟实际电路中的各种物理连接和物理实体。信号的数据类型主要有连线（wire）、寄存器（reg）、整型（integer）、实型（real）和时间（time）等类型。例如：

```
reg  sum;                //说明信号 sum 的数据类型为 reg 型
reg[3:0]  out            //说明信号 out 的数据类型为 4 位 reg 型
wireA,B,C,D              //说明信号 A,B,C,D 的数据类型为 wire 型
```

注意：如果信号的数据类型没有定义（默认），则将其默认为 wire 型。输入和双向端口不能说明为寄存器型。

4. 功能描述

功能描述是 Verilog HDL 程序设计中最主要的部分，用来描述设计模块的内部结构和模块端口间的逻辑关系，在电路上相当于器件的内部电路结构。

功能描述可以用 assign 语句、元件例化（instantiate）方式、always 块语句、initial 块语句等方法来实现，通常把确定这些设计模块描述的方法称为建模。

Verilog HDL 语言有以下三种描述方式，在模块中可以使用这三种描述方式的任意一种或者几种的混合。

（1）数据流描述方式。用数据流描述方式对一个设计建模的最基本机制是使用连续赋值语句（assign），在连续赋值语句中，逻辑表达式右边的变量受到持续监控，一旦这些变量中任何一个发生变化，整个表达式将被重新计算，并将变化值赋给左边的线网变量。对组合逻辑电路建模使用该方式特别方便。

（2）结构型描述方式。结构型描述方式是直接调用 Verilog HDL 语言预定义的基本元件描述电路的结构，即元件例化（instantiate）方式建模；或者使用实例化低层次模块的方法，

即调用其他已定义好的低层次模块对整个电路的功能进行描述，从而创建层次结构。

（3）行为型描述方式。行为型描述侧重于描述模块的逻辑行为（功能），不涉及实现该模块逻辑功能的详细硬件电路结构。行为型描述使用过程块语句结构和比较抽象的高级程序语句对逻辑电路建模，功能较强，它与软件编程语言描述有些相似。其中，过程语句块的结构包括 initial 语句结构和 always 语句结构两种。

1）initial 语句：此语句只执行一次，主要用于仿真测试，不能进行逻辑综合。

2）always 语句：此语句总是循环执行，或者说此语句重复执行，在仿真和逻辑综合中可以使用。

只有寄存器类型变量能够在这两种语句中被赋值，寄存器类型变量在被赋新值以前保持原有值不变。所有的 initial 语句和 always 语句都从 0 时刻并行执行。

行为描述方式是学习的重点，设计人员可以选用以上三种方式中的任意一种或混合使用几种方式描述电路的逻辑功能，也就是说，模块描述中可以包含连续赋值语句、always 语句、initial 语句和结构型描述方式，并且这些描述方式在程序中排列的先后顺序是任意的。

用 Verilog HDL 构成程序设计模块时应注意以下几点。

（1）Verilog HDL 程序是由模块构成的。每个模块的内容都是嵌在 module 和 endmodule 语句之间，每个模块实现特定的功能，模块是可以进行层次嵌套的。

（2）每个模块首先要进行端口定义，并说明输入（input）、输出（output）或双向（inout），然后对模块的功能进行逻辑描述。

（3）Verilog HDL 程序的书写格式自由，一行可以书写一条语句或多条语句，一条语句也可以分为多行书写。

（4）除了 end 或以 end 开头的关键字（如 endmodule）语句外，每条语句后必须要有分号“；”。程序中的关键词全部用小写字母书写，标点符号全部用半角符号。

（5）可以用 / *……* / 或//……对 Verilog HDL 程序的任何部分作注释。一个完整的源程序都应当加上需要的注释，以加强程序的可读性。

4.4　门 级 建 模

在前面的章节中，讨论了 Verilog HDL 语言要素和 Verilog HDL 程序的基本结构，为使用 Verilog HDL 进行设计打下了必要的基础。从本节开始，将进一步学习如何使用 Verilog HDL 对实际的硬件电路建模。

Verilog HDL 是一种用于逻辑电路设计的硬件描述语言，用 Verilog HDL 描述的电路称为该设计电路的 Verilog HDL 模型。Verilog HDL 可以从不同的抽象层次来描述硬件电路。Verilog HDL 具有行为描述和结构描述功能。行为描述是对设计电路的逻辑功能的描述，并不用关心设计电路使用哪些元件以及这些元件之间的连接关系。行为描述属于高层次的描述方法，在 Verilog HDL 中，行为描述包括系统级（System Level）、算法级（Algorithm Level）和寄存器传输级（RTL：Register Transfer Level）三种抽象级别。结构描述是对设计电路的结构进行描述，即描述设计电路使用的元件及这些元件之间的连接关系。结构描述属于低层次的描述方法，在 Verilog HDL 中，结构描述包括门级（Gate Level）和开关级（Switch Level）两种抽象级别。在 Verilog HDL 的学习中，应重点掌握高层次描述方法，但门级描述在一些电路设计中也有一定的实际意义，结构描述也可以用来实现电路的系统设计。

电路设计的最低抽象层次是开关级（晶体管级），但随着设计复杂度的增加，现在几乎不再有设计师以开关级作为出发点对电路建模，当前的数字电路设计，绝大多数都是建立在门级或更高的抽象层次上的。在本节中，将讨论如何在低级抽象层次（即门级）上进行设计。门级建模就是将逻辑电路图用 Verilog HDL 规定的文本语言表示出来，即调用 Verilog HDL 中内置的基本门级元件描述逻辑图中的元件以及元件之间的连接关系。在门级抽象层次上，电路是用表示门的关键字术语来描述的，如用 and（与门），nand（与非门）等来描述。这种设计方法对于具有数字逻辑设计基础知识的用户来说是很直观的，在 Verilog 描述和电路的逻辑图之间存在着一一对应的关系。在本节中先从学习如何从门级抽象的角度来设计电路开始，然后再在后面的章节中继续学习如何在更高抽象层次上进行设计。

Verilog HDL 提供了丰富的门类型关键字，用于门级的描述。Verilog HDL 中内置的比较常用的 12 个基本门级元件模型包括 not（非门）、and（与门）、nand（与非门）、or（或门）、nor（或非门）、xor（异或门）、xnor（同或门）、buf（缓冲器）以及 bufif1、bufif0、notif1、notif0 等各种三态门，见表 4.4.1。门级元件的输出、输入必须为线网类型的变量。当使用这些元件进行逻辑仿真时，仿真软件会根据程序的描述给每个元件中的变量分配逻辑 0、逻辑 1、不确定态 x 和高阻态 z 这 4 个值之一。下面介绍这些元件的用法。

表 4.4.1　　Verilog HDL 内置的 12 个基本门级元件

元件符号	功能说明	元件符号	功能说明
and or xor	多输入端的与门 多输入端的或门 多输入端的异或门	nand nor nxor	多输入端的与非门 多输入端的或非门 多输入端的同或门
buf	多输出端的缓冲器	not	多输出端的反相器
bufif1 bufif0	控制信号高电平有效的三态缓冲器 控制信号低电平有效的三态缓冲器	notif1 notif0	控制信号高电平有效的三态反相器 控制信号低电平有效的三态反相器

4.4.1 多输入门

and、nand、or、nor、xor 和 xnor 是具有多个输入的逻辑门，它们的共同特点是：只允许有一个输出，但可以有多个输入。多输入门的描述语句格式为：

```
门类型关键字 # [delay] <门的名称>（门输出,门输入1,门输入2,……,门输入n）;
```

其中，“门类型关键字”是 Verilog HDL 预定义的基本门级元件，包括 and、nand、or、nor、xor 和 xnor；delay 是门延时时间，即从门的输入端发生变化到输出发生变化的延迟时间；“门的名称”是用户定义的标识符，可以省略；圆括弧中内容是被描述门的输出和输入信号，括号中左边的第一个变量必须是输出变量。

一条语句可以有多个相同类型的单元。

下面是几个具体实例。

```
and  a1(out1,in1,in2);
and  rbx (sty,rib,bro,qit,fix);
xor  (bar,bud[0],bud[1],bud[2]),
     (car,cut[0],cut[1]),
     (sar,sut[0],sut[1],sut[2],sut[3]);
```

第一个门实例语句是门的名称为 a1，输出为 out1，并带有两个输入 in1 和 in2 的两输入与门。第二个门实例语句是四输入与门，门的名称为 rbx，输出为 sty，4 个输入为 rib、bro、qit 和 fix。第三个门实例语句是异或门的具体实例，没有门的名称，它的输出是 bar，三个输入分别为 bud[0]、bud[1]和 bud[2]。同时，这一个实例语句中还有两个相同类型的单元。

多输入门的真值表见表 4.4.2 所示。表中第一行和第一列的各项分别表示两个不同输入端的输入，其他项为输出端的输出；出现在输入端的 z 值其处理方式与 x 相同；此外多输入门的输出不可能为 z。

表 4.4.2　多输入门的真值表

（a）and 真值表

and	0	1	x	z
0	0	0	0	0
1	0	1	x	x
x	0	x	x	x
z	0	x	x	x

（b）nand 真值表

nand	0	1	x	z
0	1	1	1	1
1	1	0	x	x
x	1	x	x	x
z	1	x	x	x

（c）or 真值表

or	0	1	x	z
0	0	1	x	x
1	1	1	1	1
x	x	1	x	x
z	x	1	x	x

（d）nor 真值表

nor	0	1	x	z
0	1	0	x	x
1	0	0	0	0
x	x	0	x	x
z	x	0	x	x

（e）xor 真值表

xor	0	1	x	z
0	0	1	x	x
1	1	0	x	x
x	x	x	x	x
z	x	x	x	x

（f）xnor 真值表

xnor	0	1	x	z
0	1	0	x	x
1	0	1	x	x
x	x	x	x	x
z	x	x	x	x

4.4.2　多输出门

buf、not 是具有多个输出端的逻辑门，它们的共同特点是：允许有多个输出，但只有一个输入。多输出门的描述语句格式为：

```
门类型关键字 <门的名称>(门输出 1,门输出 2,……,门输出 n,门输入);
```

其中，“门类型关键字”是 Verilog HDL 预定义的基本门级元件，包括 buf 和 not；“门的名称”是用户定义的标识符，可以省略；圆括弧中内容是被描述门的输出和输入信号，括号中右边的第一个变量必须是输入变量。

例如：

```
buf b1(fan [0],fan [1],fan [2],fan [3],clk);
not n1(pha,phb,ready);
```

在第一个门实例语句中，clk 是缓冲门的唯一输入，门 b1 有 4 个输出：fan[0]到 fan[3]。在第二个门实例语句中，ready 是非门的唯一输入端口，门 n1 有两个输出：pha 和 phb。多输出门的真值表见表 4.4.3。

表 4.4.3　多输出门的真值表

（a）buf 真值表

buf	0	1	x	z
输出	0	1	x	x

（b）not 真值表

not	0	1	x	z
输出	1	0	x	x

4.4.3　三态门

三态门有四种类型，即 bufif0、bufif1、notif0 和 notif1。这些门有一个输出、一个数据输入和一个控制输入。三态门的描述语句格式为：

门类型关键字 <门的名称>（门输出，门输入，门控制）;

其中，“门类型关键字”是 Verilog HDL 预定义的基本门级元件，包括 bufif0、bufif1、notif0 和 notif1；“门的名称”是用户定义的标识符，可以省略；圆括弧中内容是被描述门的输出、输入和控制信号，括号中第一个端口是输出端口，第二个端口是数据输入，第三个端口是控制输入。根据控制输入，输出可被驱动到高阻状态，即值 z。对于 bufif0，若通过控制输入为 1，则输出为 z；否则数据被传输至输出端。对于 bufif1，若控制输入为 0，则输出为 z。对于 notif0，如果控制输入为 1，那么输出为 z；否则输入数据值的非被传输到输出端。对于 notif1，若控制输入为 0；则输出为 z。

例如：

```
bufif1  bf1 (dbus,memdata,strobe);
notif0  nt2 (addr,abus,probe);
```

在第 1 个实例语句中，当 strobe 为 0 时，名为 bf1 的三态门 bufif1 驱动输出 dbus 为高阻；否则 memdata 的值被传输至 dbus。

在第 2 个实例语句中，当 probe 为 1 时，addr 为高阻；否则 abus 的非被传输到 addr。

三态门的真值表见表 4.4.4。

表 4.4.4　三态门的真值表

（a）bufif0 真值表

控制端 输入	0	1	x	z
0	0	z	z	z
1	1	z	z	z
x	x	z	x	x
z	x	z	x	x

（b）bufif1 真值表

控制端 输入	0	1	x	z
0	z	0	z	z
1	z	1	z	z
x	z	x	x	x
z	z	x	x	x

（c）notif0 真值表

控制端 输入	0	1	x	z
0	1	z	z	z
1	0	z	z	z
x	x	z	x	x
z	x	z	x	x

（d）notif1 真值表

控制端 输入	0	1	x	z
0	z	1	z	z
1	z	0	z	z
x	z	x	x	x
z	z	x	x	x

4.4.4　门级建模举例

【例 4.4.1】　采用门级建模方式描述图 4.4.1 所示的 2 选 1 数据选择器硬件电路。

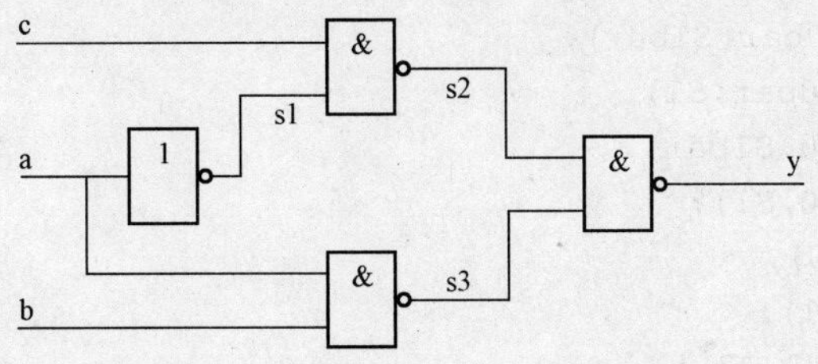

图 4.4.1　［例 4.4.1］的电路结构图

解　为了方便门级建模，在电路中增加了 s1、s2、s3 信号连线，用门级建模方式的 Verilog HDL 源程序如下：

```
module MUX2_1(y,a,b,c);
   input    a,b,c;
   output   y;
   wire     s1,s2,s3;
   not     (s1,a);
   nand    (s2,c,s1);
   nand    (s3,a,b);
   nand    (y,s2,s3);
endmodule
```

【例 4.4.2】　用门级建模方式描述图 4.4.2 所示的简单组合电路。

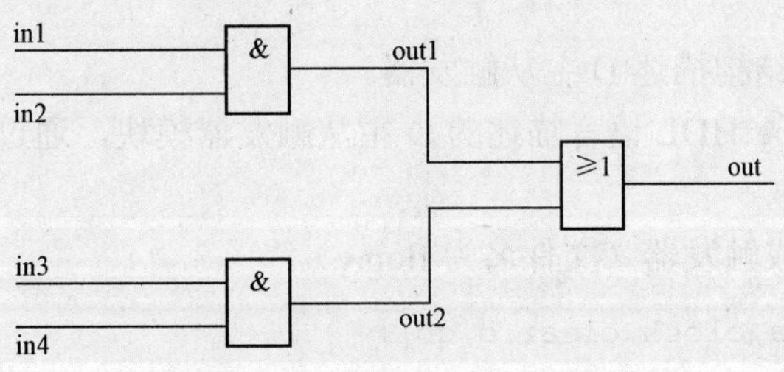

图 4.4.2　［例 4.4.2］的电路结构图

解　用门级建模方式的 Verilog HDL 源程序如下：

```
module  simple_logic(out,in1,in2,in3,in4);
   input  in1,in2,in3,in4;
   output  out;
   wire  out1,out2;
   and  #10
     u1 (out1,in1,in2),
     u2 (out2,in3,in4);
   or  #20  u3 (out,out1,out2);
endmodule
```

【例 4.4.3】　用门级建模方式描述图 4.4.3 所示的四选一数据选择器电路。

解　用门级建模方式的 Verilog HDL 源程序如下：

```
module  MUX4_1(Z,D0,D1,D2,D3,S0,S1);
   output  Z;
   input  D0,D1,D2,D3,S0,S1;
   and  (T0,D0,S0bar,S1bar),
        (T1,D1,S0bar,S1),
        (T2,D2,S0,S1bar),
        (T3,D3,S0,S1);
   not  (S0bar,S0),
        (S1bar,S1);
   or  (Z,T0,T1,T2,T3);
endmodule
```

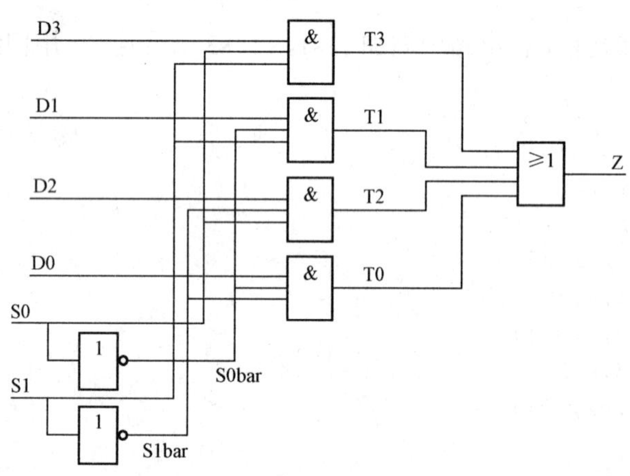

图 4.4.3 ［例 4.4.3］的电路结构图

【例 4.4.4】 用门级结构描述 D 主从触发器。

解 以下是用 Verilog HDL 语言描述的 D 主从触发器模块，通过这个例子，可以学习门级结构建模的基本方法。

用基本逻辑单元组成触发器（文件名为 flop.v）。

```
module  flop(data,clock,clear,q,qb);
  input  data,clock,clear;
  output  q,qb;
  nand  #10
nd1(a,data,clock,clear),      //注意结束时用逗号,最后才用分号
     nd2(b,ndata,clock),      //表示 nd1～nd8 都是 nand(与非门)
     nd4(d,c,b,clear),
     nd5(e,c,nclock),
     nd6(f,d,nclock),
     nd8(qb,q,f,clear);
  nand  #9
        nd3(c,a,d),
        nd7(q,e,qb);
not  #10
      iv1(ndata,data),
      iv2(nclock,clock);
endmodule
```

在这个 Verilog HDL 结构描述的模块中，flop 定义了模块名，设计上层模块时可以用模块名（flop）调用这个模块；module，input，output，endmodule 等都是关键字；nand 表示与非门。#10 表示 10 个单位时间的延时；nd1，nd2，…，nd8，iv1，iv2 分别为图 4.4.4 中的各个基本部件的输出和输入信号。

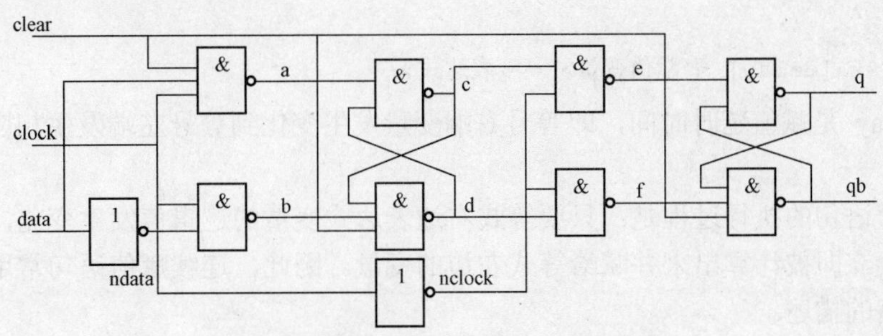

图 4.4.4　［例 4.4.4］的电路结构图

4.5　数据流建模

在电路规模较小的情况下，由于包含的门数比较少，设计者可以逐个地引用逻辑门实例，把它们互相连接起来，因此使用门级建模进行设计是很合适的。对于具有数字逻辑电路设计基本知识的用户来讲，门级建模是非常直观的。然而，如果电路的功能比较复杂，其中包含的逻辑门的个数会很多，这时使用门级设计不但很繁琐并且很容易出错。在这种情况下，如果设计者能从更高的抽象层次入手，将设计重点放在功能的实现上，则不仅能够避免繁琐的细节，而且还可以大大提高设计的效率。因此，Verilog HDL 支持用户从数据流的角度对电路建模。数据流建模意味着根据数据在寄存器之间的流动和处理过程对电路进行描述，而不是直接对电路的逻辑门进行实例引用。随着本章节的深入，将会逐渐体会到这种建模方式的优点。

随着芯片集成度的迅速提高，数据流建模的重要性越来越显著。现在已经没有任何一家设计公司从门级结构的角度进行整个数字系统的设计。目前普遍采用的设计方法是借助于计算机辅助设计工具，自动将电路的数据流设计直接转换为门级结构，这个过程也称为逻辑综合。随着逻辑综合工具的功能不断地完善，数据流建模已经成为主流的设计方法之一。数据流设计可以使得设计者根据数据流来优化电路，而不必专注于电路结构的细节。为了在设计过程中获得最大的灵活性，设计者常常将门级、数据流级和行为级的各种方式结合起来使用。在数字设计领域，RTL（Register Transfer Level，寄存器传输级）通常是指数据流建模和行为级建模的结合。一般地，Verilog 的 RTL 描述方式类似于布尔代数，可以描述时序电路，也可以描述组合电路，它既含有逻辑单元的结构信息，又隐含表示某种行为，数据流描述主要是指非结构化的并行语句描述。

数据流的描述风格常常是建立在用连续赋值语句（包括整体行为的过程语句）等并行语句描述基础上的。当语句中任一输入变量的值发生改变时赋值语句就被激活，随着这种语句对电路行为的描述，大量的有关这种结构的信息也从这种逻辑描述中“流出”。认为数据是从一个设计中流出，从输入到输出流出的观点称为数据流风格。数据流描述方式能比较直观地表达底层逻辑行为。

4.5.1　连续赋值语句

在 Verilog HDL 中，数据流建模使用的基本语句是连续赋值语句，连续赋值语句用于对 wire 型变量进行赋值，连续赋值语句的关键字是 assign，赋值符号是“=”，连续赋值语句的格式为：

```
assign  # [delay] < 赋值变量> = <表达式>;
```

其中 delay 是赋值延时时间，即等号右端变量发生变化到等号左端发生相应变化的延迟时间。

连续赋值语句的执行过程是：只要等式右边表达式变量的逻辑值发生变化，则等式右边表达式的值会立即被计算出来并赋给等式左边的变量。因此，连续赋值语句常用于逻辑门和组合逻辑电路的描述。

注意：在 assign 语句中，“=”号两边的变量数据类型都应该是 wire 型。

例如，具有 a、b、c、d 四个输入和 y 为输出与非门的连续赋值语句为：

```
assign y = ~(a & b & c & d);
```

在执行中，输出 y 的变化跟随输入 a、b、c、d 的变化而变化，反映了信息传送的连续性。

4.5.2　数据流建模举例

【例 4.5.1】　四输入端与非门的 Verilog HDL 源程序。

解

```
module  example_4_4(y,a,b,c,d)
     output      y;
     input      a,b,c,d;
     assign   #1  y = ~(a & b & c & d);
endmodule
```

注：#1 表示该门的输出与输入信号之间具有 1 个单位的时间延迟。

【例 4.5.2】　试用数据流描述方式对一个 4 位比较器建模。要求比较器有两个 4 位的数据输入（A、B）和 3 个输出（ALTB、AGTB、AEQB）。其逻辑功能是：若 A<B，则 ALTB 输出逻辑 1，其他的输出为 0；若 A>B，则 AGTB=1；若 A、B 相等，则 AEQB=l。

解　4 位比较器的数据流描述如下：

```
//Dataflow description of 4-bit comparator
module Magcomp(A,B,ALTB,AGTB,AEQB);
   input [3:0]  A,B;
   output  ALTB,AGTB,AEQB;
   assign  ALTB=(A<B),
           AGTB=(A>B),
           AEQB=(A==B);
endmodule
```

【例 4.5.3】　试用数据流描述方式对一个 4 位二进制数加法器建模。

解　4 位加法器的数据流描述如下：

```
module  Binary_adder (A,B,Cin,SUM,Cout);
    parameter  Width=4;//用参数定义语句,将常数 4 用 Width 代替
    input  Cin;
```

```
    input[Width-1:0] A,B;
    output[Width-1:0] SUM;
    output  Cout;
    wire  Cout,Cin;
    wire[Width-1:0] SUM,A,B;
    assign{Cout,SUM} = A + B + Cin;
endmodule
```

加法器的逻辑功能由一条连续赋值语句描述，由于被加数和加数都是4位二进制数，而低位来的进位为1位，所以运算的结果可能为5位，用{Cout，SUM}拼接起来表示。

【例4.5.4】 试用数据流描述方式对2选1数据选择器建模。要求：当控制信号SEL=1时，输出L=A；否则L=B。

解 2选1数据选择器的数据流描述如下：

```
//Dataflow description of 2-to-1-line multiplexer
module Mux2tol(A,B,SEL,L);
    input A,B,SEL;
    output L;
    assign L= SEL?A:B;       //此句也可写成：L=(SEL&A)|(~SEL&B);
endmodule
```

【例4.5.5】 使用带赋值延时的assign语句。

解 下面是一个8位（参数化的）的数值比较器的数据流模型。

```
`timescale 1ns/1ns
    module  Magnitude_Comparator (A,B,AgtB,AeqB,AltB);
   //parameters first
       parameter BUS=8;
       parameter EQ_DELAY=5,LT_DELAY=8,GT_DELAY=8;
       input[BUS-1:0]A,B;
       output AgtB,AeqB,AltB;
       wire[BUS-1:0]A,B;
       assign  #EQ_DELAY   AeqB=A==B;
       assign  #GT_DELAY   AgtB=A>B;
       assign  #LT_DELAY   AltB=A<B;
    endmodule
```

从上面的例子来看，数据流建模主要根据电路的逻辑功能进行描述，不必考虑电路的组成以及元件之间的连接，这是描述组合逻辑电路常用的一种方法。

4.6 行为级建模

随着设计复杂程度的不断提高，在设计早期进行良好的整体规划变得非常重要。设计者在对整体结构和算法做进一步的优化之前，必须首先对各种整体结构与算法之间的折中进行全面评估，以期获得最佳的性能价格比。这种对于整体结构的评估是建立在硬件所完成的算法之上的，而不是建立在门级结构或数据流之上的。从这个角度上看，设计者所关心的是算法用硬件实现的方式及其性能。只有在确定了整体结构和算法之后，设计者才开始考虑如何在数字电路中实现这一算法。

Verilog 支持设计者从算法的角度，即从电路外部行为的角度对其进行描述。因此行为级建模是从一个很高的抽象角度来表示电路的。在这个层次上设计数字电路更类似于使用 C 语言编程，而且 Verilog 行为级建模的语法结构与 C 语言相当类似。Verilog 提供了许多行为级建模语法结构，为设计者的使用提供了很大的灵活性。

4.6.1 结构化过程语句

在 Verilog 中有两种结构化的过程语句，即 initial 语句和 always 语句，它们是行为级建模的两种基本语句。其他所有的行为语句只能出现在这两种结构化过程语句里。

与 C 语言不同，Verilog 在本质上是并发而非顺序的。Verilog 中的各个执行流程（进程）并发执行，而不是顺序执行的。每个 initial 语句和 always 语句代表一个独立的执行过程。每个执行过程从仿真时间 0 开始执行，并且这两种语句不能嵌套使用。

Verilog 中的多数过程模块都从属于 always 和 initial 两种过程语句。在一个模块中，使用 initial 和 always 语句的次数是不受限制的。initial 语句常用于仿真中的初始化，initial 过程块中的语句仅执行一次，always 块内的语句则是不断重复执行的。一个模块中可以有多个 always 过程块或 initial 过程块，它们都是并行运行的。

1. always 过程语句

```
always 过程语句格式为:
   always@(敏感信号表达式)
   块语句
```

always 过程语句通常是带有触发条件的，触发条件写在敏感信号表达式中，只有当触发条件满足时，其后的块语句才能被执行。

所谓敏感信号表达式，又称事件表达式或敏感信号列表，即当该表达式中变量的值改变时，就会引发块内语句的执行。因此，敏感信号表达式中应列出影响块内取值的所有信号（一般指设计电路的输入信号），多个信号之间用“or”连接（也可以用“,”号分隔）。当表达式中任何信号发生变化时，就会执行一遍块内的语句。块内语句可以包括过程赋值、if、case、for、while、repeat、tast 和 function 等语句。

如：`always @(a or b)          //当信号 a 或信号 b 的值发生改变时`

在进行时序逻辑电路的描述中，事件通常是由时钟边沿触发的，为了表达边沿这个概念，Verilog HDL 提供了 posedge 和 negedge 两个关键字来进行描述，其中 posedge 表示时钟上升沿，negedge 表示时钟下降沿。敏感信号表达式中经常使用“posedge”和“negedge”这两个关键字来声明事件是由时钟的上升沿或下降沿触发的。若 clk 是设计电路的时钟信号，则“always @(posedge clk)”表示模块的事件由 clk 的上升沿触发的；而“always @(negedge clk)”表示模块的事件是由 clk 的下降沿触发的。

如：

```
always @(posedge clock)                //当 clock 的上升沿到来时
always @(negedge clock)                //当 clock 的下降沿到来时
```

敏感信号可以分为两种类型:一种为边沿敏感型，一种为电平敏感型。每一个 always 过程最好只由一种类型的敏感信号来触发，而不要将边沿敏感型和电平敏感型信号列在一起，如：

```
always@(posedge clk or posedge clr)    //两个敏感信号都是边沿敏感型
always@(A or B)                        //两个敏感信号都是电平敏感型
```

```
always@(posedge clk or clr)                //不建议这样用,最好不要将边沿敏感型和电平
                                             敏感型信号列在一起
```

2. initial 语句

```
initial 语句格式为:
  initial
  块语句
```

initial 语句不带触发条件，initial 过程中的块语句沿时间轴只执行一次。initial 语句通常用于仿真模块中对激励向量的描述，或用于给寄存器变量赋初值，它是面向模拟仿真的过程语句，通常不能被逻辑综合工具所支持。

用 initial 语句可以对存储器进行初始化，如:

```
initial
   begin
   for(addr=0;addr<size;addr=addr+1)
   mamory[addr]=0;                        //对 memory 存储器进行初始化
   end
```

此例子中，使用 initial 语句对 memory 存储器进行初始化，将其所有的存储单元的初始值都置为“0”。

寄存器变量的仿真延时，如:

```
initial
   begin
   #10  y=0;                              //从仿真开始在 10ns 时刻执行该语句
   #20  y=1;                              //从仿真开始在 30ns 时刻执行该语句
   end
```

4.6.2　块语句

块语句是由块标志符 begin-end 或 fork-join 界定的一组语句，用来将两条或多条语句组合在一起，使其在格式上更像一条语句。当块语句只包含一条语句时，块标志符可以缺省。块语句有两种:

（1）begin-end 语句，通常用来标识按照给定顺序执行的顺序块。

（2）fork-join 语句，用来标识并行执行的并行块。

1. 顺序块（begin-end）

顺序块具有如下特点。

（1）每条语句都是依据块中的排列次序顺序执行。

（2）顺序块中每条语句的延时都是相对于前一条语句执行结束的相对时间。

（3）顺序块的起始执行时间是块中第一条语句开始执行的时间，结束时间是最后一条语句执行结束的时间。

顺序块的格式如下:

```
begin
  语句 1;
  语句 2;
  ......
  语句 n;
```

```
    end
或
    begin：块名
      块内声明语句
      语句 1;
      语句 2;
      ……
      语句 n;
    end
```

其中：

（1）块名即该块的名字，一个标识名；

（2）块内声明语句可以是参数声明语句、reg 型变量声明语句、integer 型变量声明语句和 real 型变量声明语句。

begin-end 顺序块中的语句按排列次序顺序执行。比如：

```
begin
   regb=rega;
   regc=regb;
end
```

由于 begin-end 块内的语句顺序执行，在最后，将 regb、regc 的值都更新为 rega 的值。该 begin-end 块执行完后，regb、regc 的值是相同的。

注意仿真时，begin-end 块中的每条语句前面的延时都是相对于前一条语句执行结束的相对时间，如下面的例题。

【例 4.6.1】 由带有延时控制的语句组成的串行块，用于产生时序波形，其波形如图 4.6.1 所示。

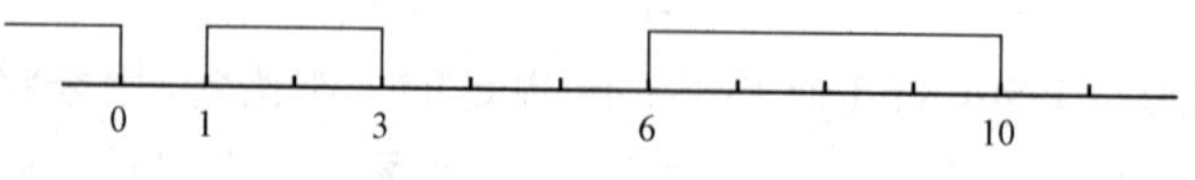

图 4.6.1 ［例 4.6.1］所描述的波形

解 Verilog HDL 源程序如下：

```
module signal (d_out);
    output  d_out;
    reg  d_out;
    initial
    begin
       d_out =0;
    #1 d_out=1;
    #2 d_out=0;
    #3 d_out=1;
    #4 d_out=0;
   end
endmodule
```

［例 4.6.1］中的 begin-end 顺序块属于 initial 过程块的一部分。块中语句执行过程如下：

（1）在仿真开始后（t=0 时刻）串行块就开始执行，首先执行第一条语句，第一条语句执行完时也就是在 0 时刻 d_out 值变为 0。

（2）然后开始执行第二条语句，由于第二条赋值语句带有 1 个单位时间的延时，所以直到第一条语句结束 1 个单位时间后（t=l 时刻），第二条赋值语句才开始执行，d_out 的值变为 1。

（3）同样，第三条赋值语句是在第二条语句结束 2 个单位时间后（t=3 时刻）开始执行，d _out 的值变为 0。

（4）第四条赋值语句是在第三条语句结束 3 个单位时间后（t=6 时刻）开始执行，d_out 的值变为 1。

（5）第五条赋值语句是在第四条语句结束 4 个单位时间后（t=10 时刻）开始执行，d_out 的值变为 0。

（6）第五条赋值语句结束后，串行块结束执行。

2. 并行块（fork-join）

并行块具有如下特点：

（1）并行块中的每条语句都是同时并行执行的，与排列次序无关；

（2）并行块中每条语句的延时都是相对于整个并行块开始执行的绝对时间；

（3）并行块的起始执行时间是流程控制转入并行块的时间，结束时间是并行块中按执行时间排序，最后执行的那条语句结束的时间。

并行块的格式如下：

```
fork
  语句 1;
  语句 2;
  ……
  语句 n;
join
```

或

```
fork：块名
  块内声明语句
  语句 1;
  语句 2;
  ……
  语句 n;
join
```

其中：

（1）块名即标识该块的一个名字，相当于一个标识符；

（2）块内声明语句可以是参数声明语句、reg 型变量声明语句、integer 型变量声明语句、real 型变量声明语句、time 型变量声明语句和事件（event）声明语句。

并行块 fork-join 中的所有语句是并发执行的。比如：

```
fork
    regb = rega;
    regc = regb;
join
```

由于 fork-join 并行块中的语句是同时执行的，在上面的块语句执行完后，regb 更新为 rega

的值，而 regc 的值更新为没有改变前的 regb 的值，故执行完后，regb 与 regc 的值是不同的。

在进行仿真时，fork-join 并行块中的每条语句前面的延时都是相对于该并行块的起始执行时间的。

【例 4.6.2】 由带有延时控制的语句组成的并行块，用于产生时序波形，其波形如图 4.6.2 所示。

解 Verliog HDL 源程序如下：

```
module signal(d_out);
      output  d_out;
      reg   d_out;
      initial
        fork
              d_out = 0;
           #1  d_out = 1;
           #2  d_out = 0;
           #3  d_out = 1;
           #4  d_out = 0;
        join
endmodule
```

［例 4.6.2］所描述的波形如图 4.6.2 所示。［例 4.6.2］与［例 4.6.1］的比较可以看出，它们两者唯一的差别是把定义语句由原来的串行块语句 begin-end 改为这里的并行块定义语句 fork-join。但这一改变将导致语句块的执行过程与执行结果都发生变化。

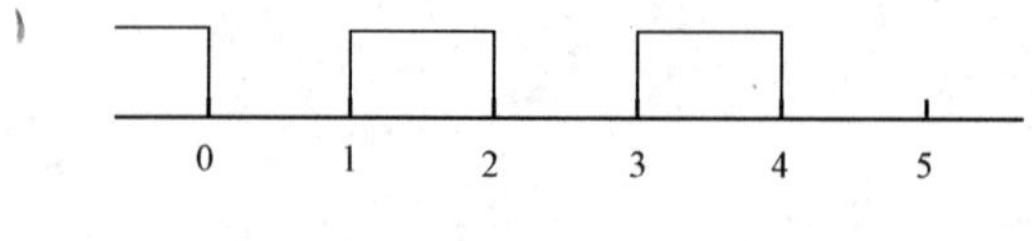

图 4.6.2　［例 4.6.2］所描述的波形

4.6.3　过程赋值语句

过程赋值语句的赋值对象是寄存器、整数、实数或时间变量。这些类型的变量在被赋值后，其值将保持不变，直到被其他过程赋值语句赋予新值。这与第 4.5.1 节中讨论的连续赋值语句是不同的。连续赋值语句总是处于活动状态，任意一个操作数的变化都会导致表达式的重新计算以及重新赋值，但过程赋值语句只有在执行到的时候才会起作用。

Verilog 包括两种类型的过程赋值语句，即阻塞赋值语句和非阻塞赋值语句。

1. 阻塞赋值语句

阻塞赋值语句出现在 initial 和 always 块语句中，赋值符号是“=”，格式为：

```
赋值变量 = 表达式;
```

在阻塞赋值语句中，赋值号“=”左边的赋值变量必须是 reg（寄存器）、整数、实数或时间型变量，其值在该语句结束即可得到。如果一个块语句中包含若干条过程赋值语句，那么这些过程赋值语句是按照语句编写的顺序由上至下一条一条地执行，前面的语句没有完成，后面的语句就不能执行，就像被阻塞了一样。

【例 4.6.3】 阻塞赋值语句的应用示例。

解 Verilog HDL 源程序如下：

```
reg  x,y,z;
reg[15: 0] reg_a,reg_b;
integer count;
//所有行为语句必须放在 initial 或 always 块内部
initial
begin
    x=0;y=1;z=1;                          //标量赋值
    count=0;                              //整型变量赋值
    reg_a=16'b0;reg_b=reg_a;              //向量的初始化
    #15 reg_a[2]=1'b 1;                   //带延迟的位选赋值
    #10 reg_b[15: 13] ={x,y,z};           //把拼接操作的结果赋值给向量的部分位(域)
    count=count+1;                        //给整型变量赋值(递增)
end
```

在［例 4.6.3］中，begin-end 块中各条语句执行的仿真时间为：

1）x=0 到 reg_b=reg_a 之间的语句在仿真 0 时刻执行；

2）语句 reg_a[2]=0 在仿真时刻 15 执行；

3）语句 reg_b[15：13]={x，y，z}在仿真时刻 25 执行；

4）语句 count=count+1 在仿真时刻 25 执行；

5）由于前面的语句中分别包含了 15 和 10 个时间单位的延迟，因此语句 count=count+1 将在第 25 个单位时刻执行。

注意，在对寄存器类型变量进行过程赋值时，如果赋值符两侧的位宽不相等，则采用以下原则：

1）如果右侧表达式的位宽较宽，则将保留从最低位开始的右侧值，把超过左侧位宽的高位丢弃；

2）如果左侧位宽大于右侧位宽，则右侧不足的高位补 0。

2. 非阻塞赋值语句

非阻塞赋值语句也是出现在 initial 和 always 块语句中，赋值符号是“<=”，语句格式为：

```
赋值变量 <= 表达式;
```

在非阻塞赋值语句中，非阻塞赋值使用“<=”作为赋值符。读者会注意到，它与“小于等于”关系操作符是同一个符号，但在表达式中它被解释为关系操作符，而在非阻塞赋值的环境下被解释成非阻塞赋值。

赋值号“<=”左边的赋值变量也必须是 reg（寄存器）、整数、实数或时间型变量，其值不像在阻塞赋值语句那样，语句结束时即刻得到，而在该块语句结束后才可得到，即它不会阻塞位于同一个顺序块中其后语句的执行。例如，在下面的块语句中包含 4 条赋值语句

```
always  @(posedge  clock)
   m=3;
   n=75;
   n<=m;
   r=n;
```

语句执行结束后，r 的值是 75，而不是 3，因为第 3 行是非阻塞赋值语句“n<=m”，该语句要等到本块语句结束时，n 的值才能改变。块语句中的“@（posedge clock）”是定时控制敏感函数，表示时钟信号 clock 的上升沿到来的敏感时刻。

为了说明非阻塞赋值的意义以及与阻塞赋值的区别，将［例 4.6.3］中的部分阻塞赋值改为非阻塞赋值后的结果，［例 4.6.4］给出了修改后的语句。

【例 4.6.4】 非阻塞赋值语句的应用示例。

解 Verilog HDL 源程序如下：

```
reg  x,y,z;
reg[15: 0]  reg_a,reg_b;
integer count;
//所有行为语句必须放在initial或always块内部
initial
begin
    x=0;y=1;z=1;                        //标量赋值
    count=0;                            //整型变量赋值
    reg_a=16'b0;reg_b=reg_a;            //向量的初始化
    reg_a[2] <= #15 1'bl;               //带延迟的位选赋值
    reg_b[15: 13] <= # 10 {x,y,z};      //把拼接操作的结果赋值给向量的部分位(域)
    count<=count+1;                     //给整型变量赋值(递增)
end
```

在这个例子中，从 x=0 到 reg_b=reg_a 之间的语句是在仿真 0 时刻顺序执行的，之后的三条非阻塞赋值语句在 reg_b=reg_a 执行完成后并发执行。

1）reg_a[2]=0 被调度到 15 个时间单位之后执行，即仿真时刻为 15；

2）reg_b[15：13]={x，y，z}被调度到 10 个时间单位之后执行，即仿真时刻为 10；

3）count = count+1 被调度到无任何延迟执行，即仿真时刻为 0。

从上面的分析可以看到，仿真器将非阻塞赋值调度到相应的仿真时刻，然后继续执行后面的语句，而不是停下来等待赋值的完成。一般情况下，非阻塞赋值是在当前仿真时刻的最后一个时间步，即阻塞赋值完成之后才执行的。

在上面的例子中，把阻塞和非阻塞赋值语句混合在一起使用，目的是想更清楚地比较和说明它们的行为。需要提醒大家注意的是，在可综合的电路设计中，一个语句块的内部不允许同时出现阻塞型赋值语句和非阻塞型赋值语句。在时序电路的设计中，建议采用非阻塞型赋值语句。

【例 4.6.5】 上升沿触发的 D 触发器的 Verilog HDL 的源程序。

解 源程序如下：

```
module D_FF(q,d,clock);
    input     d,clock;
    output    q;
    reg       q;
    always  @(posedge clock)
    q <= d;
endmodule
```

在源程序中，q 是触发器的输出，属于 reg 型变量；d 和 clock 是输入，属于 wire 型变量（由隐含规则定义）。

下面介绍非阻塞赋值语句的应用。

描述了非阻塞赋值的行为之后，理解究竟为什么要在硬件设计中使用非阻塞赋值是很重要的。非阻塞赋值可以被用来为常见的硬件电路行为建立模型，例如当某一事件发生后，多个数据并发传输的行为。在下面这个例子中，当时钟信号的上升沿到来之后，执行三个数据的并发传输：

```
always  @(posedge clock)
begin
   reg1 <= #1  in1;
   reg2 <= @(negedge clock)in2^in3;
   reg3<= #1  reg1;                //reg1 的“旧值”
end
```

每当一个时钟上升沿到来时，其中的非阻塞赋值语句按下面的顺序执行，分析如下。

1）在每个时钟上升沿到来时读取操作数变量 in1、in2、in3 和 reg1，计算右侧表达式的值，该值由仿真器临时保存。

2)对左值的赋值由仿真器调度到相应的仿真时刻，延迟时间由语句中内嵌的延迟值确定。在本例中，对 reg1 的赋值需要等一个时间单位，对 reg2 的赋值需要等到时钟信号下降沿到来的时刻，对 reg3 的赋值需要等一个时间单位。

3）每个赋值操作在被调度的仿真时刻完成。注意，对左侧变量的赋值使用的是由仿真器保存的表达式“旧值”，因此赋值完成的实际顺序并不重要。在本例中，对 reg3 赋值使用的是 reg1 的“旧值”，而不是在此之前对 reg1 赋予的新值，reg1 的“旧值”是在赋值事件调度时由仿真器保存的。

由上面的分析可见，reg1、reg2 和 reg3 的最终值与赋值完成的顺序无关，体现了非阻塞赋值并行的特点。

为了进一步理解阻塞和非阻塞赋值，引入［例 4.6.6］。这个例子的目的是在每个时钟上升沿处交换 a 和 b 这两个寄存器变量的值，其中使用了两个 always 语句。

【例 4.6.6】 使用非阻塞赋值来避免竞争。

解 //说明 1：使用阻塞语句的两个并行的 always 块

```
always  @(posedge clock)
        a = b;
always  @(posedge clock)
        b = a;
```

//说明 2：使用非阻塞语句的两个并行的 always 块

```
always  @(posedge clock)
        a <= b;
always  @(posedge clock)
        b <= a;
```

在第一种描述中使用了阻塞赋值，这样就产生了竞争的情况：a=b 和 b=a，具体执行顺序的先后取决于所使用的仿真器。因此这段代码达不到交换 a 和 b 值的目的，而是使得两者具有相同的值（在时钟上升沿到来之前 a 或 b 的值），具体是哪一个值与使用的仿真器有关。

在第二种描述中，通过使用非阻塞赋值语句来避免竞争：在每个时钟上升沿到来的时候，仿真器读取每个操作数的值，进而计算表达式的值并保存在临时变量中；当赋值的时候，仿真器将这些保存的值赋予非阻塞赋值语句的左侧变量。这样就将读和写操作分开来了，达到了交换数据的目的，并且不受语句执行顺序的影响。[例 4.6.7] 介绍了如何用阻塞赋值实现[例 4.6.6] 中（说明 2）使用非阻塞语句才能实现的数值交换。

【例 4.6.7】 使用阻塞赋值来达到非阻塞赋值的目的。

解 //使用临时变量和阻塞赋值来模仿非阻塞赋值的行为

```
always  @(posedge clock)
  begin
                //读操作
                //把右侧表达式的值放在临时变量中
     temp_a = a;
     temp_b = b;
                //写操作
                //把临时变量的值放到左侧变量中
    a = temp_b;
    b = temp_a;
  end
```

在数字电路设计中，如果某事件发生后将产生多个数据的并发传输，因此建议读者使用非阻塞赋值来描述这种情形。如果使用阻塞赋值来描述这种情形，由于最终结果依赖于语句的具体执行顺序，有可能引起竞争风险；而非阻塞赋值语句的执行结果是与执行顺序无关的，因此它能够准确地描述这种情况。非阻塞赋值的典型应用包括流水线建模和多个互斥（mutually exclusive）数据传输的建模。使用非阻塞赋值所带来的问题是，它会引起仿真速度的下降以及内存使用量的增加。

综上所述，阻塞赋值语句和非阻塞赋值语句都是在 initial 和 always 块语句中使用的，因此都称为过程赋值语句，只是赋值方式不同。阻塞型赋值语句和非阻塞型赋值语句的主要区别是：完成赋值操作的时间不同，阻塞型语句的赋值操作是立即执行的，即执行后一句时，前一句的赋值已经完成；而非阻塞型语句的赋值操作到结束顺序语句块时才完成赋值操作，即赋值操作完成后，语句块的执行即结束，所以顺序块内部的多条非阻塞型赋值语句的执行是同时并行执行的。

4.6.4 条件语句

条件语句用于根据某个条件来确定是否执行其后的语句，关键字 if 和 else 用于表示条件语句。Verilog HDL 语言共提供了三种类型的条件语句，语句格式为：

（1）
```
if(表达式)块语句 1;
```

（2）
```
if(表达式)块语句 1;
else         块语句 2;
```

（3）
```
if        (表达式 1)块语句 1;
else  if(表达式 2)块语句 2;
else  if(表达式 3)块语句 3;
          ……
else  if(表达式 n)块语句 n;
else                  块语句 n+1;
```

第一种情况下，如果条件表达式成立（即表达式的值为 1 时），执行后面的块语句 1；当条件表达式不成立（即表达式的值为 0，x，z）时，停止执行块语句 1，此时会形成锁存器，保存块语句 1 的执行结果。例如：

```
if  (a>b)
```

```
    out1=int1;
```

第二种情况下，如果条件表达式不成立，执行块语句 2。这样，在硬件电路上通常会形成多路选择器。例如：

```
if (a>b)
    out1=int1;
else
    out1=int2;
```

第三种情况下，如果条件表达式 1 成立，执行块语句 1，条件语句结束；

如果条件表达式 1 不成立，判断表达式 2 是否成立，如果条件表达式 2 成立，执行块语句 2，条件语句结束；

如果条件表达式 2 不成立，判断表达式 3 是否成立，如果条件表达式 3 成立，执行块语句 3，条件语句结束……；

最后，如果条件表达式 n 成立，执行块语句 n，条件语句结束；如果条件表达式 n 不成立，执行块语句 n+1，条件语句结束；

第三种情况等价为：

```
if(表达式 1)块语句 1;
else
    if(表达式 2)块语句 2;
    else
       if(表达式 3)块语句 3;
       else
            ......
            if(表达式 n)块语句 n;
            else
            块语句 n+1;
```

第三种情况下，要依次检查表达式是否成立，根据表达式的值判断执行的块语句。由于 if-else 的嵌套，需要注意 if 与 else 的配对关系，以免设计错误。例如：

```
if (a>b)   out1=int1;
    else   if (a==b)out1=int2;
    else         out1=int3;
```

在条件语句中，“表达式”一般为逻辑表达式或关系表达式，也可以是位宽为 1 位的变量。系统对表达式的值进行判断，若为 0，x，z 按“假”处理；若为 1，按“真”处理，执行指定的语句。语句可以是一条单句，也可以是一组语句。如果是一组语句，则通常使用 begin 和 end 关键字将它们组成一个块语句。而单句可以省略“begin-end”语句。对于条件语句嵌套，如果不清楚 if 和 else 的匹配，最好用“begin-end”语句括起来。例如：

```
if (a>b)
    begin
       out1<=int1;
       out2<=int2;
    end
else
    begin
```

```
      out1<=int2;
      out2<=int1;
    end
```

【例 4.6.8】 试用行为级描述方式对 D 锁存器进行建模。

解 D 锁存器的行为级程序如下：

```
 //Behavioral description of a D latch
   module Dlatch(EN,D,Q);
      input  EN,D;
      output  Q;
      reg  Q;
      always  @(EN or D)
        if (EN)
           Q <= D;            //当使能 EN 有效时,其输出 Q 跟随输入信号 D 变化
        else Q <= Q;          //对锁存器建模时,此句可省略
   endmodule
```

[例 4.6.8] 是 D 锁存器的行为级描述。行为级描述的标识是 always 结构，always 后面跟着循环执行的条件@（EN or D）（注意：后面没有分号），它表示圆括号内的任一个变量发生变化时，后面的过程赋值语句就会被执行一次，执行完最后一条语句后，执行挂起，always 语句等待变量再次发生变化，因此将圆括号内列出的变量称为敏感变量。对组合逻辑电路建模时，所有的输入信号都是敏感变量，应该被写在圆括号内。

注意：

（1）敏感变量之间使用关键词 or 代替了逻辑或运算符（|）。

（2）过程赋值语句只能给寄存器型变量赋值，因此，输出变量 Q 被定义成 reg 数据类型。

（3）在写可综合 Verilog HDL 代码时，建议明确地定义 if-else 中所有可能的条件分支，否则，会产生电平敏感的锁存器。

【例 4.6.9】 8 线-3 线优先编码器的设计。

解 8 线-3 线优先编码器的功能表见表 4.6.1。

表 4.6.1　　8 线-3 线优先编码器的功能表

输入								输出		
a0	a1	a2	a3	a4	a5	a6	a7	y0	y1	y2
x	x	x	x	x	x	x	0	1	1	1
x	x	x	x	x	x	0	1	0	1	1
x	x	x	x	x	0	1	1	1	0	1
x	x	x	x	0	1	1	1	0	0	1
x	x	x	0	1	1	1	1	1	1	0
x	x	0	1	1	1	1	1	0	1	0
x	0	1	1	1	1	1	1	1	0	0
0	1	1	1	1	1	1	1	0	0	0

Verilog HDL 源代码如下：

```
module example_4_6_9(y,a);
    input[7: 0]      a;
    output[2: 0]       y;
```

```
    reg[2: 0]      y;
    always  @(a)
     begin
       if(~a[7])              y=3'b111;
       else if(~a[6])         y=3'b110;
       else if(~a[5])         y=3'b101;
       else if(~a[4])         y=3'b100;
       else if(~a[3])         y=3'b011;
       else if(~a[2])         y=3'b010;
       else if(~a[1])         y=3'b001;
       else                   y=3'b000;
    end
endmodule
```

【例 4.6.10】 同步 60 进制计数器的设计。

解

```
module count60(qout,cout,data,load,cin,reset,clk);
     output [7: 0]  qout;
     output         cout;
     input  [7: 0]  data;
     input   load,cin,clk,reset;
     reg  [7: 0]   qout;
     always  @(posedge clk)
     begin
     if  (reset) qout <=0;
       else  if(load)  qout <=data;
       else  if(cin)
        begin
         if(qout[3: 0]==9)
         begin
           qout[3: 0] <=0;
           if  (qout[7: 4]==5)
              qout[7: 4]<=0 ;
           else
              qout[7: 4]<=qout[7: 4] + 1;
          end
         else
        qout[3: 0] <=qout[3: 0] + 1;
        end
     end
     assign cout=((qout == 8'h59)& cin)? 1: 0;
 endmodule
```

4.6.5　多路分支语句

上节所讲述的第三种条件语句使用 if-else-if 的形式从多个选项中确定一个结果，如果选项的数目很多，使用起来就会很不方便，而使用 case 语句来描述这种情况则非常简便。case 语句是一种多分支条件选择语句，而实际问题中常常需要用到多分支选择，Verilog HDL 语言提供的 case 语句可直接处理多分支选择。完整的 case 语句的格式为：

```
case (条件表达式)
       分支表达式 1 :          语句 1;
       分支表达式 2 :          语句 2;
         ……
```

```
        分支表达式 n :         语句 n;
        default :             语句 n+1;
    endcase
```

case 语句中的每一条分支语句都可以是一条语句或一组语句，多条语句需要使用关键字 begin 和 end 组合为一个块语句。而且每个分支表达式的值必须各不相同。在执行时，首先计算条件表达式的值，然后按顺序对各分支表达式求值并与条件表达式的值进行比较。第一条与条件表达式的值相匹配的分支中的语句将被执行，当所有分支表达式的值与条件表达式的值不同时，则执行“default”后的语句。注意，default 语句是可选的，如果前面分支语句已列出了条件表达式所有可能的取值，则 default 语句可以省略。而且在一条 case 语句中不允许有多条 default。另外，case 语句可以嵌套使用。

【例 4.6.11】 用 case 语句描述四选一数据选择器。

解 四选一数据选择器的逻辑符号如图 4.6.3 所示，其逻辑功能见表 4.6.2。由表可知，四选一数据选择器的功能是：在控制输入信号 s1 和 s2 的控制下，使输入数据信号 a、b、c、d 中的一个被选中传送到输出。s1 和 s2 有四种组合值，可以用 case 语句实现其功能。

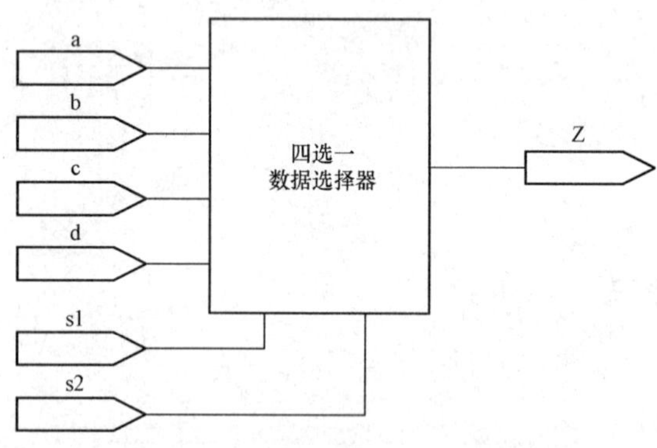

图 4.6.3 ［例 4.6.11］的四选一数据选择器逻辑符号

表 4.6.2 四选一数据选择器功能表

s1	s2	z
0	0	a
0	1	b
1	0	c
1	1	d

四选一数据选择器 Verilog HDL 描述如下：

```
module example_4_6_11(z,a,b,c,d,s1,s2);
input      s1,s2;
input      a,b,c,d;
output     z;
reg    z;
always @(s1 or s2)
   begin
      case ({s1,s2})
            2'b00:         z=a;
            2'b01:         z=b;
            2'b10:         z=c
            2'b11:         z=d;
      endcase
   end
endmodule
```

case 语句还有两种变体语句形式，即 casez 和 casex 语句。casez 和 casex 语句与 case 语句的格式完全相同，它们的区别是：在 casez 语句中，如果分支表达式某些位的值为高阻 z，那么对这些位的比较就不予以考虑，只关注其他位的比较结果。在 casex 语句中，把不予以考虑的位扩展到未知 x，即不考虑值为高阻 z 和未知 x 的那些位，只关注其他位的比较结果。

此外，还有另外一种标识 z 和 x 的方式，即用表示无关值的符号“?”来表示。

如：case（a）

```
2'blx:   out=1;          //只有 a=1x,才有 out=1
   casex(a)
   2'blx:  out=1;        //如果 a=10、11,1x、1z 等,都有 out=1
   casez(a)
   3'bl??:   out=1;      //如果 a=100、101、110、111 或 1xx、1zz 等,都有 out=1
   3'b01?:   out=1;      //如果 a=010、011、01x、01z,都有 out=1
```

4.6.6 循环语句

Verilog HDL 中存在四种类型的循环语句，可以控制语句的执行次数。分别是：

```
for 语句
repeat 语句
while 语句
forever 语句
```

1. for 语句

与 C 语言完全相同，for 语句的格式为：

```
for(循环变量赋初值;循环条件;循环变量增值)
块语句;
```

循环变量赋初值和循环变量增值是两条赋值语句，它们分别用来对循环计数变量执行赋初值操作和增值操作。循环条件代表循环继续进行时必须满足的条件，它常常是一逻辑表达式。在每一次执行循环体之前都要对这个条件表达式是否成立进行判断。

例如：`for(i=0;i<=6;i=i+1)`

即在第一次循环开始前，对循环变量赋初值；循环开始后，判断初值是否符合循环条件，如果符合，执行块语句，然后给循环变量增值；再次判断是否符合循环条件，如果不符合循环条件，循环过程终止。

下面通过“七人表决器”的例子来说明 for 语句的使用，通过一个循环语句统计赞成的人数，若超过四人赞成则通过。用 vote[6：0]表示 7 人的投票情况，“1”代表赞成，即 vote[i]为“1”代表第 i 个人赞成，pass=“1”表示表决通过。

【例 4.6.12】 用 for 语句描述的七人投票表决器。

解

```
module  voter7(pass,vote);
    input[6: 0]  vote;
    output  pass;
    reg  pass;
    reg[2: 0] sum;
    integer  i;
    always  @(vote)
    begin
    sum=0;
    for(i=0;i<=6;i=i+1)              //for 语句
    if(vote[i])  sum=sum+1;
    if(sum[2])  pass=1;              //若超过 4 人赞成,则 pass=1
    else  pass=0;
    end
```

```
endmodule
```

绝大多数的综合器都支持 for 循环语句，在可综合的设计中，若需要用到循环语句，应首先考虑用 for 语句来实现。

【例 4.6.13】 8 位奇偶校验器的描述。

解 本例用 a 表示输入信号，它是一个长度为 8 位的向量。在程序中，用 for 语句对 a 的值逐位进行模 2 加（即异或 xor）运算，循环变量 n 控制模 2 加的次数。循环变量的初值为 0，终值为 8。因此，控制循环共执行了 8 次。

用 Verilog HDL 对 8 位奇偶校验器的描述如下：

```
module example_4_6_13(a,out);
    input[7: 0] a;
    output      out;
    reg         out;                    //寄存器
    integer     n;                      //整数形
    always   @(a)
      begin
        out = 0;
           for(n = 0;n < 8;n = n + 1) out =out ^ a[n];
           end
endmodule
```

2. repeat 语句

repeat 语句的格式为：

```
repeat(循环次数表达式)
块语句;
```

其中，“循环次数表达式”用于指定循环次数，它可以是一个整数、变量或一个数值表达式。如果是变量或数值表达式，其取值只在第一次进入循环时得到计算，即事先确定循环次数。如果循环次数表达式的值不确定，即 x 或 z，则循环次数按 0 处理。

【例 4.6.14】 用 repeat 语句实现 8 位奇偶校验器描述。

解 用 repeat 语句实现 8 位奇偶校验器描述如下：

```
module  example_4_6_14(a,out);
  parameter     size = 7;               //常量
  input[7: 0]   a;
  output        out;
  reg       out;
  integer       n;
  always    @(a)
         begin
          out = 0;
          n = 0;
          repeat(size)
               begin
                  out =out ^ a[n];
                  n = n+1;
              end
         end
```

```
endmodule
```

3. while 语句

while 语句的格式如下：

```
while(循环执行条件表达式)
块语句;
```

while 语句在执行时，首先判断循环执行条件表达式是否为真，若为真，执行后面的语句或语句块，然后再回头判断循环执行条件表达式是否为真，为真再执行一遍后面的语句，如此不断，直到条件表达式不为真。因此，在执行语句中，必须有一条改变循环执行条件表达式的值的语句。假如条件表达式一开始就不成立，则循环体一次也不被执行。如果条件表达式的值为 x 或 z，则按 0（假）处理。

下面举一个 while 语句的例子，该例子用 while 循环语句对 rega 这个 8 位二进制数中值为 1 的位进行计数。

```
begin
   reg[7: 0]tempreg;
   count=0;
   tempreg =rega;
   while(tempreg)
    begin
      if(tempreg[0])  count= count+ 1;
      tempreg=tempreg>>1;
    end
end
```

4. forever 语句

forever 语句的格式如下：

```
forever
块语句;
```

forever 是一种无穷循环控制语句，循环语句连续不断地执行后面的语句或语句块，是一种无限的循环，该循环语句指定的循环体将不断重复地得到执行，永远不会结束。常用来产生周期性的波形，作为仿真激励信号。forever 语句一般用在 initial 过程语句中，若要用它来进行模块描述，可用 disable 语句进行中断。

【例 4.6.15】 一个由 t=1000ns 时刻开始的周期为 50ns 的时钟发生器。

解

```
module clk_gen(clk);
    output  clk;
    initial
    begin
       clk=0;
       #1000;                  //时间控制
       forever
       #25 clk= ~clk;          //被指定循环体执行的语句
  end
endmodule
```

此例所产生的时钟信号 clk 的波形是：在 t=0 时刻时钟信号首先被初始化为 0，并一直保持到 t=1000ns 时刻。此后每隔 25ns，时钟信号 clk 的取值翻转一次，这样就产生了周期为 50ns 的时钟波形。

【例 4.6.16】 试用 forever 循环语句产生一个时钟信号。

解 其 Verilog HDL 程序如下：

```
module  CP_gen(CP);
   output CP;
   initial                     //初始化浯句结构
   begin
        CP=1'bl;               //在 0 时刻,CP=1
     #50 forever
     #25 CP= ~ CP;             //每隔 25 个时间单位,CP 反相一次
   end
endmodule
```

这一实例产生时钟波形，CP 在 0 时刻首先被初始化为 1，并一直保持到 50 个时间单位。此后每隔 25 个时间单位，CP 反相一次。该时钟信号主要用于仿真测试，不能进行逻辑综合。

4.6.7 行为级建模举例

本节中将使用下面两个例子说明前面各节中讨论的各种行为级结构的使用方法，并使用行为级语句对其进行描述并仿真。

1. 四选一多路选择器

下面使用行为级的 case 语句来实现四选一多路选择器。这种风格的行为级描述可以通过综合工具转换为逻辑网表，不会对四选一多路选择器的电路实现和仿真结果造成影响。

【例 4.6.17】 行为级描述的四选一多路选择器。

解 //四选一多路器,其端口列表完全根据输入/输出图编写

```
module mux4_to_1(out,i0,d,i2,i3,s1,s0);
//根据输入/输出图的端口声明
  output  out;
  input  i0,i1,i2,i3;
  input  sl,s0;
 //输出端口被声明为寄存器类型变量
  reg  out;
  //若输入信号改变,则重新计算输出信号 out
  //造成输出信号 out 重新计算的所有输入信号必须写入 always@(...)的电平敏感列表
  always@(s1 or s0 or i0 or i1 or i2 or i3)
     begin
       case({s1,s0})
       2'b00:  out=i0;
       2'b01:  out=i1;
       2'b10:  out=i2;
       2'b11:  out=i3;
       default:  out=1'bx;
        endcase
     end
 endmodule
```

2. 四位计数器

下面将用行为级对一个 4 位脉动进位计数器进行描述。在数据流级或门级，可以根据硬

件实现方式将其设计成脉动进位、同步计数等。但是在行为级，可从一个更加抽象的角度来考虑问题的，并不关心具体的硬件实现方法，而只是对它的功能进行说明。计数器的行为级设计如［例 4.6.18］所示。从这个例子可以看到，行为级描述与逻辑结构描述相比是非常简洁的。如果输入信号的值不包括 x 和 z，则使用行为级的描述代替逻辑结构描述不会对计数器的仿真结果造成影响。

【例 4.6.18】 4 位计数器的行为级描述。

解

```
//4 位二进制计数器
module  counter(Q,clock,clear);
                    //输入/输出端口
output  [3: 0]Q;
input  clock,clear;
                    //输出变量 Q 被定义为寄存器类型
reg[3: 0]Q;
always@(posedge clear or negedge clock)
begin
   if(clear)
    Q<=4'd0;    //为了能生成诸如触发器一类的时序逻辑,建议使用非阻塞赋值
    else
    Q<=Q+1;     //Q 是一个 4 位的寄存器,计数超过 15 后会归零,因此模 16 没有必要
end
endmodule
```

4.7　结　构　建　模

Verilog 结构型描述风格是基于基本元件和底层模块例化语句的应用，利用这种语句可以用不同类型的结构来完成多层次的工程，即从简单的门到非常复杂的元件（包括各种已完成的设计实体子模块）来描述整个系统。元件间的连接是通过定义的端口界面来实现的，其风格最接近实际的硬件结构，即设计中的元件是互连的。结构描述就是表示元件之间的互连，这种描述允许互连元件的层次式安置，像网表本身的构建那样。

元件的定义或使用声明以及元件例化是用 Verilog 实现层次化、模块化设计的手段，与传统原理图设计输入方式相仿。在综合时，Verilog 综合器会根据相应的元件声明搜索与元件同名的子模块实体，将此子模块合并到生成的门级网表中。

利用结构描述方式可以采用模块化设计思想，将一个大的设计划分为许多小模块，逐一设计调试完成，然后利用结构描述方法将其组装起来形成更为复杂的设计。

4.7.1　分层次的电路设计方法

可以在一个模块中实例引用另一个模块，这样就建立了层次化结构。

分层次的电路设计通常有自顶而下（Top-Down）和自底而上（Bottom-Up）两种设计方法。在自顶而下设计中，先定义顶层模块，然后定义顶层模块中用到的子模块；而在自底而上设计中，底层的各个子模块首先被确定下来，然后将这些子模块组合起来构成顶层模块。

以全加器电路为例，4 位串行进位全加器可以被认为是一个顶层电路模块，它由 4 个 1 位全加器的子模块构成，而每个 1 位全加器又可以由两个半加器和一个或门构成，图 4.7.1 明确地表示了构成 4 位全加器的 3 个层次。如果用自顶而下的设计方法，则首先定义 4 位串

行进位全加器顶层模块，然后定义 1 位的全加器，最后定义底层的半加器子模块。如果用自底而上的设计方法，则首先定义半加器子模块，再调用两个半加器和 1 个或门构成 1 位的全加器模块，最后调用 4 个 1 位全加器模块组合成顶层的 4 位全加器模块。

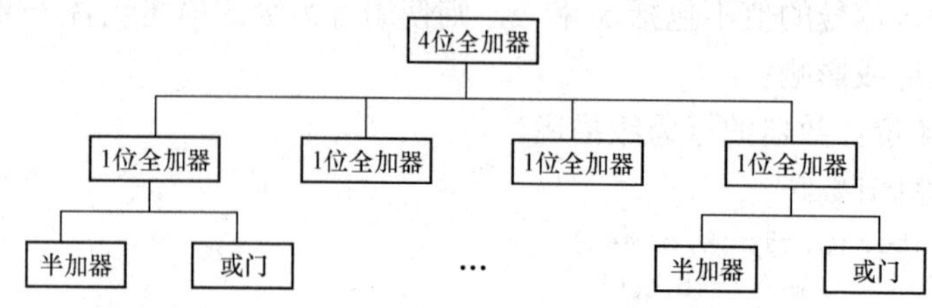

图 4.7.1 4 位全加器的层次化结构框图

4.7.2 模块例化语句

任何用 Verilog HDL 描述的电路设计模块（module），均可用模块例化语句例化一个元件，来实现电路系统的设计。

模块例化语句格式与逻辑门例化语句格式类似，具体格式如下：

```
设计模块名［例化电路名］(端口列表)；
```

其中，“设计模块名”是用户设计的电路模块名，相当于设计电路中的一个元件；“例化电路名”是用户为系统设计定义的标识符（为可选项），相当于系统电路板上为插入设计模块元件的插座；而“端口列表”用于描述设计模块元件上的引脚与插座上引脚的连接关系。

端口列表的方法有两种。

（1）位置关联法。位置关联法要求端口列表中的引脚名称应与设计模块的输入/输出端口一一对应。例如，设计模块名为 cntl0 的输入/输出端口为 clk 和 cout，而以 u1 为例化电路名的两个引脚名是 x1 和 x2，那么位置关联法的模块例化语句格式为：

```
cnt10 u1(x1,x2);
```

（2）名称关联法。名称关联法的格式如下：

```
(.设计模块端口名(插座引脚名),.设计模块端口名(插座引脚名),……);
```

例如，用名称关联法完成 cnt10 的模块例化语句格式为：

```
cnt10 u1(.clk(x1)u,.cout(x2));
```

两种关联法各有特点，位置关联法简单，但没有名称关联法直观。

4.7.3 层次化结构设计实例

按照自底而上的方法描述的 4 位全加器模块如［例 4.7.1］所示。首先，通过调用基本门级元件 xor、and 定义了底层的半加器模块 halfadder，然后调用两个半加器模块 halfadder 和一个基本元件 or 组合成全加器模块 fulladder，最后调用 4 个 1 位的全加器模块 fulladder 构成顶层的 4 位全加器。上层模块调用下层模块时，通过模块名完成调用过程，且调用名不能省略；在调用时可以使用一套新的端口，也可以使用同名的旧端口，但必须注意端口的排列次序。例如，第二个模块中的调用语句 halfadder HAl（S1，D1，A，B）的输出端口更改为 Sl、D1，而输入端口仍为 A、B。除了按照原来端口排列次序（位置）调用下层模块的方式之外，还可以通过端口名称对应调用下层模块。halfadder HAl（.B（B），.S（S1），.CO（D1），.A（A））

就是一个例子，它实现的功能与上面的调用语句完全相同。带有圆点的名称（如.S、.CO 等）是定义下层模块时使用的端口名称，写在圆括号内的名称（如 S1、D1 等）是上层模块调用时使用的新端口名。用这种方法调用模块时，端口的排列次序是任意的。注意：在硬件描述语言中，调用模块的含义并不是程序运行中的进程转移，而是将所调用的模块在调用的位置复制一遍。另外，模块是不能嵌套的，即不能在一个模块的关键词 module 和 endmodule 之间插入另一个模块。

【例 4.7.1】 试描述 4 位串行进位全加器的结构型模型。

解　其 Verilog HDL 程序如下：

```
//Gate-level hierarchical description of 4-bit adder
//Description of half adder
module halfadder (S,C,A,B);
  input A,B;
  output S,C;
  //Instantiate primitive gates
  xor(S,A,B);
  and(C,A,B);
endmodule
//Description of 1-bit full adder
module fulladder (S,CO,A,B,Cin);
  input A,B,Cin;
  output S,CO;
  wire S1,D1,D2;  //Outputs of first XOR and two AND gates
  //Instantiate the halfadder
  halfadder HA1 (S1,D1,A,B);
  halfadder HA2 (S,D2,S1,Cin);
  or g1(CO,D2,D1);
endmodule
//Top Description of 4-bit full adder
module _4bit_adder  (S,C4,A,B,Cin);
  input[3: 0] A,B;
  input Cin;
  output[3: 0] S;
  output C4;
  wire C1,C2,C3;      //Intermediate carries
  //Instantiate the fulladder
  fulladder   FA0 (S[0],C1,A[0],B[0],Cin),
              FA1 (S[1],C2,A[1],B[1],C1),
              FA2 (S[2],C3,A[2],B[2],C2),
              FA3 (S[3],C4,A[3],B[3],C3);
endmodule
```

【例 4.7.2】 用模块例化方式设计 8 位计数译码器电路系统。

解　在 8 位计数译码系统电路设计中，需要事先设计一个 4 位二进制加法计数器 cnt4e 模块和一个七段数码显示器的译码器 Dec7s 模块，然后用模块例化方式将这两种模块组成计数译码系统电路。

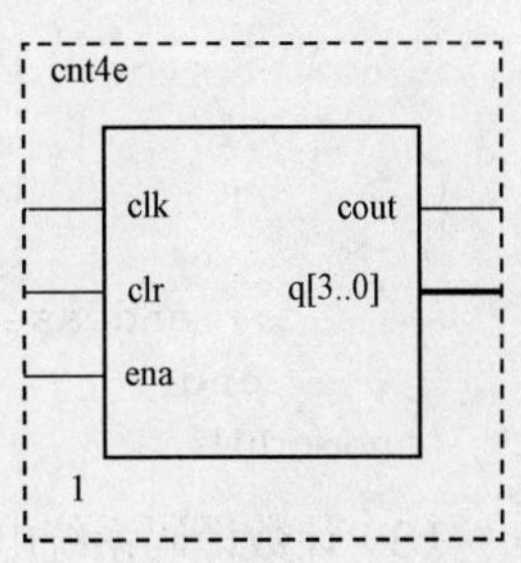

图 4.7.2　cnt4e 的元件符号

（1）4 位二进制加法计数器 cnt4e 的设计。cnt4e 的元件符号如图 4.7.2 所示，clk 是时钟输入端；clr 是复位控制输入端，当 clr=1

时计数器被复位，输出 q[3..0]='b0000；ena 是使能控制输入端，当 ena=1 时，计数器才能工作；cout 是进位输出端，当输出 q[3..0]= 'b1111 时，cout=1。

cnt4e 的 Verilog HDL 源程序 cnt4e.v 如下：

```
module  cnt4e(clk,clr,ena,cout,q);
    input  clk,clr,ena;
    output[3: 0]   q;
    output      cout;
    reg  [3: 0]    q;
    always  @(posedge clr or posedge clk)
          begin
            if(clr) q = 'b0000;
            else  if(ena)  q=q+1;
          end
    assign cout = &q;
endmodule
```

（2）七段数码显示器的译码器 Dec7s 的设计。Dec7s 的元件符号如图 4.7.3 所示，a[3..0] 是 4 数据输入端，将接至 cnt4e 的输出端 q[3..0]；q[7..0]是译码器的输出端，提供七段数码显示数据。

Dec7s 的 Verilog HDL 源程序 Dec7s.v 如下：

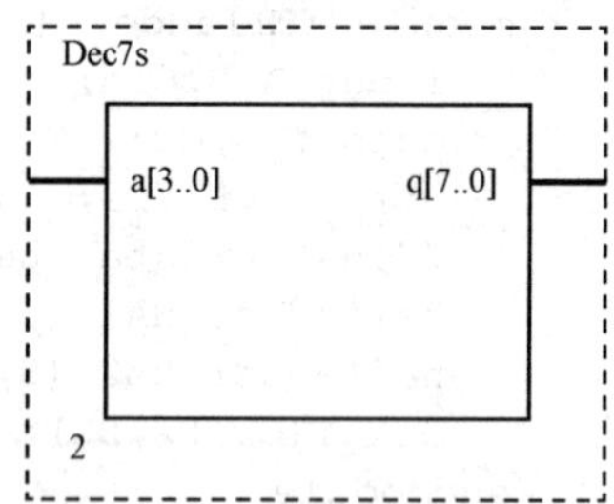

图 4.7.3 Dec7s 的元件符号

```
module  Dec7s(a,q);
    input[3: 0]    a;
    output[7: 0]   q;
    reg  [7: 0]    q;
    always  @(a)
      begin
        case(a)
              0:   q=8'b00111111;
              1:   q=8'b00000110;
              2:   q=8'b01011011;
              3:   q=8'b01001111;
              4:   q=8'b01100110;
              5:   q=8'b01101101;
              6:   q=8'b01111101;
              7:   q=8'b00000111;
              8:   q=8'b01111111;
              9:   q=8'b01101111;
              10:   q=8'b01110111;
              11:   q=8'b01111100;
              12:   q=8'b00111001;
              13:   q=8'b01011110;
              14:   q=8'b01111001;
              15:   q=8'b01110001;
        endcase
      end
endmodule
```

（3）计数译码系统电路的设计。计数译码系统电路的结构图如图 4.7.4 所示，它是用 Quartus II 的图形编辑方式设计出来的。其中 u1 和 u2 是两个 cnt4e 元件的例化模块名，相当于 cnt4e 系统电路板上的插座；u3 和 u4 是 Dec7s 元件的例化模块名，相当于 Dec7s 在系统电路板上的插座。x、q1、q2 是电路中的连线。

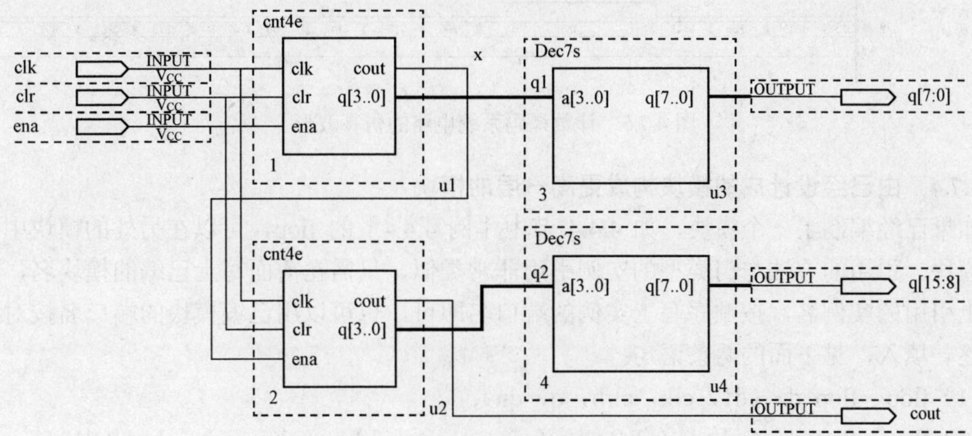

图 4.7.4　计数译码系统电路的结构图

用模块例化方式将 cnt4e 和 Dec7s 两种模块组成计数译码系统电路，用 Verilog HDL 位置关联法描述的计数译码电路的顶层源程序文件 cnt_Dec7s.v 如下：

```
module  cnt_Dec_v (clk,clr,ena,cout,q);
    input              clk,clr,ena;
    output[15: 0]      q;
    output             cout;
    reg  [15: 0]       q;
    wire [3: 0]       q1,q2;
    wire               x;
    cnt4e           u1(clk,clr,ena,x,q1);    //模块例化
    cnt4e           u2(clk,clr,x,cout,q2);
    Dec7s           u3(q1,q[7: 0]);
    Dec7s           u4(q2,q[15: 8]);
endmodule
```

用 Verilog HDL 名称关联法描述的计数译码电路的顶层源程序文件 cnt_Dec7s_1. v 如下：

```
module cnt_dec7s_1 (clk,clr,ena,q,cout);
    input  clk,clr,ena;
    output [15: 0]   q;
    output   cout;
    wire      q1,x,q2;
    cnt4e       u1  (.q(q1),.cout(x),.clk(clk),.clr(clr),.ena(ena));
    cnt4e       u2  (.q(q2),.cout(cout),.clk(clk),.clr(clr),.ena(x));
    Dec7s       u3  (.a(q1),.q(q[7: 0]));
    Dec7s       u4  (.a(q2),.q(q[15: 8]));
endmodule
```

计数译码系统电路的仿真波形如图 4.7.5 所示，其中数据“3F3F”是电路输出端 q[15：0]送给七段数码管显示“00”的数据；“3F06”是显示“01”的数据；依此类推。仿真结果验证了设计的正确性。

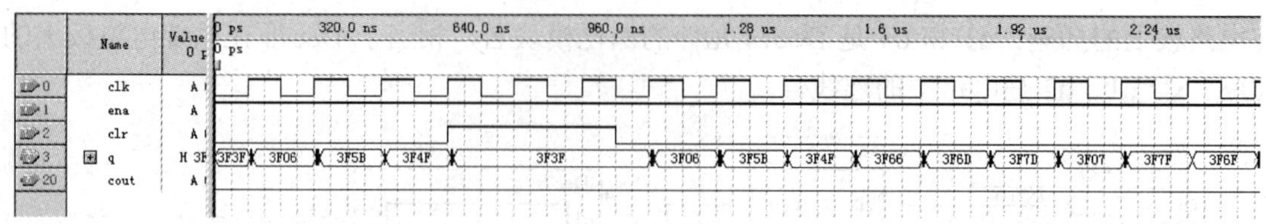

图 4.7.5 计数译码系统电路的仿真波形

4.7.4 由已经设计成的模块构成更高一层的模块

如果已经编制了一个模块，如 4.4.4 节中［例 4.4.4］的 flop，可以在另外的模块中引用这个模块。引用的方法与门类型的实例引用非常类似，只需在前面写上已编的模块名，紧跟着写上引用的实例名，按顺序写上实例的端口名即可，也可以用已编模块的端口名按对应的原则逐一填入，见下面的两条语句：

（1）flop　flop_d　（d1，clk，clrb，q，qn）；

（2）flop　flop_d　（.clock（clk），.q（q），.clear（clrb），.qb（qn），.data（d1））；

这两条语句都表示实例 flop_d 引用已编模块 flop，也可以将 flop 实例化为 flop_d。从上面两条语句可以看出实例引用时，flop_d 的端口信号与 flop 的端口对应有两种不同的表示方法。模块的端口名可以按序排列，也可以不必按序排列。如果模块的端口名按序排列，只需按序列出实例的端口名［见语句（1)］。如果模块的端口名不按序排列，则实例的端口信号和被引用模块的端口信号必须一一列出［见语句（2)］。

［例 4.7.3］引用了 4.4.4 节中［例 4.4.4］已设计的模块 flop，用它构成一个 4 位寄存器。

【例 4.7.3】 用触发器组成带清零端的 4 位寄存器（文件名为 hardreg.v）。

解

```
`include " flop.v"
module  hardreg(d,clk,clrb,q);
   input  clk,clrb;
   input[3: 0]   d;
   output[3: 0]   q;
   flop       f1(d[0],clk,clrb,q[0],),     //注意结束时用逗号,最后才用分号
              f2(d[1],clk,clrb,q[1],),     //表示 f1～f4 都是 flop
              f3(d[2],clk,clrb,q[2],),
              f4(d[3],clk,clrb,q[3],);
endmodule
```

在上面这个结构描述的模块中，hardreg 定义了模块名；f1、f2、f3、f4 分别为图 4.7.6 中的各个基本部件，而其后面括号中的参数分别为图 4.7.6 中各基本部件的输入、输出信号。请注意当 f1～f4 实例引用模块 flop 时，由于不需要 flop 端口中的 qb 口，故在引用时把它省去，但逗号仍需要保留。

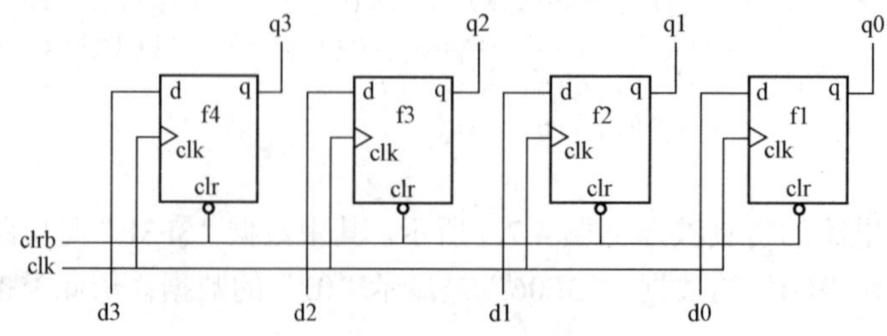

图 4.7.6 4 位寄存器电路结构图

显而易见，通过 Verilog 语言中的模块实例引用，可以构成任何复杂结构的电路。这种以结构方式所建立的 Verilog 模型不仅是可以仿真的，而且也是可以综合的，其本质是表示电路的具体结构。也可以说，这种 Verilog 文件也是一种结构网表。这就是以电路结构为基础建模的基本思路。

4.8　任务和函数

Verilog HDL 中的任务和函数，是在模块内部将一些重复描述或功能比较单一的部分，作为一个相对独立地进行描述，在设计中可以多次调用。

通常在描述设计的开始阶段，设计者更多关注总体功能的实现，之后再分阶段对各个模块的局部进行细化实现，用任务和函数能够实现这种结构化的设计思路。

4.8.1　任务

在 Verilog HDL 模块中，task 语句用来定义任务。任务类似高级语言中的子程序，用来单独完成某项具体任务，并可以被模块或其他任务调用。利用任务可以把一个大的程序模块分解成为若干小的任务，使程序清晰易懂，而且便于调试。

可以被调用的任务必须事先用 task 语句定义，定义格式如下：

```
task <任务名>;
    端口及数据类型声明语句;
    类型声明语句;
    语句 1;
    语句 2;
     ......
    语句 n;
endtask
```

任务定义与模块（module）定义的格式相同，区别在于是任务用 task-endtask 语句来定义，而且没有端口名列表。例如，8 位加法器任务的定义如下：

```
task adder8;
    output[7: 0]     sum;
    output           cout;
    input[7: 0] ina,inb;
    input            cin;
    {cout,sum}  =  ina + inb + cin;
endtask
```

任务调用的格式如下：

```
<任务名> (端口 1,端口 2,…,端口 n);
```

例如，8 位加法器任务调用语句如下：

```
adder8(tsum,tcout,tina,tinb);
```

完整的 8 位加法器任务调用的源程序如下：

```
module adder_8(a,b,cin,sum,cout);
    input[7: 0]   a,b;
    input   cin;
```

```
    output[7: 0]   sum;
    output  cout;
  always
    begin
    adder8 (a,b,cin,sum,cout);
  end
 task adder8;
    input[7: 0]  a,b;
    input  cin;
    output[7: 0]   sum;
    output  cout;
    begin
    {cout,sum} = a+b+cin;
    end
  endtask
 endmodule
```

使用任务时，需要注意以下几点。

1）任务的定义和调用必须在同一个 module 模块内，任务调用语句应在 always 块和 initial 块或 task-endtask 块中。

2）定义任务时，没有端口名列表，但要进行端口和数据类型的声明，任务用顺序语句完成功能的描述。

3）当任务被调用时，任务被激活。任务调用与模块调用一样，通过任务名实现，调用时需列出端口名列表，端口名和类型必须与任务定义中的排序和类型一致。例如，8 位加法器任务调用时的端口名列表中的 tsum、tcout、tina、tinb、tcin 端口，与任务定义中的端口 sum、cout、ina、inb、cin 的排序和类型保持一致。

4）一个任务可以调用其他的任务或函数，可调用的任务和函数的个数不受限制。

任务的作用是方便编程，但模块（module）也具有任务的性质，可以被其他模块调用（调用方法与任务相同），而且模块还可以独立存在（任务只能包含在模块中），因此在电路设计的编程中，可以用模块替代任务。

下面是一个说明怎样在模块的设计中使用任务的例子。注意：该例子只能用于仿真，不能综合成为硬件电路。

【例 4.8.1】 试举例说明 task 定义与 task 调用的方法。

解 举例描述红绿黄交通灯行为的 Verilog 模块如下：

```
module  traffic_lights;
   reg  clock,red,amber,green;
   parameter  on = 1,off = 0,red_tics = 350,amber_tics = 30,green_tics = 200;
   //交通灯初始化
   initial  red = off;
   initial  amber = off;
   initial  green = off;
                                           //交通灯控制时序
   always
     begin
        red = on;                          //开红灯
        light(red,red_tics);               //调用等待任务
```

```
        green = on;                    //开绿灯
        light(green,green_tics);       //等待
        amber = on;                    //开黄灯
        light(amber,amber_tics);       //等待
      end
    //定义交通灯开启时间的任务
    task  light;                       //注意此行不需要端口名列表
        output  color;                 //task 的输出参量
        input[31: 0]tics;              //task 的输入参量
        begin
          repeat(tics)@(posedge clock); //等待 tics 个时钟的上升沿
          color = off;                 //关灯
       end
    endtask
    //产生时钟脉冲的 always 块,clock 的周期为 200
    always
        begin
          #100  clock = 0;
          #100  clock = 1;
        end
  endmodule
```

这个例子描述了一个简单交通灯的时序控制模型，并且该交通灯有它自己的时钟产生器。初始化时三种灯都处于关闭状态。在主模块体中调用了任务 light，每调用一次该任务都会改变交通灯的颜色。接下来给出了 light 任务体，在每个灯持续一段时间之后，将该灯的开关关闭。因此，在主模块体中，执行完 light 任务后同时可以将其他灯开关打开。

4.8.2　函数

在 Verilog HDL 模块中，function 语句用来定义函数。函数类似高级语言中的函数，用来单独完成某项具体操作，并可以作为表达式中的一个操作数，被模块或任务及其他函数调用，函数调用时返回一个用于表达式的值。

可以被调用的函数必须事先定义，函数定义格式如下：

```
function<返回值的类型或位宽>(函数名);
端口声明语句;
   变量类型声明语句;
   begin
   语句;
   ……
   end
 endfunction
```

在这里，<返回值的类型或位宽>这一项是可选项，如默认则返回值为一位寄存器类型数据。下面用例子说明：

【例 4.8.2】 求最大值的函数。

解

```
function [7: 0]   max;
   input[7: 0]    a,b;
   begin
     if (a> = b)  max = a;
     else   max = b;
```

```
    end
  endfunction
```

函数的调用是通过将函数作为表达式中的操作数来实现的。其调用格式如下：

```
<函数名>(<输入表达式 1>,……,<输入表达式 n>);
```

其中，输入表达式与函数定义结构中说明的各个输入端口一一对应，这些输入表达式的排列顺序必须与各个输入端口在函数定义结构中的排列顺序一致。

注意： function 调用既可以出现在过程块中，也可以出现在 assign 连续赋值语句之中；另外，function 定义中声明的所有局部寄存器都是静态的，即 function 中的局部寄存器在 function 的多个调用之间保持它们的值。

函数调用一般出现在模块、任务或函数语句中。通过函数的调用来完成某些数据的运算或转换。

【例 4.8.3】 用定义 function 与调用 function 的方法完成四选一数据选择器设计。

解 四选一数据选择器的程序如下：

```
module   SEL (A,B,C,D,SEL,F);
    input     A,B,C,D;
    input[1: 0]  SEL;
    output     F;
                                               //调用函数
    assign    F = SEL4tolFUNC (A,B,C,D,SEL);
                                               //定义函数
    function  SEL4to1FUNC;                     //注意：此行不需要端口名列表
    input    A1,B1,C1,D1;                      //function 的输入参量声明
    input [1: 0]  SEL1;                        //function 的输入参量声明
     case(SEL1)
       2'd 0: SEL4_1_FUNC = A1;
       2'd 1: SEL4_1_FUNC = B1;
       2'd 2: SEL4_1_FUNC = C1;
       2'd 3: SEL4_1_FUNC = D1;
      endcase
    endfunction
endmodule
```

下面是一个在过程块 always 中调用 function 的例子，注意：该例子只能用于仿真，不能综合成为硬件电路。

【例 4.8.4】 试举例说明函数定义与调用的方法。

解 举例如下：

```
 module ex(count,clk,rst);
   output[7: 0]    count;
   input       clk,rst;
   reg[7: 0]     count;
   function[7: 0]  increment;                 //定义 function
   input[7: 0]    val;                         //function 的输入参量声明
   reg[3: 0]     i;                            //function 的局部静态变量声明
   reg        carry;                           //function 的局部静态变量声明
   begin
```

```
        increment = val;
        carry = 1'b1;
      //Exit this loop when carry = zero,OR all bits processed
         for (i = 4'b0;((carry = = 4'b1) || (i< = 7));i = i+4'b1)
         begin
           increment[i] = val[i]^carry;
           carry = val[i]&carry;
        end
      end
   endfunction
   always  @ (posedge clk or posedge rst)
      if(rst)count = 8'h00;
        else   count<= increment(count);  //调用 function
   endmodule
```

函数和任务存在以下几点区别。

1）任务可以有任意不同类型的输入/输出参数，函数不能将 inout 类型作为输出。

2）任务只可以在过程语句中调用，不能在连续赋值语句 assign 中调用；函数可以作为表达式中的一个操作数，在过程赋值语句和连续赋值语句中调用。

3）任务可以调用其他任务或函数；函数可以调用其他函数，但不能调用任务。

4）任务不向表达式返回值，函数向调用它的表达式返回一个值。

4.9　编 译 预 处 理

Verilog HDL 语言和 C 语言一样也提供了编译预处理的功能。“编译预处理”是 Verilog HDL 编译系统的一个组成部分。Verilog HDL 语言允许在程序中使用几种特殊的命令（它们不是一般的语句）。Verilog HDL 编译系统通常先对这些特殊的命令进行“预处理”，然后将预处理的结果和源程序一起再进行通常的编译处理。

在 Verilog HDL 语言中，为了和一般的语句相区别，这些预处理命令以符号“`”开头（位于主键盘左上角，其对应的上键盘字符为“～”。注意这个符号是不同于单引号“ '”的）。这些预处理命令的有效作用范围为定义命令之后到本文件结束或到其他命令定义替代该命令之处。Verilog HDL 提供了以下预编译命令：

```
`deftne              `timescale          `include
`celldefine          `default_nettype    `else
`endcelldefine       `endif              `ifdef
`undef               `resetall
`nounconnected_drive    `unconneeted_drive
```

本书主要只对最常用的`define、`include、`timescale 进行介绍，其余的可查阅 Verilog HDL 语法手册。

4.9.1　宏定义`define

宏定义`define 的作用是用于文本定义，和 C 语言的#define 类似，即在编译时通知编译器，用宏定义中的文本直接替换代码中出现的宏名。

宏定义的格式为：

```
`define <宏名> <宏定义的文本内容>
```

宏定义语句可以用于模块的任意位置，通常写在模块的外面，有效范围是从宏定义开始到源代码描述结束。此外，建议采用大写字母表示宏名，以便于与变量名相区别。每条宏定义语句只可以定义一个宏替换，且结束时没有分号；否则，分号也将作为宏定义内容。在调用宏定义时，也需要用撇号“`”作开头，后面跟随宏定义的宏名。

通过下面的示例可知，采用宏定义能够提高代码的可读性和可移植性。

```
`define WORDSIZE 8
module
reg[1: `WORDSIZE]data;      //相当于定义 reg[1: 8]data;
```

parameter 也能进行文本替换，但是二者的不同之处在于，parameter 只能对常数进行参数定义；而`define 则能够对任意内容进行替换。使用宏替换的作用是仅仅局限在替换能够提高程序的可读性上。

4.9.2 “文件包含”处理`include

编译预处理中，“文件包含”处理`include 的作用是在文件编译过程中，将语句中指定的源代码全部包含到另外一个文件中。格式如下：

```
`include "文件名"
```

例如：`include "global.v"

```
`include "c: /library/mux.v"
```

其中，文件名中可以指定包含文件的路径，既可以是相对路径名，也可以是完整的路径名。每条文件包含语句只能够用于一个文件的包含，但是，包含文件允许嵌套包含，即包含的文件中允许再去包含另外一个文件。

【例 4.9.1】 include 的应用。

解

```
`include "adder.v"
module  adder16(cout,sum,a,b,cin);
output  cout;
parameter  my_size = 16;
output [my_size-1: 0]  sum;
input [my_size-1: 0]  a,b;
input  cin;
adder  my_adder(cout,sum,a,b,cin);
endmodule
module  adder(cout,sum,a,b,cin);
parameter  size=16;
output  cout;
output[size-1: 0]  sum;
input  cin;
input[size-1: 0]  a,b;
assign {cout,sum} = a + b + cin;
endmodule
```

4.9.3 仿真时间尺度`timescale

仿真时间尺度定义仿真器的时间单位和时间精度。

在仿真时间尺度中，时间单位用来定义模块内部仿真时间和延迟时间的基准单位；时间精度用来声明该模块仿真时间的精确程度。

格式为：

```
`timescale <时间单位>/<时间精度>
```

时间单位和时间精度都是由整数和计时单位组成的。合法的整数有 1、10、100；合法的计时单位为 s、ms（10^{-3}s）、μs（10^{-6}s）、ns（10^{-9}s）、ps（10^{-12}s）和 fs（10^{-15}s）。

例如：`` `timescale 1ns/100ps ``

指以 1ns 作为仿真的时间单位，以 100ps 的计算精度对仿真过程中涉及的延时量进行计算。

时间精度和时间单位的差别最好不要太大。因为在仿真过程中，仿真时间是以时间精度累计的，两者差异越大，仿真花费的时间就越长。另外，时间精度值至少要和时间单位一样精确，时间精度值不能大于时间单位值。如果一个设计中存在多个`timescale，则采用最小的时间单位。

下面举例说明`timescale 命令的用法。

（1）`timescale　1ns/1ps 的含义：是指在这个命令之后，模块中所有的时间值都表示是 1ns 的整数倍。这是因为在`timescale 命令中，定义了时间单位是 1ns。模块中的延迟时间可表达为带 3 位小数的实型数，因为`timescale 命令定义时间精度为 1ps。

（2）`timescale 10μs/100 ns 的含义：是指在`timescale 命令定义后，模块中时间值均为 10μs 的整数倍。因为`timesacle 命令定义的时间单位是 10μs。延迟时间的最小分辨度为十分之一微秒（100 ns），即延迟时间可表达为带一位小数的实型数。

【例 4.9.2】　`time scale 命令的应用示例。

解　Verilog HDL 源程序如下：

```
`timescale 10ns/1ns
module  ex;
     reg  set;
     parameter  d=1.55;
     initial
      begin
        # d set=0;
        # d set=1;
      end
endmodule
```

在这个例子中，`timescale 命令定义了模块 test 的时间单位为 10ns、时间精度为 1ns。因此，在模块 test 中，所有的时间值应为 10ns 的整数倍，且以 1ns 为时间精度。这样经过取整操作，存在参数 d 中的延迟时间实际是 16ns（即 1.6×10ns）。这意味着在仿真时刻为 16ns 时寄存器 set 被赋值 0；在仿真时刻为 32ns 时寄存器 set 被赋值 1。仿真时刻值是按照以下的步骤来计算的。

（1）根据时间精度，参数 d 值被从 1.55 取整为 1.6。

（2）因为时间单位是 10ns，时间精度是 1ns。所以延迟时间 # d 作为时间单位的整数倍为 16ns。

（3）EDA 工具预定在仿真时刻为 16ns 的时候给寄存器 set 赋值 0（即语句 # d set=0；执

行时刻），在仿真时刻为 32ns 的时候给寄存器 set 赋值 1（即语句 # d set=1；执行时刻）。

几种常用延时模型的表示方法。

（1）门延时：

```
and #10 gatea(out,a1,b1);
//门延时是指从门的输入端发生变化到输出发生变化的延迟时间
```

（2）assign 赋值延时：

```
assign #10 y=cld;
//等号右端变量发生变化到等号左端发生相应变化的延迟时间
```

（3）寄存器变量的仿真延时：

```
initial
begin
   #10  y=0;          //从仿真开始在 10ns 时刻执行该语句
   #20  y=1;          //从仿真开始在 30ns 时刻执行该语句
end
```

4.10 系统任务和系统函数

系统任务和系统函数是 Verilog HDL 中预先定义的任务和函数，主要用途是在设计仿真过程中完成信息显示、仿真监视、模拟控制等工作任务。系统任务和系统函数都是以$为首字符的标识符构成的，如$display、$write、$time（注意：$与其后的保留字单词之间不能有空格）等。下面介绍用途比较广泛的信息显示系统任务（$display 和$write）、仿真监视系统任务（$monitor）、暂停仿真系统任务（$stop）、结束仿真系统任务（$finish）和模拟时间函数（$time 和$realtime）。

4.10.1 信息显示系统任务（$display 和$write）

信息显示系统任务用于仿真过程中在标准输出设备（如显示器、打印机等）显示字符串、表达式或变量的数值。信息显示系统任务包括$display 或$write（默认以十进制形式显示数据）、$displayb 或$writeb（以二进制形式显示数据）、$displayh 或$writeh（以十六进制形式显示数据）和$displayo 或$writeo（以八进制形式显示数据）。显示信息语句的格式为：

```
信息显示系统任务名(显示列表);
```

其中，显示列表中列出被显示的信息。例如：

```
$display("hello!");          //显示“hello!”字符串
$display($time);             //显示当前时间
```

$display 和$write 功能相同，主要区别在于$display 在完成一条语句的信息显示后能自动换行，从新的一行开始显示下一条语句的信息；而用$write 命令完成一条语句的信息显示后不会换行，继续在同一行显示下一条语句的信息。

模拟仿真时，信息显示的数据是 64 位二进制数。例如，使用$displayb 或$writeb（二进制信息显示格式）显示数据“0”时，将在显示设备（显示器或打印机）上显示 64 个“0”；若使用$displayh 或$writeh（十六进制信息显示格式）显示数据“0”时，将在显示设备上显示 16 个“0”；而若使用$display 或$write（十进制信息显示格式）显示数据“0”时，则将在显示设备上显示 1 个“0”。因此在一般情况下，使用$display 或$write 命令来显示数据信息比较便于观察。

在显示列表中显示对象的格式还可以用“%”符号来定义，主要包括：

1）%d 或%D——以十进制格式显示数据；

2）%b 或%B——以二进制格式显示数据；

3）%h 或%H——以十六进制格式显示数据；

4）%o 或%O——以八进制格式显示数据；

5）%s 或%S——显示字符串；

6）%e 或%E——以科学计数法格式显示实数。

例如：

```
$display("a=%d",a);          //以十进制格式显示变量 a 的数值
```

4.10.2　仿真监视系统任务（$monitor）

仿真监视系统任务是在仿真过程中，对字符串、表达式或变量的数值的显示进行监视，只要被监视的数据对象的数值发生变化时，立即显示变化后的结果。

$monitor 任务的格式与$display 完全相同，但$display 任务仅对显示列表中的内容执行一次显示，而$monitor 任务用于激活显示列表中的显示对象，在不同激励语句的触发下不断显示对象的信息，直至执行到$stop 或$finish 任务才停止监视。

【例 4.10.1】 用$display 任务编写 4 输入端与非门的测试程序。

解　编写的 4 输入端与非门测试程序（display_test.v）如下：

```
module display_test;
   wire  y;
   reg  a,b,c,d;
   nand #1   g1(y,a,b,c,d);
   initial
     begin
     $display ("hello! ",$time,,,
       "a=%b  b=%b  c=%b  d=%b,y=%b",a,b,c,d,y);
     #10  a=0;b=0;c=0;d=0;
     #10  d=1;
     #10  a=1;b=1;c=1;d=1;
     #10   $finish;
     end
endmodule
```

程序中使用 initial 模块来完成仿真条件的设置，程序中的“#1”表示延迟 1 个基本单位时间，#10 表示延迟 10 个基本单位时间。程序执行时显示的信息为：

```
# hello!  10   a=x  b=x  c=x  d=x,y=x
```

【例 4.10.2】 用$monitor 任务编写 4 输入端与非门的测试程序。

解　编写的 4 输入端与非门测试程序（monitor_test.v）如下：

```
module monitor_test;
   wire  y;
   reg   a,b,c,d;
   nand  #1   g1(y,a,b,c,d);
```

```
    initial
    begin
    $monitor ("hello! ",$time,,,
      "a=%b b=%b c=%b d=%b,y=%b",a,b,c,d,y);
    #10 a=0;b=0;c=0;d=0;
    #10 d=1;
    #10 a=1;b=1;c=1;d=1;
    #10 $finish;
    end
endmodule
```

程序执行时显示的信息为：

```
# hello! 0 a=x b=x c=x d=x,y=x
# hello! 10 a=0 b=0 c=0 d=0,y=x
# hello! 11 a=0 b=0 c=0 d=0,y=1
# hello! 20 a=0 b=0 c=0 d=1,y=1
# hello! 30 a=1 b=1 c=1 d=1,y=1
# hello! 31 a=1 b=1 c=1 d=1,y=0
```

display_test.v 和 monitor_test.v 两个源程序是完全相同的 4 输入端与非门仿真测试设计程序，a、b、c 和 d 是测试输入端，y 是测试输出端。在 display_test.v 源程序中，用$display 系统任务显示信息，因此仅一次性地显示该命令的显示列表中的信息（其中的“x”表示未知数据）。用$monitor 命令显示信息时，不仅显示了显示列表中的信息，而且不断监视显示列表中数据对象的变化，当任何数据对象发生变化后，立即显示变化后的信息，直至遇到$finish 命令才结束显示。

monitor_test.v 程序执行的显示结果解释如下。

1）显示结果“# hello! 0　a=x b=x c=x d=x，y=x”表示 time=0（单位时间）时，数据对象 a、b、c、d 和 y 的数据未知。

2）显示结果“# hello! 10　a=0 b=0 c=0 d=0，y=x”表示 time=10 时，数据对象 a、b、c、d 分别赋值 0、0、0、0 后的变化数据，由于与非门需要 1 个单位时间（#1）输出 y 才能出现新的数据，因此此时的 y 仍然是未知数据。

3）显示结果“# hello! 11　a=0 b=0 c=0 d=0，y=1”表示 time=11 时，数据对象 a、b、c、d 和 y 的数据，因为经过 1 个单位时间后输出 y 出现了新的数据。

4）显示结果“# hello! 20　a=0 b=0 c=0 d=1，y=1”表示 time=20 时，数据对象 a、b、c、d 分别赋值 0、0、0、1 后的变化数据（y 输出仍然为 1 不变）。

5）显示结果“# hello! 30　a=1 b=1 c=1 d=1，y=1”表示 time=30 时，数据对象 a、b、c、d 和 y 的数据。

6）显示结果“# hello! 31　a=1 b=1 c=1 d=1，y=0”表示 time=31 时，数据对象 a、b、c、d 和 y 的数据，因为经过 1 个单位时间后输出 y 出现了新的数据。从仿真结果可以验证与非门的功能，即只有全部输入（a、b、c、d）为 1（高电平 1）时，输出 y 才为 0（低电平），输入的其余组合都使输出 y 为 1。

4.10.3 暂停仿真系统任务（$stop）

$stop 系统任务用于暂停仿真，进入仿真软件的命令交互模式。

4.10.4　结束仿真系统任务（$finish）

$finish 系统任务用于结束仿真。

4.10.5　模拟时间函数（$time 和$realtime）

$time 系统函数执行时，根据系统任务（如$display、$write、$monitor 等）的格式要求，返回一个 64 位整型模拟时间，对小数部分自动进行四舍五入处理。而$realtime 系统函数执行时返回一个 32 位实型（十进制数格式）模拟时间，其输出格式与系统任务规定的格式无关。

本 章 小 结

Verilog HDL 作为目前应用最为广泛的硬件描述语言，可用于从算法级、门级到开关级的多种抽象设计层次的数字系统建模，是 EDA 技术的重要组成部分。

Verilog HDL 程序设计由模块（module）构成的，一个完整的 Verilog HDL 设计模块包括端口定义、I/O 说明、参数定义（可选）、信号类型说明和功能描述几个部分。模块可以进行层次嵌套，每个模块都是以关键词 module 开始，以关键词 endmodule 来结尾。准确无误地理解和掌握 Verilog HDL 词法的规则和用法，对正确地完成 Verilog HDL 程序设计十分重要。Verilog HDL 语言有门级建模、数据流建模、行为级建模和结构建模几种描述方式，在模块中可以使用这几种描述方式的任意一种或者几种的混合。

Verilog HDL 中的任务和函数，是在模块内部将一些重复描述或功能比较单一的部分，作为一个相对独立的部分进行描述，在设计中可以多次调用。Verilog HDL 语言和 C 语言一样也提供了编译预处理的功能。系统任务和系统函数是 Verilog HDL 中预先定义的任务和函数，主要用途是在设计仿真过程中完成信息显示、仿真监视、模拟控制等工作任务。

习　题

4.1　在 Verilog HDL 中，下列标识符是否正确?

_CLK*T_NET，2greg，FourBit_Adder，$ exec，M $ 231，_2tolmux，A_ B_C，_A_B_C，1_2_3，_1_ 2_ 3，74HC245，\74HC574\，\74HC245，CLR / RESET，\IN4 / SCLK，D100%。

4.2　试说明数据类型 wire 与 reg 的不同点。

4.3　试比较 Verilog HDL 的逻辑运算符，按位运算符和缩位运算符有哪些相同点和不同点?

4.4　相等运算符（==）与全等运算符（===）有何区别?

4.5　Verilog HDL 程序是由哪几部分构成的?

4.6　Verilog HDL 程序开始和结束的关键词是什么?

4.7　在 Verilog HDL 程序中，如果没有说明输入、输出变量的数据类型，试问它们的数据类型是什么?

4.8　图 4.1 是由三态门构成的二选一数据选择器，请用 Verilog HDL 的门级元件进行描述。

4.9　用门级描述（结构描述）方法，编写 1 位全加器的 Verilog HDL 源程序。

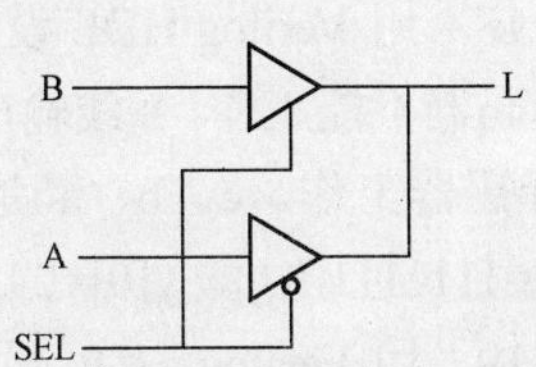

图 4.1　由三态门构成的数据选择器

4.10 用门级描述（结构描述）方法，编写基本 RS 触发器的 Verilog HDL 源程序。

4.11 以 example 为模块名，试用 Verilog HDL 门级描述（结构描述）方式完成如图 4.2 所示硬件电路的程序设计，s1，s2，s3 是电路中的连线。

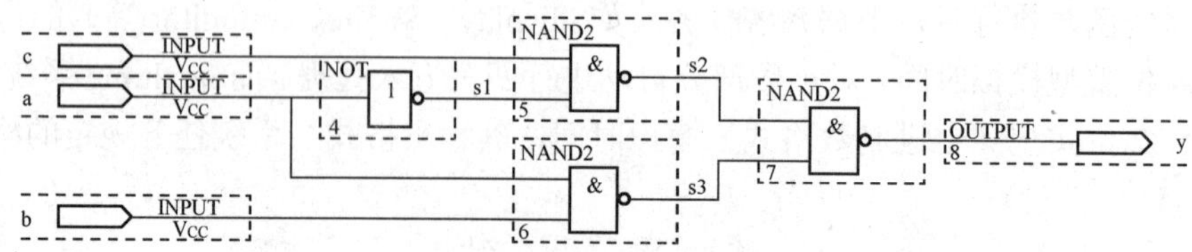

图 4.2 硬件电路逻辑图

4.12 以 example 为模块名，试用 Verilog HDL 门级描述（结构描述）方式描述如图 4.3 所示硬件电路的程序设计，s1，s2，s3 是电路中的连线。

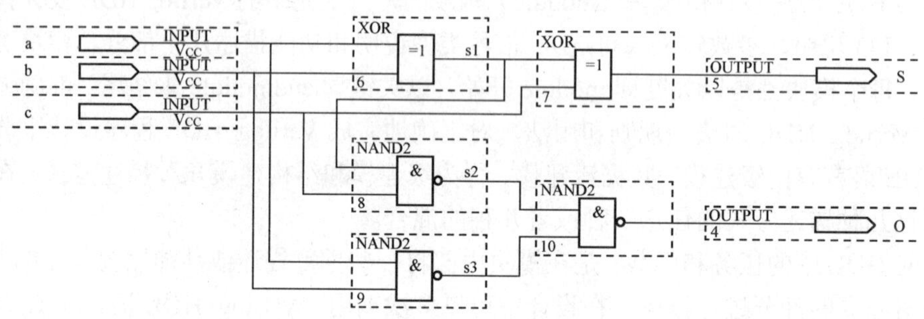

图 4.3 硬件电路逻辑图

4.13 用 Verilog HDL 设计三态锁存器，三态锁存器的逻辑图如图 4.4 所示。

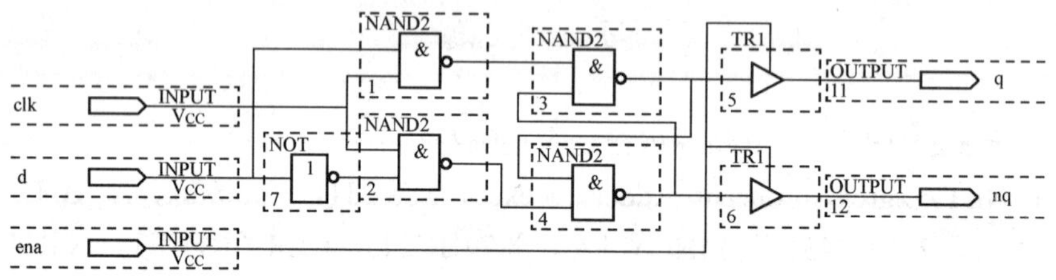

图 4.4 三态锁存器的逻辑图

4.14 用数据流建模方式描述表 4.6.1 所示的 8 线-3 线优先编码器。

4.15 用行为描述方法，编写 4 位全加器的 Verilog HDL 源程序。

4.16 用 if 语句编写表 4.6.2 所示四选一数据选择器的 Verilog HDL 源程序。

4.17 阻塞型赋值和非阻塞型赋值有何区别？

4.18 用 Verilog HDL 设计 3 线–8 线译码器，ena 是译码器的使能控制输入端，当 ena=1 时，译码器不能工作，8 线输出 y[7..0]=11111111（译码器的输出有效电平为低电平）；当 ena=0 时，译码器工作。c、b、a 是 3 线数据输入端，译码器处于工作状态时，当 cba=000 时，y[7..0]=11111110（即 y[0]=0）；当 cba=001 时，y[7..0]= 11111101（即 y[1]=0）；依此类推。

4.19 用 Verilog HDL 设计具有三态输出的 8D 锁存器。clr 是复位控制输入端，当 clr=0 时，8 位数据输出 q[7..0]=00000000。ena 是使能控制输入端，当 ena=1 时，锁存器处于工作状态，输出 q[7..0]=d[7..0]；ena=0 时，锁存器的状态保持不变。oe 是三态输出控制端，当 oe=1 时，输出为高阻态；oe=0 时，锁存器为正常输出状态。

4.20　编写 16 选 1 数据选择器 mux_16_v 的 Verilog HDL 源程序。设电路的 16 位数据输入为 d[15..0]，s3、s2、s1 和 s0 是选择控制输入端，y 是数据选择输出端。当 s3～s0=0000 时，数据选择器的输出 y=d[0]，当 s3～s0=0001 时，输出 y=d[1]，依此类推。

4.21　常用的复位方式有哪些？在 Verilog HDL 中，如何描述异步复位和同步复位？

4.22　简述同步计数器设计和异步计数器设计的特点。

4.23　用 Verilog HDL 设计 JK 触发器。其中 j、k 是数据输入端，clr 是复位控制输入端，当 clr=0 时，触发器的状态被置为 0 态；clk 是时钟输入端；q 和 qn 是触发器的两个互补输出端。

4.24　编写同步清零 8 位二进制减法计数器的 Verilog HDL 源程序。

4.25　编写异步清零 8 位二进制加法计数器的 Verilog HDL 源程序。

4.26　试用 Verilog HDL 设计 4 位右移移位寄存器，其模块名称为 rshift4v。其功能是在输入信号的控制下，使预置数据可以向右移位。clr 为清零端，高电平有效（即高电平时所有数据为零）；clk 为时钟输入端其上升沿有效，每来一次脉冲，预置数据右移一位；lod 为预置控制输入端低电平有效，当其有效时 q=d；dsr 为最高位补充端，用此位补充右移后空出的最高位；d[3..0]为预置数据输入端。q[3..0]为右移输出端。

4.27　根据下面的 Verilog HDL 描述，画出数字电路的逻辑图，说明它所完成的功能。

```
module circuit(A,B,L);
   input A,B;
   output L;
   wire a1,a2,Anot,Bnot;
   and G1(a1,A,B);
   and G2(a2,Anot,Bnot);
   not(Anot,A);
   not(Bnot,B);
   or(L,a1,a2);
endmodule
```

4.28　试说明下列程序所完成的逻辑功能，并画出它的逻辑图。

```
module d_latch_rst(RST,control,D,Q);
   input RST,control,D;
   output Q;
   reg Q;
   always @(RST or control or D)
   if (~RST)Q=1'b0;
   else if(control)
     Q=D;
endmodule
```

4.29　阅读下列两个程序，画出它们的逻辑图。

（1）
```
module DFF1(Qa,Qb,D,CLK);
    input D,CLK;
    output Qa,Qb;
    regQa,Qb;
```

```
      always @(posedge CLK)
      begin
      Qa=D;
      Qb=Qa;
      end
    endmodule
```

（2）
```
module DFF2(Qa,Qb,D,CLK);
      input D,CLK;
      output Qa,Qb;
      reg Qa,Qb;
      always @(posedge CLK)
      begin
        Qa <= D;
        Qb <= Qa;
      end
  endmodule
```

4.30 分析下面的 Verilog HDL 源程序，说明该代码描述的电路的功能。

```
module mult(cout,a,b);
parameter  size=8;
input[size: 1]  a,b;
output[2*size: 1]  cout;
reg[2*size: 1]  a_reg,cout;
reg[size: 1]  b_reg;
integer  n;
always  @(a or b)
  begin
    cout=0;
    a_reg=a;
    b_reg=b;
    for  (n = 1;n <= size;n = n + 1)
      begin
        if(b_reg[1])
          begin
            cout=cout+a_reg;
            a_reg=a_reg<<1;
            b_reg=b_reg>>1;
          end
        else
          begin
            a_reg=a_reg<<1;
            b_reg=b_reg>>1;
          end
        end
    end
endmodule
```

4.31 编写带复位和预置控制的七进制加法计数器 cnt7_v 的 Verilog HDL 源程序。设电路的预置数据输入端为 d[2..0]，计数输出端为 q[2..0]，进位输出端为 cout，时钟输入端为 clk（上升沿是有效边沿）。clrn 是复位控制输入端，当 clrn=0 时，q[2..0]=000。ldn 是预置控制输入端，当 ldn=0 时，q[2..0]= d[2..0]。ena 是使能控制输入端，当 ena=l 时，计数器计数，ena=0 时，计数器保持状态不变。

4.32　编写带复位和预置控制的十进制加法计数器 cnt10_v 的 Verilog HDL 源程序。设电路的预置数据输入端为 d[3..0]，计数输出端为 q[3..0]，进位输出端为 cout。时钟输入端为 clk（上升沿是有效边沿）。clrn 是复位控制输入端，当 clrn=0 时，q[3..0]=0000。ldn 是预置控制输入端，当 ldn=0 时，q[3..0]= d[3..0]。ena 是使能控制输入端，当 ena=1 时，计数器计数，ena=0 时，计数器保持状态不变。

4.33　用 Verilog HDL 设计 4 位全减器，然后采用结构描述方式用 4 位全减器的设计结果实现 16 位全减器。

4.34　试用 Verilog HDL 写出一个 4 位二进制可逆计数器的行为描述。要求具有 5 种功能，即异步清 0、同步置数、加计数、减计数和保持原有状态不变。且要求计数器能输出进位信号和借位信号，即当计数器递增计数到最大值时，产生一个高电平有效的进位信号 co；当计数器递减计数到最小值 0 时，产生一个高电平有效的借位信号 bo。

4.35　试用 Verilog HDL 的行为描述方式写出一个小时时间计数器程序。要求如下：

（1）计数器的功能是从 1 开始计数到 12，然后又从 1 开始，周而复始运行。计数器的输出为 8421 BCD 码；

（2）该计数器带有复位端 cr 和计数控制端 en。当 cr 为低电平时，计数器复位，其输出为 1；当 cr 和 en 均为高电平时，计数器处于计数状态；当 cr 为高电平但 en 为低电平时计数器暂停计数。

4.36　试用 Verilog HDL 层次化的方式设计 4 位加法比较电路系统。请按下列步骤设计此系统电路。

（1）用 Verilog HDL 设计 4 位二进制加法器 adder4 模块。a[3..0]和 b[3..0]分别是被加数和加数，cin 为低位进位端；sum[3..0]为两数之和，cout 为高位进位端。

（2）用 Verilog HDL 设计 4 位二进制数据比较器 comp4v 模块。此模块完成功能是比较 c[3..0]和 d[3..0]两个 4 位二进制输入数据的大小。

当 c[3..0]>d[3..0]时，大于输出端 fc=1，小于输出端 fd=0，等于输出端 fe=0；

当 c[3..0]<d[3..0]时，大于输出端 fc=0，小于输出端 fd=1，等于输出端 fe=0；

当 c[3..0]=d[3..0]时，大于输出端 fc=0，小于输出端 fd=0，等于输出端 fe=1。

（3）以 adder_comp4_v 为系统名，用 Verilog HDL 模块例化的方式设计加法比较系统电路。系统电路图如图 4.5 所示。u1 和 u2 是两个元件例化模块名，s1 是电路中的连线。

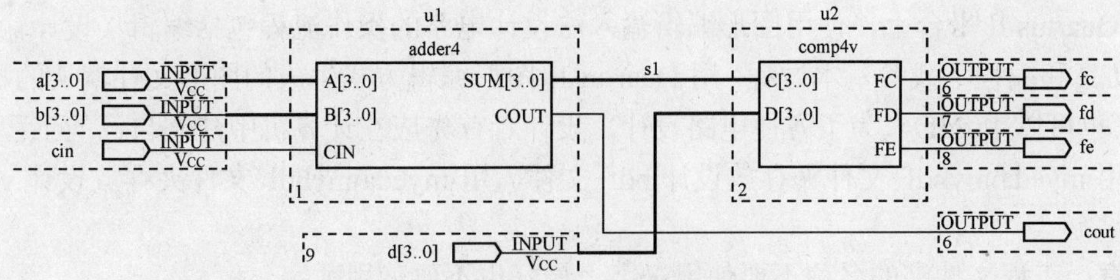

图 4.5　系统电路图

第 5 章　EDA 基础实验

内 容 提 要

本章主要介绍 EDA 基础部分的实验原理、操作步骤、实验代码及其实验结果，进一步巩固前几章中关于 Quartus II 软件的使用方法，包括原理图编辑、硬件描述语言编辑和混合编辑。另外，还结合试验板将实验代码所形成的模块功能与实际器件相结合。

5.1　原理图输入法设计实验

图形编辑输入法也称为原理图输入设计法。用 Quartus II 的原理图输入设计法进行数字系统设计时，不需要任何硬件描述语言知识，只要具有数字逻辑电路基本知识，就能使用 Quartus II 提供的 EDA 平台，设计数字电路或系统。

Quartus II 的原理图输入设计法可以与传统的数字电路设计法接轨，即把传统方法得到的设计电路的原理图，用 EDA 平台完成设计电路的输入、仿真验证和综合，最后编程下载到可编程逻辑器件 FPGA/CPLD 或专用集成电路（ASIC）中。在 EDA 设计中，将传统电路设计过程的布局布线、绘制印制电路板、电路焊接、电路加电测试等过程取消，提高了设计效率，降低了设计成本，减轻了设计者的劳动强度。然而，原理图输入设计法的优点不仅如此，它可以极为方便地实现数字系统的层次化设计，这是传统设计方式无法比拟的。层次化设计也称为“自底向上”的设计方法，即将一个大的设计项目分解为若干个子项目或若干个层次来完成。

先从底层的电路设计开始，然后在高层次的设计中逐级调用低层次的设计结果，直至顶层系统电路的实现。对于每个层次的设计结果，都经过严格的仿真验证，尽量减少系统设计中的错误。每个层次的设计可以用原理图输入法实现，也可以用其他方法（如用 HDL 文本输入法）实现，这种方法称为“混合设计输入法”。层次化设计为大型系统设计及 SOC（System on a Chip）或 SOPC（System on a Programmable Chip）的设计提供了方便、直观的设计路径。

在 Ouartus II 平台上，使用图形编辑输入法设计电路的操作流程包括编辑（设计输入）、编译、仿真和编程下载等基本过程。用 Quartus II 图形编辑方式生成的图形文件默认的扩展名为.bdf（也可以用.gdf）。为了方便电路设计，设计者首先应在计算机中建立自己的工程目录，例如，用\myeda\mybdf 文件夹存放设计.bdf 文件，用\myeda\myhdl 文件夹存放设计.vhd 文件等。

注意：工程文件夹的名称不要使用汉字，最好也不要使用数字。

下面以半加器和 8 位加法器的设计为例，介绍 Quartus II 软件使用的基本方法。设计结果用上机模拟实验来仿真。

5.1.1 全加器的原理图层次设计方法

1. 设定工程文件路径

为本项设计的文件夹取名为 adder，路径为 d：\adder。

2. 编辑半加器输入图形设计文件

使用 Quartus II 设计电路系统之前，需要先建立设计项目（Project）。例如，用图形编辑法设计半加器 h_adder 时，需要先建立 h_adder 的设计项目。在 Quartus II 的集成环境下，执行“File”→“New Project Wizard”命令，弹出如图 5.1.1 所示的新建设计项目对话框的“New Project Wizard：Directory，Name，TOP-Level Entity[page 1 of 5]”页面（新建设计项目对话框共 5 个页面）。

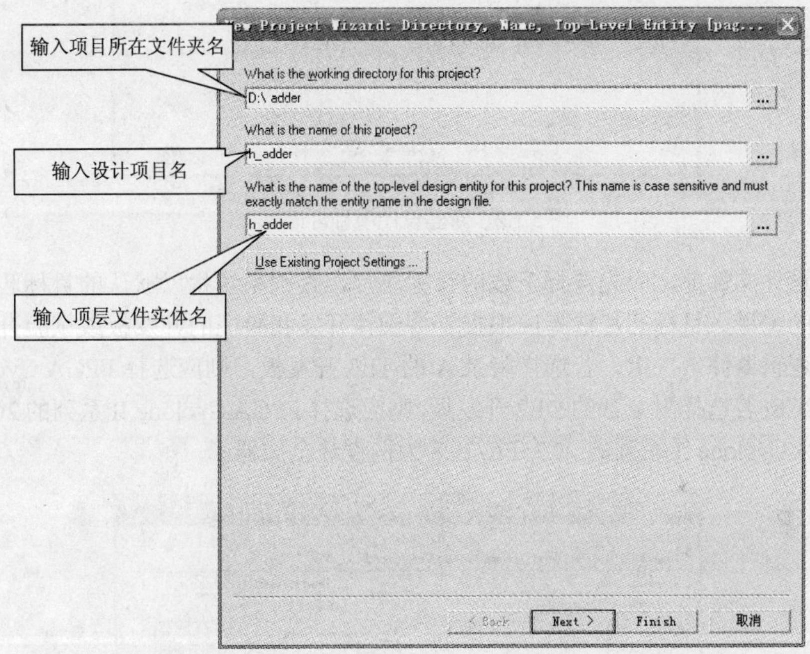

图 5.1.1 新建设计项目对话框-1

此页面用于登记设计文件的地址（文件夹）、设计项目的名称和顶层文件实体名。在对话框的第一栏中输入项目所在的文件夹名；第二栏是设计项目名，需要输入新的设计项目名；第三栏是顶层文件实体名，需要输入顶层文件实体的名称。设计项目名和顶层文件实体名可以同名，一般在多层次系统设计中，以与设计项目同名的设计实体作为顶层文件实体名。

单击新建设计项目对话框-1 页面的“Next”按钮，进入如图 5.1.2 所示的新建项目对话框-2 页面。此页面用于增加设计文件，包括顶层设计文件和其他底层设计文件。如果顶层设计文件和其他底层设计文件已经包含在工程文件夹中，则在此页面中将这些设计文件增加到新建项目中。

如果不和目标芯片相连接则单击新建设计项目对话框-2 页面的“Finish”按钮进入程序编制界面。如果需要设置编程下载的目标芯片的类型和型号则单击“Next”按钮进入如图 5.1.3 所示的新建设计项目对话框-3 界面。

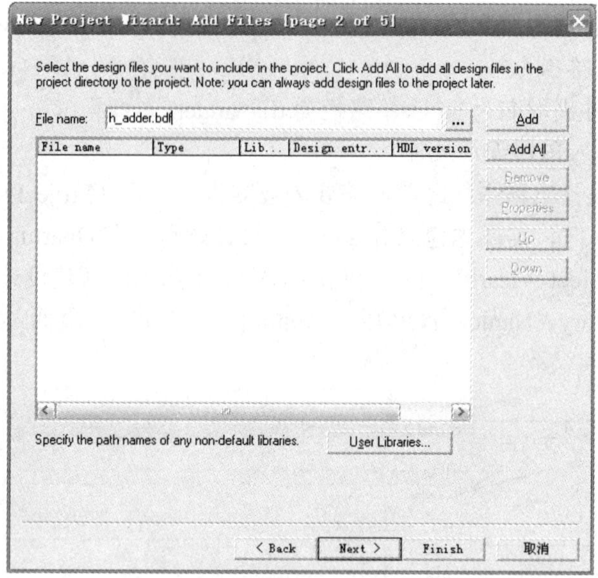

图 5.1.2 新建设计项目对话框-2

在编译设计文件前，应先选择下载的目标芯片，否则系统将以默认的目标芯片为基础完成设计文件的编译。目标芯片选择应根据支持硬件开发和验证的开发板或试验开发系统上提供的可编程逻辑器件来决定。若选择附录 A 的 TE3 开发板，则应选择 FPGA Cyclone II 系列的 2C35F672C8；若选择附录 B 的 DE2 开发板，则应选择 FPGA Cyclone II 系列的 2C35F672C6。下面以 FPGA Cyclone II 系列的 2C35F672C8 为例设计全加器。

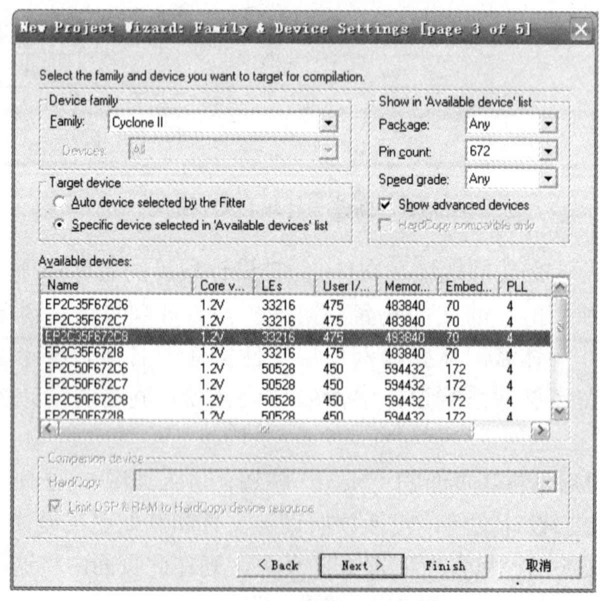

图 5.1.3 新建设计项目对话框-3

单击新建设计项目对话框-3 页面的“Next”按钮，进入如图 5.1.4 所示的新建项目对话框-4 页面。此页面用于设置第三方 EDA 工具软件的使用，在一般情况下可以设置为“不使用”

（在第三方工具软件选择框中不出现“√”）。

单击新建设计项目对话框-4 页面的“Next”按钮，进入如图 5.1.5 所示的新建项目对话框-5 页面。此页面用于显示新建设计项目的摘要（Summary）。单击此页面的“Finish”按钮，完成新设计项目的建立。

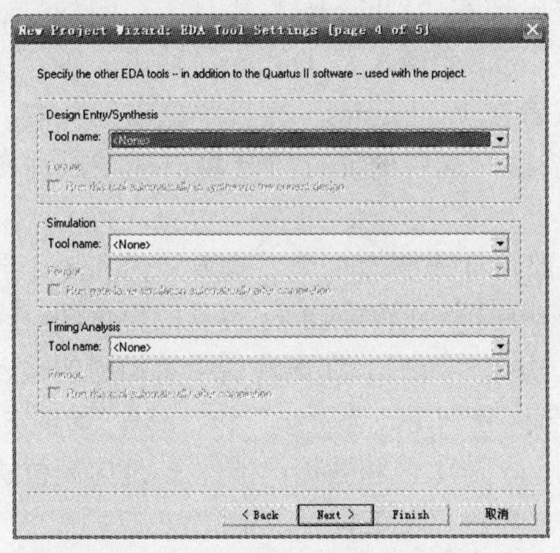

图 5.1.4 新建设计项目对话框-4

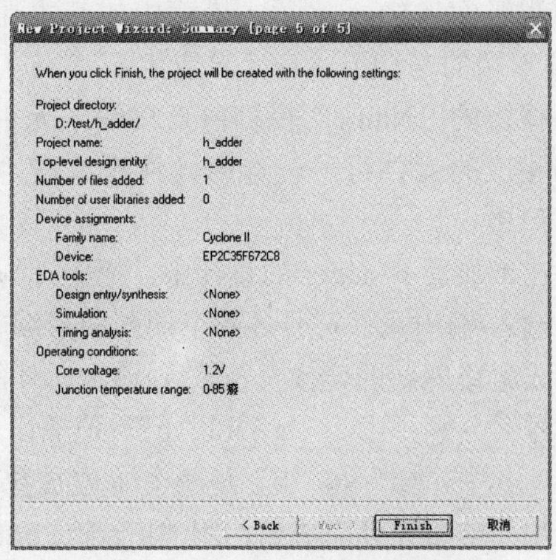

图 5.1.5 新建设计项目对话框-5

新的项目建立后，便可进行电路系统设计。在 Quartus II 集成环境中，执行“File”→“New”命令，弹出如图 5.1.6 所示的编辑文件类型对话框，选择“Block Diagram/Schematic File”（模块，原理图文件）方式后，单击“OK”按钮，或者直接单击主窗口上的“创建新的图形文件”命令按钮，进入 Quartus II 图形编辑方式的窗口界面。

在原理图编辑窗口中的任何一个位置双击，将弹出一个如图 5.1.7 所示的元件选择窗口。或者在编辑窗口中右击，在弹出的选择对话框中选择“Insert”的“symbol as Block.”项，也可以弹出元件选择窗口，Quartus II 列出了存放在\quartus\libraries 文件夹中的各种元件库。

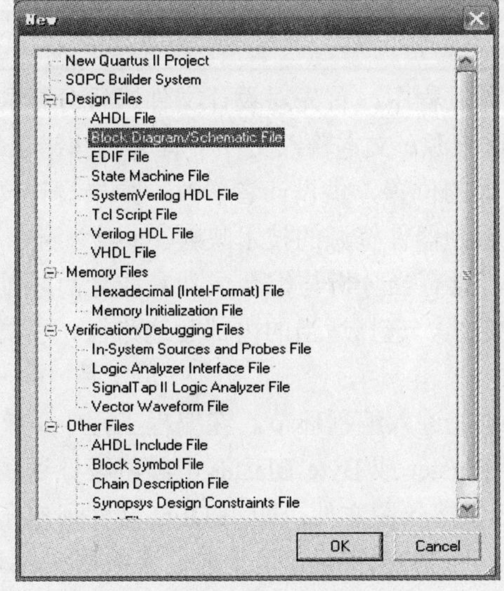

图 5.1.6 编辑文件类型对话框

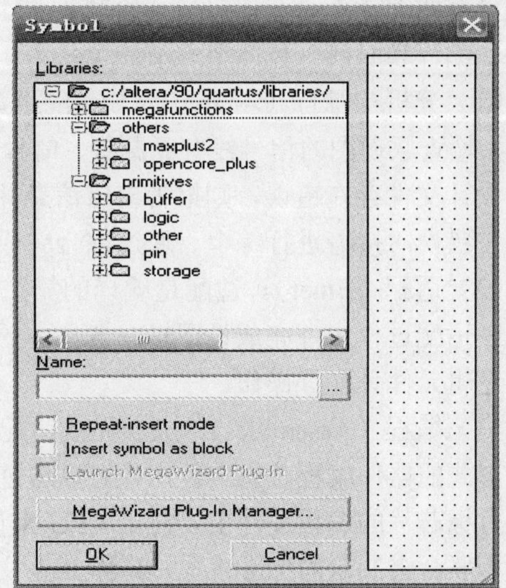

图 5.1.7 元件选择窗口

其中，megafutions 是参数可设置的强函数元件库；others 是 MAX+PLUSII 老式宏函数库，包括加法器、编码器、译码器、计数器、移位寄存器等 74 系列器件；primitives 是基本逻辑元件库，包括缓冲器和基本逻辑门，如门电路、触发器、电源、输入、输出等。在元件选择窗口的符号库“Libraries”栏目中，选择基本逻辑元件库（primitives）文件央中的逻辑库（10gic）后，该库中的基本元件名将出现在“Libraries”栏目中。例如，and2（2 输入端的与门）、xor（异或门）、Vcc（电源）、Input（输入）、Output（输出）等。在元件选择窗的“Name”栏目内直接输入元件名，或者在“Libraries”栏目中单击元件名，可得到相应的元件符号。选中元件后单击“OK”按钮，选中的元件符号将出现在原理图编辑窗口中。

在半加器 h_adder 的设计中，用上述方法将电路设计需要的 1 个 2 输入与门和 1 个异或门及输入/输出元件符号各两个调入图形编辑框中，根据半加器 h_adder 设计的原理图，用鼠标完成电路内部的连接及与输入/输出元件的连接，并双击元件，在属性栏中将相应的输入元件符号名分别更改为“a”和“b”，把输出元件的名称分别更改为“so”和“co”，如图 5.1.8 所示。其中，“a”和“b”是两个 1 位加数输入端，so 是 1 位和数输出端，co 是向高位进位输出端。电路设计完成后，用“h_adder.bdf”为文件名保存在工程目录中。

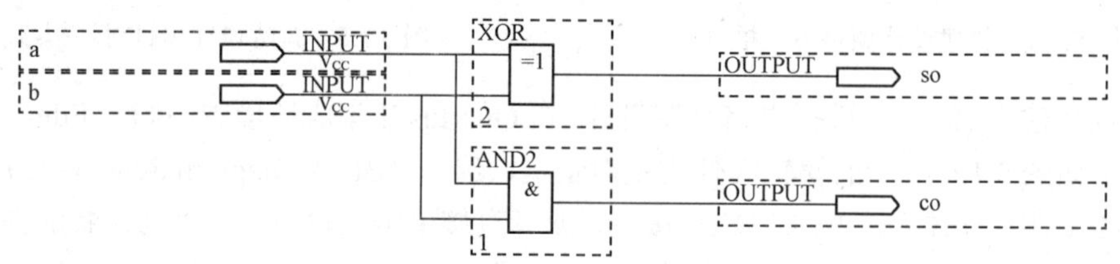

图 5.1.8　半加器设计图

3. 编译设计文件

执行 Quartus II 主窗口“Processing”→“Start Compilation”命令，或者在主窗口上直接单击“开始编译”命令按钮，开始对 h_adder.bdf 文件进行编译。编译过程包括分析与综合、适配、编程和时序分析四个环节。

（1）分析与综合（Analysis＆Synthesis）。在编译过程中，首先对设计文件进行分析和检查，如检查原理图的信号线有无漏接、信号有无双重来源、文本输入文件中有无语法错误等。如果设计文件存在错误，则报告出错信息并标出错误的位置，供设计者修改。如果设计文件不存在错误，接着进行综合。通过综合完成设计逻辑到器件资源的技术映射。

（2）适配（Finer）。适配是编译的第二个环节，只有当分析与综合成功完成之后才能进行。在适配过程中，完成设逻辑在器件中的布局和布线、选择适当的内部互连路径、引脚分配、逻辑元件分配等操作。

（3）编程（Assembler）。成功完成适配之后，才能进入编程环节。在编程工程中，产生多种形式的器件编程映像文件，如可以通过 Master Blaster 或 Byte Blaster 电缆将设计逻辑下载到目标芯片的编程文件中。对于 CPU 来说，是产生熔丝图文件，即 JEDEC 文件（电子器件工程联合会制定的标准格式，简称 JED 文件）；对于 FPGA 来说，是生成位流数据文件 BG（Bit-stream Generation）。

（4）时序分析（Timing Analyzer）。成功完成适配之后，设计编译还要进入时序分析环节。

在时序分析中，计算给定设计与器件上的延时，完成设计分析的时序分析和所有逻辑的性能分析。

当编译完成后，弹出如图5.1.9所示的编译结果概要报告窗口，报告工程文件编译的相关信息，如下载目标芯片的型号名称、占用目标：芯片中逻辑元件LEs（Logic Elements）的数目、占用芯片的引脚数目等。

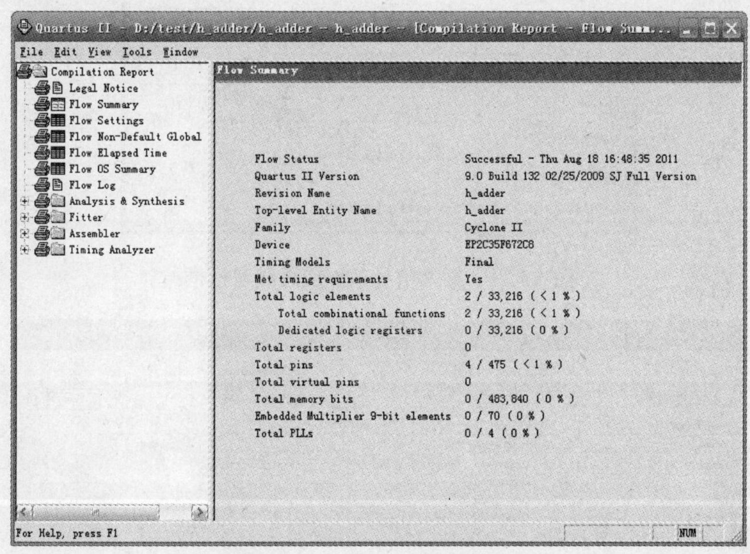

图5.1.9 编译结果概要报告窗口

4. 仿真设计文件

仿真设计文件一般需要经过建立波形文件、输入信号节点、设置波形参量、编辑输入信号、保存波形文件、运行仿真器和分析仿真波形等过程。

（1）建立波形文件。执行Quartus II主窗口“File”→“New”命令，弹出编辑文件类型对话框（见图5.1.6）选择对话框“Verification/Debugging Files”中的“Vector Waveform File”项后，单击“OK”按钮，或者直接单击主窗口上的“创建新的波形文件”命令按钮，进入Quartus II波形编辑方式，弹出如图5.1.10所示的新建波形文件编辑窗口界面。

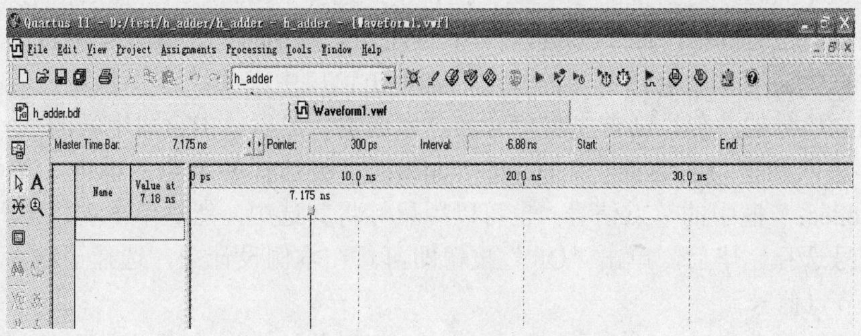

图5.1.10 新建波形文件编辑窗口界面

（2）输入信号节点。在波形编辑方式下，执行“Edit”→“Insert Node or Bus…”命令，或在波形文件编辑窗口的“Name”栏中用鼠标右键单击（右击），在弹出的快捷菜单中选择

“Insert Node or Bus…”命令，弹出如图 5.1.11 所示的插入信号节点或总线（Insert Node or Bus）对话框。在“Insert Node or Bus”对话框中单击“Node Finder”按钮，弹出如图 5.1.12 所示的节点发现者（Node Finder）对话框。

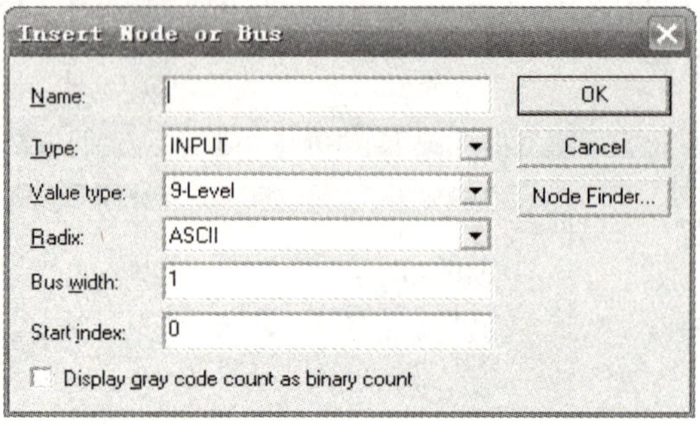

图 5.1.11 插入信号节点或总线对话框

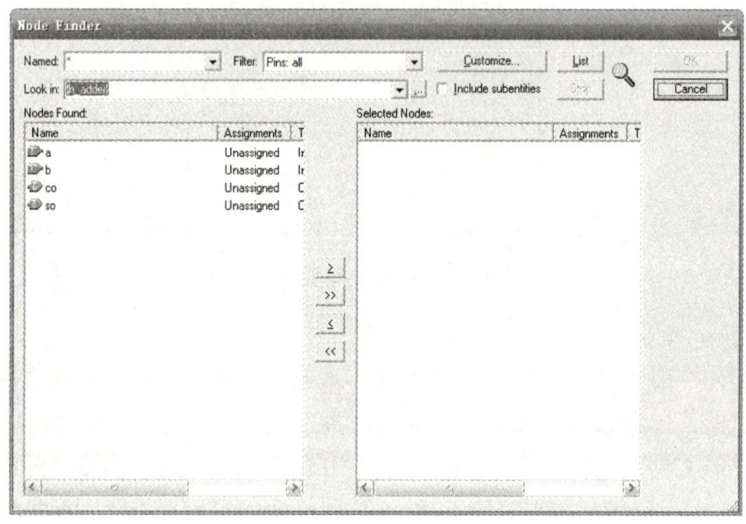

图 5.1.12 节点发现者对话框

在“Node Finder”对话框的“Filter”栏目中，选择“Pins：all”项后，单击“List”按钮，这时在窗口左边的“Nodes Found：”（节点建立）框中将列出该设计项目的全部信号节点。若在仿真中需要观察全部信号的波形，则单击窗口中间的“>>”按钮；若在仿真中只需要观察部分信号的波形，则首先将信号名点黑选中，然后单击窗口中间的“>”按钮，选中的信号即进入到窗口右边的“Selected Nodes：”（被选择的节点）框中。如果需要删除“Selected Nodes：”框中的节点信号，也可以用鼠标将其选中，然后单击窗口中间的“<”按钮。节点信号选择完毕后，单击“OK”按钮即可。在本例设计中，选择了输入 a 和 b 及输出 so 和 co 节点信号。

（3）设置波形参量。Quartus II 默认的仿真时间域是 1μs，如果需要更长时间观察仿真结果，可执行“Edit”→“End Time…”命令，在弹出的如图 5.1.13 所示的“End Time”（设置仿真时间域）对话框中，输入适当的仿真时间域（如 1.0μs）后，单击“OK”按钮完成设置。

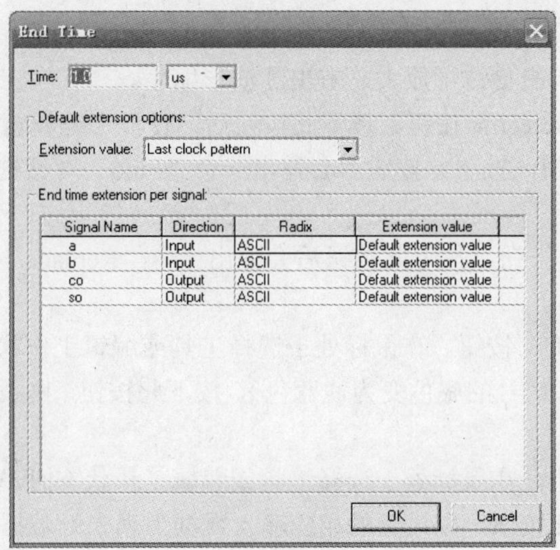

图 5.1.13 设置仿真时间域对话框

（4）编辑输入信号。为输入信号编辑测试电平或数据示意图如图 5.1.14 所示。在仿真编辑窗口的左侧列出了各种功能选择按钮，主要分为工具按钮和数据按钮两大类。工具按钮（如文本工具、编辑工具等）用于完成如增加波形的注释、选择某段波形区域等操作，数据按钮用于为波形设置不同的数据，便于观察仿真结果。按钮的主要功能及使用方法（按按钮位置由左至右的顺序）叙述如下。

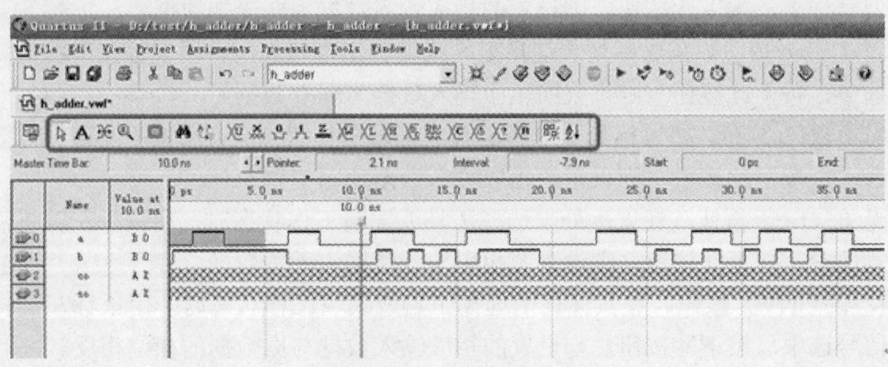

图 5.1.14 波形编辑窗口

1）选择工具（Selection ）按钮。按下此按钮后，使鼠标处于选择工具状态，可以用鼠标将波形编辑窗口中的某个波形选中，便于该波形的数据设置。另外，当其他工具按钮（如文本工具按钮、编辑工具按钮等）按下后（按钮呈现下陷状态），用此按钮退出这些工具按钮的工作状态（使下陷的按钮恢复原状），恢复鼠标作为选择工具的状态。

2）文本工具（Selection tool）按钮。当此按钮按下后，可以对波形编辑窗口中的某个波形增加文本注释。

3）波形编辑工具（Waveform editing tool）按钮。当此按钮按下后，使鼠标处于编辑工具状态，可以用鼠标拖动的方法选中波形编辑窗口中的某一段波形（使该段波形的底色为浅蓝色），然后按下某个数据按钮（如 1 电平按钮）来更改这段波形的数据。

4）放大/缩小工具（Zoom）按钮。当按下此按钮时，可以对波形编辑窗口中的输入波形进行放大或缩小操作。单击使波形放大，右击使波形缩小。

5）全屏显示（Full screen）按钮。按下此按钮后，使波形编辑窗口最大化（全屏显示）。

6）发现（Find）按钮。按下此按钮后会弹出一个“Find”对话框，用于寻找波形编辑窗口中某个波形所在的位置。

7）替换（Replace）按钮。按下此按钮后会弹出一个“Replace”对话框，用于把某个波形替换为另一个波形。

8）未初始化数据（U）按钮。在鼠标处于选择工具或编辑工作状态时，用鼠标左键将需要编辑的输入信号选中（信号的底色变为浅蓝色），按下此按钮，则设置的相应输入数据为初始化的数据。

9）强未知（x）按钮。在鼠标处于选择工具或编辑工作状态时，用鼠标左键将需要编辑的输入信号选中，按下此按钮，则设置的相应输入数据为强未知数据。

10）0 电平（强 0）按钮。在鼠标处于选择工具或编辑工作状态时，用鼠标左键将需要编辑的输入信号选中，按下此按钮，则设置的相应输入数据为强 0 数据。

11）1 电平（强 1）按钮。在鼠标处于选择工具或编辑工作状态时，用鼠标左键将需要编辑的输入信号选中，按下此按钮，则设置的相应输入数据为强 1 数据。

12）高阻（z）按钮。在鼠标处于选择工具或编辑工作状态时，用鼠标左键将需要编辑的输入信号选中，按下此按钮，则设置的相应输入数据为高阻数据。

13）弱未知（w）按钮。在鼠标处于选择工具或编辑工作状态时，用鼠标左键将需要编辑的输入信号选中，按下此按钮，则设置的相应输入数据为弱未知数据。

14）弱 0（L）按钮。在鼠标处于选择工具或编辑工作状态时，用鼠标左键将需要编辑的输入信号选中，按下此按钮，则设置的相应输入数据为弱 0 数据。

15）弱 1（H）按钮。在鼠标处于选择工具或编辑工作状态时，用鼠标左键将需要编辑的输入信号选中，按下此按钮，则设置的相应输入数据为弱 1 数据。

16）无关（Dc）按钮。在鼠标处于选择工具或编辑工作状态时，用鼠标左键将需要编辑的输入信号选中，按下此按钮，则设置的相应输入数据为无关数据。

17）反相（INV）按钮。在鼠标处于选择工具或编辑工作状态时，用鼠标左键将需要编辑的输入信号选中，按下此按钮，则设置的相应输入数据与原数据的相位相反。

18）计数值（Count，value）按钮。在鼠标处于选择工具或编辑工作状态时，用鼠标左键将需要编辑的输入信号选中，按下此按钮，则弹出“Count Value”对话框（见图 5.1.15）。“Count Value”对话框有“Counting”和“Timing”两个页面。“Counting”页面用于设置相应输入的数据类型、起始值和增加值。在此页面的“Radix：”栏目中，通过下拉菜单可以选择二进制数（Binary）、十六进制数（Hexadecimal）、八进制数（Octal）、有符号十进制数（Signed Decimal）和无符号十进制数（Unsigned Decimal）。例如，在对 8 位加法器的输入 A 波形参数的设置中，可以选择十六进制数（Hexadecimal），起始值为“0”，增加值为“1”，则设置完毕的 A 输入数据按“00”—“01”—“02”—...的顺序变化。“Timing”页面用于设置波形的起始时间（Start time）、结束时间（End time）和每个计数状态的周期（Count every）。

19）时钟（Overwrite clock）按钮。在鼠标处于选择工具工作状态时，用鼠标左键将需要编辑的输入时钟信号选中，按下此按钮，则设置相应输入时钟信号的波形参数。

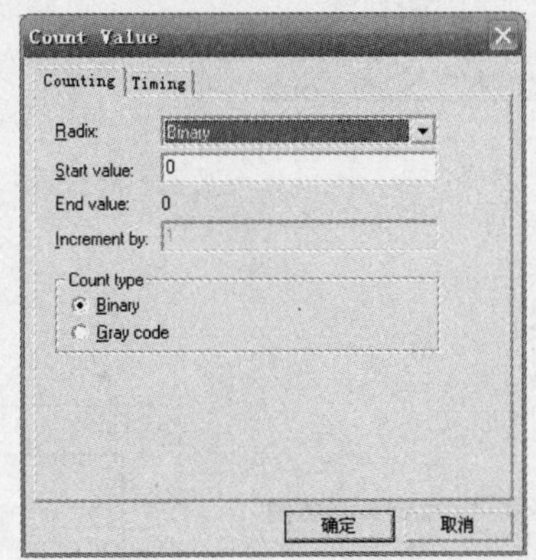

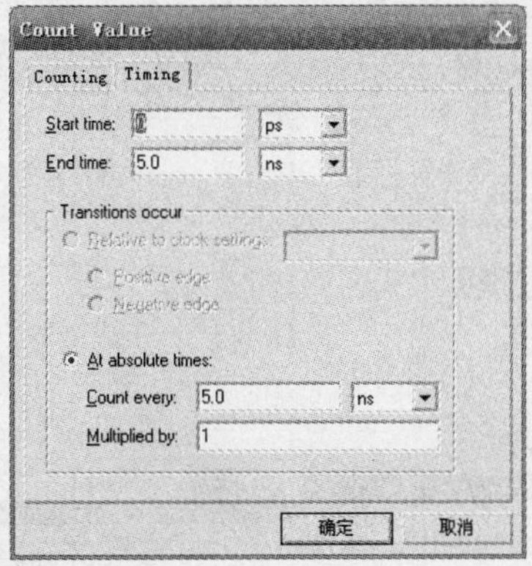

图 5.1.15 数值设置对话框

20）任意值（Arbitrary value）按钮。在鼠标处于选择工具或编辑工作状态时，用鼠标左键将需要编辑的输入信号选中，按下此按钮，则弹出“Arbitrary Value”对话框，用于设置被选中输入波形的某个（如20、30等）固定不变的数值。

21）随机值（Random value）按钮。在鼠标处于选择工具或编辑工作状态时，用鼠标左键将需要编辑的输入信号选中，按下此按钮后，将设置输入波形为随机变化的数值。

（5）保存波形文件。执行“File”“Save”命令，在弹出的“Save as”对话框中单击“OK”按钮，完成波形文件的存盘。在波形文件存盘操作中，系统自动将波形文件名设置为与设计文件名同名，但文件类型是．vwf。例如，波形文件存盘时，系统将半加器设计电路的波形文件名自动设置为“h_adder．vwf”，可以直接单击“OK”按钮存盘。

（6）运行仿真器。执行“Processing”—“start Simulation”命令，或单击“Start Simulation”命令按钮，对半加器设计电路进行仿真，仿真波形如图5.1.16所示。

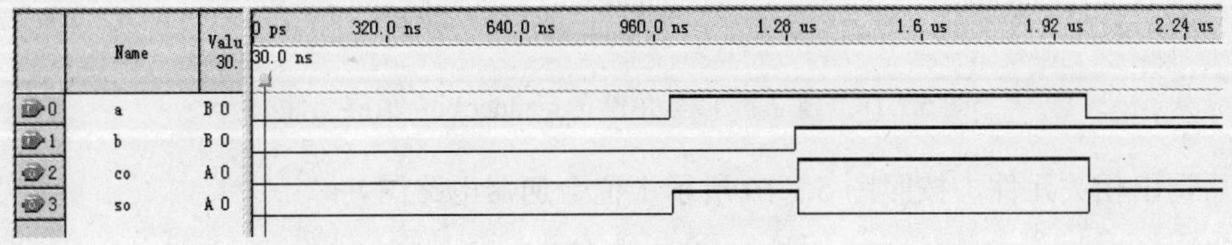

图 5.1.16 半加器仿真波形

5. 将项目设置成可调用元件

为了构成全加器的顶层设计，必须将以上设计的半加器h_adder.bdf设置成可调用的底层文件。方法如图5.1.17所示，在半加器原理图文件h_adder.bdf处于打开的情况下，选择菜单File→Creat/Update→Create Symbol Files for Current File，即可将当前电路变成一个元件符号存盘（元件文件名实h_adder.bsf），以便在高层次设计中调用。

6. 设计全加器顶层文件

为了建立全加器的顶层文件，必须在d：\adder（和半加器必须在同一个文件夹中）另外新建一个工程f_adder，按照前面介绍的方法建立此工程，并在工程中新建一个原理图输入文件 f_adder.bdf。在新打开的原理图编辑窗中双击鼠标，在弹出的窗口中选择 Project 下先前存入的 h_adder 元件如图 5.1.18 所示，调入原理图编辑窗中。

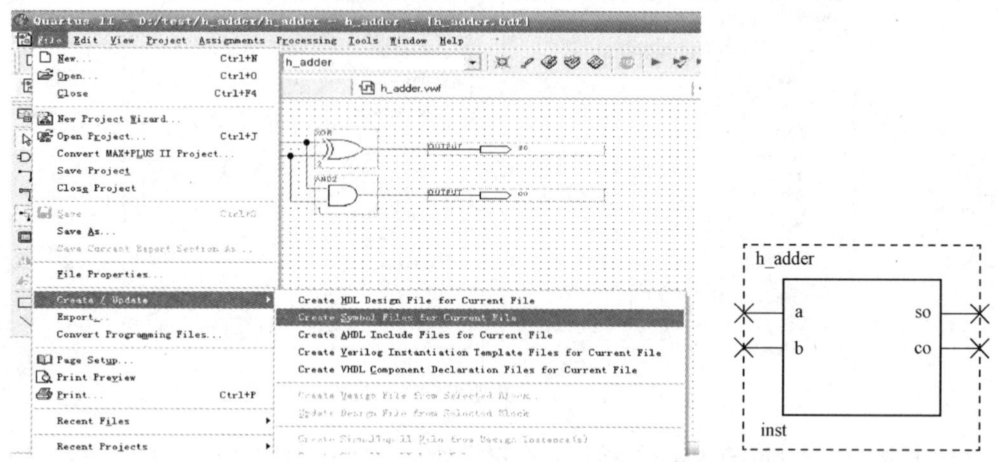

图 5.1.17　将半加器封装成一个元件

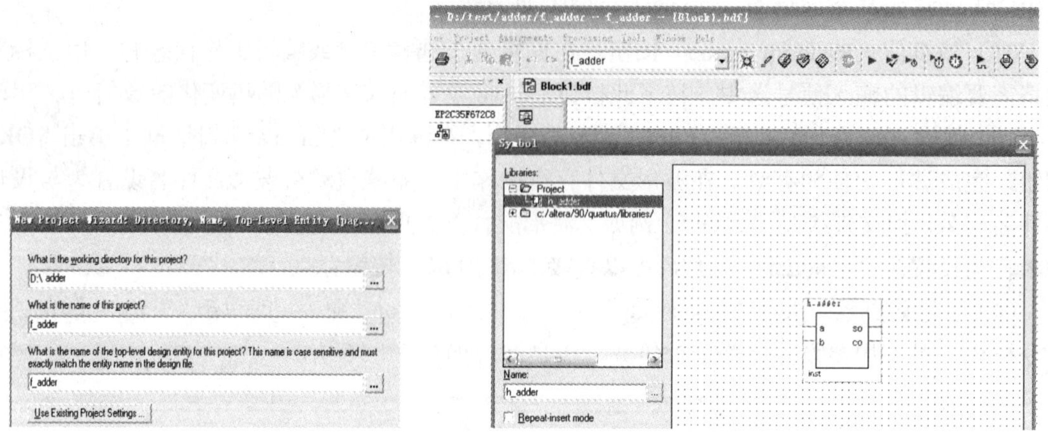

图 5.1.18　建立新工程,并建立 f_adder.bdf 顶层文件

最后调出相关元件，按照图 5.1.19 所示 1 位全加器电路图。

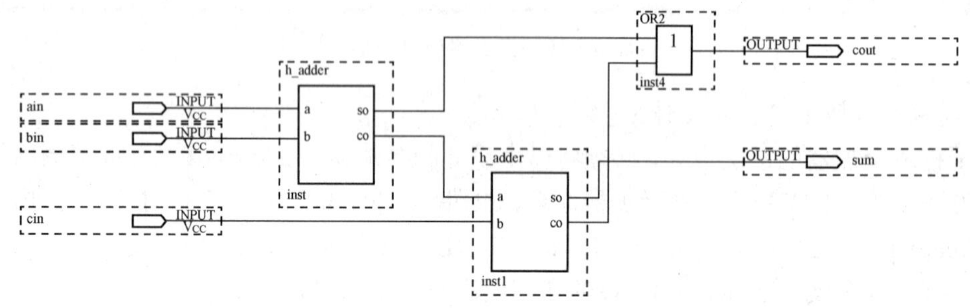

图 5.1.19　连接好的 f_adder 原理图

7. 设计项目进行时序仿真

工程完成后即可进行全程编译。此后的所有流程都与半加器介绍的方法一致。图 5.1.20

为全加器的仿真波形。

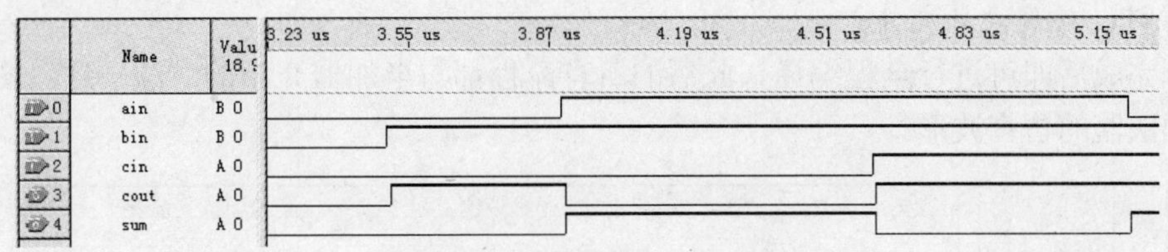

图 5.1.20 全加器的仿真波形

5.1.2 8位加法器的原理图设计方法

用图形编辑法设计8位加法器8_adder时，需要先建立8_adder的设计项目。

像半加器一样建立一个名为8_adder的新项目，新的项目建立后，便可进行电路系统设计。步骤与半加器相同，这里不再重复叙述。

1. 编辑输入图形设计文件

在8位加法器8_adder的设计中，用上述方法将电路设计需要的两个4位加法器74283及输入/输出元件符号调入图形编辑框中，根据8位加法器设计的原理图，用鼠标完成电路内部的连接及与输入/输出元件的连接，并将相应的输入元件符号名分别更改为“A[7..0]”和“B[7..0]”，把输出元件的名称分别更改为“SUM[7..0]”和“COUT”，如图5.1.21所示。其中，A[7..0]和B[7..0]是两个8位加数输入端，SUM[7..0]是8位和数输出端，COUT是向高位进位输出端。电路设计完成后，用“8_adder.bdf”为文件名保存在工程目录中。

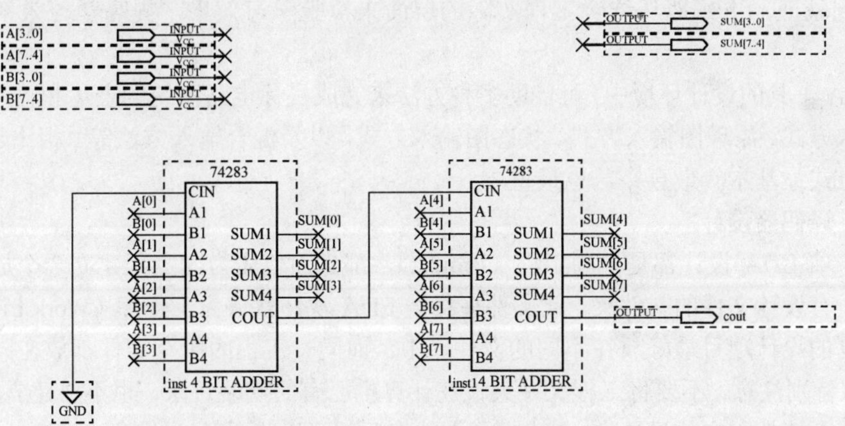

图 5.1.21 8位加法器设计原理图

在图5.1.21中，A[7..0]输入端分别与两个4位加法器74283（4 BIT ADDER）的A1～A4输入端连接，其中第1片74283的A1～A4分别与A[7..0]输入端的A[0]～A[3]连接，作为A输入端的低4位加数输入；第2片74283的A1～A4分别与A[7..0]输入端的A[4]～A[7]连接，作为A输入端的高4位加数输入。这种连接方式是通过74283的A1～A4输入端加连线和符号标注完成的。例如，在A1输入端前加一条连线和“A[0]”符号标注，表示该输入端与A[7..0]输入端的A[0]连接。在加连线和符号标注时，首先在A1输入端画一条连线，然后右击此连线，在弹出的连线命令菜单中选择“Properties”（属性）命令，在弹出的属性对话框中的“Name”栏目中输入符号标注名，单击“确定”按钮后完成连线的标注操作。

2. 编译、仿真设计文件

设计完成后即可进行全程编译。此后的所有流程都与半加器介绍的方法一致。图 5.1.22 为 8 位加法器的仿真波形。

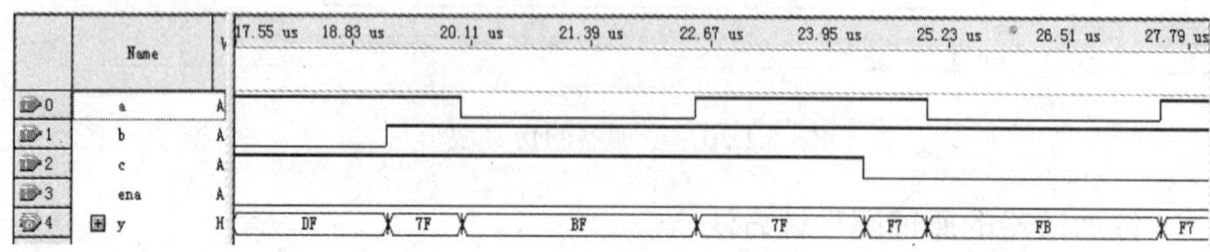

图 5.1.22 8 位加法器的仿真波形

5.2 Verilog HDL 输入法设计实验

前面几章介绍的 Verilog 语法知识和电路设计方法已足以对付许多常用的数字模块的设计，因此现在已经有了足够的知识准备进入硬件语言设计的实验阶段。利用 Verilog 完成电路设计后，必须借助 EDA 工具中的综合器、适配器、时序仿真器和编程器等工具进行相应的处理后，才能使此项设计在 FPGA 上完成硬件实现，并得到硬件测试，从而使 Verilog 设计得到最终的验证。为了使读者尽快将前面学到的东西付诸实践，将软件设计程序在硬件电路上得到验证，更好地从结合工程实际的层面来检验学习效果，提高学习效率和巩固学习成果。

在 EDA 工具的设计环境中，可借助多种方法来完成目标电路系统的表达和输入，如 HDL 的文本输入方式、原理图输入方式、状态图输入方式，以及混合输入方法等。相比之下，HDL 文本输入方式最基本、最直接，也最重要。

5.2.1 译码器设计

任何一项 EDA 设计都是一项工程（Project），都必须首先为此工程建立一个放置与此工程相关的所有设计文件的文件夹。此文件夹将被 EDA 软件默认为工作库（Work Library）。一般地，不同的设计项目最好放在不同的文件夹中，而同一工程的所有文件都放在同一文件夹中。还应该特别注意，不要将工程文件夹设在计算机已有的安装目录，也不要建立在桌面上，更不要将其直接放在安装目录中。在建立了文件夹后就可以将设计文件通过 Quartus II 的文本编辑器编辑并存盘。这里以 3 线-8 线译码器（见图 5.2.1）为例，介绍采用 Verilog HDL 语言编程的方式。

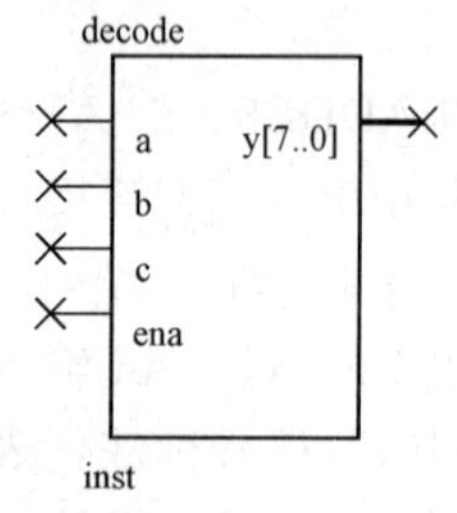

图 5.2.1 译码器元件图

1. 编辑硬件语言文件

（1）新建一个文件夹。首先可以利用 Windows 资源管理器，新建一个文件夹。这里假设本项设计的文件夹取名为 decoder，放在 D 盘中，路径为 d：\decoder。特别注意文件夹名不能用中文，也最好不要用数字。

（2）输入源程序。打开 Quartus II，选择 File→New 命令。在 New 窗口的 Design Files 栏选择编译文件的语言类型，这里选择 Verilog HDL File 选项，如图

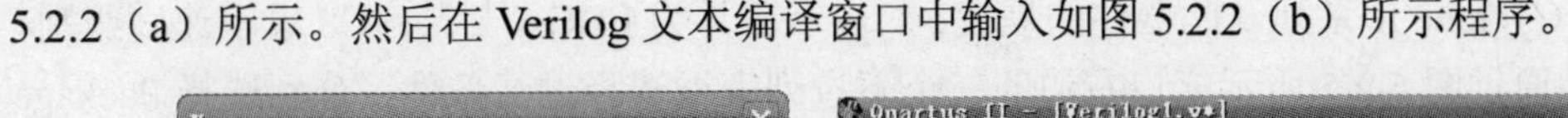

5.2.2（a）所示。然后在Verilog文本编译窗口中输入如图5.2.2（b）所示程序。

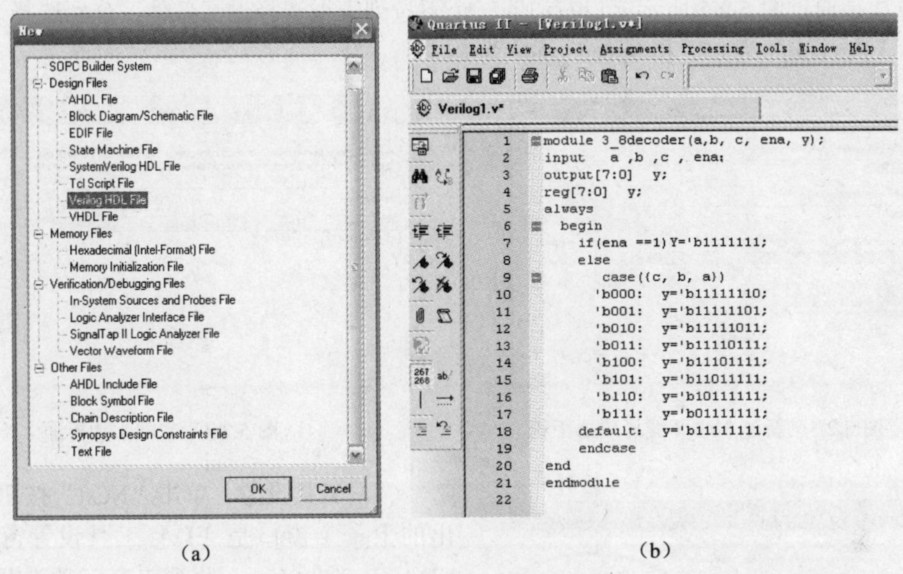

（a）　　　　　　　　　　　　（b）

图5.2.2　Verilog文件与程序

（a）New菜单；（b）Verilog文本编译窗口

（3）文件存盘。选择File→Save As命令，找到已设立的文件夹d：\decoder，存盘文件名应该与实体名一致，即3_8decoder.v。当出现问句“Do you want to create…”时，若单击“是”按钮，则直接进入创建工程的流程：若单击“否”按钮，则可按以下方法进入创建工程流程。本示例说明中不妨单击 “否”按钮。

2. 建立工程文件

在此要利用New project Wizard 工具选项创建此设计工程，即令顶层设计decoder.v为工程，并设定此工程的些相关信息，如工程名、目标器件、综合器、仿真器等。

（1）打开并建立新工程管理窗口。选择File→New Project Wizard命令，即弹出设置窗口，如图 5.2.3 所示。单击此对话框第一栏右侧的“…”按钮，找到文件夹 d：\decoder，选择已存盘的文件 decoder.v （一般应该设顶层设计文件为工程），再单击 “打开”按钮，则出现如图5.2.3所示的设置情况。其中第一行的d：\decoder表示工程所在的工作库文件夹；第二行的 decoder 表示此项工程的工程名，工程名可以取任何其他的名，也可直接用顶层文件的模块实体名，在此就是按这种方式取的名；第三行是当前工程顶层文件的实体名，这里即为decoder。

（2）将设计文件加入工程中。单击“Next”按钮，在弹出的对话框中单击File栏后的按钮，将与工程相关的所有Verilog文件都加入此工程，即得到如图5.2.4所示的情况。

工程文件加入的方法有两种：第一种是单击 Add All 按钮，将设定的工程目录中的所有Verilog 文件加入到工程文件栏中：第二种方法是单击 Add 按钮，从工程目录中选出相关的Verilog文件。其实，即使跨过此步骤不加入任何文件也没有关系。

（3）选择目标芯片。单击“Next”按钮，选择目标器件。首先在Device family下拉列表框中选择芯片系列，在此选Cyclone II系列。设选择此系列的具体芯片EP2C35F672C8，这里

EP2C35 表示 Cyclone II 系列及此器件的规模；F 表示芯片为 FBGA 封装；C8 表示速度级别。便捷的方法是通过图 5.2.5 所示窗口右边的三个下拉列表框选择过滤条件，分别选择 Package 为 FBGA、Pin count 为 672 和 Speed grade 为 8。

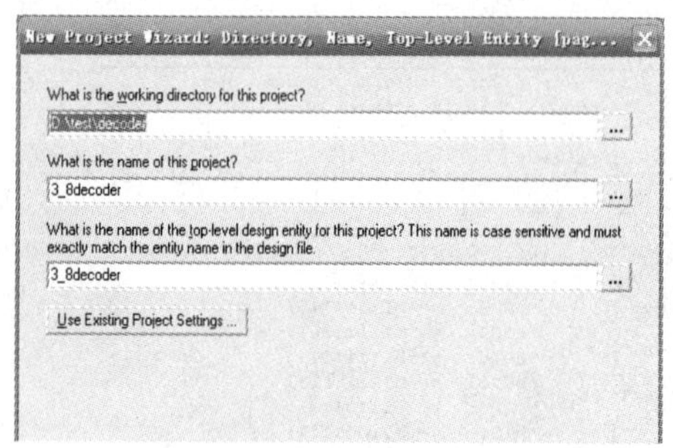

图 5.2.3 新建 3 线-8 线译码器工程

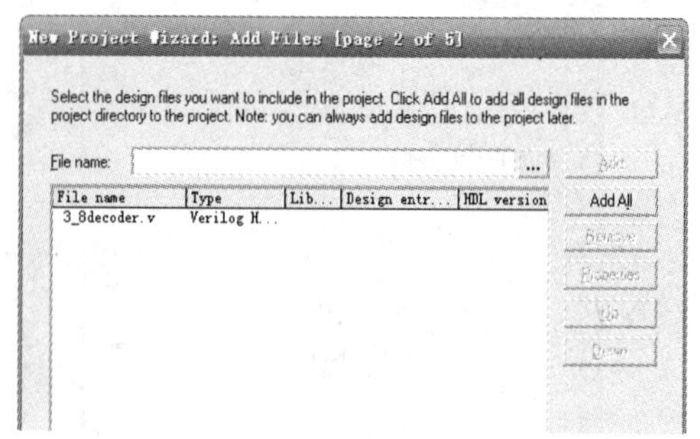

图 5.2.4 文件添加界面

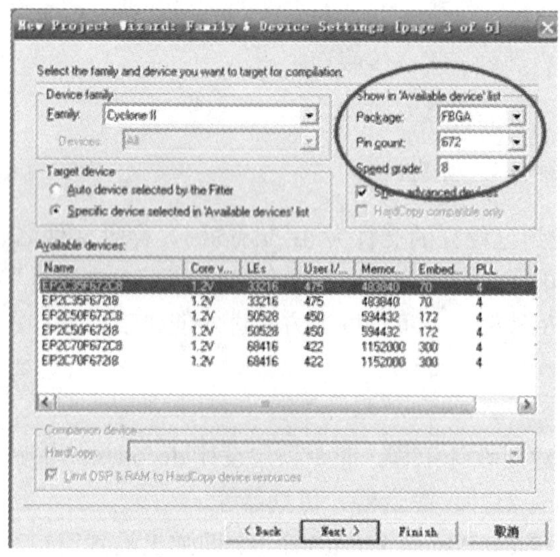

图 5.2.5 目标芯片选择窗口

（4）工具设置。单击“Next”按钮后，弹出的下一个窗口是 EDA 工具设置窗口——EDA Tool Settings。此窗口有三项选择：EDA design entry/synthesis tool，用于选择输入的 HDL 类型和综合工具；EDA simulation tool，用于选择仿真工具；EDA timing analysis tool，用于选择时序分析工具。这是除 Quartus II 自含的所有设计工具以外，还包括第三方的工具，因此，如果都不作选择，则表示仅选择 Quartus II 自带的所有 EDA 设计工具。

（5）结束设置。再单击“Next”按钮后即弹出工程设置统计窗口，上面列出了此项工程相关设置情况。最后单击 Finish 按钮，即已设定好此工程，并出现工程 3_8decoder 管理窗口，或称 Compilation Hierarchies 窗口，主要显示本工程项目的层次结构和实体名。

Quartus II 将工程信息存储在工程配置文件（quartus）中。它包含有关 Quartus II 工程的所有信息，包括设计文件、波形文件、Signal Tap II 文件、内存初始化文件等，以及构成工程的编译器、仿真器和软件构建设置。

建立工程后，可以使用 Settings 对话框（Assignments 菜单）的 Add/Remove 选项卡在工程中添加和删除、设计其他文件。在执行 Quartus II 的 Analysis&Synthesis 期间，Quartus II 将按 Add/Remove 选项卡中显示的顺序处理文件。

3. 编译前约束项目设置

在对工程进行编译处理前，必须给予必要的设置和约束。具体步骤如下。

（1）选择 FPGA 目标芯片。目标芯片的选择也可以这样来实现：选择 Assignments→Settings

命令，在弹出的对话框中选择 Category 项下的 Device。首先选择目标芯片为 EP2C35F672C8（此芯片已在建立工程时选定了）。

（2）选择配置器件的工作方式。对 FPGA 的专用 Flash 配置存储器的编程设置很重要，这将确保基于 FPGA 开发的数字系统在脱离计算机后能稳定独立地工作。

单击 Device and Pin Options 按钮，进入选择对话框，这将弹出 Device and Pin Options 对话框（见图 5.2.6），首先选择 General 项。

在 Options 栏内选中 Auto → restart configuration after error 复选框，使对 FPGA 的配置失败后能自动重新配置。注意窗口下方将随项目名而显示对应的帮助说明文字，用户可随时参考。

（3）选择配置器件的编程方式。如果希望对编程配置文件能在压缩后下载进配置器件中，可在编译前做好设置。在此选中图 5.2.6 中的 Configuration 项。选中 Generate compressed bitstreams 复选框，就能产生用于 EPCS 的压缩配置文件。

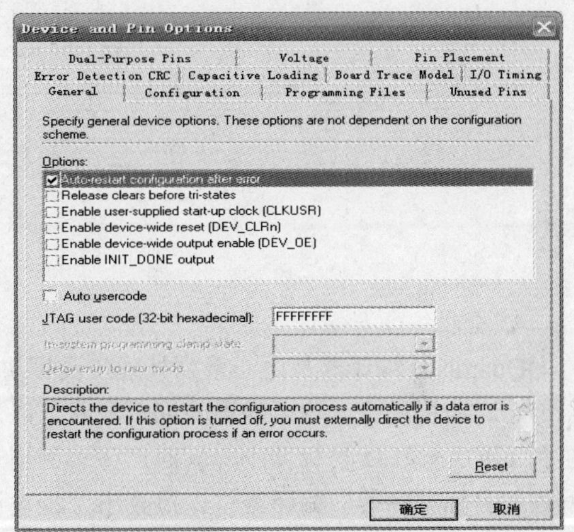

图 5.2.6　Device and Pin Options 对话框 General 选项卡

在 Configuration 选项卡中，选择配置器件为 EPCS1，其配置模式可选择 Active Serial。这种方式只对专用的 Flash 技术的配置器件，即专用于 Cyclone/II/III、Stratix 等系列 FPGA 的 EPCS1、EPCS4、EPCS16 等器件进行编程。

（4）选择目标器件引脚端口状态。选择图 5.2.6 所示窗口中的 Unused Pins 项，可根据实际需要选择目标器件闲置引脚的状态，如可选择为输入状态（呈高阻态，推荐此项选择）或输出状态（呈低电平），或输出不定状态，或不作任何选择。

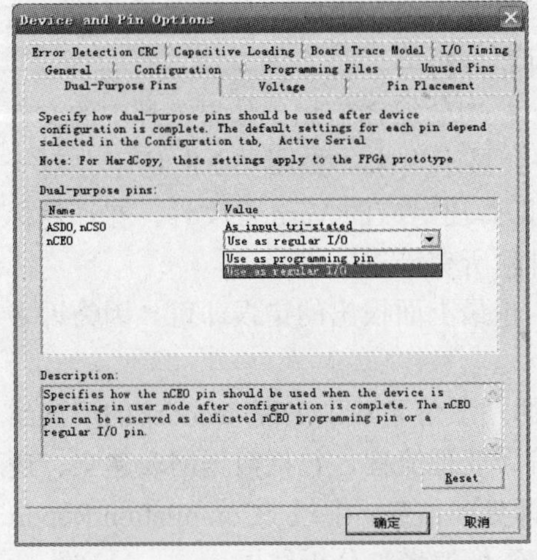

图 5.2.7　双目标端口设置页

再选择图 5.2.6 所示窗口中的双目标端口设置页（见图 5.2.7），将 nCE0 原来的“Use as programming pin”改为“Use as regular I/O”。这样可以将此端口也用做普通 I/O 口。请特别关注此项设置必须事先完成，否则一旦在编译时报错，软件就不会明示错误所在，初学者很难判断问题原因。此外，在其他选项卡中也可作一些选择，各选项的功能可参考窗口下方的说明（Description），这里不再详细说明。

（5）选择确认 Verilog 语言版本。进入图 5.2.8 所示窗口的 Analysis＆Synthesis Settings 下的 Verilog HDL Input 项，选择“Verilog — 2001”项。

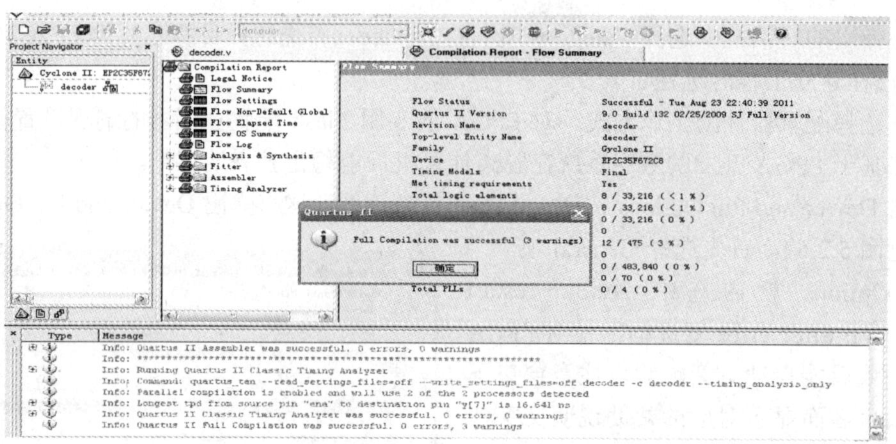

图 5.2.8 全程编译界面

4. 全程综合与编译

Quartus II 编译器是由一系列处理工具模块构成的，这些模块负责对设计项目的检错、逻辑综合、结构综合、输出结果的编辑配置，以及时序分析等。在这一过程中，将设计项目适配到 FPGA/CPLD 目标器中，同时产生多种用途的输出文件，如功能和时序信息文件、器件编程的目标文件等。编译器首先检查出工程设计文件中可能的错误信息，以供设计者排除，然后产生一个结构化的以网表文件表达的类似电路原理图的文件。

在编译前，设计者可以通过各种不同的设置和约束选择，指导编译器使用各种不同的综合和适配技术（如时序驱动技术、增量编译技术、逻辑锁定技术等），以便提高设计项目的工作速度，优化器件的资源利用率。而且在编译过程中及编译完成后，可以从编译报告窗口中获得所有相关的详细编译结果，以利于设计者及时调整设计方案。

编译前首先选择 Processing—Start Compilation 命令，启动全程编译。

这里所谓的全程编译（(Compilation）包括以上提到的 Quartus II 对设计输入的多项处理操作，其中包括输入文件的排错、数据网表文件提取、逻辑综合、适配、装配文件（仿真文件与编程配置文件）生成，以及基于目标器件的工程时序分析等。

编译过程中要注意工程管理窗口下方的 Processing 栏中的编译信息。如果工程中的文件有错误，启动编译后，在下方的 Processing 处理栏中会显示出来，如图 5.2.8 所示。对于 Processing 栏显示出的语句格式错误，可双击此条文，即弹出对应的 Verilog 文件，在深色标记条处即为文件中的错误，改错后再次进行编译直至排除所有错误。

如果发现报出多条错误信息，每次只需要检查和纠正最上面报出的错误即可。因为许多情况下，是由于某一种错误导致了多条错误信息报告。

若编译成功，可见到图 5.2.8 所示的工程管理窗口的左上角显示了工程 decoder 的层次结构和其中结构模块耗用的逻辑宏单元数；在此栏下是编译处理流程，包括数据网表建立、逻辑综合、适配、配置文件装配和时序分析等；最下是编译处理信息；中栏（Compilation Report 栏）是编译报告项目选择菜单，单击其中各项可以详细了解编译与分析结果。

例如选择 Flow Summary 选项，将在右栏显示硬件耗用统计报告，其中报告了当前工程耗用了 8 个逻辑宏单元，其中用了 0 个 D 触发器、0 个内部 RAM 位等。

需要特别提醒读者以下两点。

（1）应该时刻关注图5.2.8所示的工程管理窗口左上角的路径指示和工程名。它指示的是当前处理的一切内容皆为此路径文件夹中的此工程，而不是其他任何文件。

（2）对于编译能无错通过，甚至也有RTL电路产生，但仿真波形就是不对，硬件功能发挥不出来。对此，不能一味靠软件排错，必须仔细检查设计文件中可能的问题，以及确保Quartus II的各项设置的正确性；此外对Processing处理栏中显示的编译处理信息中的警告信息（Warning和Critical'Warning）要仔细阅读，不要放过，问题可能就在此处。

5. 仿真测试

工程编译通过后，必须对其功能和时序性质进行仿真测试，以了解设计结果是否满足原设计要求。以VWF文件方式的仿真流程的详细步骤如下。

（1）打开波形编辑器。选择File→New命令，在New窗口中选择Vector Wave form File选项。单击“OK”按钮，即出现空白的波形编辑器，如图5.2.9所示。注意选择View中的Full Screen将窗口扩大，以利观察。但在启动编译时必须把窗口还原。

（2）设置仿真时间区域。对于时序仿真来说，将仿真时间轴设置在一个合理的时间区域上十分重要。通常设置的时间范围在数十微秒间。选择Edit→End Time命令，在弹出的窗口中的Time文本框中输入50，单位选μs，整个仿真域的时间即设定为50μs，如图5.2.10所示。单击“OK”按钮，结束设置。

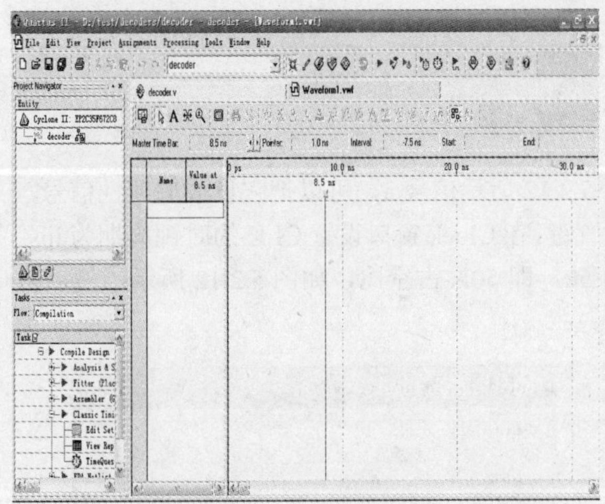

图5.2.9 仿真窗口

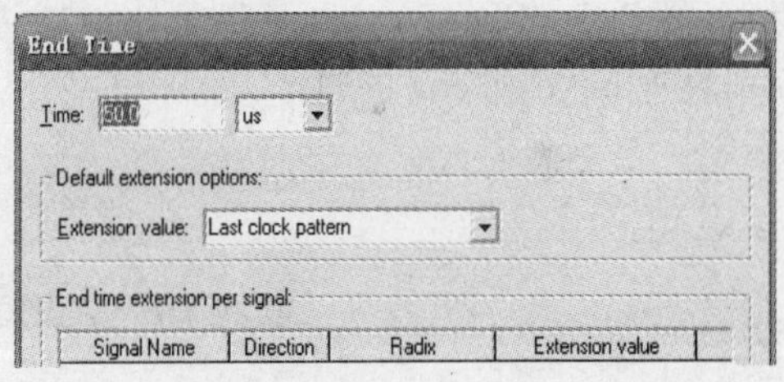

图5.2.10 结束时间设置

（3）波形文件存盘。选择File→Save As命令，将以默认名为decoder.vwf的波形文件存入文件夹d：\test\decoder中。

（4）将工程decoder的端口信号节点选入波形编辑器中。在波形编辑方式下，执行“Edit”→“Insert Node or Bus…”命令，或在波形文件编辑窗口的“Name”栏中右击，在弹出的快捷菜单中选择“Insert Node or Bus…”命令，弹出插入信号节点或总线（Insert Node or Bus）对话框。在“Insert Node or Bus”对话框中单击“Node Finder”按钮，弹出节点发现者（Node Finder）对话框。在“Node Finder”对话框的“Filter”栏目中，选择“Pins：all”项后，单击“List”按钮，这时在窗口左边的“Nodes Found：”（节点建立）框中将列出该设计项目的全部信号节点。若在仿真中需要观察全部信号的波形，则单击窗口中间的“>>”按钮；若在仿真中只需要观察部分信号的波形，则首先将信号名点黑选中，然后单击窗口中间的“>”按钮，选中的信号即进入到窗口右边的“Selected Nodes：”（被选择的节点）框中。如果需要删除“Selected Nodes：”框中的节点信号，也可以用鼠标将其选中，然后单击窗口中间的“<”按

钮。节点信号选择完毕后，单击“OK”按钮即可。在本例设计中，选择了输入 a、b、c 及 ena，输出 y 节点信号，如图 5.2.11 所示。

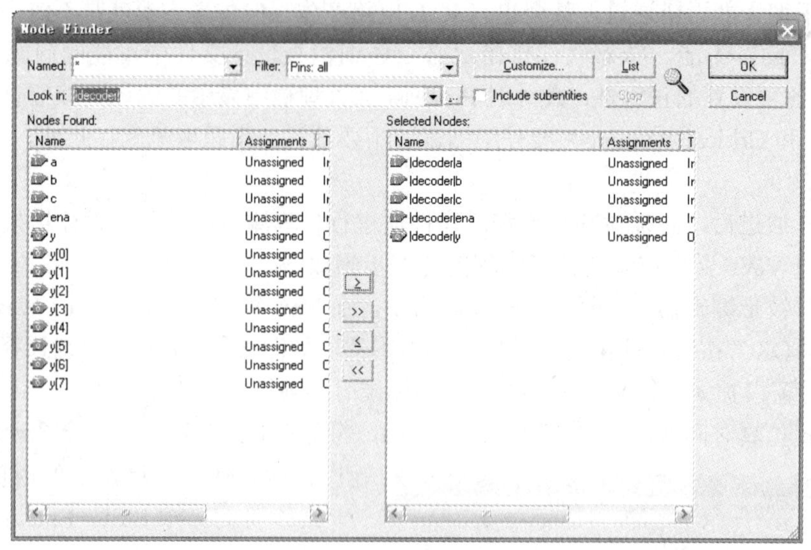

图 5.2.11 节点选择窗口

（5）编辑输入波形（输入激励信号）。图 5.2.12 所示信号 a，可以把它设成周期性信号，单击信号名变成蓝色条，再单击左列的时钟设置键，在 Clock 窗口设置 CLK 的时钟周期为 lμs：Clock 窗口中的 Duty cycle 是占空比，默认为 50，即 50%占空比，如图 5.2.12 所示。然后再分别设置 b、c 和 ena 的电平。

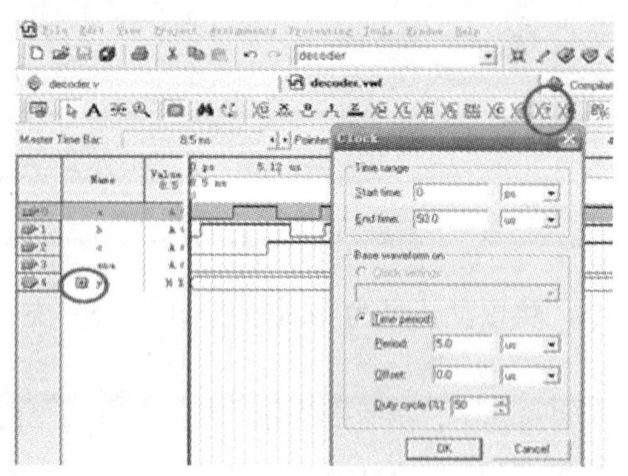

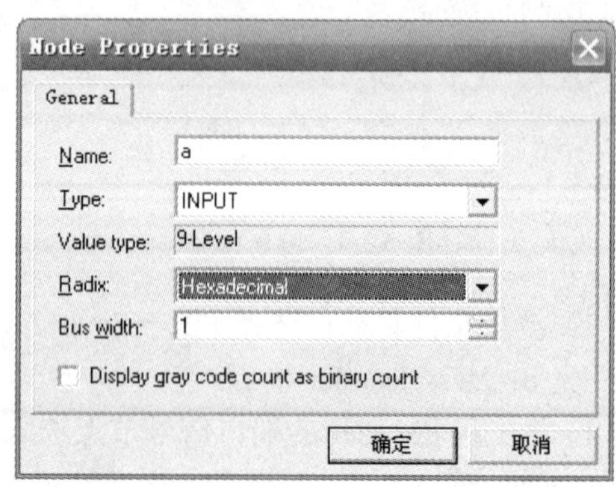

图 5.2.12 时钟设置

（6）总线数据格式设置和参数设置。单击如图 5.2.12 所示的输入数据信号 y 左边的“+”号，则能展开此总线中的所有信号；如果双击此“+”号左边的信号标记，将弹出对该信号数据格式设置的 Node Properties 对话框。在该对话框的 Radix 下拉列表框“+”有 4 种选择，这里可选择十六进制 Hexadecimal 表达方式。

如果要输入数据，需要设置输入数据。用鼠标在信号名某一数据区拖拉出一块蓝色区域，然后单击左侧工具栏的问号“?”按钮，在弹出的窗口中输入数据即可。继而在不同区域设置不同数据。 图 5.2.13 是最后设置好的 vwF 仿真激励波形文件图。最后对波形文件再次存盘。

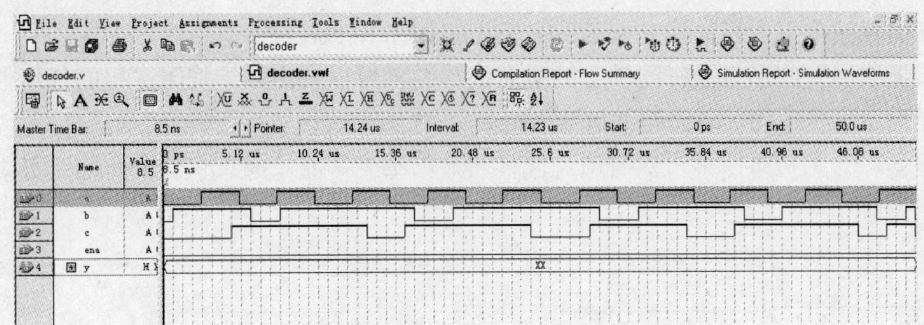

图 5.2.13　仿真激励波形文件图

（7）仿真器参数设置。选择 Assignment→Settings 命令，在 Settings 窗口下选择 Category→Simulator Settings。如图 5.2.14 所示，在右侧的 Simulation mode 下拉列表框中选择 Timing，即选择时序仿真，并选择仿真激励文件名 decoder.vwf。选择 Simulation period 栏，确认选中了“Run simulation until all vector stimuli are used”。

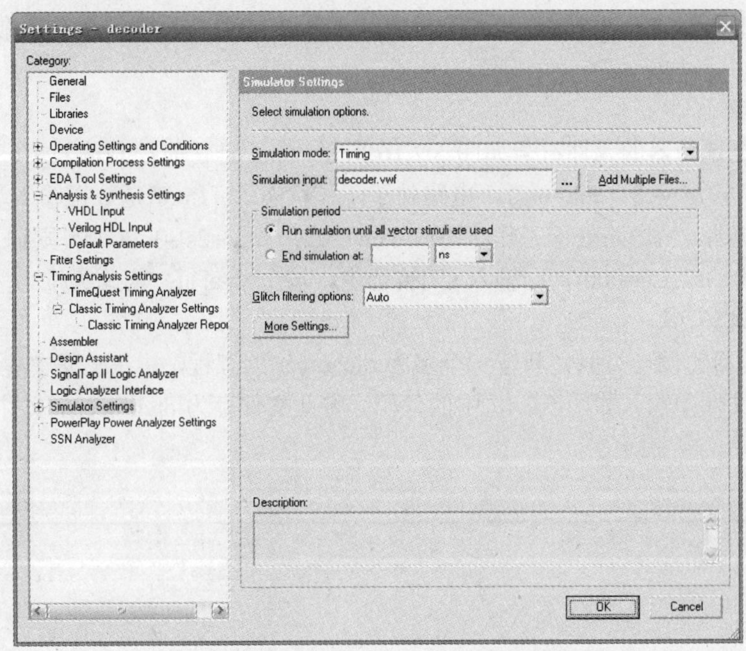

图 5.2.14　仿真器参数设置

（8）启动仿真器。现在所有设置进行完毕，选择 Processing→Start Simulation 命令，直到出现 Simulation was successful，仿真结束。

（9）观察仿真结果。仿真波形文件 Simulation Report 通常会自动弹出。请注意 Quartus II 的仿真波形文件中，波形编辑文件（.vwf）与波形仿真报告文件（simulation Report）是分开的，而 Maxplus II 的激励波形编辑与仿真报告波形文件是合二为一的，因而不利于 Quartus II 等 EDA 工具从外部获得独立的仿真激励文件。

如果在启动仿真运行（选择 Processing→Start Simulation 命令）后，并没有出现仿真完成后的波形图，而是出现文字“Can’t open Simulation Report Window”，但报告仿真成功，则可自己打开仿真波形报告，选择 Processing→Simulation Report 命令。

如果无法展开波形显示时间轴上的所有波形图，可以右击波形编辑窗口的任何位置，这时再选择弹出菜单中的 Zoom→Fit in Window 命令。

由图 5.2.15 的仿真波形可以看出，此译码器的基本功能是满足设计要求的，对于波形的分析可参考前几章。

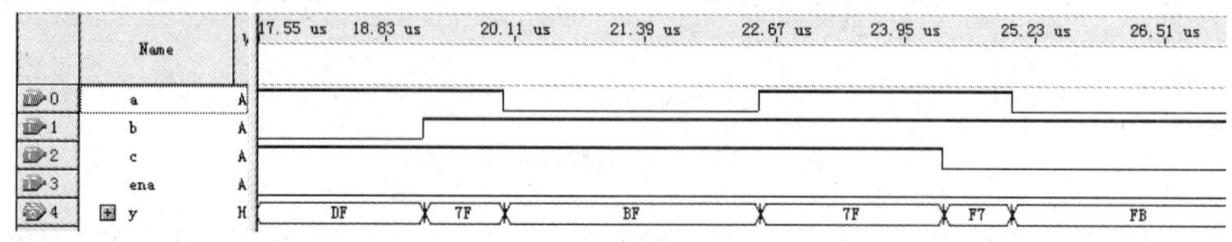

图 5.2.15　仿真结果

5.2.2　数据选择器设计

能从一组输入数据中选出其中需要的一个数据作为输出的电路称为数据选择器，常用的数据选择器有 4 选 1、8 选 1 和 16 选 1 等类型。下面以 16 选 1 为例，介绍数据选择器的电路设计。

1. 设计原理

16 选 1 数据选择器的元件符号如图 5.2.16 所示，ena 是使能控制输入端，当 ena=1 时，电路不能工作，输出 y=0：ena=0 时，电路处于工作状态。a[15..0]是数据输入端，s2，s1，s0 是数据选择控制端，当电路处于工作状态时（ena=0），若 s3s2sls0=0000，则输入 a[0]被选中，输出 y=a[0]；若 s3s2sls0=000l，则输入 a[l]被选中，输出 y=a[1]；依此类推。

2. 设计步骤

（1）与译码器的设计类似先新建一个名为 dtchoicer 的工程，并在工程中建立一个 Verilog HDL 文件。在文件中输入如图 5.2.17 中的代码。将此文件存为 dtchoicer.v 文件，并将设计文件加入工程中。

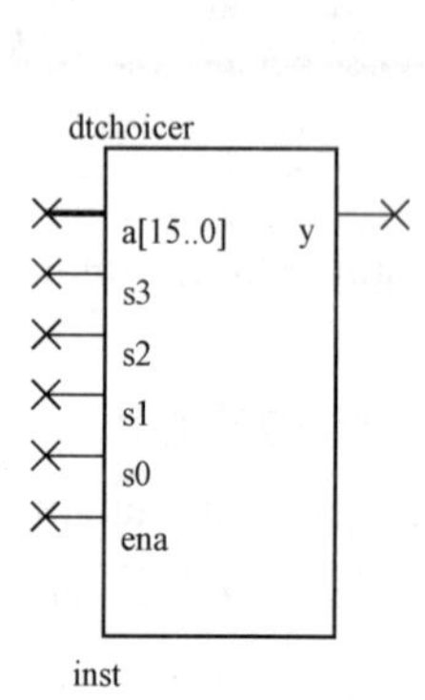

图 5.2.16　数据选择器元件符号

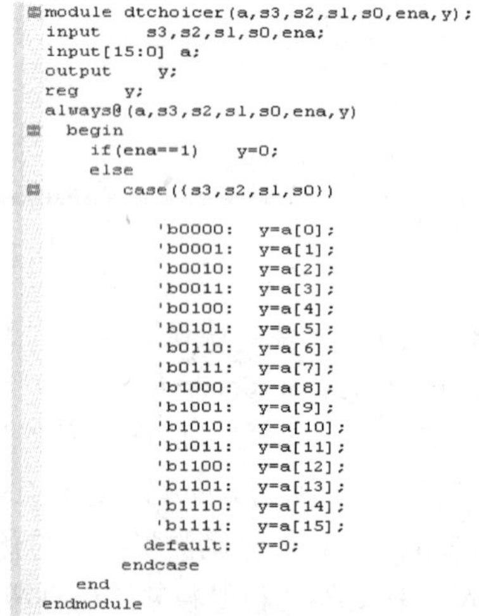

```
module dtchoicer(a,s3,s2,s1,s0,ena,y);
 input     s3,s2,s1,s0,ena;
 input[15:0]  a;
 output     y;
 reg    y;
 always@(a,s3,s2,s1,s0,ena,y)
   begin
     if(ena==1)    y=0;
     else
        case({s3,s2,s1,s0})

           'b0000:  y=a[0];
           'b0001:  y=a[1];
           'b0010:  y=a[2];
           'b0011:  y=a[3];
           'b0100:  y=a[4];
           'b0101:  y=a[5];
           'b0110:  y=a[6];
           'b0111:  y=a[7];
           'b1000:  y=a[8];
           'b1001:  y=a[9];
           'b1010:  y=a[10];
           'b1011:  y=a[11];
           'b1100:  y=a[12];
           'b1101:  y=a[13];
           'b1110:  y=a[14];
           'b1111:  y=a[15];
         default:  y=0;
      endcase
    end
endmodule
```

图 5.2.17　数据选择器的代码

（2）如前个实验所示，在对工程进行编译处理前，必须给予必要的设置和约束。设置结束后进行编译。

（3）工程编译通过后，必须对其功能和时序性质进行仿真测试，以了解设计结果是否满足原设计要求。按照以下步骤操作：打开波形编辑器→设置仿真时间区域→波形文件存盘→将工程 dtchoicer 的端口信号节点选入波形编辑器中→编辑输入波形（输入激励信号）→总线数据格式设置和参数设置→仿真器参数设置→启动仿真器。现在所有设置进行完毕，选择 Processing→Start Simulation 命令，直到出现 Simulation was successful，仿真结束。

3. 仿真结果

由图 5.2.18 所示的仿真波形可以看出，此译码器的基本功能满足设计要求的，对于波形的分析可参考前几章。

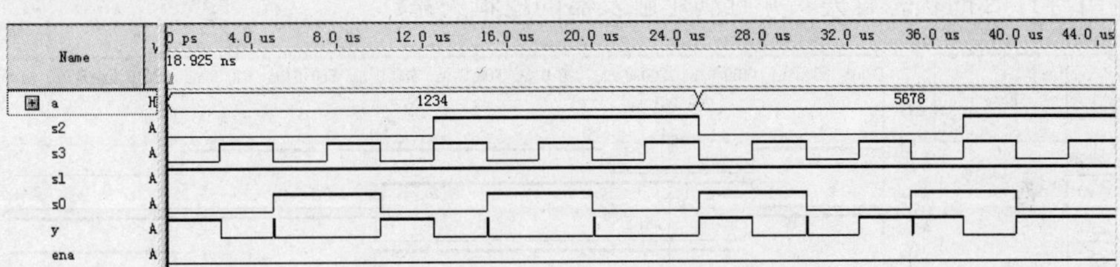

图 5.2.18 数据选择器仿真波形

5.2.3 触发器设计

触发器是构成时序逻辑电路的基本单元，是能够存储 1 位二进制码的逻辑电路。通常在时序逻辑电路里，触发器用于数据暂存、延时、计数、分频、波形产生等电路的设计。下面介绍几种常见的触发器的设计方法。

1. RS 触发器

RS 触发器可以由两个与非门构成，把两个与非门的输入端与输出端交叉连接，即可构成 RS 触发器，其真值表见表 5.2.1。由表可知，R 和 S 均为低电平有效，当 R=“0”、S=“1”时，输出信号 Q 状态为“1”；当 R=“1”、S=“0”时输出信号 Q 状态为“0”；当 R=“1”、S=“1”时输出信号 Q 状态保持不变；当 R=“0”、S=“0”时，输出信号 Q 状态无法确定。

表 5.2.1 RS 触发器真值表

输入		输出		输入		输出	
R	S	Q	$\overline{Q}$	1	1	不变	不变
0	1	0	0	0	0	不变	不变
1	0	1	1				

（1）电路元件符号。RS 触发器的电路元件符号如图 5.2.19 所示。输入信号：置数端 s；清零端 r。输出信号：q 和 qn。

（2）设计方法（步骤同前几个实验相同）。

用 Verilog HDL 描述 RS 触发器，代码如下。

```
module RStrigger(q,qn,r,s);
output q,qn;
```

```
input s,r;
reg q,qn;
reg q1,qn1;
always@(*)
   begin
     q1=~(s&qn1);
     qn1=~(r&q1);
     q=q1;
     qn=qn1;
   end
endmodule
```

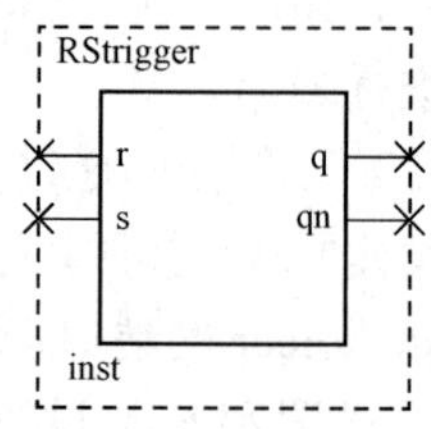

图 5.2.19　RS 触发器元件符号

（3）仿真结果。RS 触发器的功能仿真结果如图 5.2.20 所示。观察波形，可以得出结论：q 的输出与 r，s 的状态有关，并且满足触发器的逻辑关系。

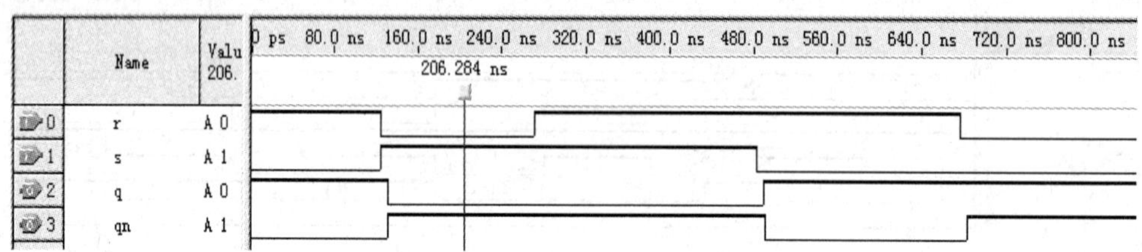

图 5.2.20　RS 触发器仿真波形

2. JK 触发器

JK 触发器是功能较全的一种元器件，通过它可以变换出多种其他的触发器，是目前应用比较多的触发器。这里以异步置位/复位控制端口的上升沿 JK 触发器为例子，讲述它的设计方法。

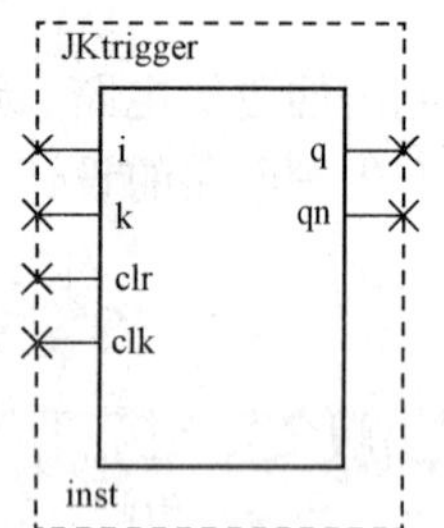

图 5.2.21　JK 触发器元件符号

（1）元件符号及原理。JK 触发器的元件符号如图 5.2.21 所示，其中 J、K 是数据输入端，CLR 是复位控制输入端，当 CLR=0 时，触发器的状态被置为 0 态；CLK 是时钟输入端；Q 和 QN 是触发器的两个互补输出端。

（2）设计方法（步骤同前几个实验相同）。

用 Verilog HDL 描述 JK 触发器，代码如下。

```
module JKtrigger(j,k,clr,clk,q,qn);
  input    j,k,clr,clk;
  output   q,qn;
  reg  q,qn;
always @(negedge clr or negedge clk)
  begin
      if (~clr) begin q = 0;  qn = 1; end
      else
       case ({j,k})
         'b00:  begin q = q;    qn = qn;  end
         'b01:  begin q = 0;  qn = 1;   end
         'b10:  begin q = 1;  qn = 0;   end
```

```
        'b11: begin q = ~q; qn = ~qn; end
        default: begin q = 0; qn = 1; end
      endcase
  end
endmodule
```

（3）仿真结果。JK触发器的功能仿真结果如图5.2.22所示。观察波形，可以得出结论：随着j、k不同的变化，q、qn要么保持原值不变，要么与j、k相同，要么取反。

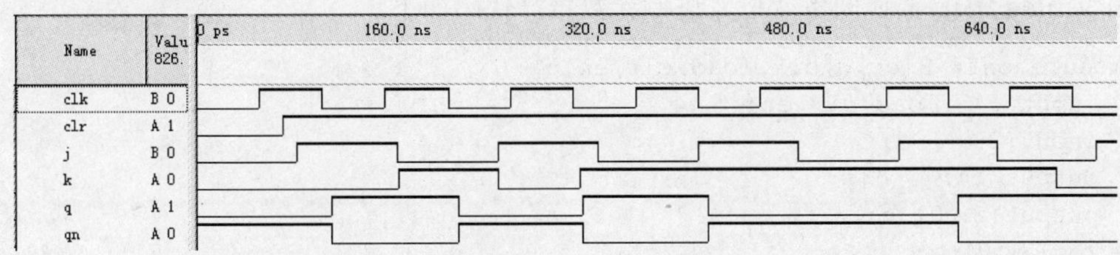

图5.2.22 JK触发器功能仿真结果

5.2.4 计数器设计

计数器的逻辑功能是用于记忆时钟脉冲的具体个数。通常计数器最多能记忆时钟的最大数目m称为计数器的模，即计数器的范围为0～m–1或m–1～0。其基本原理就是将几个触发器按照一定的顺序连接起来，然后根据触发器的组合状态，按照一定的计数规律随着时钟脉冲的变化来记忆时钟脉冲的个数。

计数器是数字电路设计中最为常见、应用最为广泛的时序逻辑电路，它不仅用于对时钟脉冲进行计数，而且还用于时钟分频、信号定时、地址发生器和进行数字运算等。

计数器可以按照不同的分类方法划分为不同的类型。按照计数器的计数方向可以分为加法计数器、减法计数器和可逆计数器等。按照计数器中各个触发器的时钟是否同步可以分为同步计数器和异步计数器。这里将介绍同步4位二进制加法计数器、BCD加法计数器和可逆计数器的设计方法。

1. 同步4位二进制加法计数器

同步计数器是指构成计数器的各个触发器的状态只在同一时钟信号的触发下才会发生变化。同步4位二进制计数器是数字电路中广泛使用的计数器，这里介绍一种具有异步清零，同步置数功能的4位二进制计数器的设计方法。

（1）元件符号及原理。同步4位二进制计数器的电路元件符号如图5.2.23所示。输入信号：时钟信号clk，置数端load，清零端clr，使能端en，预置数数据端d[3：0]。输出信号：计数输出端q[3：0]，进位信号co。

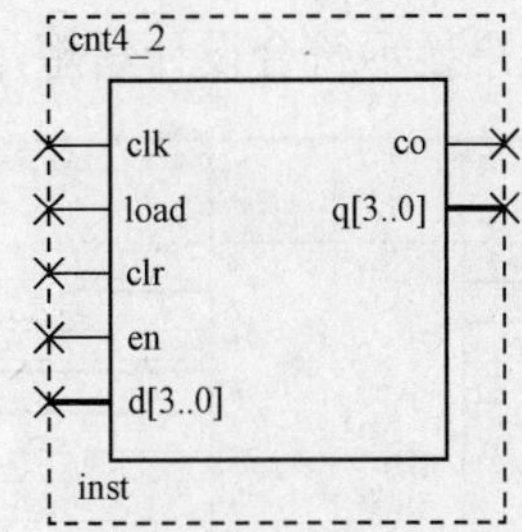

图5.2.23 4位二进制计数器的元件符号

同步置数意味着当clk上升沿来时，若置数端load=1，则输出端q[3：0]= d[3：0]；异步清零意味着无论clk在何时刻，若clr=1时，则输出端q[3：0]= 0；当clr=0，load=0且en=1时，每来一个clk上升沿脉冲，计数器从当前值进行加1计数，计数器满则进位信号端co置1。其状态表见表5.2.2。

表 5.2.2　　同步 4 位二进制计数器状态表

Clk	R	S	EN	工作状态	Clk	R	S	EN	工作状态
X	1	X	X	置零	↑	0	0	1	计数
↑	0	1	X	预置数	X	0	0	0	保持不变

（2）设计方法。

用 Verilog HDL 描述同步 4 位二进制计数器，代码如下。

```
module cnt4_2(co,q,clk,load,clr,en,d);
  input clk,load,clr,en;
  input[3: 0] d;
  output co;
  output[3: 0] q;
  reg[3: 0] q;
  reg co;
  always@(posedge clk or posedge clr)
     if(clr)
        begin q=0; end
     else
        begin
          if(load)
             begin q=d; end
          else
            if(en)
             begin
               q=q+1;
               if(q=='b1111)
                 begin co=1; end
               else
                 begin co=0; end
               end
            else begin q=q; end
     end
endmodule
```

（3）仿真结果。同步 4 位二进制计数器功能仿真结果如图 5.2.24 所示。观察波形，可以得出结论：预置数设为了 8，因此，计数器读取预置值后从 8 开始加 1 计数，每来一个 clk 脉冲，计数器加 1；当计数器满，即为 15 时，进位端 co=1，在下个 clk 脉冲来时计数器清零。仿真结果显示符合设计思想，设计基本成功。

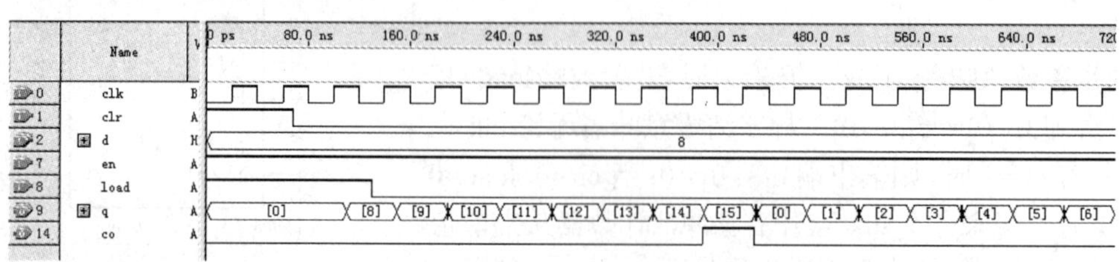

图 5.2.24　同步 4 位二进制计数器功能仿真结果

2. BCD 加法计数器

何谓BCD数呢？已经知道4位最多可以表示16个数字，若以十六进制表示可以由00H到0FH，以十进制表示可以由00D到15D，而BCD数则是只用到前面的10个数来表示十进制，也就是说BCD数中不可能有0A、0B、0C等英文字出现。BCD数的英文是binary-coded decimal，就字面上意义即为［二进制编码的十进制数］，意思就是以 4 位的方式来表示十进制，因此有许多空间是浪费了，但是却可以利用大家对十进制的熟悉，很方便地编写程序。BCD加法计数器就是采用此种设置的一种加法计数器。

（1）元件符号。BCD加法计数器的电路元件符号如图5.2.25所示。输入信号：时钟信号clk，置数端load，清零端clr，使能端en，预置数数据端d[3：0]。输出信号：计数输出端q[3：0]，进位信号co。

当clr=0，load=0且en=1时，每来一个clk上升沿脉冲，计数器从当前值进行加1计数，计数器满则进位信号端co置1。只不过此时的计数器满为q=9而不是二进制的q=15了。

（2）设计方法。

用Verilog HDL描述BCD加法计数器，代码如下。

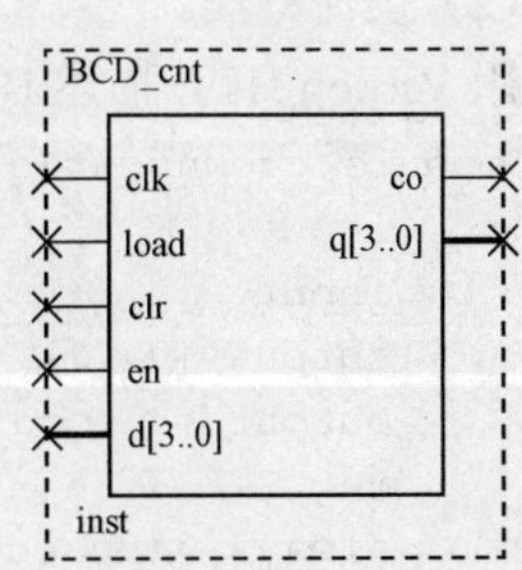

图5.2.25 BCD加法计数器的电路元件符号

```
module BCD_cnt(co,q,clk,load,clr,en,d);
  input clk,load,clr,en;
  input[3: 0] d;
  output co;
  output[3: 0] q;
  reg[3: 0] q;
  reg co;
  always@(posedge clk or posedge clr)
      if(clr)
        begin q=0; end
      else
        begin
          if(load)
            begin q=d; end
          else
            if(en)
             begin
               q=q+1;
               if({co,q}>'b01001)
                 begin {co,q}=q+4'b0110; end
          end
      else begin q=q; end
    end
endmodule
```

（3）仿真结果。BCD加法计数器功能仿真结果如图5.2.26所示。观察波形，可以得出结论：预置数设为了8，因此，计数器读取预置值后从8开始加1计数，每来一个clk脉冲，计数器加1；当计数器满，即为9时，进位端co=1，在下个clk脉冲来时计数器清零。仿真结果与同步4位二进制计数器仿真结果相比较可以很清楚地反映出两者的不同之处。

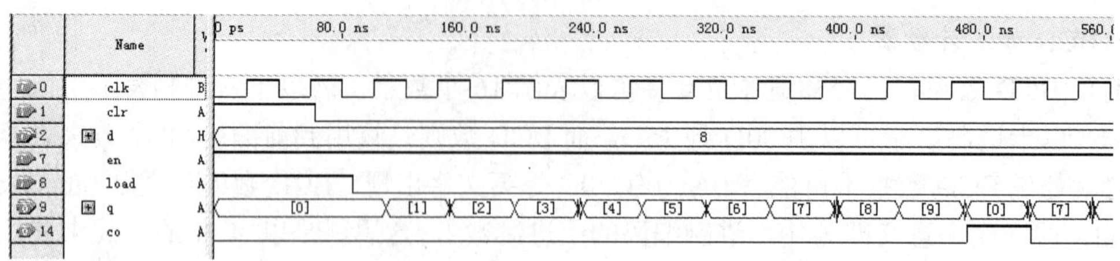

图 5.2.26　BCD 加法计数器功能仿真结果

3. 8 位二进制加减计数器

（1）元件符号及原理。8 位二进制加减计数器的元件符号如图 5.2.27 所示，clr 是复位控制输入端；ena 是使能控制输入端；load 是预置控制输入端；d[7..0]是 8 位并行数据输入端；updown 是加减控制输入端，当 updown=0 时，计数器作加法操作，updown=1 时，计数器作减法操作；cout 是进/借位输出端。

（2）设计方法。

用 Verilog HDL 描述 BCD 加法计数器，代码如下。

```
module pdown_cnt(q,cout,d,load,ena,clk,clr,updown);
    input [7: 0]   d;
    input          load,ena,clk,clr,updown;
    output [7: 0]  q;
    output      cout;
    reg  [7: 0]    q;
    always @(posedge clk)
      begin
        if (~clr)q = 'b00000000;
           else if (load)q = d;
              else if (ena)
                 if (~updown)q = q+1;
                 else   q = q-1;
        end
    assign cout = (~updown)?&q: |q;
endmodule
```

pdown_cnt
d[7..0]　q[7..0]
load　cout
ena
clk
clr
updown
inst

图 5.2.27　8 位二进制加减计数器的元件符号

（3）仿真结果。8 位二进制加 1 减计数器功能仿真结果如图 5.2.28 所示。

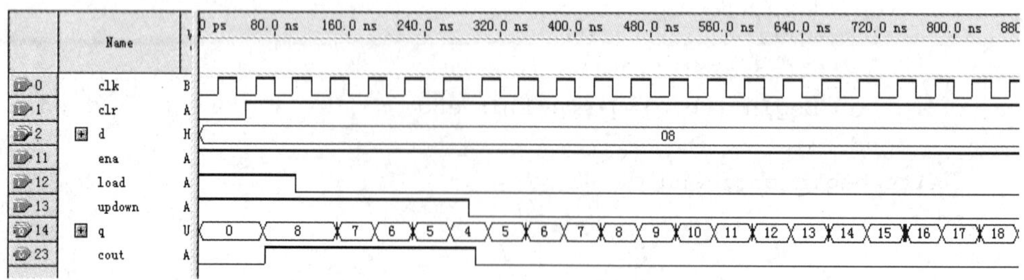

图 5.2.28　8 位二进制加/减计数器功能仿真结果

5.2.5　计数器译码系统电路设计

1. 设计原理

8 位计数译码系统电路设计，即一个 8 位计数器经过译码系统进行转换后在七段码显示器件上显示当前计数器的值；完成此设计需要事先设计一个 8 位二进制加法计数器，在此使用两个 4 位二进制加法计数器 cnt4e 模块来代替一个七段数码显示器的译码器 dec7s 模块，然后用原理图输入方式将这两种模块组成计数译码系统电路。此系统为硬件描述语言与原理图输入相结合完成设计的一种方法。

2. 4 位二进制加法计数器 cnt4e 的设计

cnt4e 的元件符号如图 5.2.29 所示，clk 是时钟输入端；clr 是复位控制输入端，当 clr=1 时计数器被复位，输出 q[3：0]=0000；ena 是使能控制输入端，当 ena=1 时，计数器才能工作；cout 是进位输出端，当输出 q[3：0]=1111 时，cout=1。

用 Verilog HDL 描述 4 位二进制加法计数器，代码如下。

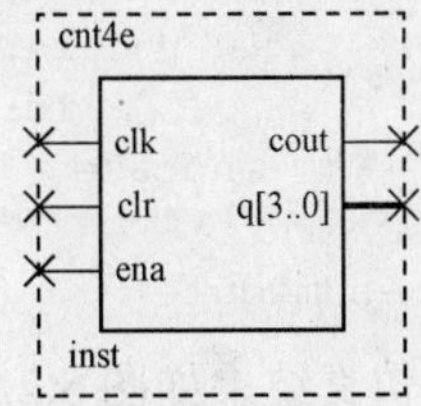

图 5.2.29 4 位二进制加法计数器元件符号

```
module cnt4e(clk,clr,ena,cout,q);
    input  clk,clr,ena;
    output[3: 0]  q;
    output   cout;
    reg[3: 0]    q;
    always  @(posedge clr or posedge clk)
       begin
          if (clr)q='b0000;
               else if (ena) q=q+1;
       end
    assign cout=&q;
endmodule
```

仿真结果如图 5.2.30 所示。

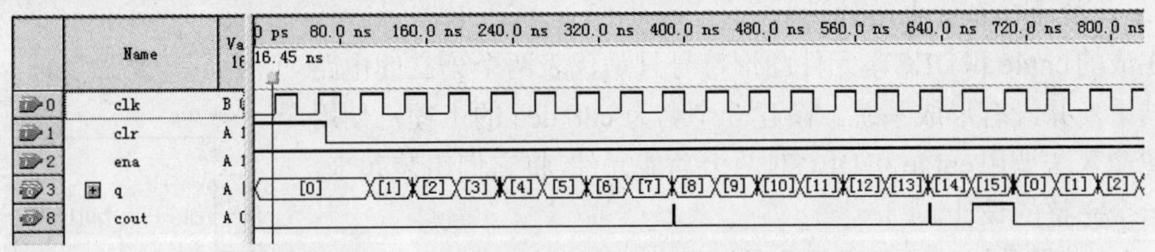

图 5.2.30 4 位二进制加法计数器功能仿真结果

经过编译，仿真后生成如图 5.2.27 所示的元件符号，以备后面原理图输入时调用。

3. 七段数码显示器的译码器 DEC7s 的设计

DEC7s 的元件符号如图 5.2.31 所示，a[3：0]是 4 数据输入端，将接至 cnt4e 的输出端 q[3：0]；q[7：0]是译码器的输出端，提供七段数码显示数据。

用 Verilog HDL 描述七段数码显示数据，代码如下。

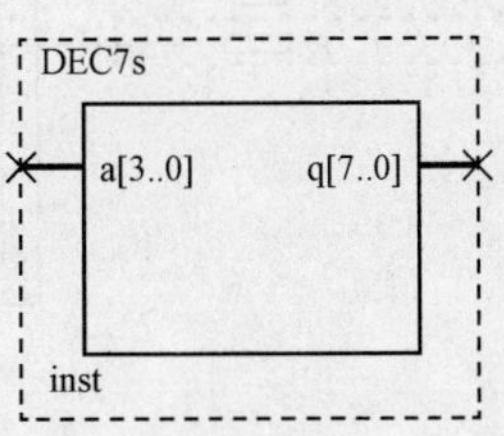

图 5.2.31 七段数码显示数据元件符号

```
module DEC7s(a,q);
  input[3: 0]  a;
  output [7: 0]  q;
  reg [7: 0]    q;
    always@(a)
      begin
        case(a)
             0:   q=8'b00111111;
             1:   q=8'b00000110;
             2:   q=8'b01011011;
```

```
            3:  q=8'b01001111;
            4:  q=8'b01100110;
            5:  q=8'b01101101;
            6:  q=8'b01111101;
            7:  q=8'b00000111;
            8:  q=8'b01111111;
            9:  q=8'b01101111;
            10: q=8'b01110111;
            11: q=8'b01111100;
            12: q=8'b00111001;
            13: q=8'b01011110;
            14: q=8'b01111001;
            15: q=8'b01110001;
        endcase
    end
endmodule
```

仿真结果如图 5.2.32 所示。

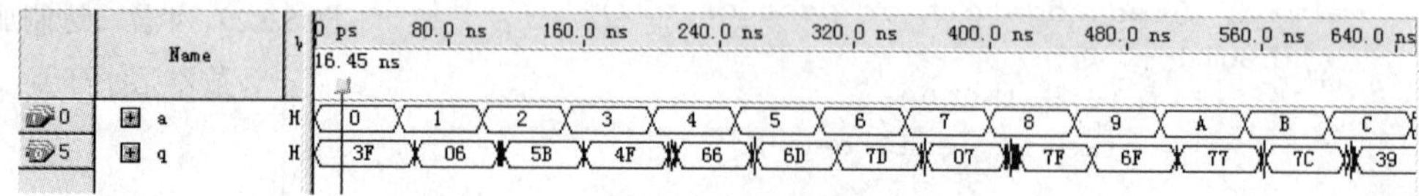

图 5.2.32 七段数码显示器的元件符号

经过编译，仿真后生成如图 5.2.31 所示的元件符号，以备后面原理图输入时调用。

4. 计数译码系统电路的设计

生成的 cnt4e 和 DEC7s 元件图形符号只是代表两个分立的电路设计结果，并没有形成系统。新建一个名为 cnt_dec 的工程，使用原理图输入法调用 cnt4e 和 DEC7s 两个功能元件，将它们组装起来，成为一个完整的设计。

cnt_dec 是本例的顶层设计文件，cnt4e 和 DEC7s 为两个底层设计文件，值得注意的是，此时三个工程文件必须都在同一个文件夹下才能顺利完成此设计。生成元件符号如图 5.2.33 所示，整体设计图如图 5.2.34 所示。

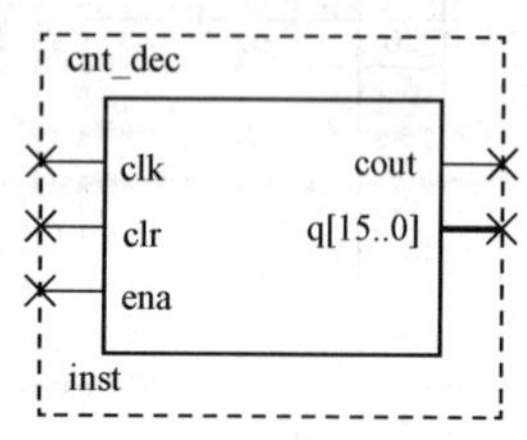

图 5.2.33 cnt_dec 元件符号

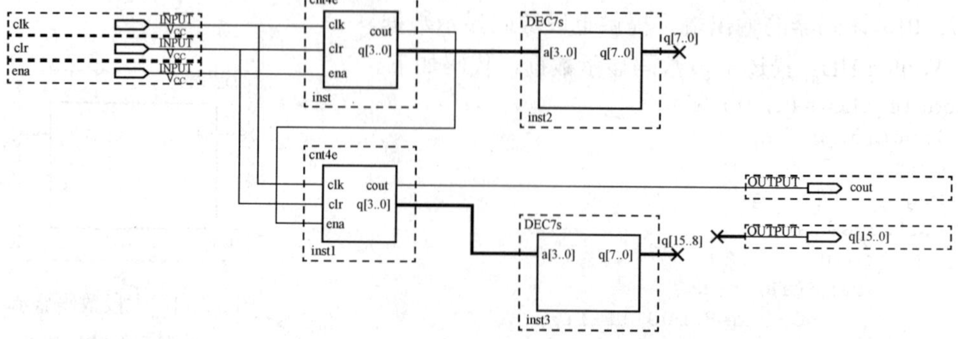

图 5.2.34 计数译码系统电路的设计图

仿真结果。计数译码系统电路的设计功能仿真结果如图 5.2.35 所示。

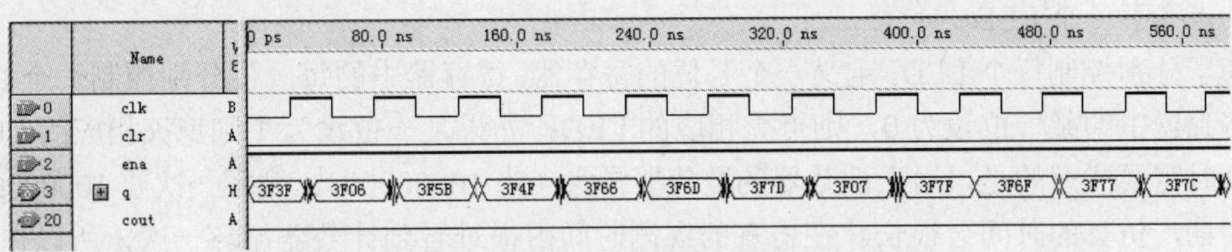

图 5.2.35 计数译码系统电路的设计功能仿真结果

5.3 硬件控制接口实验

本节实验是将 Verlog HDL 设计的功能程序下载到实验板上并与实验板上的硬件接口设备相结合，以验证所设计的实验代码正确与否。

5.3.1 LED 实验

LED 实验是通过一个简单 LED 的数字设计初步了解硬件接口设计的基本思想，了解 FPGA 设计流程，熟悉仿真软件 ModelSim 和综合编译工具 Quartus II 的使用方法和流程。

1. 工作原理

要求通过 FPGA 来控制开发平台的核心板上 8 个 LED 的循环亮和灭，每个 LED 点亮的时间为 200ms。

图 5.3.1 给出了开发平台的核心板上 LED 的连接图。从图中可以看出，LED 的正极连接 3.3V 电源，负极通过一个下拉电阻连接 FPGA 的引脚。为了点亮 LED，连接负极的 FPGA 引脚电平必须拉低；为了熄灭 LED，连接负极的 FPGA 引脚电平必须拉高。

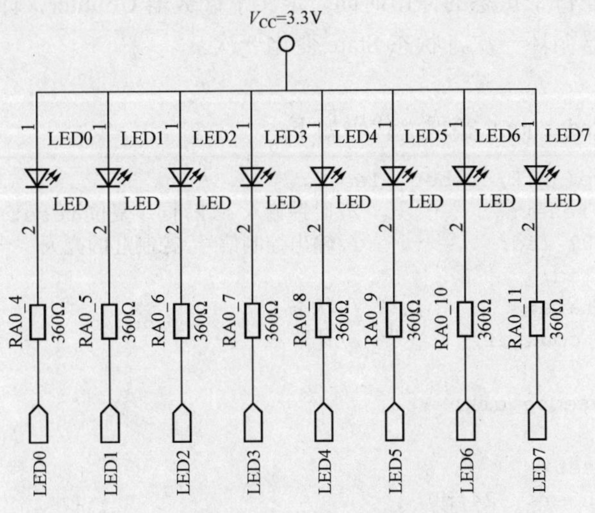

图 5.3.1 LED 连接图

为了使 LED 点亮的时间为 200ms，那么连接到相应 LED 负极的 FPGA 引脚必须拉低 200ms。由于核心板上的时钟频率是 50MHz，如果拉低时间为 200ms，则需要拉低的时钟周期为 50000000×0.2=10000000。为此，需要一个 24 位（2^{24}=16 777 216>10000000）的计数器，对点亮的时钟周期进行计数，计数器初始值为 0，当计数到 10000000 时，则熄灭当前点亮的 LED，点亮下一个 LED。

为了分别控制每个 LED，定义一个 8 位的寄存器，寄存器中的每一位分别控制一个 LED，如果寄存器中的某一位设为 0，则点亮相应的 LED；如果某一位设为 1 则熄灭相应的 LED。在仿真时需要注意的是，由于计数器的数值非常大（为 10000000），循环一次要 10000000 个时钟周期，仿真的时间会很长。在仿真的观测时间内很难看到计数器循环一次，所以在仿真时可以降低计数器的计数值，例如计数到 10，减少仿真时间，在观测时间内至少应该看到计数器循环一次。

为了实现对 8 个 LED 的控制，设计了状态机 State，状态机在不同的状态控制不同的 LED 点亮。State 有 8 个状态，每个状态停留 200ms，如图 5.3.2 所示。

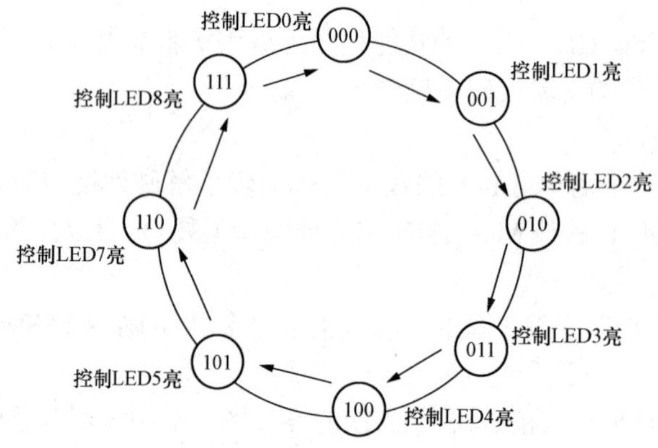

图 5.3.2 状态机转移图

为了控制状态机在每个状态的停留时间，定义了计数器 Counter，计数器从 0～10000000 循环计数，每当计数器循环一次，状态 State 变化一次。

2. 程序设计

整个功能由程序 led_core.v 实现，代码如下：

```
module led_core( clk, reset ,led );
    input clk, reset;              //时钟输入 clk,同步复位 reset
    output [7: 0] led;             //输出控制信号,控制灯的亮灭
    reg [7: 0] led;
    reg[3: 0] state;               //状态
    reg [23: 0] counter;           //计数器

    always @(posedge clk)
      begin
         if(!reset)
            counter<= 24'b0;
         else
             if(counter==999999)
              counter<=0;
             else
              counter<= counter+1'b1;
      end                          //本段程序完成计数器的计数与清零
```

```
  always@(posedge clk)
   begin
      if(!reset)
        state<=0;
      else
        if(counter = =24'b0)
          state<=state+1;
   end                          //本段程序完成 8 个状态的转换
  always @(state)
     case(state)
         4'b000 :  led = 8'b1111_1110;
         4'b001 :  led = 8'b1111_1101;
         4'b010 :  led = 8'b1111_1011;
         4'b011 :  led = 8'b1111_0111;
         4'b100 :  led = 8'b1110_1111;
         4'b101 :  led = 8'b1101_1111;
         4'b110 :  led = 8'b1011_1111;
         4'b111 :  led = 8'b0111_1111;
         default :  led = 8'b1111_1111;
     endcase                    //本段程序完成对应每种状态,给 8 个 LED 赋值
endmodule
```

3. 分析与综合

如前面实验所示，在对工程进行编译处理前，必须给予必要的设置和约束。设置结束后进行编译，改正出现的错误。

4. 引脚分配与锁定

为了能对此计数器进行硬件测试，应将其输入/输出信号锁定在芯片确定的引脚上，编译下载。当硬件测试完成后，还必须对配置芯片进行编程，完成 FPGA 最终开发。

如果使用附录 A 介绍的 TE3 开发平台完成此项示例实验。确定引脚：对应的引脚锁定见表 5.3.1。

表 5.3.1　　基于 TE3 开发板的引脚锁定表

名　称	CLK	RESET	LED0	LED1	LED2	LED3	LED4	LED5	LED6	LED7
FPGA 引脚编号	N2	C5	U4	R6	U7	U6	T6	T7	U5	V5

如果使用附录 B 介绍的 DE2 开发平台完成此项示例实验。确定引脚：对应的引脚锁定见表 5.3.2。

表 5.3.2　　基于 DE2 开发板的引脚锁定表

名　称	CLK	RESET	LED0	LED1	LED2	LED3	LED4	LED5	LED6	LED7
FPGA 引脚编号	N2	G26	AE23	AF23	AB21	AC22	AD22	AD23	AD21	AC21

确定了锁定引脚编号后就可以完成引脚锁定操作了，以 TE3 开发板为例，锁定引脚的操作如下（确定了锁定引脚编号后就可以完成以下引脚锁定的操作）：

（1）假设现在已打开了工程（如果刚打开 Quartus II，应选择 File→Open Project 命令，并单击工程文件 led_core，打开此前已设计好的工程）。

（2）选择 Assignments→pins，即进入如图 5.3.3 所示的 pin planner 编辑窗口。在下面 location 栏中输入表 5.3.1 所对应的管脚编号。

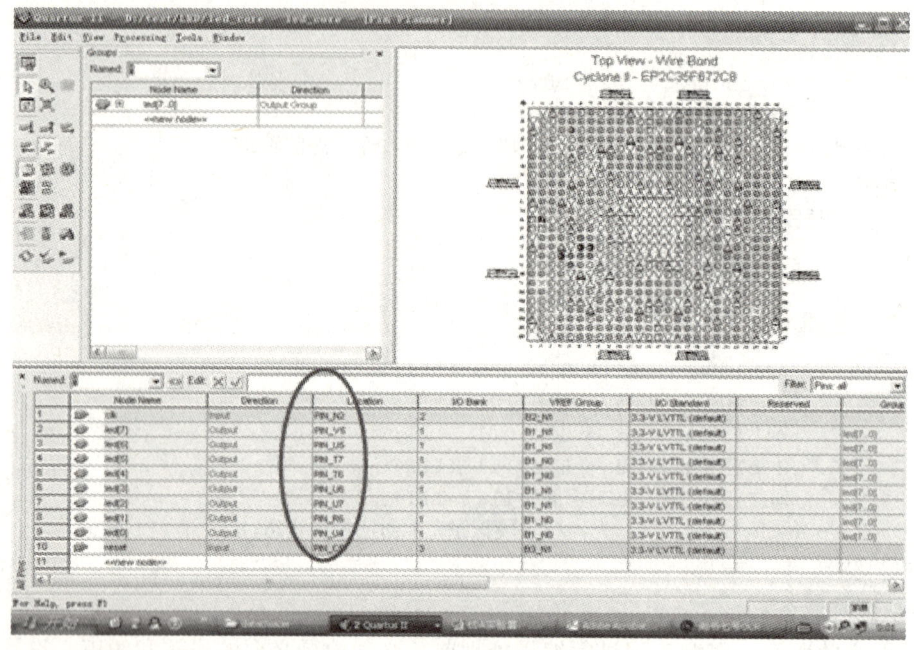

图 5.3.3 pin planner 编辑窗口

（3）注意对于不使用的引脚，在“Setting”对话框中将“Unused Pins”项设置成“inputtri-stated（高阻态）”。

引脚分配完毕后单击编译按钮，开始编译，编译成功后整个工程的软件设计部分全部完成，接下来将程序下载到目标板上并进行硬件调试。

5. 文件下载

编译结束后，Quartus II 会生成两个下载程序，即.sof 文件和.pof 文件。其中.sof 文件用于 JTAG 模式下载，这种方式下程序将直接下载到 FPGA 中，断电后程序丢失；而.pof 文件则用于 AS（Active Serial）模式下载，这种方式下程序将直接下载到 EPCS 存储器中，断电后程序不会丢失，每次加电后 EPCS 中的程序会自动加载到 FPGA 中。具体下载方法如下。

（1）打开电源，将 PC 与目标板用下载线连接好。单击 Quartus II Programmer 选项，在默认情况下会出现.sof。单击“Hardware Setup”选项，Quartus II 自动搜索 USB-Blaster，如果没有搜索成功，可能是没安驱动程序，在搜索到 USB-Blaster 后，在“Hardware Set up”中选中“USB-Blaster”。“Program/Configure”复选框打勾，下载模式选择 JTAG。将目标板上的下载模式开关拨在 RUN 状态，然后单击”Start”开始下载，如图 5.3.4 所示。

（2）如果需要下载.pof 文件，首先单击“Delete”选项将.sof 文件从 Programmer 中删除，然后单击“Add File”选择.pof 文件，将模式（Mode）改为“Active Serial”。注意此时要将目标板上的下载模式开关拨在 PRG 状态，然后单击“Start”，程序被下载到 EPCS 中。至此，完成了整个工程的建立，在目标板上可以看到 LED 灯循环闪亮。

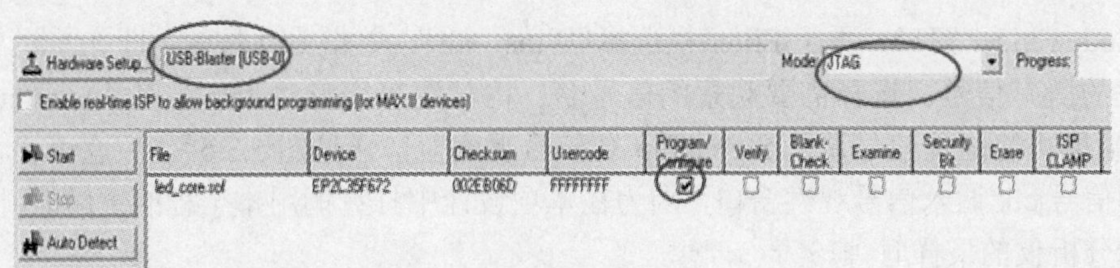

图 5.3.4 程序下载窗口

6. 嵌入式逻辑分析仪使用（SignalTap II）

随着逻辑设计复杂性的不断增加，仅依赖与软件方式的仿真测试来了解设计系统的硬件功能和存在的问题已远远不够，而需要重复进行的硬件系统的测试也变得更为困难。为了解决这些问题，设计者可以将一种高效的硬件测试手段和传统的系统测试方法相结合。这就是嵌入式逻辑分析仪的使用。它的采样部件可以随设计文件一并下载于目标芯片中，用以捕捉目标芯片内部系统信号节点处的信息或总线上的数据流，却又不影响原硬件系统的正常工作。这就是 Quartus II 中嵌入式逻辑分析仪 SignalTap II 的目的。在实际监测中，SignalTap II 将测得的样本信号暂存于目标器件中的嵌入式 RAM 中，然后通过器件的 JTAG 端口将采得的信息传出，送入计算机进行显示和分析。

嵌入式逻辑分析仪 SignalTap II 允许对设计中所有层次的模块的信号节点进行测试，可以使用多时钟驱动，而且还能通过设置以确定前后触发捕捉信号信息的比例。

这里将以 LED 灯为例介绍 SignalTap II 的最基本的使用方法，流程如下。

（1）打开 SignalTap II 编辑窗口。选择 File→New 命令，在 New 窗口中选择 SignalTap II Logic Analyzer File，单击 OK 按钮，即出现 SignalTap II 编辑窗口，如图 5.3.5 所示。

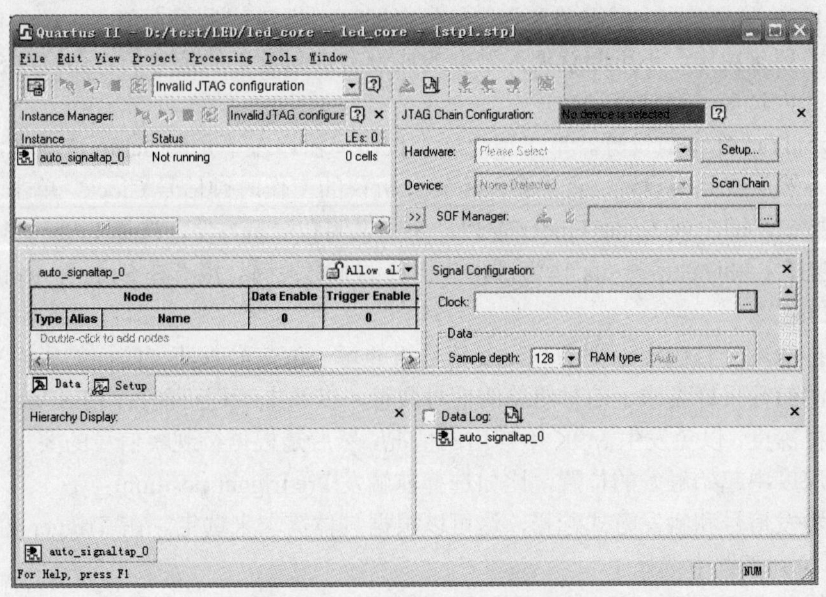

图 5.3.5 SignalTap II 编辑窗口

（2）调入待测信号。首先单击上排的 Instance 栏内的 auto_signaltap_0，更改此名，如改为 led，这是其中一组待测信号名。为了调入待测信号名，在下栏（cnts 栏）的空白处双击，即弹出 Node Finder 窗口，再于 Filter 栏选择“Pins：all”，单击 List 按钮，即在左栏出现与此工程相关的所有信号。选择需要观察的信号名：内部逻辑变量“state”和“counter”。单击 OK 按钮后即可将这些信号调入 SignalTap II 信号观察窗口（见图 5.3.6）。注意不要将工程的主频时钟信号 clk 调入信号观察窗口，因为在本项设计中打算调用本工程的主频时钟信号 clk 兼作逻辑分析仪的采样时钟。

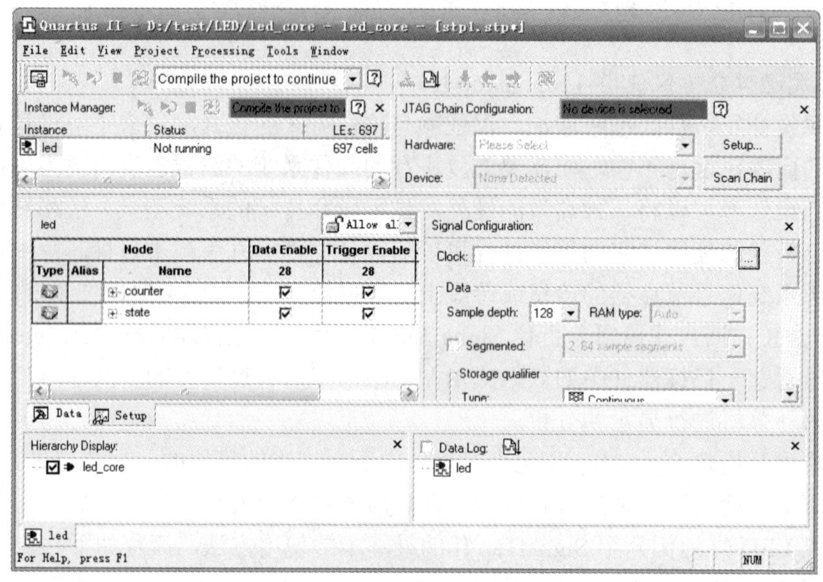

图 5.3.6　SignalTap II 主界面

此外如果有总线信号，只需调入总线信号名即可；慢速信号可不调入；调入信号的数量应根据实际需要来决定，不可随意调入过多的或没有实际意义的信号，这会导致 SignalTap II 无谓占用芯片内过多的存储资源。

（3）SignalTap II 参数设置。单击“全屏”按钮和窗口左下角的 Setup 选项中，即出现全屏编辑窗口，然后按此图设置。首先输入逻辑分析仪的工作时钟信号 Clock。单击 Clock 栏右侧的“…”按钮，即出现 Node Finder 窗口，为了说明和演示方便，选择 Filter→Post-fitting→List 命令，选择主频时钟信号 clk 作为逻辑分析仪的采样时钟，接着在 Sample depth 栏选择采样深度为 128 位。

注意采样深度一旦确定，则 led_core 信号组的每一位信号都获得同样的采样深度，所以必须根据待测信号采样要求、信号组总的信号数量，以及本工程可能占用 ESB/M9K 的规模，综合确定采样深度，以免发生 M9K 不够用的情况。然后是根据待观察信号的要求，在 Trigger 栏设定采样深度中起始触发的位置，比如选择前触发 Pre trigger position。

最后是触发信号和触发方式选择，这可以根据具体需求来选定。在 Trigger 栏的 Trigger Condition 下拉列表框中选择 1。

（4）文件存盘。选择 File→Saveas 命令，输入此 SignalTap II 文件名为 stpl.stp（默认文件名和后缀）。单击“保存”按钮后，将出现一个提示：“Do you want to enableSignalTap II…”，应该单击“是”按钮，表示同意再次编译时将此 SignalTap II 文件与工程捆绑在一起综合/适配，以便一同被下载进 FPGA 芯片中去完成实时测试任务。如果单击“否”按钮，则必须自己去设置。

但应该特别注意，当利用 SignalTap II 将芯片中的信号全部测试结束后，如在实现开发完成后的产品前，不要忘了将 SignalTap II 的部件从芯片中除去。方法是选择 Assignments→Settings 命令，在其 Category 栏中选择 SignalTap II Logic Analyzer，即弹出一窗口。在此窗口的 SignalTap II Filename 栏中选中已存盘的 SignalTap II 文件名，如 stpl.stp，并去掉 Enable SignalTap II Logic Analyzer 复选框，单击 OK 按钮，再编译、编程一次即可。

（5）编译下载。首先选择 Processing→Start Compilation 命令，启动全程编译。

接着打开电源，连接 JTAG 口，设定通信模式。打开编程窗口准备下载 SOF 文件。最后下载文件 led_core.sof。也可以利用 SignalTap II Analyzer 窗口来下载 SOF 文件。如图 5.3.7 所示，单击右侧的 Setup 按钮，确定编程器模式，如 USB—Blaster。然后单击下方的 Device 下拉列表框边的 Scan Chain 按钮，对开发板进行扫描。如果在栏中出现板上 FPGA 的型号名，表示系统 JTAG 通信情况正常，可以进行下载。按“...”按钮，选择 SOF 文件，再单击左侧的下载标号，观察左下角下载信息。

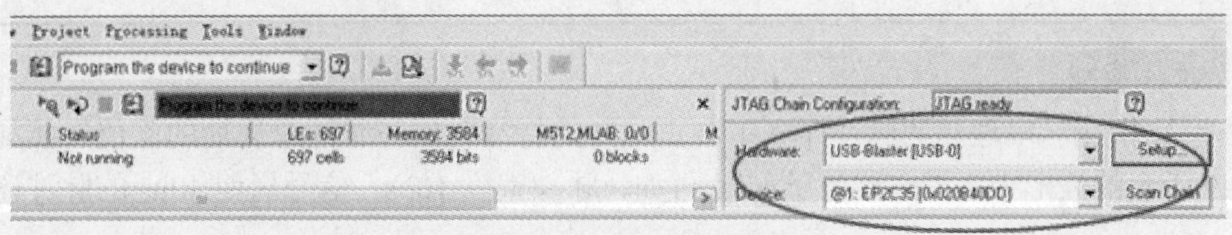

图 5.3.7　下载窗口

（6）启动 SignalTap II 进行采样与分析。单击 Instancecnts，再单击 Processing 菜单的 Autorun Analysis 按钮，启动 SignalTap II 连续采样。这时就能在 SignalTap II 数据窗口通过 JTAG 口观察到来自开发板上 FPGA 内部的实时信号（如图 5.3.8 所示，用鼠标的左、右键放大或缩小波形）。

如果单击图 5.3.8 总线名左侧的“+”号，可以展开此总线信号。此外，如果希望观察到可形成类似模拟波形的数字信号波形，可以右击所要观察的总线信号名（如 count），在弹出的菜单中选择总线显示模式 Bus Display Format，为 Unsigned Line chart，即可获得 “模拟”信号波形。

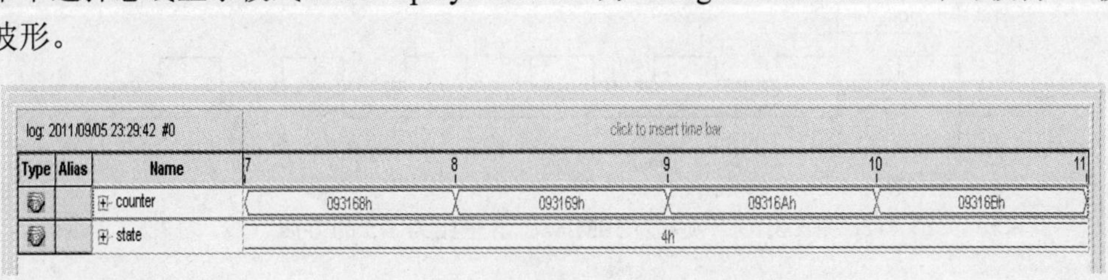

图 5.3.8　最后的波形信号

在以上给出的示例中，请注意，为了便于说明，SignalTap II 的采样时钟选用了被测电路的工作时钟。但在实际应用中，多数情况是使用独立的采样时钟，这样就能采集到被测系统中的慢速信号，或与工作时钟相关的信号（包括干扰信号）。但在以上给出的示例中，为了便于说明，SignalTap II 的采样时钟选用了被测电路的工作时钟。

5.3.2 脉冲发生器设计

本实验设计一个可变频率和可变占空比方波，要求可以通过控制按键和开关来改变方波的频率和占空比，开关控制要求见表 5.3.3 和表 5.3.4。

表 5.3.3 脉冲发生器开关控制对应表

SW3	SW2	SW1	频率	SW3	SW2	SW1	频率
0	0	0	2 分频，50/2MHz	0	1	1	16 分频，50/16MHz
0	0	1	4 分频，50/4MHz	1	0	0	32 分频，50/32MHz
0	1	0	8 分频，50/8MHz	1	0	1	64 分频，50/64MHz

表 5.3.4 脉冲发生器开关占空比

SW7	SW6	占空比	SW7	SW6	占空比
0	0	1∶2	1	0	1∶8
0	1	1∶4	1	1	3∶8

1. 工作原理

占空比指在一串理想的脉冲序列中，正脉冲的持续时间与脉冲总周期的比值。例如，在图 5.3.9 所示的波形中，占空比等于 t/T；再如，脉冲宽度 10μs，信号周期 40μs 的脉冲序列占空比为 0.25。

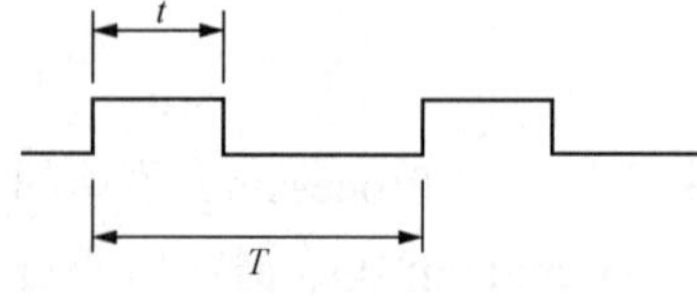

图 5.3.9 占空比定义

方波一般通过对一个高频的脉冲信号进行分频来生成。分频比指方波的周期和高频信号周期之间的比例关系，通过控制分频比来生成不同频率的方波。例如，开发系统上的时钟频率是 50MHz，如果要生成 10MHz 的方波，则分频比为 5。根据输入时钟及要输出的方波的频率计算出分频比，通过计数器的值来控制输出方波的频率。对于一定频率的方波，通过另一个计数器来控制占空比。例如，时钟是 50MHz，要求生成一频率为 10MHz、占空比为 1/5 的方波，那么分频比为 5，方波的周期为 5 个时钟周期，正脉冲的持续时间为 1 个时钟周期，如图 5.3.10 所示。

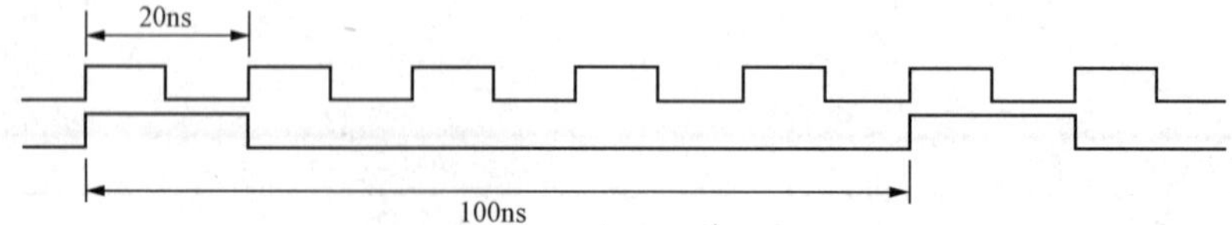

图 5.3.10 频率为 10MHz、占空比为 1/5 的方波

2. 程序设计

（1）counter 顶层模块。

功能：产生频率和占空比可变的方波。

其内部由 genefre 和 Vary 两个模块组成，如图 5.3.11 所示。程序如下代码所示。

```
module counter(I1, I2, clk, reset, clkout);
input[4: 0]  I1;                    //由{SW5,...,SW1}控制改变分频情况
input[2: 0]  I2;                    //由{SW8,SW7,SW6}控制改变占空比
```

```
    input       clk;                  //系统时钟 50MHz
    input      reset;                 //sw10 控制
    output    clkout;                 //输出波形
    wire       clkout;
    wire[5: 0]  counter;
    genefre    F1 (.clk(clk), .reset(reset), .counter(counter));
    Vary
T1(.clk(clk), .reset(reset), .I(I2), .dvd(I1), .counter(counter), .squ_wave(clko
ut));
    endmodule
```

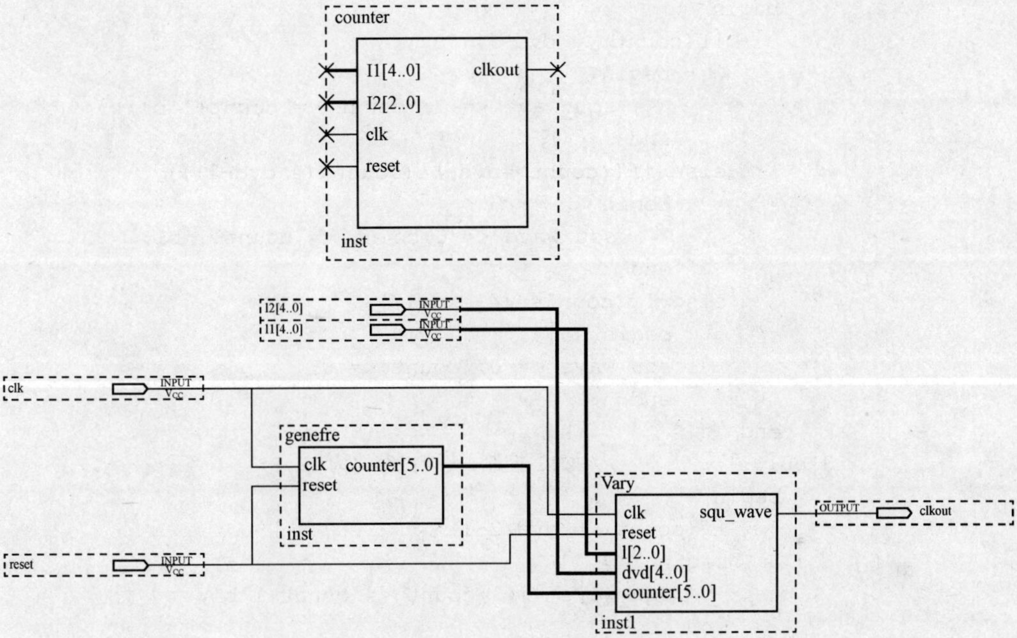

图 5.3.11 counter 顶层模块及其内部原理

（2）Vary 占空比控制模块。

```
/**************************************************
 dvd==5'b00000 实现 2 分频, dvd==5'b00001 实现 4 分频
 dvd==5'b00010 实现 8 分频, dvd==5'b00100 实现 16 分频
 dvd==5'b01000 实现 32 分频,dvd==5'b10000 实现 64 分频
 I==3'b001 占空比为 1: 4,  I==3'b010 占空比为 1: 8
 I==3'b100 占空比为 3: 8,  I==3'b000 占空比为 1: 2
**************************************************/
module Vary(clk, reset, I, dvd, counter, squ_wave);   //改变占空比
   input   clk;                  //系统时钟,50MHz
   input   reset;                //同步复位信号
   input   [2: 0]I;              //占空比控制信号
   input   [4: 0]dvd;            //分频控制信号
   input   [5: 0]counter;        //6 计数器信号
   output  squ_wave;             //方波输出
   reg squ_wave;
   reg [10: 0] count;
```

```
always @ (posedge clk or negedge reset)
begin
  if(!reset)
      begin
      count <= 0;
          squ_wave <= 0;
   end
  else
      case(I)
     3'b001:       //SW11 控制,实现占空比为 1: 4,分频数为 2^dvd
          begin
              if(count <= dvd-1)
                  begin
                      squ_wave <= 1; count <= count+1'b1;
                  end
              else if((count>=dvd)&&(count<(4*dvd-1)))
                  begin
                      squ_wave <= 0;count <= count+1'b1;
                  end
              else if(count==(4*dvd-1))
                  begin
                  squ_wave <= 0; count <= 0;
                  end
          end
      3'b010:           //SW12 控制,实现占空比为 1: 8
          begin
              if(count <= dvd/2-1)
              begin
                  squ_wave <= 1;count <= count+1'b1;
              end
          else if((count>=dvd/2-1)&&(count<(4*dvd-1)))
              begin
                  squ_wave <= 0;count <= count+1'b1;
              end
          else if(count==(4*dvd-1))
                  begin
                      squ_wave <= 0; count <= 0;
                  end
          end
     3'b100:    //SW13 控制,实现占空比为 3: 8
      begin
              if(count <= (dvd*3/2)-1)
                  begin
                      squ_wave <= 1;count <= count+1'b1;
                  end
              else if((count>=(dvd*3/2)-1)&&(count<(4*dvd-1)))
                  begin
                      squ_wave <= 0;count <= count+1'b1;
                  end
              else if(count==(4*dvd-1))
```

```
                    begin
                        squ_wave <= 0; count <= 0;
                    end
          end
        default:                        //占空比为 1: 2
            begin
                if(dvd <= 2)
                    squ_wave <= counter[dvd];
                else if(dvd==5'b00100)
                    squ_wave <= counter[3];
                else if(dvd==5'b01000)
                    squ_wave <= counter[4];
                else if(dvd==5'b10000)
                    squ_wave <= counter[5];
                else
                    squ_wave <= counter[5];
            end
        endcase
  end
endmodule
```

（3）genefre 计数器模块。

```
module genefre(clk, reset, counter);
    input  clk;                          //系统时钟,50MHz
    input  reset;                        //同步复位信号
    output [5: 0]counter;                //6 位计数器
    reg    [5: 0]counter;
    always @(posedge clk or negedge reset)
    begin
       if (!reset)
        counter <= 0;
       else
        counter <= counter + 1'b1;
    end
endmodule
```

3. 分析与综合

如前面实验所示，在对工程进行编译处理前，必须给予必要的设置和约束。设置结束后进行编译，改正出现的错误。

4. 引脚分配与锁定

为了能对此计数器进行硬件测试，应将其输入、输出信号锁定在芯片确定的引脚上，编译下载。当硬件测试完成后，还必须对配置芯片进行编程，完成 FPGA 最终开发。确定引脚：对于附录 A 介绍的 TE3 开发板，对应的引脚锁定见表 5.3.5；对于附录 B 介绍的 DE2 开发板，对应的引脚锁定见表 5.3.6。

表 5.3.5　　基于 TE3 开发板的引脚锁定表

名　称	CLK	RESET	SW1	SW2	SW3	SW4	SW5	SW6	SW7	SW8
FPGA 引脚编号	N2	C5	AB15	AA15	W16	AA16	AD15	Y16	U17	V17

表 5.3.6 基于 DE2 开发板的引脚锁定表

名 称	CLK	RESET	SW1	SW2	SW3	SW4	SW5	SW6	SW7	SW8
FPGA 引脚编号	N2	G26	N26	P25	AE14	AF14	AD13	AC13	C13	B13

5. 仿真结果

用 Modelsim 仿真，仿真文件为 test_pulse.v。从图 5.3.12 中可以看到，dvd=10000 即 64 分频时，I=001 时占空比为 1∶4，I=010 时占空比为 1∶8，I=000 时占空比为 1∶2。

测试程序如下所示。

```
`timescale 1ns/1ns
module test_pulse;
    reg clk;
    reg reset;
    reg [2: 0]I;
    reg [4: 0]dvd;
    reg [5: 0]counter;
    wire    squ_wave;
    always
      #1 clk=~clk;
    always@(posedge clk)
      counter=counter+1'b1;
    always
      #200 I=I+1'b1;
    initial
     begin
    clk=0;
       reset=1;
       #5 reset=0;
       #10 reset=1;
    I=3'b0;
       dvd=5'b0;
         #150 dvd=5'd2;
         #150 dvd=5'd4;
    #150 dvd=5'd8;
         #150 dvd=5'd32;
    #150 dvd=5'd16;
         #150 dvd=5'd8;
       #150 dvd=5'd16;
    counter=6'b0;
    end
        Vary T1 (.clk(clk), .reset(reset), .I(I), .dvd(dvd), .counter
(counter), .squ_wave(squ_wave));
   endmodule
```

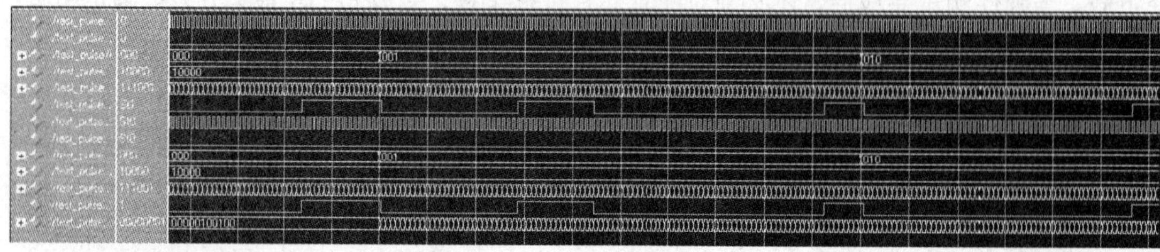

图 5.3.12 ModelSim 仿真结果

6. 运行结果

把程序下载到实验板上，用逻辑分析仪观察输出的波形，结果正确。图 5.3.13 所示是 32 分频时占空比为 1∶4 的输出波形。

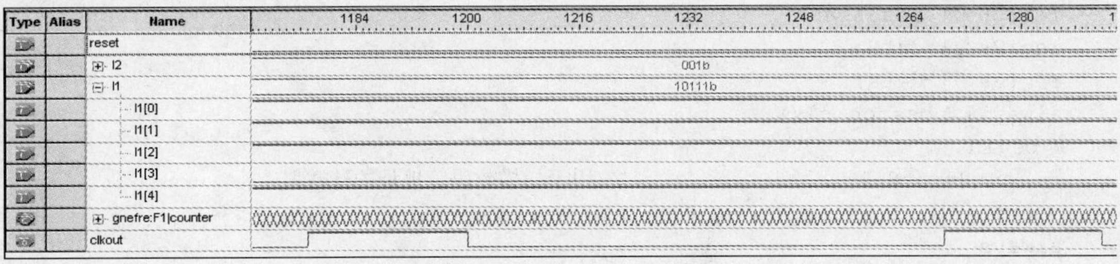

图 5.3.13 逻辑分析仪观察结果

5.3.3 8 位数码管扫描显示电路设计

1. 设计要求

采用动态扫描原理实现数码管的显示，在 8 个数码管上显示“1387956E”。

2. 元件符号及设计原理

数码扫描显示电路是数字系统设计中较常用的电路，通常作为数码显示模块。8 位数码扫描显示电路如图 5.3.14 所示，其中每个数码段的 8 个段 a、b、c、d、e、f、g、h（小数点）都分别连在一起，8 个数码管分别由 8 个选通信号 K1～K8 来选择。被选通的数码管显示数据，其余关闭。如在某一时刻，K2 为高电平，其余选通信号为低电平，则仅 K2 对应的数码管显示来自段信号端的数据，而其他 7 个数码管呈现关闭状态。所以，如果要在 8 个数码管显示希望的数据，就必须使 8 个选通信号 K1、K2…K8 分别单独选通，与此同时，在段信号输入端口加入希望在该对应数码管上显示的数据，于是随着选通信号的循环变化，就实现了扫描显示的目的。

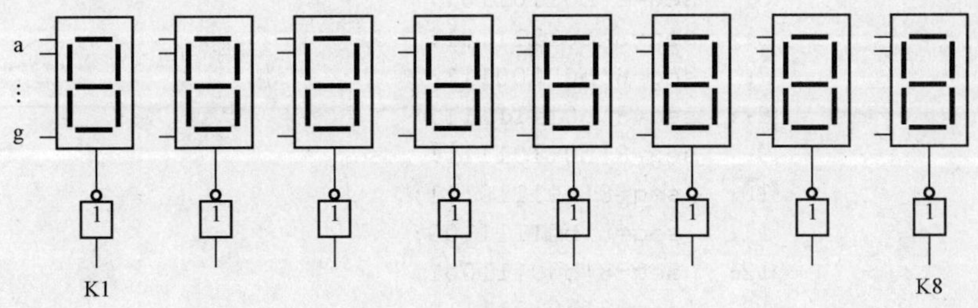

图 5.3.14 8 位数码扫描显示电路

8 位数码扫描显示的电路符号如图 5.3.15 所示。输入信号：时钟信号 clk。输出信号：段显示控制信号 seg[7..0]数码管地址选择控制信号 scan[7..0]。

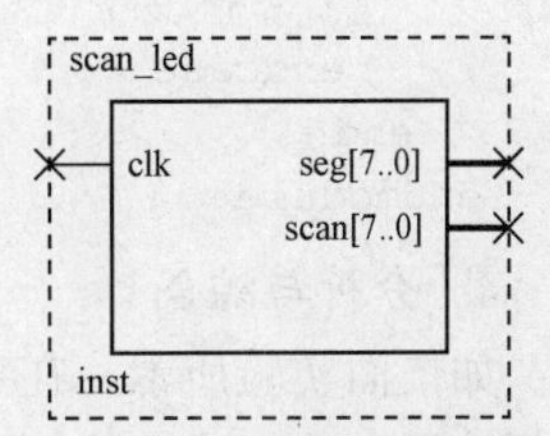

图 5.3.15 8 位数码扫描显示的电路符号

3. 设计方法

采用 Verilog HDL 语言描述 8 位数码扫描显示电路，代码如下。其中 clk 是扫描时钟；seg 为段控制信号，分别接 a、b、c、d、e、f、g、h 小数点 8 个段；scan 为地址选通控制信号，接通

8 个地址选通信号 K1、K2…K8。

```
module scan_led(seg,scan,clk);
input clk;                          //时钟
output[7: 0] seg,scan;              //段显示信号;数码管地址选择信号
reg[7: 0] seg,scan;
reg[2: 0] cnt8;
reg[3: 0] data;
always@(posedge clk)
  begin
    cnt8=cnt8+1;                    //用于扫描数码管地址的计数器
  end
always
  begin
   case(cnt8)
     'b000:  begin scan<='b10000000;data[3: 0]<='b0001;end
     'b001:  begin scan<='b01000000;data[3: 0]<='b0011;end
     'b010:  begin scan<='b00100000;data[3: 0]<='b1000;end
     'b011:  begin scan<='b00010000;data[3: 0]<='b0111;end
     'b100:  begin scan<='b00001000;data[3: 0]<='b1001;end
     'b101:  begin scan<='b00000100;data[3: 0]<='b0101;end
     'b110:  begin scan<='b00000010;data[3: 0]<='b0110;end
     'b111:  begin scan<='b00000001;data[3: 0]<='b1110;end
      default: begin scan<='bx;data[3: 0]<='bx;end
   endcase
      case(data[3: 0])
                      0:   seg=8'b00111111;
                      1:   seg=8'b00000110;
                      2:   seg=8'b01011011;
                      3:   seg=8'b01001111;
                      4:   seg=8'b01100110;
                      5:   seg=8'b01101101;
                      6:   seg=8'b01111101;
                      7:   seg=8'b00000111;
                      8:   seg=8'b01111111;
                      9:   seg=8'b01101111;
                      10:   seg=8'b01110111;
                      11:   seg=8'b01111100;
                      12:   seg=8'b00111001;
                      13:   seg=8'b01011110;
                      14:   seg=8'b01111001;
                      15:   seg=8'b01110001;
      endcase
   end
endmodule
```

4. 分析与综合

如前面实验所示，在对工程进行编译处理前，必须给予必要的设置和约束。设置结束后进行编译，改正出现的错误。

5. 引脚分配与锁定

附录 A 中介绍的 TE3 开发板采用的是 8 位数码扫描显示的电路原理，而附录 B 中介绍

的DE2开发板没有采用动态扫描原理，8个数码管全部接到FPGA的不同引脚上，故该实验在TE3开发板上进行。

为了能对此计数器进行硬件测试，应将其输入、输出信号锁定在芯片确定的引脚上，编译下载。当硬件测试完成后，还必须对配置芯片进行编程，完成FPGA最终开发。确定引脚：对应的引脚锁定见表5.3.7。

表5.3.7　基于TE3开发板的引脚锁定表

名　称	clk	seg[0]	seg[1]	seg[2]	seg[3]	seg[4]	seg[5]	seg[6]	seg[7]
FPGA引脚编号	N2	M24	AD24	AC25	AB24	AB23	AD25	AC26	AB25
名　称	scan[0]	scan[1]	scan[2]	scan[3]	scan[4]	scan[5]	scan[6]	scan[7]	
FPGA引脚编号	L7	L8	L9	L10	L11	L12	L13	L14	

6. 运行结果

观察波形可知，随着每一个选通的地址，而发送不同的段码。最终8位数码管显示出数据“1387956E”。把程序下载到实验板上，观察结果正确。

本章小结

Quartus II是一款强大的编译综合工具，它具有多种不同的程序编辑方法。它的原理图输入设计法可以与传统的数字电路设计法接轨，即把传统方法得到的设计电路的原理图，用EDA平台完成设计电路的输入、仿真验证和综合，最后编程下载到可编程逻辑器件FPGA/CPLD或专用集成电路（ASIC）中。它可以极为方便地实现数字系统的层次化设计，这是传统设计方式无法比拟的；而硬件描述语言设计方法是大型模块化设计工程中最常用的设计方法，易于使用自顶向下的设计方法，易于模块划分和复用，移植性强，通用性好。

本章首先介绍了全加器的原理图输入法设计的详细步骤，以及层次化设计的理念，并对设计结果进了仿真实验；然后介绍了利用宏模块设计8位加法器的原理图设计方法；后面介绍了采用硬件描述语言输入法对数据选择器、RS触发器、JK触发器以及各种计数器等基本模块的程序设计和详细步骤，并对它们进行了仿真验证。最后介绍了结合TE3实验开发板对一些简单的电路和软件语言设计的模块相对应的方法，并对其进行了验证。

本章实验是学习EDA技术和FPGA设计的实验基础，掌握并灵活地运用不同方式进行模块设计对复杂电路设计起着关键作用。

习　题

5.1　设计一个4位全减器。

5.2　设计一个8位减法计数器。

5.3　设计含有异步清零和计算使能的8位二进制减法计数器。

5.4　设计8进制加减计数器。

5.5　设计1个16位数据比较器。

5.6 设计一个 D 触发器。

5.7 设计一个偶数分频器。

5.8 设计一个可变模计数器，在输入端 M1、M0 的控制下，实现同步模 6、10、24、60 的计数；并要求具有异步清零和暂停计数功能。

5.9 设计一个 BCD 加法显示系统。

第6章　EDA 技术的应用

内 容 提 要

本章主要通过用硬件描述语言 Verilog HDL 实现的设计实例，进一步介绍 EDA 技术在测量仪器、自动控制、通信系统等技术领域的具体应用。本章所有 HDL 程序都经过 Quartus II 或 ModelSim 工具软件的编译，具有较高的参考价值。

6.1　数字钟设计

通过本设计熟悉较为复杂数字逻辑电路的设计，进一步熟悉模块化设计思路，理解数字钟的设计原理。

1. 设计内容

设计一个可以包括时、分、秒的数字时钟，在 7 段数码管上显示时间，通过开发板上的按键调整数字时钟的时间，分别用四个键来控制分、时的增减。各按键及数码管功能要求如下：

数码管 L13、L14 显示秒；数码管 L12、L11 显示分钟；L10、L9 显示小时；reset 键用来时钟复位；按键 S3，S7 用来小时加减；按键 S6，S10 用来分钟加减。

2. 设计原理

设计一个时钟产生模块，产生周期为 1s 的时钟和键盘扫描时钟。周期为 1s 的时钟触发秒的计时，计时到 59 发生分钟的进位，并触发分钟的计时，同样分钟计时到 59 发生小时的进位，并触发小时的计时。通过键盘上的某些键可以手动设置小时和分钟，时间和键值都会在数码管上显示出来。键盘部分参考前面的键盘扫描和数码管显示实验。时钟进位示意图如图 6.1.1 所示。

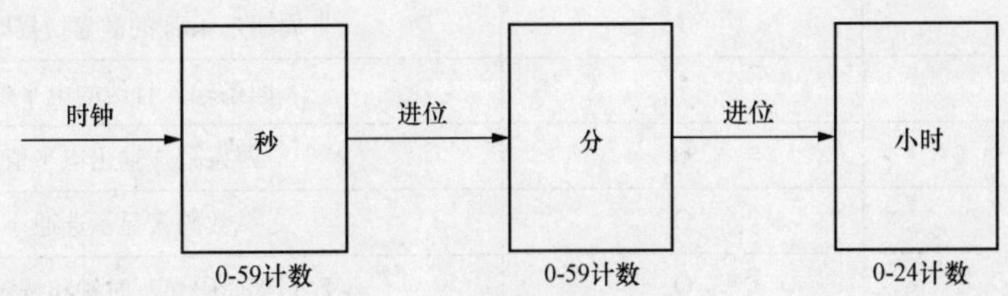

图 6.1.1　时钟进位示意图

3. 实验设计

（1）顶层模块 Digital_Clk。

1）功能：在数码管上显示时钟，并由键盘区的 s3，s7，s6，s10 键来控制分钟和小时的增减，来手动调整时间。其元件符号如图 6.1.2 所示，Digital-Clk 端口说明见表 6.1.1。顶层模块 Digital_Clk 的内部结构如图 6.1.3 所示。

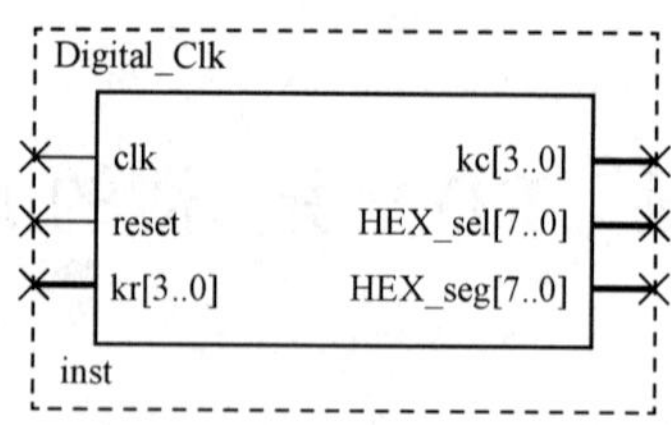

图 6.1.2 Digital_Clk 元件符号

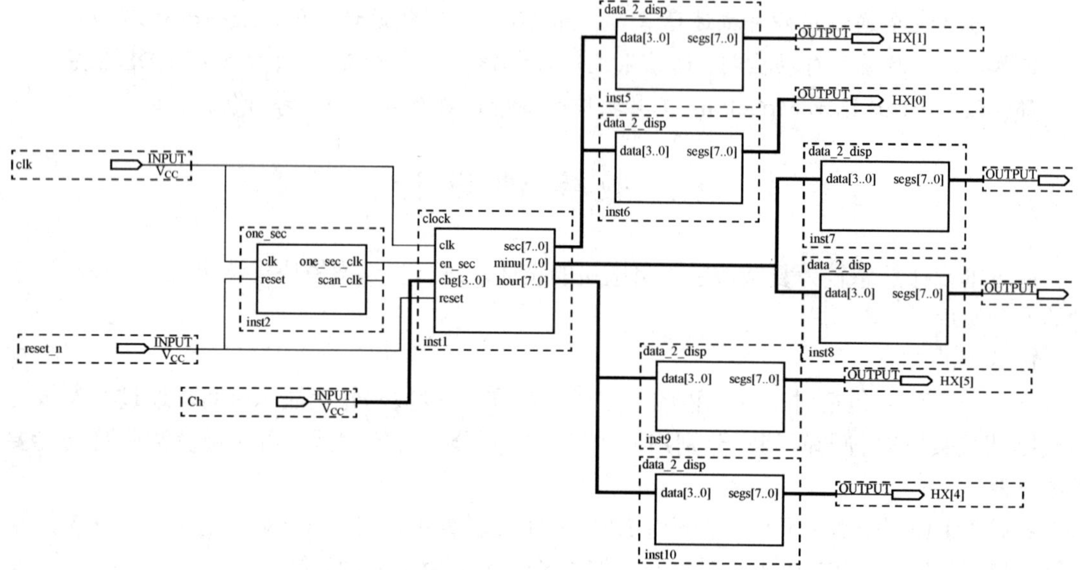

图 6.1.3 顶层模块 Digital_Clk 的内部结构图

表 6.1.1 Digital_Clk 端口说明

端口名称	输入/输出	说　明
clk	I	50MHz 系统时钟
reset	I	异步置位，高电平有效
scan_clk	I	周期是 4ms 的键盘扫描时钟
kr	I	四条输入行线的电平值
kc	O	四条列线输出电平值
HEX_sel	O	数码管显示选通
HEX_seg	O	数码管译码显示时钟和按键地址

2）程序如下：

```
module Digital_Clk(clk, reset, kr, kc, HEX_sel, HEX_seg);
    input   clk;            //system clock,50MHz
    input   reset;          //Asynchronous reset signal sw1
    input   [3: 0]kr;       //4*4 key row input
    output  [3: 0]kc;       //4*4 key column output
    output  [7: 0]HEX_sel;  //select signal of L9～L14
```

```
    output  [7: 0]HEX_seg;  //data input to 7-segs
    wire    [3: 0]kc;
    reg [7: 0]HEX_sel;
    reg [7: 0]HEX_seg;
    wire[7: 0]sec;       //second
    wire[7: 0]minu;      //minute
    wire[7: 0]hour;      //hour
    wirescan_clk;
    wireone_sec_clk;
    wire[3: 0]add_r;     //Row address of the key put down
    wire[3: 0]add_c;     //Column address of the key put down
    wire[7: 0]Hex[7: 0];//decode results
    reg [15: 0]count;         //control the display of the nixietube
    reg     [3: 0]Ch;         //change the time of minute and hour
                              //S3 increase minute, S6 increase hour
                              //S7 decrease minute, S10 decrease hour
    reg     [7: 0]delay;      //control the delaying time of the key value
    reg     [3: 0]r_reg;
    reg     [3: 0]c_reg;
    one_sec T4 (.clk(clk), .reset(reset),.one_sec_clk(one_sec_clk),.scan
_clk(scan_clk));
    keyscan     keyscan (.clk(clk),.reset(reset),.scan_clk(scan_clk),.kr(kr),
.kc(kc),.add_r(add_r),.add_c(add_c));
    clock   CLK (.clk(clk),.en_sec(one_sec_clk), .chg(Ch), .reset(reset),
                 .sec(sec),.minu(minu),.hour(hour));

    //encode data
    data_2_disp Display0 (.data(sec[3: 0]), .segs(Hex[0]));
    data_2_disp Display1 (.data(sec[7: 4]), .segs(Hex[1]));
    data_2_disp Display2 (.data(minu[3: 0]), .segs(Hex[2]));
    data_2_disp Display3 (.data(minu[7: 4]), .segs(Hex[3]));
    data_2_disp Display4 (.data(hour[3: 0]), .segs(Hex[4]));
    data_2_disp Display5 (.data(hour[7: 4]), .segs(Hex[5]));
    data_2_disp Display6 (.data(c_reg), .segs(Hex[6]));
    data_2_disp Display7 (.data(r_reg), .segs(Hex[7]));
    always @(posedge clk)
        begin
            if(scan_clk)
                begin
  if((add_r != 4'b1111)&&(add_c != 4'b1111))
                        begin
                            delay <= 8'b0000_0000;
                            r_reg <= add_r;
                            c_reg <= add_c;
                        end
                    else
                        begin
                            delay <= delay+1'b1;
                    if(delay == 8'b1111_1001)
                             //delay=249,按下的键值的显示时间为5ms
                                begin
```

```
                        r_reg <= 4'b0000;
                        c_reg <= 4'b0000;
                        delay <= 8'b0000_0000;
                    end
                end
            end
        end
    //display the clock
    always@(posedge clk or negedge reset)
        begin
            if(!reset)
                begin
                    HEX_sel <= 8'b1111_1110;
                    count <= 16'b0;
                end
            else
                begin
                    count <= count+1'b1;

                    if(count == 16'b1)
                        HEX_sel <= {HEX_sel[6: 0],HEX_sel[7]};
                end
        end
    always @(HEX_sel)
        begin
            case(HEX_sel)
                8'b1111_1110:   HEX_seg = Hex[0];
                8'b1111_1101:   HEX_seg = Hex[1];
                8'b1111_1011:   HEX_seg = Hex[2];
                8'b1111_0111:   HEX_seg = Hex[3];
                8'b1110_1111:   HEX_seg = Hex[4];
                8'b1101_1111:   HEX_seg = Hex[5];
                8'b1011_1111:   HEX_seg = Hex[6];
                8'b0111_1111:   HEX_seg = Hex[7];
                default:    HEX_seg = 8'b1111_1111;
            endcase
        end
    always @(r_reg or c_reg)
        begin
            if(r_reg == 4'b0001)
                begin
                   if(c_reg == 4'b0100)//S3, increase the time of minute
                      Ch = 4'b0010;
                   else if(c_reg == 4'b0001)//S6, increase the time of hour
                         Ch = 4'b0001;
                   else
                         Ch = 4'b0000;
                end
            else if(r_reg == 4'b0010)
                begin
                    if(c_reg == 4'b0100)//S7, decrease the time of minute
```

```
                Ch = 4'b1000;
            else if(c_reg == 4'b0001)//S10, decrease the time of hour
                Ch = 4'b0100;
            else
                Ch = 4'b0000;
        end
    else
        Ch = 4'b0000;
  end
endmodule
```

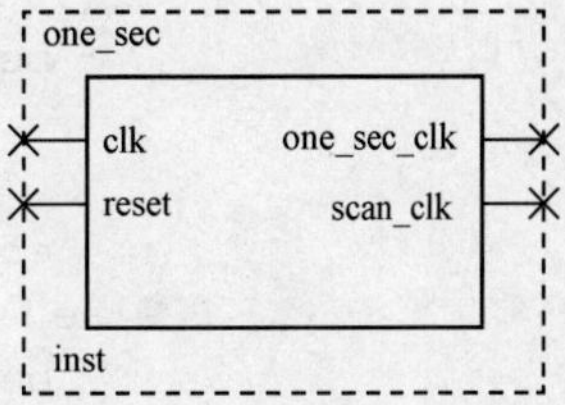

one_sec
clk
reset
one_sec_clk
scan_clk
inst

图 6.1.4　one_sec 模块元件符号

（2）one_sec 模块。

1）功能：产生以 1s 为周期的时钟和以 4ms 为周期的键盘扫描时钟。其元件符号如图 6.1.4 所示，端口说明见表 6.1.2 所示。

表 6.1.2　one_sec 模块端口说明

端口名称	输入/输出	说　明
clk	I	50MHz 系统时钟
reset	I	异步置位，高电平有效
one_second_clk	O	输出周期为 1s 的时钟
scan_clk	O	输出周期是 4ms 的键盘扫描时钟

2）其 Verilog HDL 程序为：

```
module one_sec (clk, reset, one_sec_clk, scan_clk);
  input  clk;              //clock, 10MHz
  input  reset;            //Asynchronous reset signal
  output one_sec_clk;      //one second clock
  output scan_clk;         //four milisecond clock, 256Hz
  reg one_sec_clk;
  reg    scan_clk;         //four milisecond clock, 256Hz
  reg [25: 0] COUNTER;
  reg [17: 0]count;
  always@(posedge clk or negedge reset)
    begin
      if(!reset)
        begin
          COUNTER <= 26'h00000;
          one_sec_clk <= 1'b0;
        end
      else
        begin
          COUNTER <=  COUNTER+1'b1;
          if(COUNTER >= 26'h2FAF07F)//49,999,999,产生1s 周期时钟
            begin
              one_sec_clk<=1;
              COUNTER <= 26'h00000;
            end
          else
```

```
                    one_sec_clk<=0;
                end
            end
    always@(posedge clk or negedge reset)
        begin
            if(!reset)
                begin
                    count <= 18'h00000;
                    scan_clk <= 1'b0;
                end
            else
                begin
                    count <= count+1'b1;

                    if(count >= 18'h30D3F) //199,999,产生 4ms 周期时钟
                        begin
                            scan_clk <=1;
                            count <= 18'h00000;
                        end
                    else
                        scan_clk <= 0;
                end
        end
endmodule
```

（3）clock 模块。

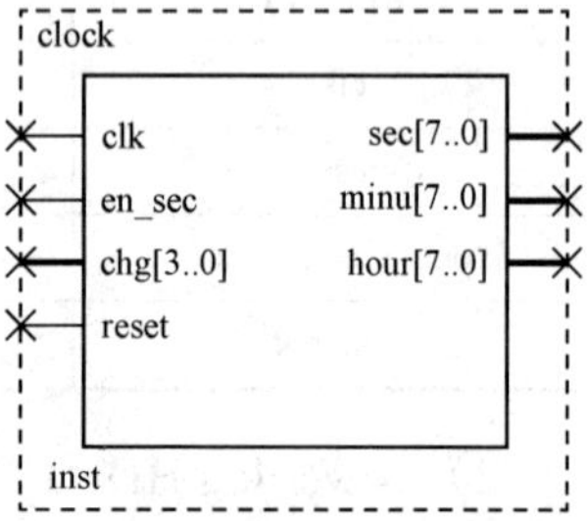

1）功能：实现一个具备手动调整功能的时钟。其元件符号如图 6.1.5 所示，端口说明见表 6.1.3 所示。

图 6.1.5 clock 模块元件符号

表 6.1.3 clock 模块端口说明

端口名称	输入/输出	说　明
clk	I	50MHz 系统时钟
reset	I	异步置位，高电平有效
chg	I	控制改变时间的信号
en_sec	I	输入周期为 1s 的时钟
sec	O	输出秒
minu	O	输出分钟
hour	O	输出小时

2）其 Verilog HDL 程序为：

```
module clock (clk, en_sec, chg, reset, sec, minu, hour);
    input   clk;              //system clock, 50MHz
    input   en_sec;           //one second clock
    input   [3: 0]chg;        //control signal to alter the time
    input   reset;            //asynchronous reset
    output  [7: 0]sec;        //second
    output  [7: 0]minu;       //minute
```

```
    output  [7: 0]hour;         //hour
    wire    [7: 0]sec;
    wire    [7: 0]minu;
    wire    [7: 0]hour;
    reg    [5: 0] COUNTERm;
    reg    [4: 0] COUNTERh;
    reg    [5: 0] COUNTER;
    reg     de_m;                                   //分钟减一
    reg     en_m_manu;                              //分钟手动进位
    reg     en_m_auto;                              //分钟自动进位
    wire    en_m = en_m_manu | en_m_auto;           //分钟手动进位或自动进位
    reg     de_h;                                   //小时减一
    reg     en_h_manu;                              //小时手动进位
    reg     en_h_auto;                              //小时自动进位
    wire    en_h = en_h_manu | en_h_auto;           //小时手动进位或自动进位
    assign  sec[7: 4] = COUNTER/10;                 //秒十位数
    assign  sec[3: 0] = COUNTER%10;                 //秒个位数
    assign  minu[7: 4] = COUNTERm/10;               //分钟十位数
    assign  minu[3: 0] = COUNTERm%10;               //分钟个位数
    assign  hour[7: 4] = COUNTERh/10;               //小时十位数
    assign  hour[3: 0] = COUNTERh%10;               //小时个位数
    always @(posedge clk or negedge reset)
       begin
            if (!reset)
              begin
                   en_m_manu <= 0;
                   en_h_manu <= 0;
                   de_m <= 0;
                   de_h <= 0;
              end
            else
               if(en_sec)
                   case(chg)                                  //手动控制分钟与小时的增减
                       4'b0001:
 begin  en_m_manu <= 0; en_h_manu <= 1; de_m <= 0; de_h <= 0;  end
                                                              //手动小时增1
                       4'b0010:
 begin  en_m_manu <= 1; en_h_manu <= 0; de_m <= 0; de_h <= 0;  end
                                                              //手动分钟增1
                         4'b0100:
 begin  en_m_manu <= 0; en_h_manu <= 0; de_m <= 0; de_h <= 1;  end
                                                              //手动小时减1
                           4'b1000:
 begin  en_m_manu <= 0; en_h_manu <= 0; de_m <= 1; de_h <= 0;  end
                                                              //手动分钟减1
                         default:
 begin  en_m_manu <= 0; en_h_manu <= 0; de_m <= 0; de_h <= 0;end
                       endcase
                   else
                       begin
                       en_m_manu <= 0;  en_h_manu <= 0; de_m <= 0; de_h <= 0;
```

```
                end
        end
    always@(en_sec or COUNTER)                    //分钟自动进位
        begin
            en_m_auto <= 0;
            if(en_sec)
              begin
              if(COUNTER == 6'b11_1011)              //counter=59
                en_m_auto <= 1;
              else
                en_m_auto <= 0;
              end
            else
                en_m_auto <= 0;
        end
       always @(en_m or COUNTERm)                    //小时自动进位
        begin
            en_h_auto <= 0;
            if(en_m)
              begin
              if(COUNTERm == 6'b11_1011)             //counterm=59
                en_h_auto <= 1;
              else
                en_h_auto <= 0;
              end
            else
                en_h_auto <= 0;
        end
      always@(posedge clk or negedge reset)
          begin:  calculate_second
              if (!reset)
               COUNTER <= 6'b00_0000;
              else
                  begin
                      if(en_sec)
                          begin
                              if(COUNTER == 6'b11_1011)
                                  COUNTER <= 6'b00_0000;
                          else
                                  COUNTER <=  COUNTER+1'b1;
                          end
                  end

          end
      always@(posedge clk or  negedge reset)
          begin:  calculate_minute
              if(!reset)
               COUNTERm <= 6'b00_0000;
               else
                  begin
                      if(en_m)
```

```
                begin
                    if(COUNTERm == 6'b11_1011)
                        COUNTERm <= 6'b0;
                    else
                    COUNTERm <= COUNTERm+1'b1;
                end
            else if(de_m)
                begin
                    if(COUNTERm == 6'b00_0000)
                        COUNTERm <= 6'b11_1011;
                    else
                    COUNTERm <= COUNTERm-1'b1;
                end
        end
    end
  always@( posedge clk or  negedge reset)
    begin:  calculate_hourur
      if (!reset)
            COUNTERh <= 5'b0;
      else
        begin
            if(en_h)
                begin
                    if(COUNTERh == 5'b1_0111)//counterh=23
                        COUNTERh <= 5'b0;
                    else
                    COUNTERh <= COUNTERh+1'b1;
                end
            else if(de_h)
                begin
                    if(COUNTERh == 5'b0_0000)
                        COUNTERh <= 5'b1_0111;
                    else
                    COUNTERh <= COUNTERh-1'b1;
                end
        end
    end
endmodule
```

（4）keyscan 模块和 data_2_disp 模块与键盘扫描与数码管显示设计一样，请参考后面的设计。

4. *演示程序使用*

附录 A 中介绍的 TE3 开发板采用的是动态扫描显示的原理，而附录 B 中介绍的 DE2 开发板没有采用动态扫描原理，8 个数码管全部接到 FPGA 的不同引脚上，故该实验在 TE3 开发板上进行。若需要在 DE2 开发板上进行试验，需要把数码管动态扫描显示的部分删除，把用到的数码管引脚接到 FPGA 对应的引脚上即可。

演示设备要求：核心板，扩展板。

演示步骤：下载后，可以看到数码管 L14 由零开始计数，L13，L14 为秒数显示，按下键盘区的 S3 键，可以观察到 L12 即分钟数增 1，同时数码管 L7L8 显示 14，即 S3 所在的行列值。同样，按下 S7 键为分钟数减 1，S6 键为小时数增 1，数码管 L10 上的数字会相应增 1，S10 键为小时数减 1。所按键的行列值都会在 L7L8 上显示。核心板 Reset 键为复位键。

6.2 键盘扫描及数码管显示应用

本实验的目的是通过键盘获取用户输入和七段数码端实现输出的实验熟悉矩阵键盘的动态扫描工作原理，以及七段数码管的扫描显示原理，提高复杂 FPGA 数字逻辑设计及输入、输出设计技能。键盘原理图如图 6.2.1 所示。

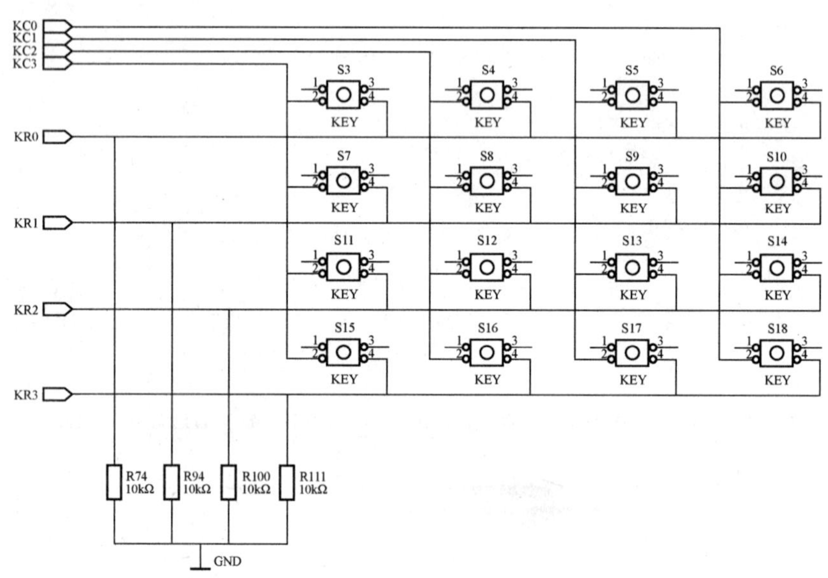

图 6.2.1 键盘 4×4 原理图

1. 实验内容

实现 4×4 扫描键盘输入键的识别，并把输入按键相应的行值和列值在七段数码管 L7 和 L8 上显示出来，本实验需要使用扩展板。

2. 实验原理

（1）4×4 扫描键盘原理。键盘扫描方法：首先由输出口 KC0～KC3 向所有的列线输出高电平，读取各行线 KR0～KR3 的状态。若行线状态全为低电平，则表明无键按下，若有高电平，则表明有键按下。若有键按下，先进行消抖，消抖结束，再对每一列进行扫描，即：KC0～KC3 四条列扫描线分别输出高电平，在每次输出高电平期间，读取各行线 KR0～KR3 的状态，确定键值。例如，KC0～KC3 输出“0100”，此时若读取 KR0～KR3 的状态为“1000”，则表明按键 S5 被按下。

在按键闭合和打开的瞬间会产生许多尖脉冲，持续时间约几毫秒到几十毫秒。因而在程序中，当检测到按键被按下后，便开始读取键值，每隔 4ms 读一次键值，直到连续 8 次读取的键值完全相同，则认为抖动已经消除。消抖时间为 4ms×8＝32ms。

（2）7 段数码管显示原理。7 段显示器具有两种显示模式。一种是独立显示模式，即每个显示器具有单独的 8 根数据线和 1 根选通信号线，可以同时控制各个显示器的显示结果；另一种是扫描显示模式，即所有显示器共用 8 根数据线，各自再有一根选通数据线，采用时分的方式选通各个数码管进行显示。

独立显示模式实现简单，但是需要很多信号线（如 8 个要分别控制则一共需要 9×8＝72 根信号线），因此实际中一般采用扫描显示模式。七段数码管扫描显示模式：由于人眼具有视觉暂留的特性，其影像在人眼的视网膜上仍旧会存留一段时间，因此当一个事物周期性的闪现在眼前，且其重复频率足够高时，这个事物的影像就会一直留在人眼的视网膜上，则在人眼看来这个事物就是连续存在的。对于每个显示器来说，如果让它每隔时间 T 闪现一次，而每次闪现时间为 t（满足 $t<T$），则当 T 足够小（例如 T=10ms 时），我们看这个显示器就像是连续显示的了。如果要同时显示 8 个显示器，则可以安排把每个周期 T 平均分成 8 段每个显示器分别利用其中一段时间进行显示。

3. 实验模块设计

如图 6.2.2 所示，这个实验由 5 个模块组成，顶层模块 Key_scan 除了把各个子模块连接起来以外，还负责所按键的行列值的扫描显示。Scan_clk 模块产生扫描键盘所要求的周期为 4ms 的时钟，Scan 模块负责扫描键盘，Data_2_disp 模块负责输入键值的译码，译码产生的结果将在顶层模块中控制 7 段数码管各段电平，因为要显示行值和列值，因此用两个 Data_2_disp 模块。

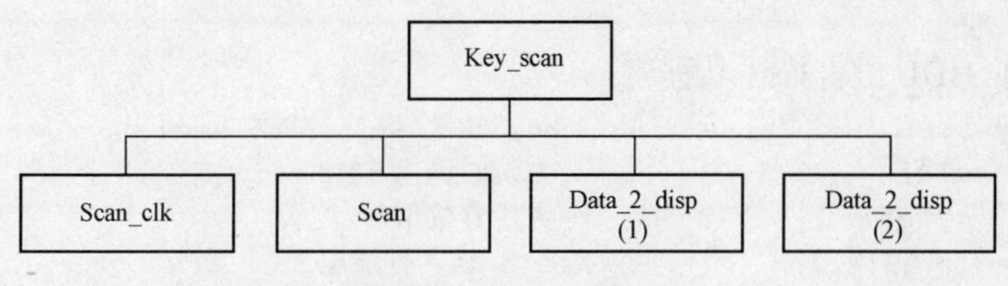

图 6.2.2 模块关系图

（1）Key_scan 模块。

1）功能：顶层模块，扫描键值，把相应的行列线地址在数码管上显示。如图 6.2.3 所示，Scan_clk 输出的时钟输入 Scan 模块，作为控制键盘扫描周期的时钟？Scan 模块输出的行地址和列地址作为 Data_2_disp 模块的输入，译码输出，在 Key_scan 模块当中由 Hex_sel 控制，这样就可以在数码管上显示按下键的行地址和列地址了。端口地址参看表 6.2.1，其内部结构如图 6.2.4 所示。

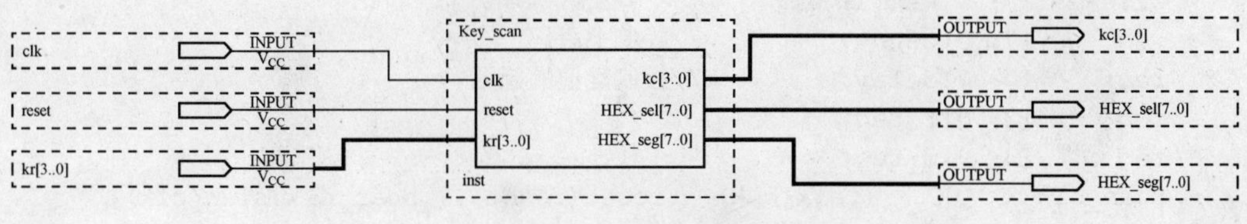

图 6.2.3 顶层 Key_scan 模块

表 6.2.1 **Key_scan 端口说明**

端口名称	输入/输出	说　明
clk	I	50MHz 系统时钟
reset	I	异步置位，高电平有效
kr	I	输入行线电平
kc	O	输出列线电平
Hex_sel	O	选择数码管
Hex_seg	O	在数码管上显示数字

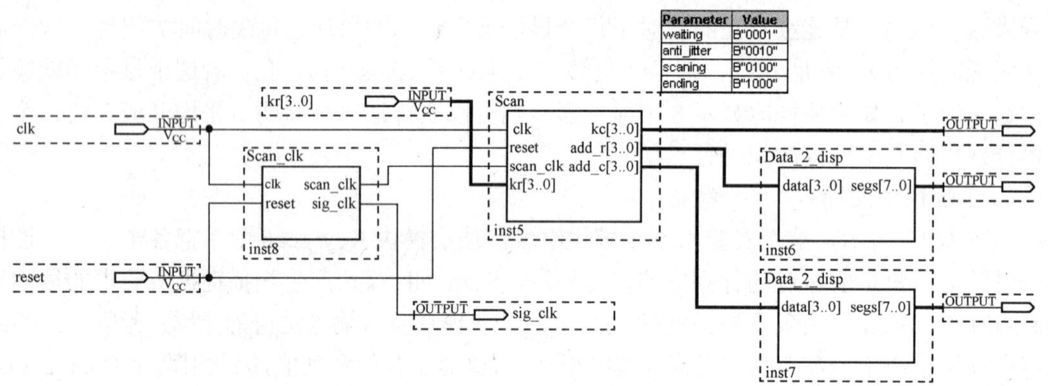

图 6.2.4 Key_scan 模块内部结构

2）用 Verilog HDL 语言描述其程序：

```
module Key_scan(clk, reset, kr, kc, HEX_sel, HEX_seg);
    input   clk;                //系统时钟, 50MHz
    input   reset;              //异步置位信号
    input   [3: 0]kr;           //4*4 输入行线电平
    output  [3: 0]kc;           //4*4 输入列线电平
    output  [7: 0]HEX_sel;      //选择数码管号 {L14,...,L7}
    output  [7: 0]HEX_seg;      //在 7 段数码管上显示
    reg [3: 0]kc;
    reg [7: 0]HEX_sel;
    reg [7: 0]HEX_seg;
    wire[3: 0]add_r;         //按下键的行地址
    wire      [3: 0]add_c;      //按下键的列地址
    wire      scan_clk;
    wire      sig_clk;
    wire    [7: 0]Hex[1: 0];
    reg     [7: 0]count;        //控制七段码
    reg     [7: 0]delay;        //控制键值的延迟
    reg     [3: 0]r_reg;
    reg     [3: 0]c_reg;
    Scan_clk SCANCLK (.clk(clk), .reset(reset), .scan_clk(scan_clk),
.sig_clk(sig_clk));
    Scan scan ( .clk(clk), .reset(reset), .scan_clk(scan_clk),
               .kr(kr), .kc(kc), .add_r(add_r), .add_c(add_c));
```

```
    Data_2_disp disp1 (.data(r_reg), .segs(Hex[0]));
    Data_2_disp disp2 (.data(c_reg), .segs(Hex[1]));
    always @(posedge clk)
        begin
            if(scan_clk)
                begin
                    if((add_r != 4'b1111)&&(add_c != 4'b1111))
                        begin
                            delay <= 8'b0000_0000;
                            r_reg <= add_r;
                            c_reg <= add_c;
                        end
                    else
                        begin
                            delay <= delay+1'b1;
                            if(delay == 8'b1111_1001)
                                begin
                                    r_reg <= 4'b0000;
                                    c_reg <= 4'b0000;
                                    delay <= 8'b0000_0000;
                                end
                        end
                end
        end
    always @(posedge clk or negedge reset)
        begin
            if( !reset )
                    HEX_sel <= 8'b1111_1101;
            else
                begin
                    count <= count+1'b1;

                    if(count == 18'b1)      //每隔 5ms 显示 L7 和 L8
                        HEX_sel <= {HEX_sel[7: 2],HEX_sel[0],HEX_sel[1]};
                end
        end
    always @(HEX_sel)
        begin
            case(HEX_sel)
                8'b1111_1101:   HEX_seg = Hex[0];   //显示被按键的行
                8'b1111_1110:   HEX_seg = Hex[1];   //显示被按键的列
                default:    HEX_seg = 8'b1111_1111;
            endcase
        end
endmodule
```

（2）Scan_clk 模块。

1）功能：产生周期为 4ms 的键盘扫描时钟和频率为 1MHz 的逻辑分析仪测试时钟。其元件符号如图 6.2.5 所示，端口说明见表 6.2.2。

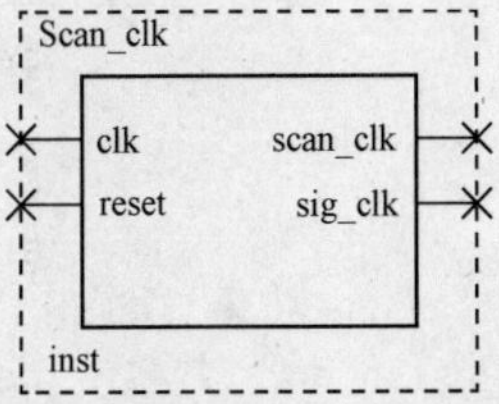

图 6.2.5　Scan_clk 的元件符号

表 6.2.2 **Scan_clk 端口说明**

端口名称	输入/输出	说　　明
clk	I	50MHz 系统时钟
reset	I	异步置位，高电平有效
scan_clk	O	周期是 4ms 的键盘扫描时钟
sig_clk	O	为 signaltap 逻辑分析仪时钟

2）用 Verilog HDL 语言描述其程序：

```
module Scan_clk (clk, reset, scan_clk, sig_clk);
    input   clk;
    input   reset;
    output  scan_clk;       //4ms 时钟,256Hz 的键盘扫描时钟
    output  sig_clk;        //为 signaltap 逻辑分析仪时钟,频率为 1MHz
    reg scan_clk;
    reg     sig_clk;
    reg [7: 0]count;
    reg     [5: 0]counter;
    always@(posedge clk or negedge reset)
        begin
            if(!reset)
                begin
                    count <= 18'h00000;
                    scan_clk <= 1'b0;
                end
            else
                begin
                    count <= count+1'b1;

                    if(count >= 18'h30D3F)
                        begin
                            scan_clk <=1;
                            count <= 18'h00000;
                        end
                    else
                        scan_clk <= 0;
                end
        end
    always@(posedge clk or negedge reset)
        begin
            if(!reset)
                begin
                    counter <= 6'b00_0000;
                    sig_clk <= 1'b0;
                end
            else
                begin
                    counter <= counter+1'b1;
```

```
                    if(counter >= 6'b11_0001)
                        begin
                            sig_clk <=1;
                            counter <= 6'b00_0000;
                        end
                    else
                            sig_clk <= 0;
                end
        end
endmodule
```

（3）Data_2_disp 模块。

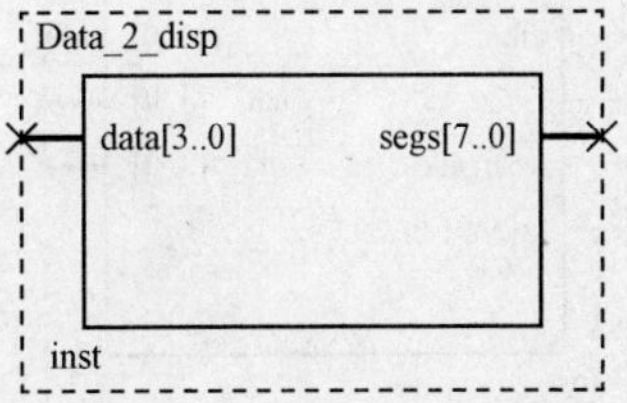

Data_2_disp
data[3..0]
segs[7..0]
inst

图 6.2.6 Data_2_disp 模块元件符号

1）功能：把输入的 4bit 数据译码为 8bit 二进制数据，控制 7 段数码管各段的电平值。其元件符号如图 6.2.6 所示。模块端口说明见表 6.2.3。

表 6.2.3 **Data_2_disp 端口说明**

端口名称	输入/输出	说　明
data	I	输入位宽为 4 的二进制
segs	O	译码输出，变为 8bit 二进制

2）用 Verilog HDL 语言描述其程序：

```
module Data_2_disp (data, segs);
   input   [3: 0]  data;                  //4 位输入数据
   output  [7: 0]  segs;                  //8 段码译码输出
   reg     [7: 0]  segs;                  //{H,G,F,E,D,C,B,A}
always @(data)
   begin
       case(data)
           4'h0:  segs = 8'b11000000;
           4'h1:  segs = 8'b11111001;
           4'h2:  segs = 8'b10100100;
           4'h3:  segs = 8'b10110000;  // ---A----
           4'h4:  segs = 8'b10011001;  // |      |
           4'h5:  segs = 8'b10010010;  // F      B
           4'h6:  segs = 8'b10000010;  // |      |
           4'h7:  segs = 8'b11111000;  // ---G----
           4'h8:  segs = 8'b10000000;  // |      |
           4'h9:  segs = 8'b10010000;  // E      C
           //4'ha:  segs = 8'b10001000;    // |      |
           //4'hb:  segs = 8'b10000011;    // ---D---- .(H)
           //4'hc:  segs = 8'b11000110;
           //4'hd:  segs = 8'b10100001;
           //4'he:  segs = 8'b10000110;
           //4'hf:  segs = 8'b10001110;
           default:  segs = 8'b11111111;
       endcase
   end
endmodule
```

（4）Scan 模块。

1）功能：扫描键盘，输出按下的键的行值和列值。其元件符号如图 6.2.7 所示，端口说明见表 6.2.4。

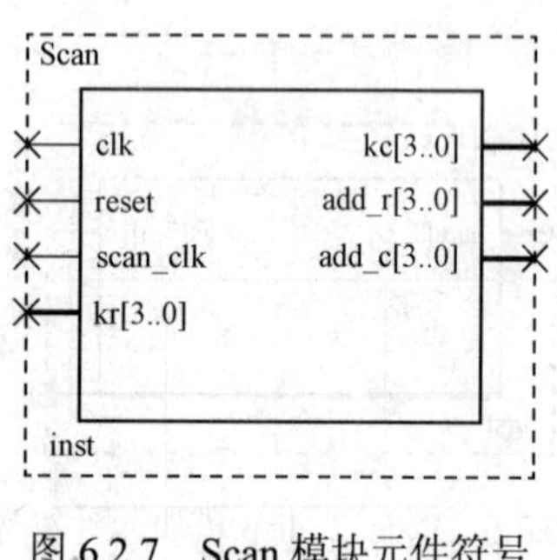

图 6.2.7　Scan 模块元件符号

表 6.2.4　　Scan 端口说明

端口名称	输入/输出	说　明
clk	I	50MHz 系统时钟
reset	I	异步置位，高电平有效
scan_clk	I	周期是 4ms 的键盘扫描时钟
kr	I	四条输入行线的电平值
kc	O	四条列线输出电平值
add_r	O	有键按下时行线的地址
add_c	O	有键按下时列线的地址

2）用 Verilog HDL 语言描述其程序：

```
module Scan(clk, reset, scan_clk, kr, kc, add_r, add_c);
    parameter  waiting = 4'b0001, anti_jitter = 4'b0010,
               scaning = 4'b0100, ending = 4'b1000;
    input   clk;                  //系统时钟, 50MHz
    input   reset;                //异步置位,高电平有效
    input   [3: 0]kr;             //四条输入行线的电平值
    input      scan_clk;          //键盘扫描时钟
    output  [3: 0]kc;             //四条列线输出电平值
    output  [3: 0]add_r;          //按下键的行地址
    output  [3: 0]add_c;          //按下键的列地址
    reg     [3: 0]kc;
    reg     [3: 0]add_r;
    reg     [3: 0]add_c;
    reg     [3: 0]temp_r;
    reg     [3: 0]temp_c;
    reg     [2: 0]delay;
    reg     [3: 0]kr_last;
    reg     [3: 0]state;
    wire    scan_clk;
    always@(posedge clk or negedge reset)
        begin
            if(!reset)
                begin
                    add_r <= 4'b1111;
                    add_c <= 4'b1111;
                    kc <= 4'b1111;
                    kr_last <= 4'b0000;
                    delay <= 1'b0;
                    state <= waiting;
                end
            else
                begin
                    if(scan_clk)
```

```
        case(state)
          waiting:  //wait some key pressed down
              begin
                  add_r <= 4'b1111;
                  add_c <= 4'b1111;
                  kc <= 4'b1111;
                  delay <= 1'b0;
                  if(kr > 4'b0000)//如果行线中有键按下
                      begin
                          state <= anti_jitter;
                          kr_last <= kr;
                      end
              else    state <= waiting;
          end
        anti_jitter: //remove jitter
            begin
                  add_r <= 4'b1111;
                  add_c <= 4'b1111;
                  kr_last <= kr;
                  kc <= 4'b1111;
                  if(delay == 3'b111)
                      begin
                          state <= scaning;
                          delay <= 1'b0;
                          kc <= 4'b1000;
                                //从最左边的列线开始扫描
                      end
                  else
                      begin
                          if(kr_last == kr)
                              delay <= delay + 1'b1;
                          else if(kr == 4'b0000)
                              state <= waiting;
                          else
                              delay <= 1'b0;
                      end
              end
          scaning: //scan the keys
              begin
                  //add_r = 4'b0000;
                  //add_c = 4'b0000;
                  kc <= {kc[0],kc[3: 1]};
                                //从最左边开始扫描列线
                  delay <= 1'b0;
                  if(kc == 4'b0001)//扫描到最右边的列线
                  begin
                        state <= ending;
                        kc <= 4'b1111;
                  end
                  if((temp_r != 4'b0000)&&(temp_c != 4'b0000)
                      begin
```

```
                                    add_r <= temp_r;
                                    add_c <= temp_c;
                                end
                        end
                    ending: //keep the value of add_r and add_c for 8*4ms
                        begin
                            delay <= delay + 1'b1;

                            if(delay == 3'b111)
                                state <= waiting;
                        end
                    default:
                        begin
                            state <= waiting;
                            add_r <= 4'b1111;
                            add_c <= 4'b1111;
                        end
                endcase
            end
        end
    always @(*)
        begin
            case(kr)
                4'b1000:
                    begin
                        temp_r = 4'b0100;
                        case(kc)
                            4'b1000:  temp_c = 4'b0100;
                            4'b0100:  temp_c = 4'b0011;
                            4'b0010:  temp_c = 4'b0010;
                            4'b0001:  temp_c = 4'b0001;
                            default:  temp_c = 4'b0000;
                        endcase
                    end
                4'b0100:
                    begin
                        temp_r = 4'b0011;
                        case(kc)
                            4'b1000:  temp_c = 4'b0100;
                            4'b0100:  temp_c = 4'b0011;
                            4'b0010:  temp_c = 4'b0010;
                            4'b0001:  temp_c = 4'b0001;
                            default:  temp_c = 4'b0000;
                        endcase
                    end
                4'b0010:
                    begin
                        temp_r = 4'b0010;
                        case(kc)
                            4'b1000:  temp_c = 4'b0100;
                            4'b0100:  temp_c = 4'b0011;
                            4'b0010:  temp_c = 4'b0010;
```

```
                4'b0001:  temp_c = 4'b0001;
                default:  temp_c = 4'b0000;
            endcase
        end
    4'b0001:
        begin
            temp_r = 4'b0001;
            case(kc)
                4'b1000:  temp_c = 4'b0100;
                4'b0100:  temp_c = 4'b0011;
                4'b0010:  temp_c = 4'b0010;
                4'b0001:  temp_c = 4'b0001;
                default:  temp_c = 4'b0000;
            endcase
        end
    default:
        begin
            temp_r = 4'b0000;
            temp_c = 4'b0000;
        end
    endcase
  end
endmodule
```

4. 分析与综合

如前面实验所示，在对工程进行编译处理前，必须给予必要的设置和约束。设置结束后进行编译，改正出现的错误。

5. 仿真结果

如图 6.2.8 所示是键盘扫描的仿真波形，整个扫描过程由状态机来控制，系统复位的状态是 wating=4'h1,在 waiting 状态下输出为 4'b1111,如果检测到输入不全为低电平则转到去抖动状态 anti_jitter=4'h2,此时继续检测输入端口，如果连续 8 次（delay 的值）检测输入值都相同，则说明有键按下，进入下一个状态 scaning=4'h4，否则认为是毛刺；在 scaning 状态下输出 kc 依次输出 4'b1000、4'b0100、4'b0010、4'b0001，然后根据输入 kr 的值来确定具体是哪一个键按下，在图中可以看到当 add_r=4'h4 ,add_c=4'h2 时，此时 kr=4'h8,kc=4'h1 确定第 4 行第 1 列的键——S18 按下。扫描结束后进入 ending=4'h8 状态，经过 4ms×8＝32ms 之后，又进入下一轮扫描过程。

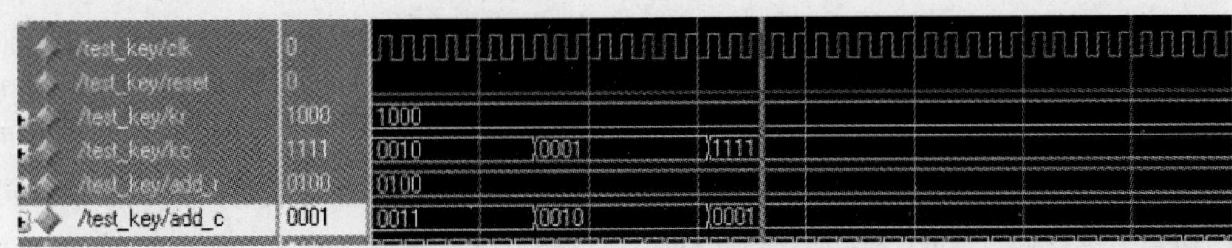

图 6.2.8　键盘扫描仿真波形

在 anti_jitter 状态下修改参数 delay 的变化情况可以控制去抖动的时间；在 ending 状态下修改 delay 的变化范围可以改变连续两次扫描之间的时间间隔，这些值可以根据实际情况进行配置。

6. 程序演示

演示设备要求：核心板，扩展板。

演示步骤：把程序下载到开发板上之后，按下键盘区任意一个键，可以观察到数码管 L7 和 L8 分别显示当前所按键的行值和列值。

6.3 串行接口应用

本设计要求熟悉串口通信的基本原理和实现方法，并使用 Verilog HDL 编写串口通信程序。

1. 设计内容

用 Verilog HDL 编写串口通信的源程序，实现与计算机的通信，通过键盘输入数据发送给 FPGA，FPGA 收到数据后再将该数据返回给计算机并通过超级终端显示出来。

2. 应用原理

串行接口通信是目前最常用的一种低速短距离通信方式。常用于对各种设备进行操作的控制台，是 UART 的一种具体实现方式，最常用的就是计算机上具备 RS-232 接口。本实验就是采用的 RS-232 接口，RS-232 接口有 9 针，其中各引脚定义见表 6.3.1。通常只用 2、3、5 三个引脚。

表 6.3.1　　RS-232 接口各引脚定义

引脚	定　义	引脚	定　义
1	载波检测 DCD	6	数据准备好 DSR
2	接收数据 RXD	7	请求发送 RTS
3	发送数据 TXD	8	清除发送 CTS
4	数据终端准备好 DTR	9	振铃提示 RI
5	信号地 SG		

UART 是异步通信方式，通信的发送方和接收方各自有独立的时钟，传输的速率由双方约定。UART 的通信协议十分简单，如图 6.3.1 所示，以低电平作为起始位，高电平作为停止位，中间可传输 5～8bit 数据和 1bit 奇偶校验位，奇偶校验位的有无和数据比特的长度由通信双方约定。一帧数据传输完毕后可以继续传输下一帧数据，也可以继续保持为高电平，两帧之间保持高电平，持续时间可以任意长。本设计采用不添加校验位的方法，以提高数据传输效率。发送端发送数据时先发一低电平，然后发送 8bit 数据，之后马上把信号拉高，从而完成一帧数据传送。接收端接收到低电平时开始计数，接收 8bit 信息位后，如果检测到高电平即认为已接收完一帧数据，继续等待下一帧起始信号低电平的到来，若接收完 8bit 数据后没有检测到高电平则认为这不是一帧有效数据，将其丢弃，继续等待起始信号。收发可同时进行，互不干扰。此设计的波特率设为 9600。

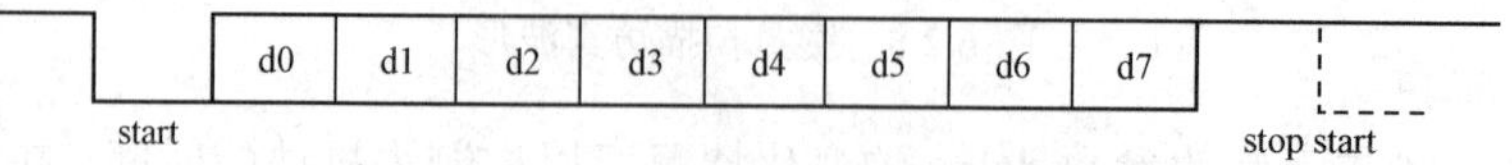

图 6.3.1　RS-232 工作时序

3. 设计框图

本设计要求在计算机出口控制台上显示输入的按键，即程序在收到从计算机发来的用户按键后将其原封不动地发回给计算机，计算机收到后将显示其收到的数据。因此，本程序的核心模块就是串口的收发模块，程序总体架构如图 6.3.2 所示。

（1）顶层模块 UART。顶层模块为 UART（UART.v），其中只包含一个模块 miniUART，miniUART 的功能实现数据在串口的收发。UART 模块只需将输入数据作为输出数据送给 miniUART。UART 的电路元件符号如图 6.3.3 所示，端口说明见表 6.3.2。

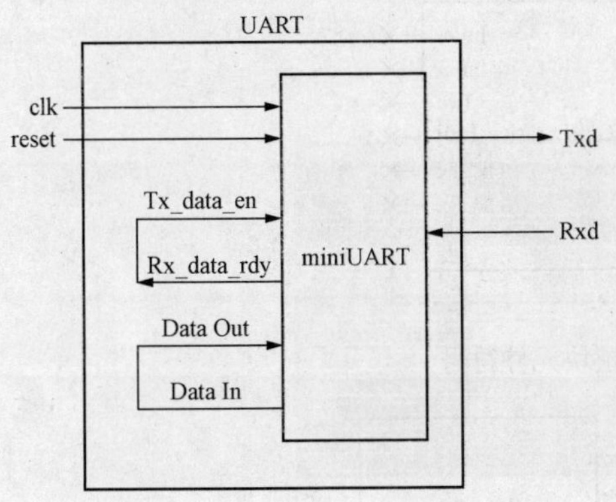

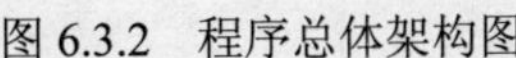

图 6.3.2 程序总体架构图

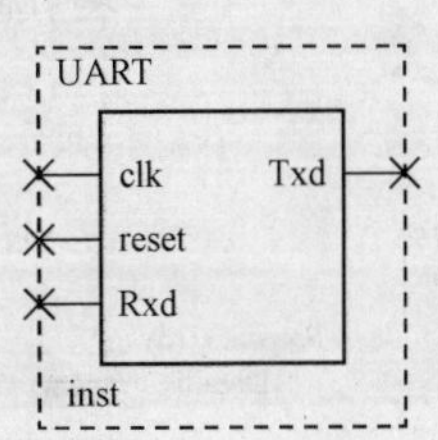

图 6.3.3 UART 的电路元件符号

表 6.3.2 **UART 端口说明**

端口名称	输入/输出	说 明
clk	I	50MHz 系统时钟
reset	I	异步置位，高电平有效
RXD	I	串行数据输入端口
TXD	O	串行数据输出端口

其内部连接如图 6.3.5 所示，实现收发数据和串并转换的是 miniUART 模块；control_uart 模块产生一些标志位和使能端，控制 miniUART 模块的行为。

其 Verilog HDL 程序为：

```
module UART (clk, reset, Rxd, Txd);
   parameter Datasize=8;
   input  clk;                    //50Hz 系统时钟
   input  reset;                  //异步复位信号
   input  Rxd;                    //输入数据
   output Txd;                    //输出数据
   wire   Txd;
   wire   IntRx, IntTx;
   wire   [Datasize-1: 0] DataOut;
   wire   WR,RD;
   wire   [Datasize-1: 0] DataIn_T;
   wire   clk_Tx, clk_Rx;
   miniUART MINI (clk, reset, WR, RD, Rxd ,DataIn_T ,
```

```
        IntRx, IntTx, Txd ,DataOut, clk_Tx, clk_Rx);
    control_uart  CONTR (clk_Rx, reset, IntRx, IntTx, DataOut,
                    WR, RD, DataIn_T);
endmodule
```

（2）miniUART 模块。miniUART 功能包括三部分，即波特率发生器，发送模块，接收模块，实现数据的发送和传输。其元件符号如图 6.3.4 所示，其内部连接如图 6.3.5 所示，miniUART 端口说明参看表 6.3.3。

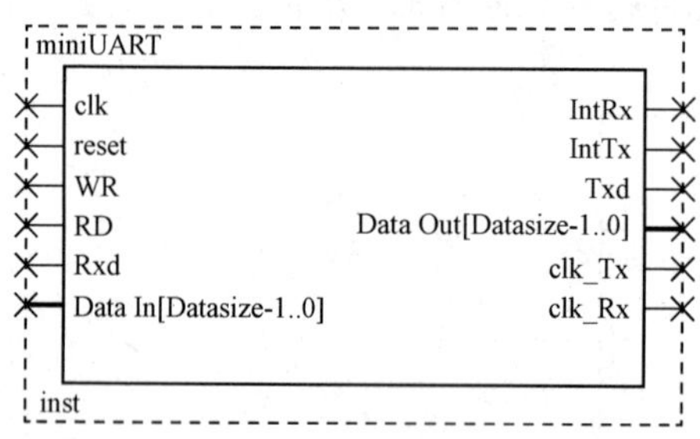

图 6.3.4　miniUART 模块元件符号

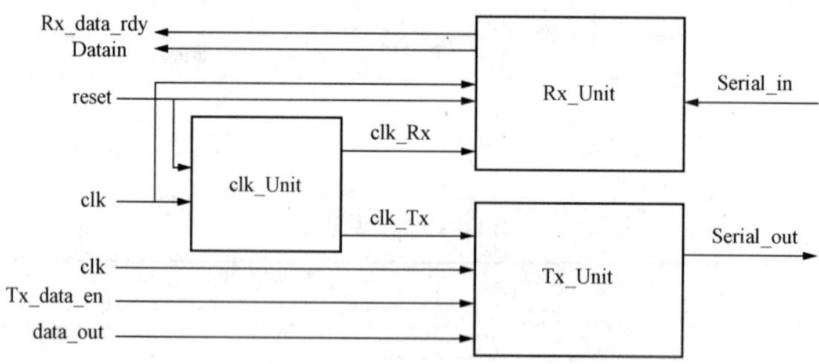

图 6.3.5　miniUART 内部连接图

表 6.3.3　miniUART 端口说明

端口名称	输入/输出	说　　明
clk	I	50MHz 系统时钟
reset	I	异步置位，高电平有效
WR	I	接收模块使能
RD	I	发送模块使能
Rxd	I	接收模块串行数据输入端口
DataIn	I	发送模块并行数据输入端口
clk_Rx	O	接收模块采样时钟
clk_Tx	O	发送模块发送数据时钟
IntRx	O	接收模块接收完一个数据
IntTx	O	发送模块发送完一个数据
Txd	O	发送模块串行数据输出端口
DataOut	O	接收模块并行数据输出端口

1）波特率发生器 clk_Unit,波特率发生器产生发送和接收所需要的时钟信号。

2）接收模块 Rx_Unit 负责串口上数据的接收。

3）发送模块 Tx_Unit 负责串口上数据的发送。

（3）control_uart 模块。其功能为控制 miniUART 模块对数据进行收发。使 FPGA 和主机之间能够通信，产生发送和传输数据的使能信号。control_uart 端口与 miniUART 的端口作用相同，差别仅在于 WR、RD、Rxd、DataIn 是输出端口，IntRx、IntTx、DataOut_R 是输入端口。其元件符号如图 6.3.6 所示。

（4）三个 miniUART 子模块。

1）ClkUnit 模块。其为功能产生用于传输数据和接收数据的时钟，如图 6.3.7 所示。其端口说明参看表 6.3.4。

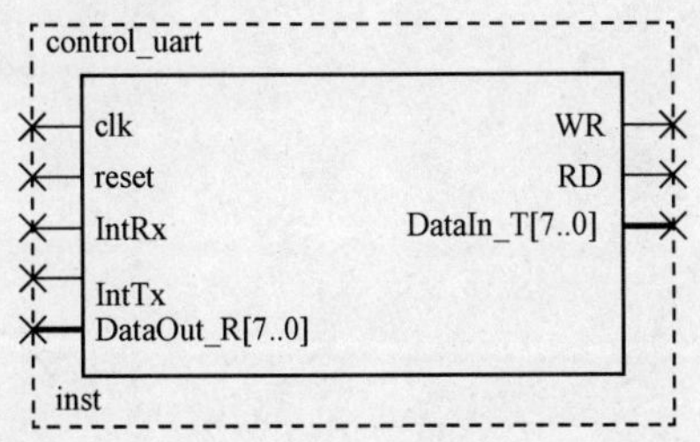

图 6.3.6 control_uart 模块元件符号

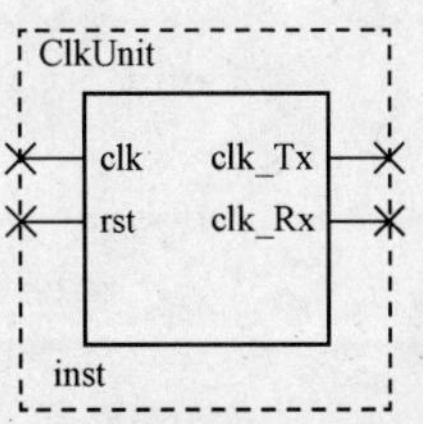

图 6.3.7 ClkUnit 模块元件符号

表 6.3.4 **ClkUnit 端口说明**

端口名称	输入/输出	说　明
clk	I	50MHz 系统时钟
rst	I	异步复位信号
clk_Tx	O	用于传输数据模块的时钟，9.6kHz
clk_Rx	O	用于接收数据模块的时钟，9.6*8kHz

clk_Unit 模块产生用于传输数据和接收数据的时钟，频率分别为 9.6kHz 和 9.6*8kHz，对应的输出是 clk_Tx 和 clk_Rx,正脉冲宽度为 1 个 clk（50MHz）时钟周期。

其程序代码如下：

```
module ClkUnit (clk,rst,clk_Tx,clk_Rx);
   input   clk;           //input clk fre 50MHz
   input   rst;           //reset input
   output  clk_Tx;        //clk for transmit
   output  clk_Rx;        //clk for receive
   reg clk_Tx;            //Divide the system clock of 50 MHz by 5208
   reg clk_Rx;            //Provides the clk_Tx signal, at 9.6 kHz
   always@(posedge clk or negedge rst)
   begin: block1
       integer i;
       if(!rst)
          begin
              clk_Tx<=0;
```

```
            i<=0;
        end
    else
        begin
        if(i<2604)
            begin
                clk_Tx<=0;
                i<=i+1;
            end
        else if(i<5207)
            begin
                clk_Tx<=1;
                i<=i+1;
            end
        else
            begin
                clk_Tx<=1;
                i<=0;
            end
        end
end
//Divide the system clock of 50 MHz by 5208/8=651
//Provides the clk_Rx signal, at 9.6*8=75.8 KHz
always@(posedge clk or negedge rst)
begin: block2
    integer j;
    if(!rst)
        begin
            clk_Rx<=0;
            j<=0;
        end
    else
        begin
        if(j<325)
            begin
                clk_Rx<=0;
                j<=j+1;
            end
        else if(j<650)
            begin
                clk_Rx<=1;
                j<=j+1;
            end
        else
            begin
                clk_Rx<=1;
                j<=0;
```

```
        end
      end
   end
endmodule
```

2）Tx_Unit 模块。其功能为数据传输，并行输入，串行输出。Tx_Unit 模块完成串口数据的发送，它由状态机 Tx_state 控制，Tx_state 有四个状态。状态转换图如图 6.3.8 所示。端口说明参看表 6.3.5。

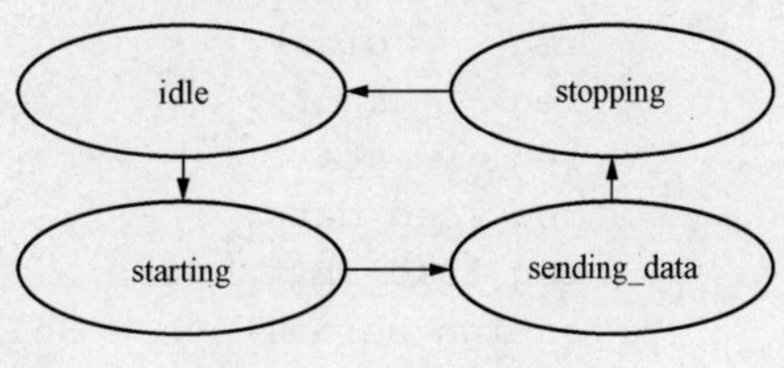

图 6.3.8 状态转换图

表 6.3.5 Tx_Unit 模块端口说明

端口名称	输入/输出	说明
data_in	I	8 位并行数据输入
ready_in	I	主机载入数据信号
Tx_byte	I	主机开始传输信号
clk_Tx	I	传输模块时钟，时钟频率 9.6kHz
rst	I	异步复位端
serial_out	O	串行数据输出
Tx_end	O	传输模块发送完一个 8bit 数据

a）idle 状态。在初始状态，状态机处于 idle 状态，当有数据从串口输出，即 data_en 为高时，进入 starting 状态。

b）starting 状态。在 starting 状态，发送起始位 0，之后进入 sending_data 状态。

c）sending_data 状态。在 sending_data 状态，发送 8bit 数据。当 8bit 数据发送完成后，进入 stopping 状态。

d）stopping 状态。在 stopping 状态，发送停止位，而后回到 idle 状态。

其程序代码如下：

```
module Tx_Unit(serial_out,Tx_end, data_in, ready_in, Tx_byte, clk_Tx, rst);
   parameter   Datasize=8;                      //data in size
   parameter   Statesize=3;                     //state size
   parameter   idle = 3'b001;                   // one-hot state encoding
   parameter   waiting = 3'b010;
   parameter   sending = 3'b100;
   parameter   all_ones = 9'b1_1111_1111;  //Datasize + 1 extra bit
   output  serial_out;              //Serial output to data channel
   output  Tx_end;                  //Txunit has sent one 8_bit data
   input   [Datasize-1: 0]data_in; //Parell data in
   input   ready_in;                //Host ready transmitting signal
   input   Tx_byte;     //Used by host to signal start of transmission
   input   clk_Tx;                  //Clock of the transmitter
   input   rst;//Resets internal registers, loads the Txdata_Shift_buff with ones
   reg Tx_end;
   reg [Datasize-1: 0]Tx_data_buff;// Transmitting data buffer
   reg [Datasize: 0] Shift_buff; //Transmitting shift buffer{data, start bit}
```

```
reg [3: 0]Bit_count;              //Counts the bits that are transmitted
reg [Statesize-1: 0]state,next_state; //State machine controller
reg     clear;                  //Clears bit_count after last bit is sent
reg     shift;                  //Shift of data in Shift_buff
reg     start;                  //Signal start of transmission
reg load_data;                  //Load the data buffer signal
reg load_shft_buff;             //Flag to load the Shift_buff
assign serial_out = Shift_buff[0];      //LSB of shift register
always @(state or ready_in or Bit_count or Tx_byte)
    begin:  Output_and_next_state
    load_shft_buff = 0;
        load_data=0;
    clear = 0;
    shift = 0;
    start = 0;
        Tx_end = 0;
    next_state = state;
        case (state)
        idle:
          if (ready_in = = 1)
            begin
                load_data = 1;
                load_shft_buff = 1;
                next_state = waiting;
            end
        waiting:
        if (Tx_byte = = 1)
            begin
                start = 1;
                load_shft_buff = 1;
                next_state = sending;
            end
    sending:
        if (Bit_count != Datasize + 1)
            shift = 1;
        else
            begin
                Tx_end = 1;
                clear = 1;
                next_state = idle;
            end
    default:    next_state = idle;
    endcase
    end
always @(posedge clk_Tx or negedge rst)
    begin:  State_Transitions
    if (rst= = 0)
            state <= idle;
        else
            state <= next_state;
    end
```

```
  always @(posedge clk_Tx or negedge rst)
     begin:  Buffer_Shift
      if (rst = = 0)
         begin
         Shift_buff <= all_ones;
         Bit_count <= 0;
         end
      else
         begin
         if (load_data = = 1)
             Tx_data_buff <= data_in;    //Get the data bus
         if (load_shft_buff= = 1)
           Shift_buff <= {Tx_data_buff,1'b1};
                    //Load shift reg,  insert stop bit
             if (start = = 1)
             Shift_buff[0] <= 0;
                    //Insert start bit, signal start of transmission
             if (clear = = 1)
                 Bit_count <= 0;
             else if (shift = = 1)
                 Bit_count <= Bit_count + 1'b1;
         if (shift = = 1)
         Shift_buff <= {1'b1, Shift_buff[Datasize: 1]};
                    //Shift right, fill with 1's
     end
  end
endmodule
```

3）Rx_Unit 模块。其功能为接收数据，串行输入，并行输出。端口说明参看表 6.3.6。

表 6.3.6　　Rx_Unit 模块端口说明

端口名称	输入/输出	说　明
serial_in	I	串行数据输入
sample_clk	I	采样时钟，频率 9.6*8kHz
rst	I	异步复位端
Data_out	O	8 位并行数据输出
Data_rdy	O	接收模块接收完一个数据
Error	O	传输错误

其程序代码为：

```
module Rx_Unit ( Data_out, Data_rdy, Error,serial_in, sample_clk, rst);
     parameter Datasize      = 8;    //Size of the data to receiving host
     parameter  Statesize    = 3;    //state size
     parameter idle          = 3'b001;//one-hot state encoding
     parameter starting      = 3'b010;
     parameter receiving     = 3'b100;
     output[Datasize-1: 0] Data_out;//The 8 bits data to host
     output    Data_rdy,             //The receiver has receiving 8 bits
               //Error1,             //The host not ready to receive data
```

```
            Error;             //Transmitting data error
    input   serial_in,       //Rx_unit input data
            sample_clk,      //sample_clk is 8x Bit_clk
            rst;             //reset signal
            //ready_in;      //The host has ready to receive signal
    reg   [Datasize-1: 0] Data_out;
    reg    Data_rdy;
    reg    Error;
    reg   [Datasize-1: 0] RCV_shftreg;
    reg   [3: 0] Sample_counter;
    reg   [3: 0] Bit_counter;
    reg   [Statesize -1: 0] state, next_state;
    reg   inc_Bit_counter, clr_Bit_counter;
    reg    inc_Sample_counter, clr_Sample_counter;
    reg    shift, load;
  //Combinational logic for next state and conditional outputs
    always @(state or serial_in or Sample_counter or Bit_counter)
       begin
          Data_rdy = 0;
          clr_Sample_counter = 0;
      clr_Bit_counter = 0;
          inc_Sample_counter = 0;
          inc_Bit_counter = 0;
          shift = 0;
          Error = 0;
      //Error2 = 0;
      load = 0;
          next_state = state;
      case (state)
          idle:
                  if (serial_in == 0)
                      next_state = starting;
          starting:
                  if (serial_in == 1)
                      begin
                          next_state = idle;
                      clr_Sample_counter = 1;
                  end
                  else
                      if (Sample_counter == 3)
                      //if 3 serial sample data of serial_in is zero,
                          begin        //then it is a valid start bit
                          next_state = receiving;
                          clr_Sample_counter = 1;
                      end
                      else inc_Sample_counter = 1;
          receiving:
                  if (Sample_counter < 7)
                                      //Sampling times of each input is 8
                      inc_Sample_counter = 1;
                  else
                      begin
```

```
                clr_Sample_counter = 1;
                if (Bit_counter != Datasize)
                    begin
            shift = 1;
                inc_Bit_counter = 1;
                    end
                else
                    begin
                next_state = idle;
            Data_rdy = 1;
                clr_Bit_counter = 1;
                    if (serial_in == 0)
                        Error = 1;
            else load = 1;
                    end
        end
    default:    next_state = idle;
  endcase
 end
 //state_transitions_and_register_transfers
 always @(posedge sample_clk or negedge rst)
  begin
     if (rst == 0)
        begin
              state <= idle;
              Sample_counter <= 0;
              Bit_counter <= 0;
              RCV_shftreg <= 8'hff;
         end
      else
        begin
        state <= next_state;
        if (clr_Sample_counter == 1)
              Sample_counter <= 0;
        else if (inc_Sample_counter == 1)
              Sample_counter <= Sample_counter + 1'b1;

        if (clr_Bit_counter == 1)
              Bit_counter <= 0;
        else if (inc_Bit_counter == 1)
              Bit_counter <= Bit_counter + 1'b1;
        if (shift == 1)
              RCV_shftreg <= {serial_in, RCV_shftreg[Datasize-1: 1]};
        if (load == 1)
              Data_out <= RCV_shftreg;
         end
  end
endmodule
```

4. 实验步骤

(1) 了解并熟悉 UART 通信协议。

(2) 根据实际需要设计波特率发生器，产生发送模块和接收模块需要的采样时钟。此设计中采用的是每秒 9600 波特的传输速度，通过对系统提供的 50MHz 时钟分频得到。在实际中由于电路中存在干扰等因素，在数据边缘进行采样容易发生误判，只有在数据的中央进行采样，出错的概率才能降到最低，所以使用 8 倍于波特率的时钟，即 9600×8Hz＝76.8kHz。即接收模块的时钟频率为 76.8kHz。发送模块和接收模块的具体设计思路在后面叙述。

（3）在 UART 设计好之后，要实现与计算机通信并通过超级终端显示出来，还需要一些控制信号来控制 UART 的收发。具体在本实验里面，每接收到一个数据后就触发发送模块的使能信号，使其发送接收模块收到的数据，当没有接收到数据时，发送模块就处于空闲状态。

（4）编译通过后用 ModelSim 分别对发送模块和接收模块进行仿真，看是否能正确地进行收发。编写测试程序时要注意输入的串行数据的时钟频率是 9.6kHz，所以数据要保持足够的时间。

（5）仿真正确后，通过 Pin Planner 对输入和输出分配引脚，未用引脚设置成输入三态，通过 Programmer 把程序下载到测试板上面。

5. 仿真结果

（1）图 6.3.9 是整个 UART 仿真结果。从图中可以看出，在 reset 信号的上升沿输入和输出数据都被置 1，在 reset 为低时 UART 工作。当 UART 收到一个数据后，进行串并转换后输出，送给发送模块，由发送模块进行并串转换后发送出去，因此 Txd 比 Rxd 波形延后了几个时钟周期。

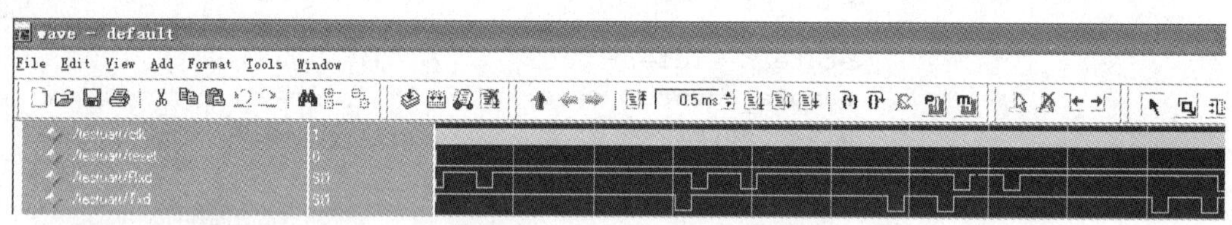

图 6.3.9 UART 仿真结果

（2）图 6.3.10 是发送模块的仿真波形，发送在发送时钟及控制信号的作用下，把输入的 8 位并行数据进行串行输出。发送完一个数据后产生一个中断信号 Tx_end。发送模块的状态转移图如图 6.3.8 所示。

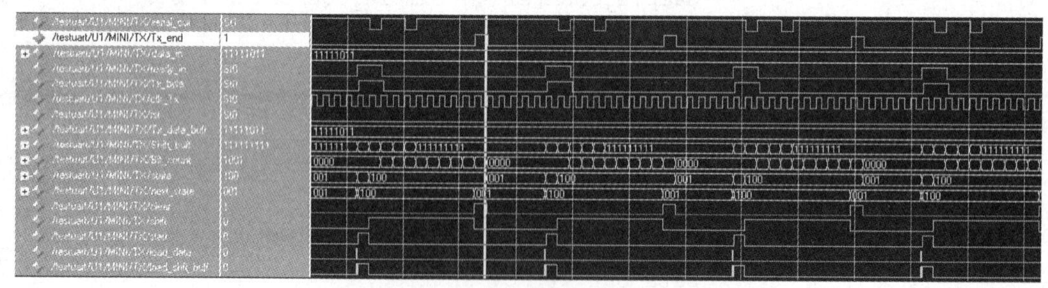

图 6.3.10 发送模块的仿真波形

（3）图 6.3.11 是接收模块的仿真波形，接收模块在采样时钟及控制信号的作用下，对输入的串行数据进行采样，若连续三次采样数据都为 0，则认为是起始位，因此开始接收数据。每 8 位并行输出一次。接收完一个字节后产生一个中断信号 Data_rdy。

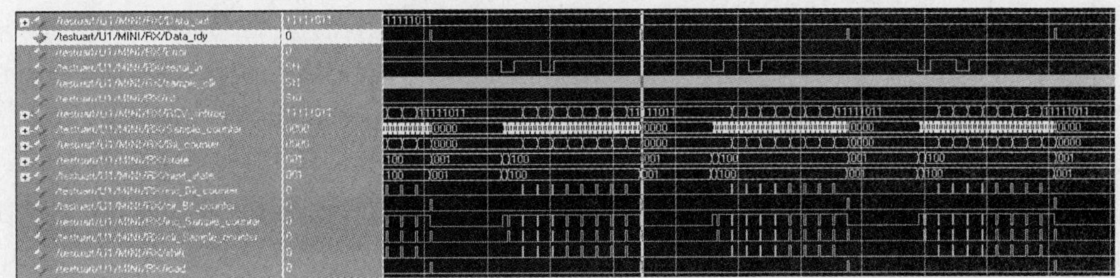

图 6.3.11 接收模块的仿真波形

6. 演示程序使用

演示设备要求：核心板、串口线。连接串口线时注意黑线接地。演示步骤：把串口线连接好，把程序下载到实验板上以后，打开 windows 系统自带的串口调试工具超级终端，建立新连接，从键盘输入信息，实现计算机和 FPGA 之间的通信。具体如下："开始"→"所有程序"→"附件"→"通信"→"超级终端"，出现图 6.3.12 所示超级终端初始画面。

如图 6.3.13 所示，为新建连接命名字为"UART"，然后选择 COM1，有的计算机有多于 1 个的串口，这时要注意自己连接的是哪一个串口。

图 6.3.12 超级终端初始画面图

图 6.3.13 选择串口

设置串口属性时，如果不知道该设置什么样的值，可以直接按"还原默认值"，系统会自动设置最保守的符合要求的值，如图 6.3.14 所示。

注意复位键 sw1 是打开的，这时就可以通过键盘进行计算机与 FPGA 之间的通信。如从键盘输入"123456abcdABCD"，在超级终端的窗口显示出来，结果如图 6.3.15 所示。

图 6.3.14 串口设置画面

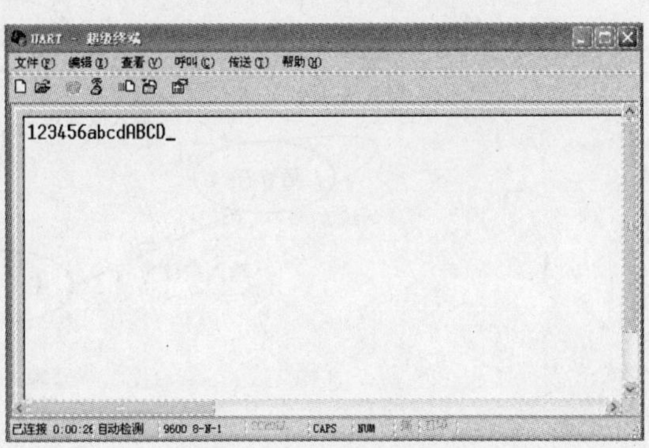

图 6.3.15 结果画面

6.4 计算器设计

1. 设计目的与内容

目的：熟练运用 Quartus II 软件进行设计，掌握数字电路设计的基本流程，状态机的设置及分块设计的思想。

7	8	9	÷
4	5	6	×
1	2	3	−
0	清零	=	+

图 6.4.1 4×4 键盘按键分配

内容：用 Verilog HDL 设计一个能实现两位十进制数加减乘除运算的计算器，数值的输入由按键来控制，计算模式（加、减、乘、除）同样也由按键来控制。输入数据和计算结果由 8 个七段数码管显示出来。

4×4 键盘按键分配如图 6.4.1 所示。每个运算数使用两个数码管显示，左侧显示十位数，右侧显示个位数。输入两位十进制数时，最高位先在右侧显示，然后其跳变到左侧的数码管上，低位在刚才高位占据的数码管上显示。各数码管显示内容对应见表 6.4.1。

表 6.4.1 数码管显示内容对应表

运算数一	L7、L8
运算数二	L9、L10
运算结果	L11、L12、 L13、 L14

2. 设计原理

由扫描按键获得输入数据和运算符，输入数据和计算结果用七段数码管显示出来，键盘扫描和七段数码管扫描原理及实现见键盘扫描及数码管显示实验。

数据输入和运算符输入的状态转移图如图 6.4.2 所示。系统默认状态是“输入操作数 1”，在状态没有变化时，后面的数值覆盖前面的值，其他状态下相同。在获得计算结果状态下，如果输入按键“清零”，则操作数 1、操作数 2 及计算结果全部清零，状态转移到获取操作数 1。

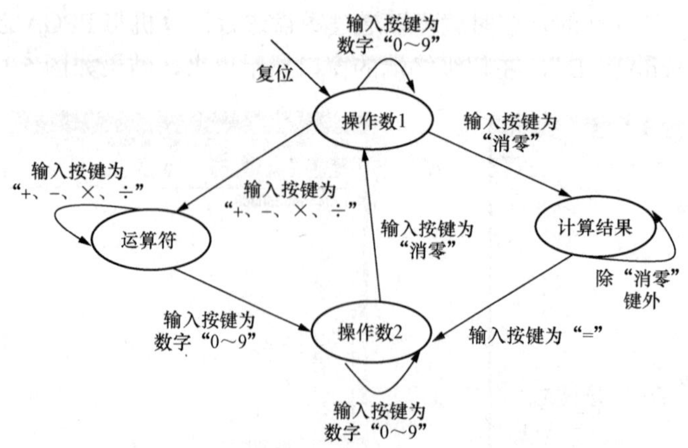

图 6.4.2 数据输入和运算符输入的状态转移图

在键盘扫描时，连续两次键盘扫描的间隔为 200ms，这个时间间隔可以通过设置 scan 模块里面的 delay 参数来修改。

3. 设计方法

设计顶层模块为 calculator，所包含的模块如图 6.4.3 所示。

（1）scan_clk 模块产生键盘扫描和数码管显示所需要的扫描时钟。

（2）scan 模块完成按键的扫描，获取用户按键。

（3）datain 模块是程序的核心模板，完成按键和操作符及运算符的对应，完成用户要求的运算。

（4）data_2_disp 和 disp_scan 模块负责运算数和运算结果的译码及显示，这个与前面键盘扫描实验一样。

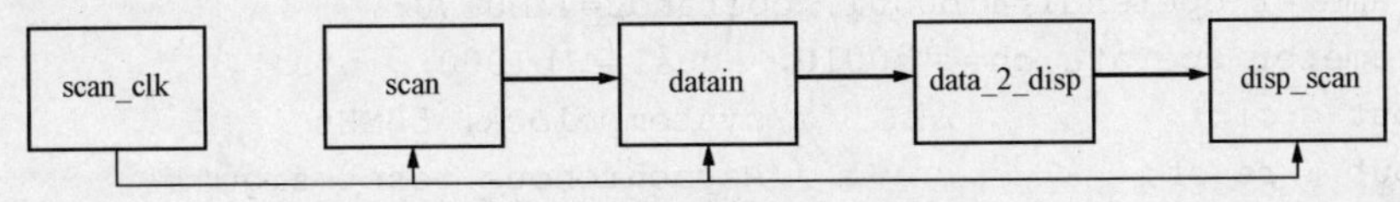

图 6.4.3 计算器程序模块图

下面主要介绍 datain 模块，其他模块在前面程序中已经介绍过。

4. datain 模块

datain 模块的主状态机为 State，State 的状态图如图 6.4.2 所示。State 有四个状态：操作数 1（operand 1）、操作数 2（operand2）、运算符（operate ch）、结果（equal）。

（1）operand1 是系统的初始状态。在 operand 1 状态，系统等待用户输入。当有数字输入时，状态继续在 operand1 状态，等待下一个输入；如果输入为“加减乘除”中的任意一个运算符，则进入 operate ch 状态。

（2）在 operate ch 状态，如果输入仍为运算符，则继续停留在 operate ch 状态；如果输入为数字，则进入 operand2 状态，等待操作数 2 更多的输入；如果此时输入为“清零”，则回到 operand 1 状态，恢复到初始状态。

（3）在 operand2 状态，如果输入为数字，则继续停留在 operand2 状态，并记录输入的数字；如果输入为“=”，则计算结果并进入 equal 状态；如果输入为“清零”，则回到 operand 1 状态，恢复到初始状态。

（4）在 equal 状态，如果输入为“清零”，则回到 operand 1 状态，恢复到初始状态。否则维持原状态。

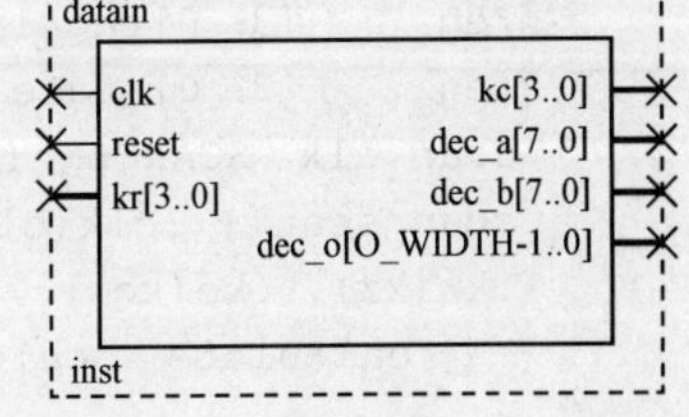

图 6.4.4 datain 模块的元件符号

datain 模块的元件符号如图 6.4.4 所示。其端口说明见表 6.4.2。

表 6.4.2 **datain 的端口说明**

端口名称	输入/输出	说　明
clk	I	时钟信号
reset	I	异步复位端
kr	I	四条行线的输入电平值

续表

端口名称	输入/输出	说　明
kc	I	四条列线的输出电平值
dec_a	O	操作数一
dec_b	O	操作数二
dec_c	O	运算结果

datain 的 Verilog HDL 描述为：

```
module datain(clk, reset, kr, kc, dec_a, dec_b, dec_o);
   parameter WIDTH=8, O_WIDTH=2*WIDTH;
   parameter operand1=4'b0001, operand2=4'b0100;
   parameter operate_ch=4'b0010, equal=4'b1000;
   input   clk;                 //system clock, 50MHz
   input   reset;               //Asynchronous reset signal
   input   [3: 0]kr;            //4*4 key column input
   output  [3: 0]kc;            //4*4 key row output
   output  [7: 0]dec_a;         //output data dec_a
   output  [7: 0]dec_b;         //output data dec_b
   output  [15: 0]dec_o;        //the result
   wire    [3: 0]kc;
   reg     [7: 0]dec_a;         //output data dec_a
   reg     [7: 0]dec_b;         //output data dec_b
   reg     [O_WIDTH-1: 0] dec_o;//the result
   reg     [3: 0]mode;          //the type of the operational character
   wire    [O_WIDTH-1: 0] result;
   wire    scan_clk;
   wire    [3: 0]add_r;         //Row address of the key pressed down
   wire    [3: 0]add_c;         //Column address of the key pressed down
   wire    flag_down;
   reg     [3: 0]reg_in;        //locate the data in
   reg     [3: 0]state;
   scan_clk  SCANCLK (.clk(clk), .reset(reset), .scan_clk(scan_clk));
   scan scan ( .clk(clk), .reset(reset), .scan_clk(scan_clk),
   .kr(kr), .kc(kc), .add_r(add_r), .add_c(add_c), .flag_down(flag_down));
       calculate  calculate ( .clk(clk), .reset(reset), .mode(mode),
                       .dec_a(dec_a), .dec_b(dec_b), .result(result));
   always @(posedge clk or negedge reset)
       begin
           if(!reset)
               begin
                   reg_in = 4'b0000;
                   mode = 4'b0000;
               end
           else
               if((add_r != 4'b1111)&&(add_r != 4'b1111))
               case(add_r)              //键盘分配,包括数字和运算符以及清零
                   4'b0100:
```

```
            case(add_c) //7,8,9,/
                4'b0100:  reg_in = 4'b0111;
                4'b0011:  reg_in = 4'b1000;
                4'b0010:  reg_in = 4'b1001;
                4'b0001:  begin reg_in = 4'b0000; mode = 4'b1000; end
                        //divide
                default:  begin  reg_in = 4'b0000; mode = 4'b0000; end
                    endcase
                4'b0011:
                  case(add_c)   //4,5,6,*
                    4'b0100:  reg_in = 4'b0100;
                    4'b0011:  reg_in = 4'b0101;
                    4'b0010:  reg_in = 4'b0110;
                    4'b0001:  begin reg_in = 4'b0000; mode = 4'b0100; end
                    //multiply
                    default:  begin reg_in = 4'b0000; mode = 4'b0000; end
                    endcase
                4'b0010:
                  case(add_c)   //1,2,3,-
                    4'b0100:  reg_in = 4'b0001;
                    4'b0011:  reg_in = 4'b0010;
                    4'b0010:  reg_in = 4'b0011;
                    4'b0001:  begin reg_in = 4'b0000; mode = 4'b0010; end
                    //substract
                    default:  begin reg_in = 4'b0000; mode = 4'b0000;  end
                  endcase
                4'b0001:            //+
                  begin
                    if(add_c == 4'b0100)
                        reg_in = 4'b0000;
                    else if(add_c == 4'b0001)
                        begin
                            reg_in = 4'b0000;
                            mode = 4'b0001;             //add
                        end
                    else
                        begin
                            reg_in = 4'b0000;
                        end
                    end

                default:                    //=
                    begin
                        reg_in = 4'b0000;
                        mode = 4'b0000;     //equal
                    end
            endcase
        end
always @(posedge clk or negedge reset)
                //输入操作数和操作符,用状态机控制,参考文档中的状态转移图
begin
```

```
if(!reset)
    begin
        dec_a <= 8'b0000_0000;
        dec_b <= 8'b0000_0000;
        dec_o <= 16'b0;
        state <= operand1;
    end
else
    begin
        if(scan_clk)
            begin
                case(state)
                    operand1:           //input data dec_a
                        begin
                            if(add_c == 4'b0001)
                                state <= operate_ch;
                            else
                                begin
                                    if(flag_down)
                                      dec_a <= {dec_a[3: 0],reg_in};
                                end
                        end
                    operate_ch: //input operational character
                        begin
                          if(add_c != 4'b0001)
                            state <= operand2;
                          else if((add_r == 4'b0001)&&(add_c == 4'b0010))
                                state <= operand1;
                          end
                    operand2:
                        begin
                          if((add_r == 4'b0001)&&(add_c == 4'b0010))
                            state <= equal;
                            else
                                begin
                                    if(flag_down)
                                      dec_b <= {dec_b[3: 0],reg_in};
                                end
                        end
                    equal:
                        begin
                        dec_o <= result;
                        if((add_r == 4'b0001)&&(add_c == 4'b0011))
                    //S4 clear the input and output
                                begin
                                    state <= operand1;
                                    dec_a <= 8'b0000_0000;
                                    dec_b <= 8'b0000_0000;
                                    dec_o <= 16'b0;
                                end
                        end
```

```
                    default:
                                 begin state <= operand1;    end
                endcase
            end
      end
  end
endmodule
```

5. 仿真结果

此程序的核心模块为 datain，其他模块都是复用了前面几个程序的模块，所以仿真时只对 datain 模块进行仿真，以提高仿真效率。下面分别对“加减乘除”进行仿真，图 6.4.5、图 6.4.6 分别给出了“加乘”、“减除”的仿真结果，下面对加法运算做详细解释。

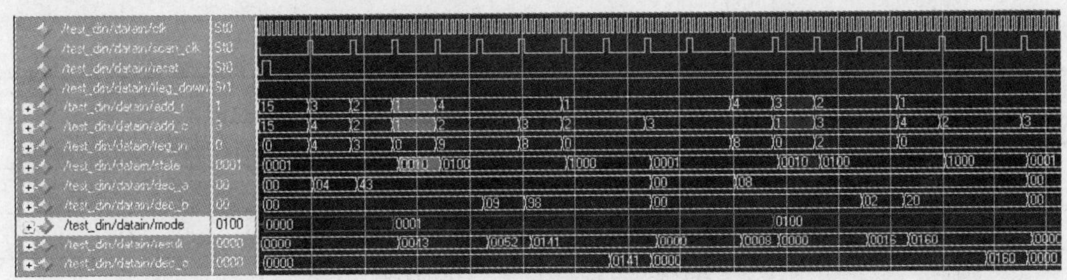

图 6.4.5 加法乘法运算仿真波形

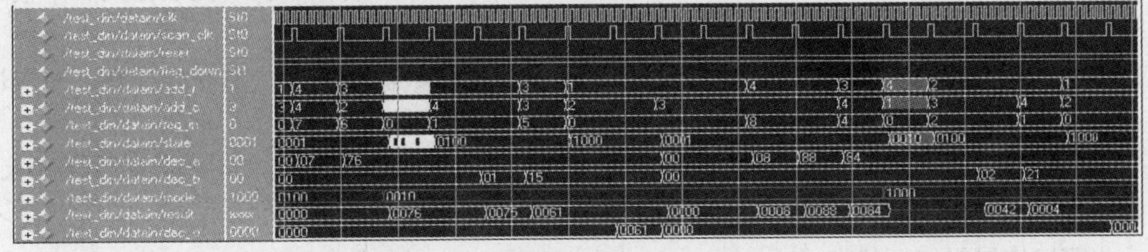

图 6.4.6 减除加法乘法运算仿真波形

由左至右观测图 6.4.5 中的光标，在最左边光标处，模拟用户按下了按键“4”；在第 2 个光标处，模拟用户按下了按键“3”，那么用户输入的加数为“43”，在 dec_a 中十位和个位分别用高四位和低四位保存，因此，dec_a 为 67。在第 3 个光标处，用户输入操作符“+”。在第 4 个光标处，用户按下了按键“9”；在第 5 个光标处，用户按下了按键“8”，因此用户输入的被加数是“98”，和加数一样，被加数由 dec_b 的高四位和低四位保存，因此 dec_b 为 152。在第 6 个光标处，calculate 运算出结果为 141。在第 7 个光标处用户按“=”键，则输出结果给 dec_o；同样 141 在 dec_o 中为十六进制，转换成十进制则为 321，结果正确。

其他的运算的仿真与加法类似。

6.5 交通控制器设计

交通信号灯用于道路平面交叉路口（见图 6.5.1），通过对同时到达路口的车辆或行人发出行进或停止的指令，使有冲突的车流或人流从时间上进行分离、分别行进，从而保障路口

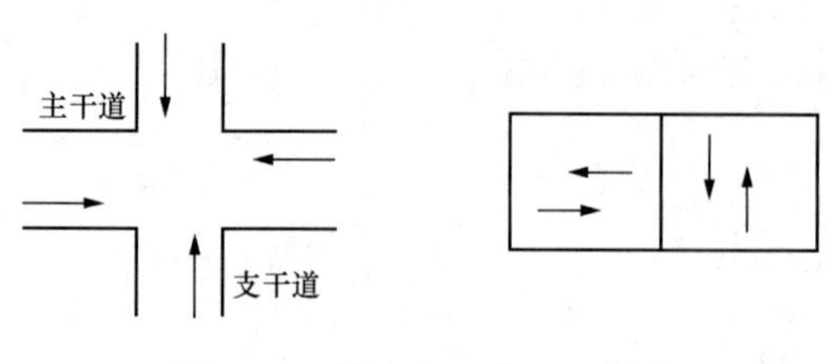

图 6.5.1　道路交叉路口示意图

通行秩序、提高路口的通行效率和安全性。

1. 设计要求

设计一个符合上述要求的交通控制器，用 LED 显示灯来表示交通状态，并采用七段数码管显示器显示当前状态剩余的时间（用秒来表示），具体要求如下。

（1）当主干道绿灯亮时，支干道红灯亮；当主干道红灯亮的时候，支干道绿灯亮。二者交替允许通行。主干道每次放行 35s，支干道每次放行 25s。每次由绿灯变为红灯的过程中，亮黄灯作为过渡信号，提醒行人和车辆绿灯结束红灯即将亮起，黄灯时间为 5s。其状态转换见表 6.5.1。

表 6.5.1　　　　状 态 转 换 表

状态	主干道	支干道	时间
State1	绿灯亮	红灯亮	35s
State2	黄灯亮	红灯亮	5s
State3	红灯亮	绿灯亮	25s
State4	红灯亮	黄灯亮	5s

（2）七段数码管显示器能够实现倒计时显示功能，每秒钟刷新一次，提示行人和车辆剩余的时间。

（3）控制器能够实现复位功能，即红、绿、黄灯的计数器由初始状态开始计数，对应该状态的指示灯亮。

（4）控制器能够实现某些特殊功能，例如在进入特殊情况下时，出现了紧急情况，则需要东—西、南—北路口均显示红灯状态。

2. 设计原理

由表 6.5.1 可知，有 4 个状态，可以利用状态机来实现其各种状态之间的转换，如图 6.5.2 所示。

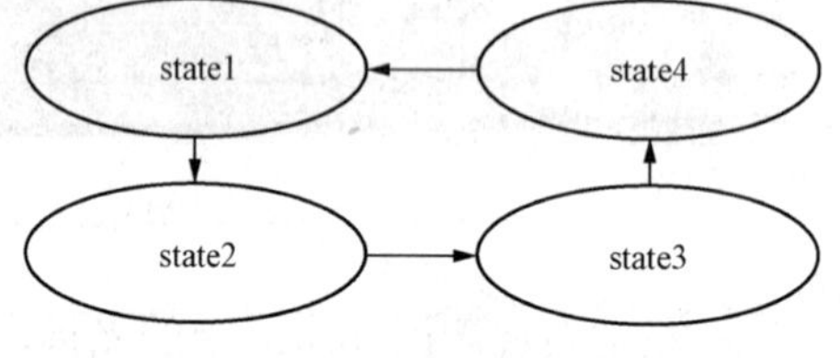

图 6.5.2　各种状态之间的转换

3. 电路符号

交通控制器的电气元件符号如图 6.5.3 所示。输入信号：系统时钟 clk，禁止通行信号 stop。输出信号：主干道红灯 reda，主干道黄灯 yellowa，主干道绿灯 greena，支干道红灯 redb，支干道黄灯 yellowb，支干道绿灯 greenb，数码管地址选择信号 scan[1. .0]，七段显示控制信号 seg7[6. .0]。

4. 设计程序

采用 verilog HDL 语言描述如下所示。

```
//-------------模块声明--------------
module                    traffic(scan,seg7,red1,yellow1,green1,red2,
yellow2,green2,clk,stop);
output[1: 0] scan;
output[6: 0] seg7;
output yellow1,green1,red2,yellow2,green2,red1;
```

```
input clk,stop;                //时钟晶振,停止信号
reg[1: 0] scan;                //数码管地址选择信号
reg[6: 0] seg7;                //七段码显示控制信号
reg yellow1,green1,red2,yellow2,green2,red1;
                               //主、支干道红黄绿灯
reg[1: 0] state, next_state;
parameter state0='b00,state1='b01,state2='b10,state3='b11;
                               //状态机 4 种状态
reg clk_1k,clk_1;              //1Hz 和 1kHz 的分频信号
reg[3: 0] one,ten;             //倒计时的个位与十位
reg[1: 0] cnt;                 //数码管扫描信号
reg[3: 0] data;
reg[6: 0] seg7temp;
reg r1,r2,g1,g2,y1,y2;
reg[13: 0] count1;
reg[8: 0] count2;
reg x; // 倒计时标志位
reg[3: 0] q_h,q_l;             //计数的高位和低位
//-------------1kHz 分频获得,用于数码管动态扫描计数--------------
always @(posedge clk)
begin
  if(count1==14'd10000)
begin clk_1k<=~clk_1k;count1<=0;end
  else
begin count1<=count1+1;end
end
//-------------1Hz 分频获得,用于状态转换中的时间控制--------------
always @(posedge clk)
begin
  if(count2==9'd500)
begin clk_1<=~clk_1;count2<=0;end
  else
begin count2<=count2+1;end
end
//-------------状态机中 4 种状态的转换,即交通灯 4 种状态的转换 --------------
always @(posedge clk_1)
begin
  state=next_state;
  case(state)
state0: begin                  //状态 0 中,主干道通行
     if(!stop)
      begin
        if(!x)
         begin
          q_h<='b0011;
          q_l<='b0101;
          x<=1;
          r1<=0;
          y1<=0;
          g1<=1;
          r2<=1;
          y2<=0;
```

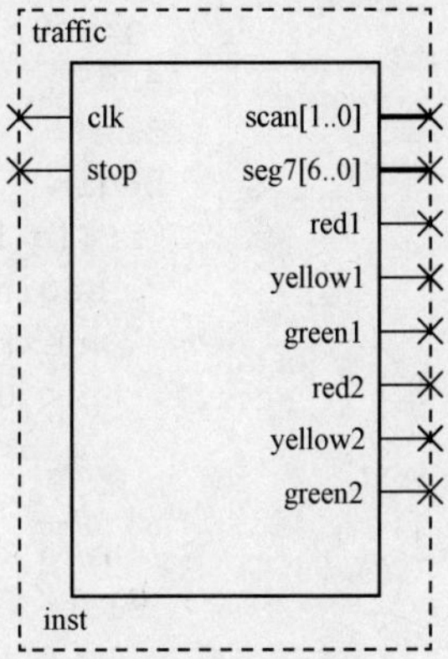

图 6.5.3　交通控制器的电气元件符号

```
          g2<=0;
         end
        else
         begin
          if(!q_h&&!q_l)        //计时结束,转 state1
            begin
             next_state<=state1;
             x<=0;
             q_h<='b0000;
             q_l<='b0000;
            end
          else
             if(!q_h)           //计时功能实现
              begin
                q_l<='b1001;
                q_h<=q_h-1;
              end
             else
              begin
                q_l<=q_l-1;
              end
         end
       end
     end
   state1: begin                //状态 1 中,主干道黄灯亮起
       if(!stop)
        begin
         if(!x)
          begin
           q_h<='b0011;
           q_l<='b0101;
           x<=1;
           r1<=0;
           y1<=1;
           g1<=0;
           r2<=1;
           y2<=0;
           g2<=0;
          end
         else
          begin
           if(!q_l) //
             begin
              next_state<=state2;
              x<=0;
              q_h<='b0000;
              q_l<='b0000;
             end
           else
               begin
                 q_l<=q_l-1;
               end
```

```
          end
        end
      end
  state2: begin                          //状态 2 中,支干道绿灯亮起
       if(!stop)
        begin
          if(!x)
           begin
            q_h<='b0010;
            q_l<='b0101;
            x<=1;
            r1<=1;
            y1<=0;
            g1<=0;
            r2<=0;
            y2<=0;
            g2<=1;
           end
          else
           begin
            if(!q_h&&!q_l)               //
              begin
               next_state<=state3;
               x<=0;
               q_h<='b0000;
               q_l<='b0000;
              end
            else
               if(!q_l)
                begin
                  q_l<='b1001;
                  q_h<=q_h-1;
                end
               else
                begin
                  q_l<=q_l-1;
                end
           end
        end
      end
  state3: begin                               //状态 3 中,支干道黄灯亮起
       if(!stop)
        begin
          if(!x)
           begin
            q_h<='b0011;
            q_l<='b0100;
            x<=1;
            r1<=1;
            y1<=0;
            g1<=0;
            r2<=0;
```

```
            y2<=1;
            g2<=0;
           end
          else
           begin
            if(!q_l)
              begin
               next_state<=state0;
               x<=0;
               q_h<='b0000;
               q_l<='b0000;
              end
            else
                begin
                  q_l<=q_l-1;
                end
           end
       end
     end
  endcase
  one<=q_l;ten<=q_h;
end
//------------- 停止信号作用下,数码管闪烁显示--------------
always @(stop,clk,clk_1,r1,y1,g1,r2,y2,g2,seg7temp)
  begin
if(stop)
 begin
  red1<=r1||stop;
   red2<=r2||stop;
   green1<=g1&&~stop;
   green2<=g2&&~stop;
   yellow1<=y1&&~stop;
   yellow2<=y2&&~stop;
   seg7[0]<=seg7temp[0]&&clk_1;
   seg7[1]<=seg7temp[1]&&clk_1;
   seg7[2]<=seg7temp[2]&&clk_1;
   seg7[3]<=seg7temp[3]&&clk_1;
   seg7[4]<=seg7temp[4]&&clk_1;
   seg7[5]<=seg7temp[5]&&clk_1;
   seg7[6]<=seg7temp[6]&&clk_1;
 end
else
 begin
   seg7[6: 0]<=seg7temp[6: 0];
   red1<=r1;
   red2<=r2;
   green1<=g1;
   green2<=g2;
   yellow1<=y1;
   yellow2<=y2;
 end
end
```

```
//------------- 数码管动态扫描计数--------------
always @(posedge clk_1k)
  begin
if(cnt=='b01)
 begin cnt<='b00;end
else
 begin cnt<=cnt+1;end
  end
//--------------数码管动态扫描实现--------------
always @(cnt,one,ten)
  begin
case(cnt)
'b00: begin data<=one;scan<='b01;end
'b01: begin data<=ten;scan<='b10;end
default: begin data<='bx;scan<='bx;end
endcase
  end
always @(data)
  begin
case(data[3: 0])
'b0000: seg7temp[6: 0]='b1111110;
'b0001: seg7temp[6: 0]='b0110000;
'b0010: seg7temp[6: 0]='b1101101;
'b0011: seg7temp[6: 0]='b1111001;
'b0100: seg7temp[6: 0]='b0110011;
'b0101: seg7temp[6: 0]='b1011011;
'b0110: seg7temp[6: 0]='b1011111;
'b0111: seg7temp[6: 0]='b1110000;
'b1000: seg7temp[6: 0]='b1111111;
'b1001: seg7temp[6: 0]='b1111011;
default: seg7temp[6: 0]='b1001111;
endcase
  end
endmodule
```

5. 仿真结果

仿真结果如图 6.5.4 所示。

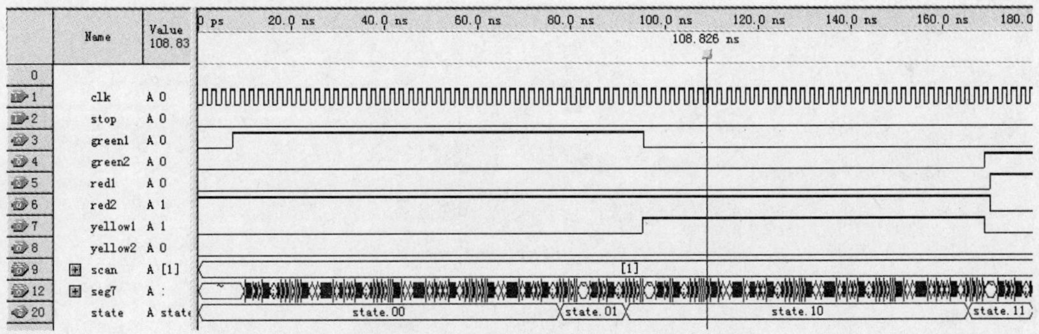

图 6.5.4 交通灯控制器仿真结果

本 章 小 结

对于初学者来说，除了掌握必备的 EDA 基础知识以及 Verlog HDL 语言语法现象和必要的开发调试应用环境外还要掌握各种基本电路设计的流程、方法以及技巧。具备了这些知识，才能为今后的自主学习奠定良好的基础。

本章以数字钟、串行接口、键盘及 LED 扫描显示和计算器等数字系统综合设计为范例，讲述了相对复杂电路设计的思路、方法和调试，主要围绕理论算法、接口协议、设计思路和代码分析几个方面进行了阐述。通过用硬件描述语言 Verilog HDL 实现的设计实例，进一步介绍 EDA 技术在测量仪器、自动控制、通信系统等技术领域的具体应用，本章的几个范例较为典型，应用性强，可以作为 EDA 实验及课程设计的选题，稍加修改也可以应用到项目开发中。

习 题

6.1 设计一个跑马灯。要求控制 8 个 LED 进行花式显示。设计 4 种显示模式：①从左到右逐个点亮 LED；②从右到左逐个点亮 LED；③从两边中间逐个点亮 LED；④从中间到两边逐个点亮 LED。4 种模式循环切换，由复位键 rst 控制系统的运行与停止。

6.2 设计一个出租车计费器。要求：①实现计费功能，计费标准为：按行驶里程计费，起步价为 7.50 元，并在车行驶 3km 后按 1.5 元/km 计费，车辆停止和暂停不计费；②现场模拟汽车的起动、停止、暂停和换挡的状态；③设计数码管动态扫描电路，将车费和路程显示出来。

6.3 设计一个乒乓球游戏电路设计。要求：①采用两个键作为左右球的拍的控制信号发生器，8 个发光管分别点亮作为乒乓球行进路线；②另有一键做清零控制；③选择 clk 频率对乒乓球的行进速度进行控制，即发光管的亮灯传递速度，数码管显示得分。

6.4 设计一个 UART 通信方式的 GPS 通信电路，9600 波特率串行接口的测控电路。

附录 A　TE3 教学与开发平台

A.1　概　　述

多媒体教学与开发平台是可以作为数字电路、多媒体、通信及 IC 设计等课程的教学平台以及计算机、微电子、通信、多媒体、测控、自动化及 IC 设计领域科研院所及相关企业的研究设计及验证平台。

该平台由核心板和扩展板组成，具有以下特点。

（1）核心板上带有核心的 FPGA 器件和一些常用的外围器件，可以单独进行系统设计。核心板非常小巧，便于携带，特别易于学生在实验室外进行课程设计和课外科技活动，不受教学环境的限制，被称为“口袋里的实验室”。

（2）扩展板是对核心板功能及接口的扩展。扩展板上带有常用的接口和功能模块，接口有音频接口、VGA 接口、AV 接口、USB 接口、A/D 接口、D/A 接口、串口等；功能模块有键盘、触摸屏、八段数码管、LED、拨动开关等。这些接口和模块可以实现更多的设计和应用。同时，扩展板还带有两个 40 针的对外接口，可以对多块开发板进行级联以完成更加复杂的设计。

（3）该平台强调开放性，核心板带有 6 个 70 针的插座，开发人员完全可以根据需要来设计扩展板，完全不受现有扩展板的限制。同时还能降低设计成本，标准化的核心板可以在不同的设计中重复使用。

A.2　核　心　板

核心板是由 FPGA 及一些常用的外围器件组成的一个最小的也是完整的 SoC 系统，包括 FPGA、存储器、网络接口及串口等。核心板的设计首先提供一个完整的初、中级数字电路及 SoC 的教学及设计平台，同时提供一种模块化的设计思路。核心板上的所有器件都是常用的器件，为大部分的用户应用所必需，同时具备低成本的特点，可以作为用户设计的一个低成本模块加入到用户应用中，简化应用设计。

1. 核心板的主要特性

（1）具有网络接口的最小且完整 SOPC 系统；

（2）丰富的存储器资源；

（3）通过 6 个高速接口为用户提供 380 个 I/O 引脚；

（4）体积小（97mm×74mm），易携带；

（5）SMA 时钟接口；

（6）支持 JTAG 和 AS 配置。

2. 核心板的主要器件（图 A.2.1 所示）

（1）Cyclone II 2C35 FPGA［图 A.2.2（a）U1］；

（2）EPCS16 配置芯片［图 A.2.2（b）U6］；

（3）JTAG 及 AS 下载接口［图 A.2.2（a）J15］；

（4）32MB SDRAM［图 A.2.2（a）U4］；

（5）8MB Flash［图 A.2.2（a）U2］；

（6）512KB SRAM［图 A.2.2（a）U3］；

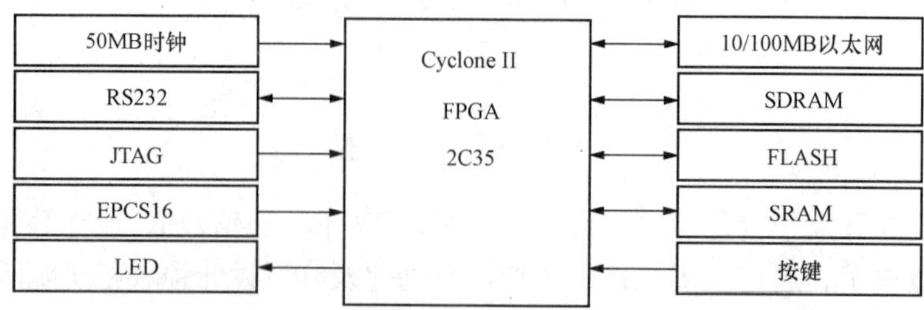

图 A.2.1 核心板结构图

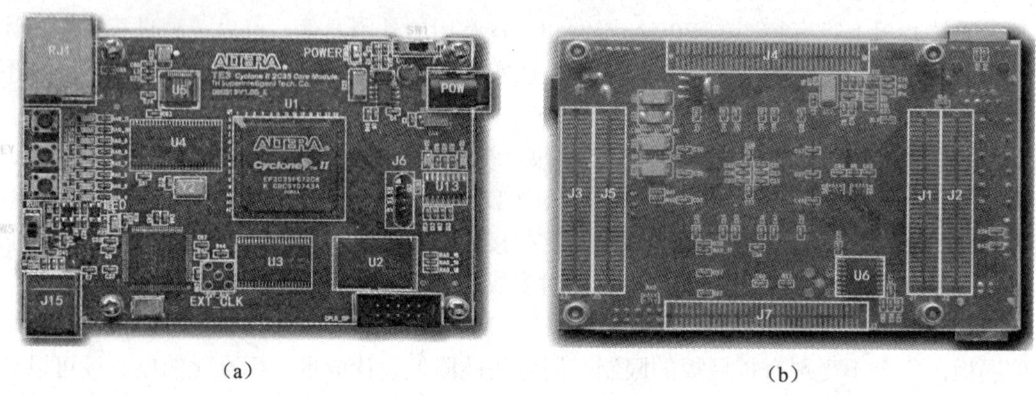

（a） （b）

图 A.2.2 核心板

（a）正面；（b）反面

（7）10/100MB 以太网控制器 DM9000A（U5）及网卡接口（RJ1）；

（8）3 个按键 KEY0～KEY1、RESET（KEY）；

（9）8 个黄绿色 LED 灯 LED0～LED7（LED）；

（10）RS232 接口（J6）；

（11）50MHz 晶振（Y2）及 SMA 时钟接口（EXT_CLK）；

（12）6 个高速 70pin 扩展接口（J1/J2/J3/J4/J5/J7）；

（13）提供高可靠、高稳定的板级及芯片级电压，可以在核心板单独使用时提供供电，也可以从扩展板供电。

3. 应用领域

初、中级数字及系统设计；SOPC 设计；作为用户应用的核心模块，降低用户设计复杂性。

A.3 扩 展 板

由于核心板采用模块化的接口，用户可以根据自身应用设计扩展板。目前开发的扩展板是配合当前各高校教学改革及宽带无线多媒体的开发而设计的。扩展板具有丰富的用户接口，除了常用的输入、输出接口之外，为模拟音视频设计了 AV、VGA 及音频输入、输出接口，为数字视频及无线应用增加了 ASI、A/D 及 D/A 接口。图 A.3.1 为扩展板和核心板组成的教学开发平台。

1. 主要特性

（1）完整的数字设计、SOPC、多媒体及无线通信平台；

（2）丰富的音视频接口（CVBS、VGA、Audio In/Out 及 Mic In）；

（3）无线通信设计所需的 A/D 及 D/A 接口；

（4）数字电视和 IPTV 设计所需的 TS 和以太网接口；

（5）丰富的用户输入、输出接口（按键、开关、数码管、LED 和 LCD）；

（6）主要器件及接口；

（7）10 个拨动开关和 16 个按键；

（8）8 个七段数码管和 16 个 LED 灯；

（9）USB 接口（Host 和 Slave）；

图 A.3.1　扩展板和核心板组成的教学开发平台

（10）RS232 接口；

（11）24 位 CD 品质音频的编/解码器 UDA1341TS，带有麦克风的输入插座、音频输入插座和音频输出插座；

（12）VGA DAC ADV7132（内含三个 10 位高速 DAC）及 VGA 输出接口；

（13）视频 AV 输入接口；

（14）10bit 40MHz A/D；

（15）14bit 165MHz D/A；

（16）128×64 像素 LCD 模块；

（17）ASI 收发器及输入输出接口；

（18）802.11 无线模块。

2. 应用领域

高级数字及接口设计；复杂 SOPC 设计；多媒体音视频处理；无线多媒体应用（DTV，IPTV，WiMAX 等）。

3. 计算机软硬件要求

（1）硬件要求。

主频：1.6G 以上；

内存：至少 512MB，推荐大于 1GB；

硬盘：大于 4G 的剩余空间；

接口：USB2.0 接口 1 个。

（2）软件要求。

操作系统：Windows XP SP2 以上；

编译综合工具：Altera Quartus II 7.0；

综合工具：MentorGraphics ModelSim5.2e；

μClinux：Microtronix uClinux 1.4.1（附件中包含）。

注意：本产品中所有程序都通过以上版本的软硬件验证，如在其他软硬件版本上使用可能需要做一些修改。

4. 硬件连接及使用

（1）核心板连接及使用方法。

1）在使用开发平台之前首先安装 Quartus II 9.0。

2）确保电源开关［图 A.2.2（a）SW1］在 OFF 状态，即在右端。

3）将电源插入右上角电源接口上［图 A.2.2（a）POW］。

4）将 USB 线方头插入 USB 接口［图 A.2.2（a）J15］中，另一头与计算机的 USB 接口相连。

5）如需使用串口，将串口线小的一头连至串口接口［图 A.2.2（a）J6］，另一端连至计算机。

6）如需使用以太网口，则将以太网双绞线插入以太网接口［图 A.2.2（a）RJ1］中。

7）连接完毕后，将电源开关［图 A.2.2（a）SW1］拨至 ON 端（即向左拨），电源指示灯［图 A.2.2（a）Power］点亮，核心板开始工作。

8）如果是第一次使用，电源接通之后，电脑会弹出对话框要求安装下载驱动程序，按下列步骤操作：在弹出的新硬件向导（见图 A.3.2）中选择"否，暂时不"，单击"下一步"；

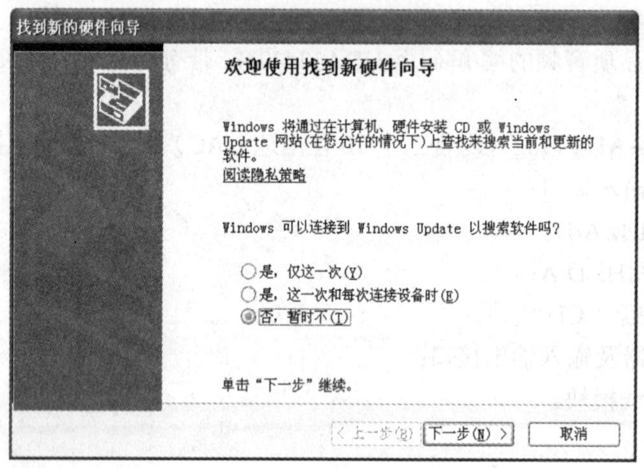

A.3.2　找到硬件向导

在新对话框（见图 A.3.3）中选择"从列表或指定位置安装（高级）"，单击"下一步"；

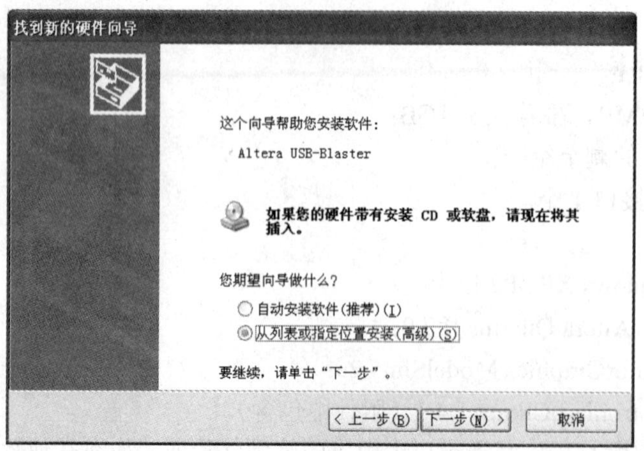

图 A.3.3　找到硬件向导

在新对话框（见图 A.3.4）中选择“在这些位置上搜索最佳驱动程序”，“在搜索中包括这个位置”，单击浏览；

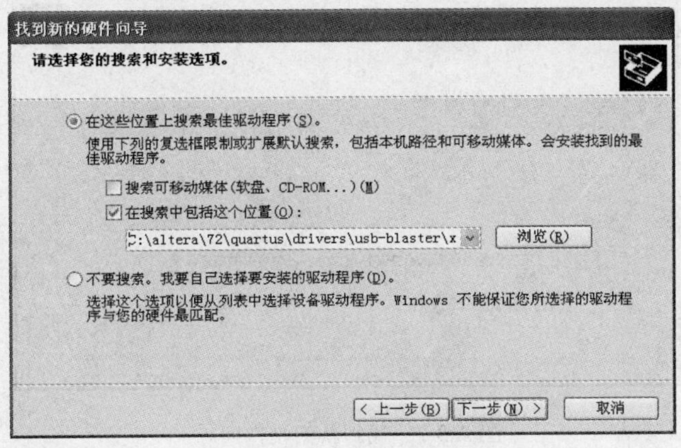

图 A.3.4　找到硬件向导

在弹出的浏览对话框（见图 A.3.5）中选择驱动程序的位置，假设 Quartus 装在了 C 盘根目录下，则驱动程序的位置在：C：\altera\72\quartus\drivers\usb-blaster\x32，然后单击“确定”；

单击确定之后回到下面的对话框（图 A.3.6），单击“下一步”；

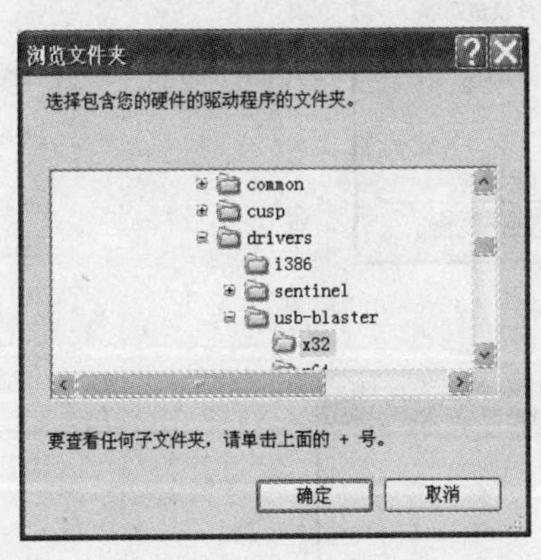

图 A.3.5　浏览文件夹

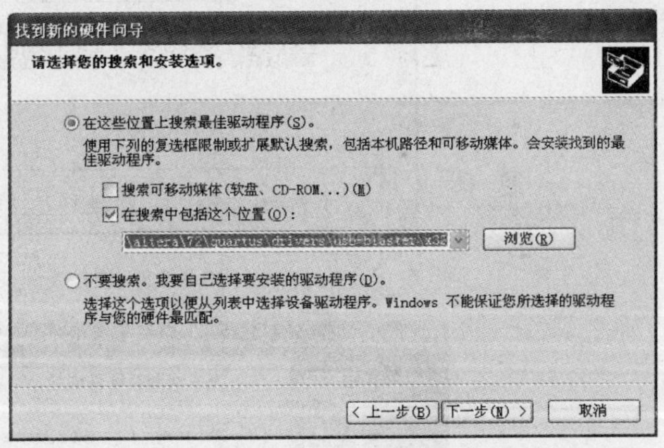

图 A.3.6　找到新的硬件向导

然后系统开始寻找并安装驱动程序（见图 A.3.7），如果弹出下面的对话框（见图 A.3.8），选“仍然继续”即可；

看出下面所示对话框（图 A.3.9）时，表示硬件安装完成，单击“完成”即可。

如果使用 Quartus II 对 FPGA 直接编程，将切换开关（图 A.3.2 中的 SW5）拨至 RUN 端；如果需要将 FPGA 程序烧制 EPCS 中，则将开关 SW5 拨至 PRG 端；在烧完之后一定要将开关拨回 RUN 端，在下次上电后，EPCS 中的程序会自动下载到 FPGA 中并自动运行。

（2）扩展板连接及使用说明。建议使用扩展板 DC 插座（注：禁止同时使用扩展板和核心板 DC 插座，否则可能造成电路损坏），电源适配器电压输出 9V，电源的电流最大 1.5A。扩展板上设有电源开关。接通电源之后，核心板、扩展板上两个蓝色指示灯（V_{CC}_5V 和

V_{CC}_3.3 V）全亮，表示电源工作正常。

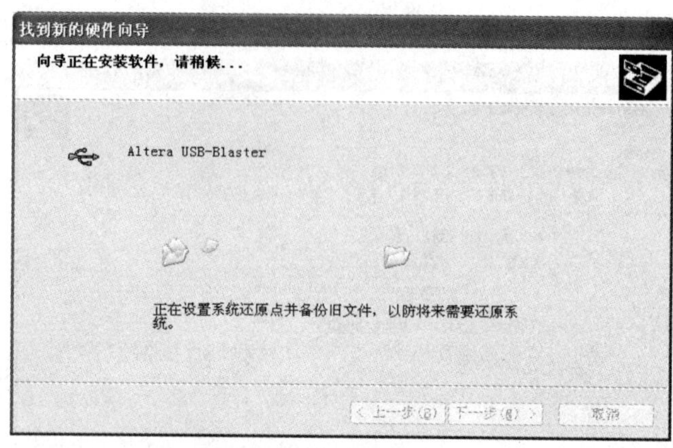

图 A.3.7　找到新的硬件向导

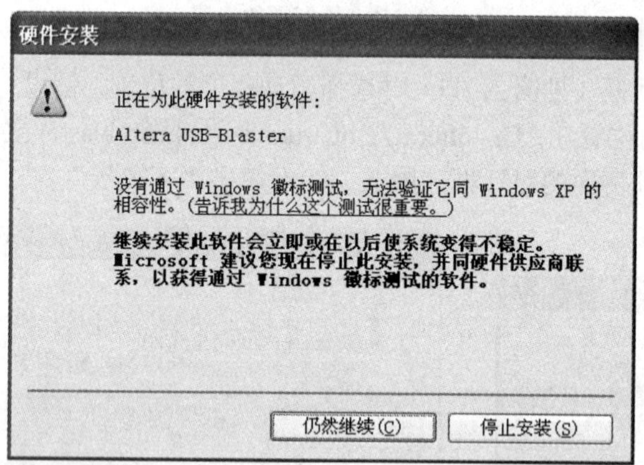

图 A.3.8　硬件安装

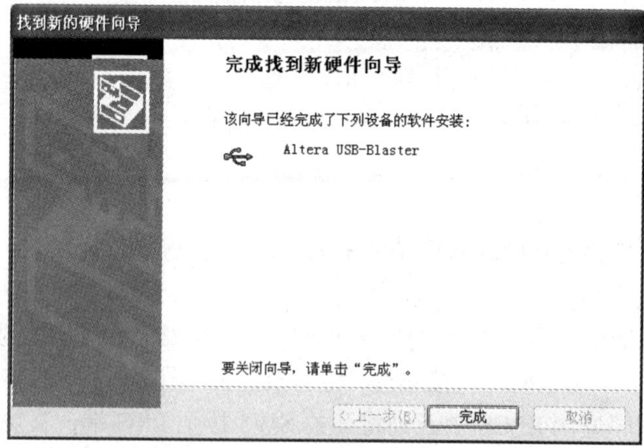

图 A.3.9　硬件安装完成

5. 核心板外设

（1）时钟。核心板上提供一个 50MHz 的时钟 Y2；同时提供一个 SMA 接口连接外部时钟以满足对时钟要求较高的设计。时钟 Y2 的 FPGA 引脚为 N2，SMA 外接时钟引脚为 N1（表 A.3.1）。

表 A.3.1　**时钟引脚映射**

Y2_PIN 50MHz		
Y2 引脚编号	Y2 引脚名	FPGA 引脚编号
3	50M	N2
SMA		
SMA 引脚编号	SMA 引脚名	FPGA 引脚编号
3	50MHz	N1

（2）SRAM。核心板的 SRAM 采用了 ISSI 公司的异步 SRAM IS61LV25616，容量为 512KB，配置成 256KB*16bit 方式。表 A.3.2 给出了 SRAM 的引脚映射。

表 A.3.2　**SRAM 引脚映射(新版本)**

SRAM IS61LV25616			SRAM IS61LV25616		
SRAM 引脚编号	SRAM 引脚名	FPGA 引脚编号	SRAM 引脚编号	SRAM 引脚名	FPGA 引脚编号
1	A0	AB21	23	A10	AF17
2	A1	AC21	24	A11	AF18
3	A2	AA20	25	A12	AF19
4	A3	AC20	26	A13	AF20
5	A4	AC19	27	A14	AF21
6	CE	AD19	29	D8	AF22
7	D0	AE19	30	D9	AF23
8	D1	AE18	31	D10	AE16
9	D2	AB20	32	D11	AE17
10	D3	AB18	35	D12	AC17
13	D4	AC22	36	D13	AC18
14	D5	AD17	37	D14	AA17
15	D6	AC16	38	D15	AE23
16	D7	AD16	39	LB	AE20
17	WE	Y18	40	UB	AD21
18	A5	AA18	41	OE	AE21
19	A6	Y16	42	A15	AE22
20	A7	AA16	43	A16	AD22
21	A8	Y15	44	A17	AD23
22	A9	AA15			

（3）FLASH。核心板上的 FLASH 采用的是 Spansion 公司的 XOR FLASH S29GL064M，

容量为 8MB，可以升级到 32MB。表 A.3.3 给出了 FLASH 的引脚映射。

表 A.3.3 **FLASH 引脚映射**

FLASH S29GL064M			FLASH S29GL064M		
FLASH 引脚编号	FLASH 引脚名	FPGA 引脚编号	FLASH 引脚编号	FLASH 引脚名	FPGA 引脚编号
1	A24	AD7	21	A7	AB15
2	A23	AF7	22	A6	Y14
3	A16	AD8	23	A5	AE15
4	A15	AE8	24	A4	AC14
5	A14	AC9	25	A3	AC15
6	A13	AF8	26	A2	AD15
7	A12	AC10	31	A1	AC5
8	A11	AE9	32	CE#	AD4
9	A10	AF10	34	OE#	AC6
10	A9	AF9	35	DQ0	AE4
11	A20	AC11	37	DQ1	AC7
12	A21	AE10	39	DQ2	AF4
13	WE#	AE11	41	DQ3	AE5
14	RESET#	AD10	44	DQ4	AD6
15	A22	AE12	46	DQ5	AD5
16	WP#/ACC	AD11	48	DQ6	AF5
17	RY/BY#	AC13	50	DQ7	AE6
18	A19	AD12	51	DQ15/A-0	AC8
19	A18	AE13	53	BYTE#	AF6
20	A8	AA14	54	A17	AE7

（4）SDRAM。SDRAM 采用的是韩国现代公司的 HY57V561620，容量为 32MB。表 A.3.4 给出了 SDRAM 的引脚映射。

表 A.3.4 **SDRAM 引脚映射**

SDRAM HY57V561620			SDRAM HY57V561620		
SDRAM 引脚编号	SDRAM 引脚名	FPGA 引脚编号	SDRAM 引脚编号	SDRAM 引脚名	FPGA 引脚编号
2	DQ0	P3	11	DQ6	T2
4	DQ1	R2	13	DQ7	U1
5	DQ2	R4	15	LDQM	U2
7	DQ3	T3	16	WE_N	U3
8	DQ4	R3	17	CAS_N	V1
10	DQ5	T4	18	RAS_N	V2

续表

SDRAM HY57V561620			SDRAM HY57V561620		
SDRAM 引脚编号	SDRAM 引脚名	FPGA 引脚编号	SDRAM 引脚编号	SDRAM 引脚名	FPGA 引脚编号
19	CS_N	V6	35	A11	AB1
20	BA0	V3	36	A12	AB2
21	BA1	V4	37	CKE	AA4
22	A10/AP	W2	38	CLK	AA6
23	A0	W1	39	UDQM	AB4
24	A1	W4	42	DQ8	AC1
25	A2	W3	44	DQ9	AD3
26	A3	Y1	45	DQ10	AC2
29	A4	Y4	47	DQ11	AE2
30	A5	Y5	48	DQ12	AB3
31	A6	AA1	50	DQ13	AE3
32	A7	Y3	51	DQ14	AD2
33	A8	AA3	53	DQ15	AC3
34	A9	AA2			

（5）串口。核心板串口采用了 MAX323C 串口芯片，并提供一 3 针的 RS232 接口。核心板上有两个 LED 灯 D（D2，D3）指示收发状态。D3 闪烁表示有数据接收，D2 闪烁表示有数据发送。表 A.3.5 给出了串口的引脚映射。在连接串口线时，串口线上的黑色为地线（G）。

表 A.3.5　　　串口引脚映射

UART MAX3232C		
MAX3232C 编号（TOP）	MAX3232C 引脚名	FPGA 引脚编号
11	UART_TXD	AC12
12	UART_RXD	AD13

（6）以太网口。以太网芯片采用的是 Davicom 公司的 DM9000A，该芯片是 10/100 自适应以太网芯片，包括了 MAC 和 PHY 层的功能。该芯片既有通用处理器接口，也有 MII 的 PHY 层接口，本系统的设计中 FPGA 接连的是通用处理器接口。表 A.3.6 给出了以太网芯片引脚映射。

表 A.3.6　　　以太网芯片引脚映射

Ethernet DM9000A			Ethernet DM9000A		
ETHERNET 引脚编号	ETHERNET 引脚名	FPGA 引脚编号	ETHERNET 引脚编号	ETHERNET 引脚名	FPGA 引脚编号
10	SD7	D6	11	SD6	C6

续表

Ethernet DM9000A			Ethernet DM9000A		
ETHERNET 引脚编号	ETHERNET 引脚名	FPGA 引脚编号	ETHERNET 引脚编号	ETHERNET 引脚名	FPGA 引脚编号
12	SD5	D5	28	SD10	A8
13	SD4	C4	29	SD9	B9
14	SD3	B4	31	SD8	A9
16	SD2	A4	32	CMD	B10
17	SD1	B5	34	INT	C13
18	SD0	A5	35	IOR#	B11
22	SD15	B6	36	IOW#	C12
24	SD14	A6	37	CS#	B12
25	SD13	B7	40	PWRES#	D12
26	SD12	A7	44	X1（25MHz）	F6
27	SD11	B8			

（7）LED 灯。核心板上有 8 个 LED 灯（LED7～LED0），相应的 FPGA 引脚拉低，LED 灯发光。表 A.3.7 给出了 LED 的引脚映射。

表 A.3.7　　LED 引脚映射

LED			LED		
LED 编号	LED 引脚编号	FPGA 引脚编号	LED 编号	LED 引脚编号	FPGA 引脚编号
LED0	2	U4	LED4	2	T6
LED1	2	R6	LED5	2	T7
LED2	2	U7	LED6	2	U5
LED3	2	U6	LED7	2	V5

（8）按钮。核心板上有三个按钮：RESET、KEY0 和 KEY1，三个按钮都连到普通 I/O 上，既可以当作普通 I/O 用，也可以作为 RESET 使用。按钮按下去接通低点平，默认是高电平。表 A.3.8 给出了按钮的引脚映射。

表 A.3.8　　按钮引脚映射

KEY		
按键编号	KEY 引脚编号	FPGA 引脚编号
KEY0	1,2	P2
KEY1	1	P1
RESET	3	C5

6. 扩展板外设

（1）A/D。A/D 芯片采用的是 AD 公司的 9203，位宽为 10bit，最高支持 40MHz 的采样率。芯片采用射频变压器交流耦合的方式送至 AD9203 的输入端。射频变压器 ADT1-1WT 的 3dB 带宽是 0.4～800MHz。AD9203 中频采样带宽可达 130MHz。板子上有个跳线（S1）可以设置参考电压，如果 S1 中间引腿和 AGND 连在一起，则参考电压是 1V；如果 S1 中间引脚

和 V_{REF} 连在一起，则参考电压是 0.5V。表 A.3.9 给出了相应的引脚映射。

表 A.3.9　　FPGA 和 AD 的接口

AD9203				
AD Pin Num	AD Pin Name	FPGA Pin	扩展板连接器引脚	核心板连接器引脚
3	D0	PIN_L24	J12_43	J5_44
4	D1	PIN_G24	J12_44	J5_43
5	D2	PIN_D17	J12_45	J5_46
6	D3	PIN_D16	J12_46	J5_45
7	D4	PIN_F17	J12_48	J5_47
15	CLK	PIN_V21	J12_41	J5_42
8	D5	PIN_F25	J13_47	J3_48
9	D6	PIN_E25	J13_48	J3_47
10	D7	PIN_H26	J13_49	J3_50
11	D8	PIN_G25	J13_50	J3_49
12	D9	PIN_J26	J13_51	J3_52

（2）D/A。D/A 芯片采用的是 TI 公司的 DAC904，转换速率达 165M/s，位宽为 14bit。表 A.3.10 给出了相应的引脚映射。

表 A.3.10　　FPGA 和 DA 的接口

DAC904				
DAC Pin Num	DAC Pin Num	FPGA Pin	J13（扩展板）	J3（核心板）
14	D0	PIN_J20	70	69
13	D1	PIN_K22	69	70
12	D2	PIN_H23	68	67
11	D3	PIN_J22	67	68
10	D4	PIN_D25	66	65
9	D5	PIN_J21	65	66
8	D6	PIN_F24	64	63
7	D7	PIN_H21	63	64
6	D8	PIN_H24	61	62
5	D9	PIN_J24	60	59
4	D10	PIN_K24	59	60
3	D11	PIN_K26	58	57
2	D12	PIN_L25	57	58
1	D13	PIN_K25	56	55
28	CLK	PIN_V20	53	54

（3）4×4 扫描按键。扩展板上有一个 4×4 的扫描键盘（S3～S16），共有 8 个引脚和 FPGA 的 IO 相连（表 A.3.11）。

表 A.3.11　扫描键盘引脚映射

KEY				
按键编号	按键引脚	FPGA 引脚	J16（扩展板）	J7（核心板）
S3	2	PIN_L19	61	62
	4	PIN_W21	70	69
S4	2	PIN_W23	63	64
	4	PIN_W21	70	69
S5	2	PIN_V23	64	63
	4	PIN_W21	70	69
S6	2	PIN_AA23	67	68
	4	PIN_W21	70	69
S7	2	PIN_L29	61	62
	4	PIN_AE24	69	70
S8	2	PIN_W23	63	64
	4	PIN_AE24	69	70
S9	2	PIN_V23	64	63
	4	PIN_AE24	69	70
S10	2	PIN_AA23	67	68
	4	PIN_AE24	69	70
S11	2	PIN_L29	61	62
	4	PIN_Y23	68	67
S12	2	PIN_W23	63	64
	4	PIN_Y23	68	67
S13	2	PIN_V23	64	63
	4	PIN_Y23	68	67
S14	2	PIN_AA23	67	68
	4	PIN_Y23	68	67
S15	2	PIN_L29	61	62
	4	PIN_M19	59	60
S16	2	PIN_W23	63	64
	4	PIN_M19	59	60
S17	2	PIN_V23	64	63
	4	PIN_M19	59	60
S18	2	PIN_AA23	67	68
	4	PIN_M19	59	60

KR0～KR3 为行线输入端，初始化为带下拉电阻的输入口（见表 A.3.12）。

KC0～KC3 为列线输出端，初始化为输出高电平。

表 A.3.12　　行列端引脚映射

行列信号	FPGA 引脚	扩展板	核心板（J7）
KC0	PIN_W21	J16_67	68
KC1	PIN_W23	J16_64	63
KC2	PIN_Y23	J16_63	64
KC3	PIN_V23	J16_61	62
KR0	PIN_AE24	J15.70	69
KR1	PIN_AF13	J15.69	70
KR2	PIN_AA23	J16_68	67
KR3	PIN_L19	J16_59	60

键盘扫描方法：首先由输出口 KC0～KC3 向所有的列线输出高电平，读取各行线 KR0～KR3 的状态。若行线状态全为低电平，则表明无键按下，若有高电平，则表明有键按下。若有键按下，先进行消抖，消抖结束，再对每一列进行扫描，即：KC0～KC3 四条列扫描线分别输出高电平，在每次输出高电平期间，读取各行线 KR0～KR3 的状态，确定键值。例如，KC0～KC3 输出“0100”，此时若读取 KR0～KR3 的状态为“1000”，则表明按键 S5 被按下。

在按键闭合和打开的瞬间会产生许多尖脉冲，持续时间约几毫秒到几十毫秒。当检测到按键被按下后，便开始读取键值，可以每隔 *M*ms 读一次键值，直到连续 *N* 次读取的键值完全相同，则认为抖动已经消除。消抖时间为 Mms×N，例如 *M* 取 10ms，*N* 取 5。

（4）拨动开关。扩展板有 10 个拨动开关，向下是相应引脚是高电平，向上拨相应引脚是低电平。表 A.3.13 为拨动开关引脚映射。

表 A.3.13　　波动开关引脚映射

SW	SW Pin	FPGA	J16 Pin（扩展板）	J7 Pin（核心板）
SW1	2	PIN_M19	60	59
SW2	2	PIN_L20	57	58
SW3	2	PIN_Y21	58	57
SW4	2	PIN_U20	55	56
SW5	2	PIN_U21	49	50
SW6	2	PIN_U22	56	55
SW7	2	PIN_U23	53	54
SW8	2	PIN_U24	54	53
SW9	2	PIN_T23	51	52
SW10	2	PIN_T22	50	49

（5）LED 灯。扩展板有 16 个 LED 灯（D21～D36），低电平发关，表 A.3.14 给出了 LED 的引脚映射。

表 A.3.14 **LED 引脚映射**

LED Num	FPGA Pin	J16（扩展板）	J7（核心板）
LED0	PIN_T21	47	48
LED1	PIN_M20	48	47
LED2	PIN_M23	44	43
LED3	PIN_L23	41	42
LED4	PIN_AA25	40	39
LED5	PIN_AA26	37	38
LED6	PIN_Y26	35	36
LED7	PIN_W25	36	35
LED8	PIN_V25	34	33
LED9	PIN_V26	31	32
LED10	PIN_U25	29	30
LED11	PIN_R25	28	27
LED12	PIN_P23	26	25
LED13	PIN_P24	25	26
LED14	PIN_N20	23	24
LED15	PIN_AE25	20	19

（6）扩展接口。扩展板上有一个 40 引脚的扩展接口（J17），其引脚定义见表 A.3.15。

表 A.3.15 **J17 引脚连接**

J17 引脚连接				J17 引脚连接			
J17	FPGA	核心板	扩展板	J17	FPGA	核心板	扩展板
1	PIN_E2	J2.67	J10_68	14	PIN_J7	J1.39	J14-40
2	PIN_Y11	J1.65	J14_66	15	PIN_P4	J1.37	J14-38
3	PIN_AA10	J1.63	J14_64	16	PIN_R5	J1.35	J14-36
4	PIN_Y10	J1.59	J14-60	17	PIN_R7	J1.33	J14-34
5	PIN_AA5	J1.57	J14-58	18	PIN_V7	J1.29	J14-30
6	PIN_A10	J1.55	J14-56	19	PIN_AA9	J1.27	J14.28
7	PIN_W6	J1.53	J14-54	20	PIN_AB8	J1.25	J14.26
8	PIN_P7	J1.49	J14-50	21	PIN_AB10	J1.23	J14.24
9	PIN_P6	J1.47	J14-48	22	PIN_AA11	J1.17	J14.18
10	PIN_H6	J1.45	J14-46	23	PIN_AA12	J1.15	J14.16
11	PIN_		5.0V	24	PIN_AB12	J1.13	J14.14
12	PIN_		GND	25	PIN_J4	J2.12	J10.11
13	PIN_J8	J1.43	J14-44	26	PIN_AA13	J1.9	J14.10

续表

J17 引脚连接				J17 引脚连接			
J17	FPGA	核心板	扩展板	J17	FPGA	核心板	扩展板
27	PIN_J5	J2.9	J10.10	34	PIN_H3	J2.5	J10.6
28	PIN_J6	J2.10	J10.9	35	PIN_L3	J2.6	J10.5
29			3.3V	36	PIN_Y13	J1.5	J14.6
30			GND	37	PIN_J3	J2.3	J10.4
31	PIN_K8	J2.8	J10.7	38	PIN_M4	J2.4	J10.3
32	PIN_Y12	J1.7	J14.8	39	PIN_K3	J2.1	J10.2
33	PIN_K7	J2.7	J10.8	40	PIN_M5	J2.2	J10.1

（7）3.0 寸 TFT 液晶彩色显示屏、触摸屏。3.0 寸液晶彩色显示屏控制芯片采用的是 ILI Technology Corp.的 ILI9326。表 A.3.16 给出了 TFT 屏的引脚映射。

表 A.3.16　　显示屏控制芯片 ILI9326 引脚连接

ILI9326 引脚编号	ILI9326 引脚名	FPGA 引脚	扩展板连接器引脚	核心板连接器引脚
9	LCM_FMARK	PIN_N24	J15.1	J7.2
10	LCM_Cs	PIN_K21	J12.63	J5.64
11	LCM_Rs	PIN_M25	J15.2	J7.1
12	LCM_Wr	PIN_J23	J12.61	J5.62
13	LCM_Data0	PIN_T20	J15.3	J7.4
14	LCM_Data1	PIN_G22	J12.60	J5.59
15	LCM_Data2	PIN_R20	J15.4	J7.3
16	LCM_Data3	PIN_G21	J12.59	J5.60
17	LCM_Data4	PIN_R24	J15.6	J7.5
18	LCM_Data5	PIN_G23	J12.58	J5.57
19	LCM_Data6	PIN_W24	J15.7	J7.8
20	LCM_Data7	PIN_F23	J12.56	J5.55
21	LCM_Data8	PIN_V24	J15.8	J7.7
22	LCM_Data9	PIN_F18	J12.54	J5.53
23	LCM_Data10	PIN_AA24	J15.9	J7.10
24	LCM_Data11	PIN_E22	J12.53	J5.54
25	LCM_Data12	PIN_Y24	J15.10	J7.9
26	LCM_Data13	PIN_E18	J12.51	J5.52
27	LCM_Data14	PIN_D20	J12.49	J5.50
28	LCM_Data15	PIN_D19	J12.50	J5.49
30	LCM_RST	PIN_D18	J12.47	J5.48

触摸屏采用的是 Texas Instruments 的 TSC2046。表 A.3.17 给出了触摸屏 TSC2046 的引脚

映射。

表 A.3.17 **触摸屏控制芯片 TSC2046 引脚连接**

TSC2046 引脚编号	TSC2046 引脚名	FPGA 引脚	扩展板连接器引脚	核心板连接器引脚
1	TP_Busy	PIN_K23	J12.64	J5.63
2	TP_DI	PIN_H4	J10.29	J2.30
3	TP_EN	PIN_K19	J12.66	J5.65
4	TP_CLK	PIN_C3	J10.67	J2.68
15	TP_DET	PIN_M22	J12.65	J5.66
16	TP_DO	PIN_G4	J10.30	J2.29

（8）USB 接口。USB 芯片采用的是 Philips 的 OTG 芯片 ISP1362，此芯片即可以当 Slave 用，也可以当 Master 使用。表 A.3.18 给出了 ISP 的引脚映射。

表 A.3.18 **ISP1362 引 脚 映 射**

OTG 引脚编号	OTG 引脚名	FPGA 引脚	扩展板连接器引脚	核心板连接器引脚
61	A0	PIN_F4	J10_33	J2_34
62	A1	PIN_M3	J10_36	J2_35
63	D0	PIN_M2	J10_35	J2_36
64	D1	PIN_L2	J10_38	J2_37
2	D2	PIN_K1	J10_37	J2_38
3	D3	PIN_K2	J10_40	J2_39
5	D4	PIN_J1	J10_39	J2_40
6	D5	PIN_J2	J10_41	J2_42
7	D6	PIN_H1	J10_44	J2_43
8	D7	PIN_H2	J10_43	J2_44
10	D8	PIN_G1	J10_46	J2_45
11	D9	PIN_G2	J10_45	J2_46
12	D10	PIN_F1	J10_48	J2_47
13	D11	PIN_F2	J10_47	J2_48
15	D12	PIN_E1	J10_50	J2_49
16	D13	PIN_D2	J10_49	J2_50
17	D14	PIN_D1	J10_51	J2_52
18	D15	PIN_C2	J10_54	J2_53
20	RD#	PIN_B2	J10_53	J2_54
21	CS#	PIN_G3	J10_64	J2_63
22	WR#	PIN_B3	J10_56	J2_55
24	DREQ1	PIN_L6	J10_55	J2_56

续表

OTG 引脚编号	OTG 引脚名	FPGA 引脚	扩展板连接器引脚	核心板连接器引脚
25	DREQ2	PIN_L7	J10_58	J2_57
28	DACK1#	PIN_K4	J10_57	J2_58
29	DACK2#	PIN_L4	J10_60	J2_59
30	INT1	PIN_K5	J10_59	J2_60
31	INT2	PIN_K6	J10_61	J2_62
32	RESET#	PIN_F3	J10_66	J2_65
49	OTG_LSPEED	PIN_G6	J10_34	J2_33
50	OTG_FSPEED	PIN_G5	J10_31	J2_32

（9）RS232C 串口。底板的 J9 是一个 9 针的 RS232 接口，D2 和 D3 分别是发送和接收的指示灯。表 A.3.19 给出了串口的引脚映射。

表 A.3.19　串口引脚映射

MAX3232C				
MAX 引脚编号	MAX 引脚名	FPGA 引脚	扩展板连接器引脚	扩展板连接器引脚
11	UART_TXD	PIN_F13	J8_63	J4_64
12	UART_RXD	PIN_A13	J8_64	J4_63

（10）VGA 输出接口。VGA 输出接口芯片采用 AD 公司的 ADV7123 来 RGB 视频信号的 DA 变换。表 A.3.20 给出了 VGA 接口的引脚映射。

表 A.3.20　VGA 引脚映射

VGA ADV7123				
VGA 引脚编号	VGA 引脚名	FPGA 引脚	扩展板连接器引脚	核心板连接器引脚
39	R0	PIN_D10	J8_28	J4_27
40	R1	PIN_G12	J8_27	J4_28
41	R2	PIN_F12	J8_30	J4_29
42	R3	PIN_G15	J8_29	J4_30
43	R4	PIN_F15	J8_31	J4_32
44	R5	PIN_E15	J8_34	J4_33
45	R6	PIN_F16	J8_33	J4_34
46	R7	PIN_G16	J8_36	J4_35
47	R8	PIN_F9	J8_35	J4_36
48	R9	PIN_E8	J8_38	J4_37
1	G0	PIN_D7	J8_37	J4_38
2	G1	PIN_C7	J8_40	J4_39
3	G2	PIN_D8	J8_39	J4_40

续表

VGA ADV7123				
VGA 引脚编号	VGA 引脚名	FPGA 引脚	扩展板连接器引脚	核心板连接器引脚
4	G3	PIN_C8	J8_41	J4_42
5	G4	PIN_C9	J8_44	J4_43
6	G5	PIN_C10	J8_43	J4_44
7	G6	PIN_C11	J8_46	J4_45
8	G7	PIN_D11	J8_45	J4_46
9	G8	PIN_E12	J8_48	J4_47
10	G9	PIN_B14	J8_47	J4_48
14	B0	PIN_B16	J8_51	J4_52
15	B1	PIN_B17	J8_54	J4_53
16	B2	PIN_A17	J8_53	J4_54
17	B3	PIN_D15	J8_56	J4_55
18	B4	PIN_C16	J8_55	J4_56
19	B5	PIN_D14	J8_58	J4_57
20	B6	PIN_C15	J8_57	J4_58
21	B7	PIN_G14	J8_60	J4_59
22	B8	PIN_F14	J8_59	J4_60
23	B9	PIN_G13	J8_61	J4_62
11	BLANK#	PIN_A14	J8_50	J4_49
12	SYNC#	PIN_B15	J8_49	J4_50
24	ClK	PIN_F21	J12_1	J5_2
13	VGA_HS	PIN_D9	J8_26	J4_25
14	VGA_VS	PIN_E10	J8_25	J4_26

（11）AV 输入接口。AV 输入采用 RCA 接口，接口芯片采用的是 AD 公司的 ADV7181，完成输入信号的 AD 变换。表 A.3.21 给出了 ADV 的引脚映射。

表 A.3.21　　ADV 引脚映射

ADV7181B				
ADV 引脚编号	ADV 引脚名	FPGA 引脚	扩展板连接器引脚	核心板连接器引脚
51	RESET#	PIN_C17	J12_2	J5_1
54	SCLK	PIN_C19	J12_4	J5_3
53	SDATA	PIN_C21	J12_3	J5_4
8	P8	PIN_F26	J12_15	J5_16
7	P9	PIN_D23	J12_14	J5_13
6	P10	PIN_D26	J12_13	J5_14
5	P11	PIN_C25	J12_11	J5_12

续表

ADV7181B				
ADV 引脚编号	ADV 引脚名	FPGA 引脚	扩展板连接器引脚	核心板连接器引脚
62	P12	PIN_E20	J12_8	J5_7
61	P13	PIN_B24	J12_7	J5_8
60	P14	PIN_C22	J12_6	J5_5
59	P15	PIN_D21	J12_5	J5_6
2	HS	PIN_B25	J12_10	J5_9
64	VS	PIN_C24	J12_9	J5_10
20	LLC	PIN_P25	J13_54	J3_53

（12）数码管。扩展板有 8 个共阳八段数码管，由于采用独立控制的方式需要大量的 I/O 接口，因此数码管采用了扫描的连接方式。

表 A.3.22 和表 A.3.23 分别给出了数码管和控制端的引脚映射。

表 A.3.22　　数 码 管 引 脚 映 射

引脚编号	引脚名	FPGA 引脚	扩展板连接器引脚	核心板连接器引脚
10	A	PIN_M24	J16_19	J7_20
9	B	PIN_AD24	J16_17	J7_18
8	C	PIN_AC25	J16_15	J7_16
5	D	PIN_AB24	J16_11	J7_12
4	E	PIN_AB23	J16_14	J7_13
2	F	PIN_AD25	J16_18	J7_17
3	G	PIN_AC26	J16_16	J7_15
7	DP	PIN_AB25	J16_13	J7_14

表 A.3.23　　数码管三极管引脚映射

数码管编号	引脚	FPGA 引脚	扩展板连接器引脚	核心板连接器引脚
L7	TL0	PIN_M21	J16_45	J7_46
L8	TL1	PIN_AB26	J16_39	J7_40
L9	TL2	PIN_Y25	J16_38	J7_37
L10	TL3	PIN_W26	J16_33	J7_34
L11	TL4	PIN_U26	J16_30	J7_29
L12	TL5	PIN_T25	J16_27	J7_28
L13	TL6	PIN_L21	J16_24	J7_23
L14	TL7	PIN_N23	J16_21	J7_22

（13）音频接口。音频接口芯片采用的是飞利浦公司的 UDA1341TS。表 A.3.24 给出了其引脚映射。

J5：Audio Line out.

J4：Audio Line In.

J3：Audio Mic In.

表 A.3.24　　音频接口引脚映射

Audio UDA1341TS				
音频引脚编号	音频引脚名	FPGA 引脚	扩展板连接器引脚	核心板连接器引脚
17	WORDSEL	PIN_G11	J8_2	J4_1
16	BITCLK	PIN_E5	J8_1	J4_2
15	L3_DATA	PIN_F11	J8_4	J4_3
12	SYSCLK	PIN_G9	J8_3	J4_4
18	DATAOUT	PIN_F10	J14_68	J1_67
19	DATAIN	PIN_G10	J14_67	J1_68
13	L3_MODE	PIN_F7	J14_70	J1_69
14	L3_CLK	PIN_AA7	J14_69	J1_70

（14）ASI 接口。ASI 发送接口使用的芯片是 Cypress 的 CY7B923。表 A.3.25 给出了其引脚映射。

表 A.3.25　　CY7B923 引脚映射

Audio UDA1341TS				
CY7B923 引脚编号	CY7B923 引脚名	FPGA 引脚	扩展板连接器引脚	核心板连接器引脚
	CKW	PIN_P26		J3.56
11	ASI_D[7]	PIN_E26		J5.15
12	ASI_D[6]	PIN_H25		J5.18
13	ASI_D[5]	PIN_G26		J5.17
14	ASI_D[4]	PIN_B18		J5.20
15	ASI_D[3]	PIN_J25		J5.19
16	ASI_D[2]	PIN_A18		J5.22
17	ASI_D[1]	PIN_A19		J5.24
18	ASI_D[0]	PIN_B19		J5.23
10	ASI_SVS	PIN_A20		J5.26
19	ASI_SC	PIN_B20		J5.25
23	ASI_ENA	PIN_A21		J5.28

ASI 接收接口使用的芯片是是 Cypress 的 CY7933。表 A.3.26 给出了其引脚映射。

表 A.3.26　　CY7933 引脚映射

Audio UDA1341TS				
CY7933 引脚编号	CY7933 引脚名	FPGA 引脚	扩展板连接器引脚	核心板连接器引脚
22	CKR	PIN_N25		J5.38
11	ASI_D[7]	PIN_B21		J5.27

续表

Audio UDA1341TS				
CY7933 引脚编号	CY7933 引脚名	FPGA 引脚	扩展板连接器引脚	核心板连接器引脚
12	ASI_D[6]	PIN_A22		J5.30
13	ASI_D[5]	PIN_B22		J5.29
14	ASI_D[4]	PIN_B23		J5.32
15	ASI_D[3]	PIN_C23		J5.34
16	ASI_D[2]	PIN_A23		J5.33
17	ASI_D[1]	PIN_G18		J5.36
18	ASI_D[0]	PIN_G17		J5.35
10	ASI_RVS	PIN_N26		J5.37
19	ASI_SC	PIN_E24		J5.40
7	ASI_RDY	PIN_E23		J5.39

附录B　DE2 教学与开发平台

B.1　DE2 开发板简介

Altera DE2 教学开发板着眼于为数字逻辑、计算机组成和 FPGA 方面的学习提供一个理想的工具。该板具有多种特点，非常适合在实验室环境下进行大学课程的实验、实际的设计项目和非常复杂尖端的数字系统的开发。Altera 公司为 DE2 开发板提供了一套支持文件，例如学习指导、现成的教学实验练习和丰富的插图说明。

DE2 开发板采用了 672 针引脚的 Cyclone II EP2C35 FPGA。板上所有重要的部件都与该 FPGA 相连，使用户能够控制板上的各种部件。DE2 开发板包含了很多开关（兼有拨动开关和按键），发光二极管和七段数码管。在进一步的实验中还用到了 SRAM、SDRAM、FLASH 以及 16×2 的字符液晶。需要进行处理器和 I/O 接口实验时，可以利用 Altera Nios II 处理器和 RS-232 和 PS/2 标准接口等。进行涉及音频和视频的实验时，也有标准 MIC、line-in、line-out 接口（24 位音频解编码器），video-in（TV Decoder）和 VGA（10-bit DAC），这些特点都能够被用来制作 CD 质量的音频应用和专业的视频图像。为了能够设计更强大的项目，DE2 还提供了 USB2.0 接口（包括主、从 USB）、10/100MB 自适应以太网、红外（IRDA）接口，以及 SD 卡接口。最后，可以通过两排扩展 I/O 口与用户自定义的扩展板相连。DE2 开发板的外观如图 B.1.1 所示，它描述了 DE2 开发板的布局以及各种接口（输入、输出接口）基本组成部分的位置。

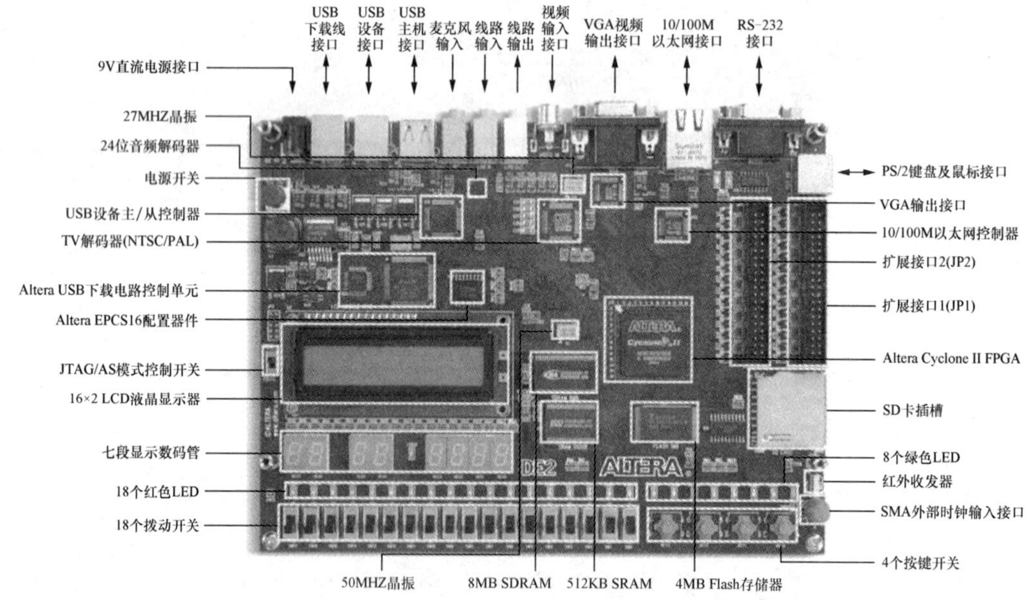

图 B.1.1　DE2 开发板外观图

DE2 开发板有许多特点，它可以使用户实现从简单电路到多媒体应用电路的设计。DE2 开发板提供以下硬件：Altera Cyclone II 2C35 FPGA 芯片；Altera 串行配置设备 EPCS16；用于配置的 USB Blaster（板上）和用户 API，支持 JTAG 和支持主动配置模式（AS）；512KB

SRAM；8MB SDRAM；4MB Flash（有些板子上为 1MB）；SD 卡插槽；四个按键；18 个拨动开关；18 个红色发光二极管；9 个绿色发光二极管；50MHz 和 27MHz 时钟频率振荡器；拥有输入、输出和麦克风接口的 24 位 CD 音质多媒体数字信号音频编解码器；可以 VGA 输出的 VGA 数据采集和控制器（10 位三倍高速数据采集和控制系统）；视频解码器（NTSC 制式/PAL 制式）和视频输入接口；10/100MB 以太网控制器；具有 A 型和 B 型连接口的 USB 主控制器和从属控制器；RS-232 收发器和 9 针连接器；PS/2 鼠标/键盘连接器；IrDA 红外收发器；有二极管保护的 2 个 40 针扩展接口。

除这些硬件特点之外，DE2 开发板还有支持标准输入、输出的软件和一个控制面板，同时还提供了大量展示 DE2 开发板高级能力的范例。

图 B.1.2 给出了 DE2 开发板的结构框图。为了给用户提供最大的方便，所有的接口均通过 FPGA 驱动。因此，用户可设置 FPGA 去进行任何一种系统设计。

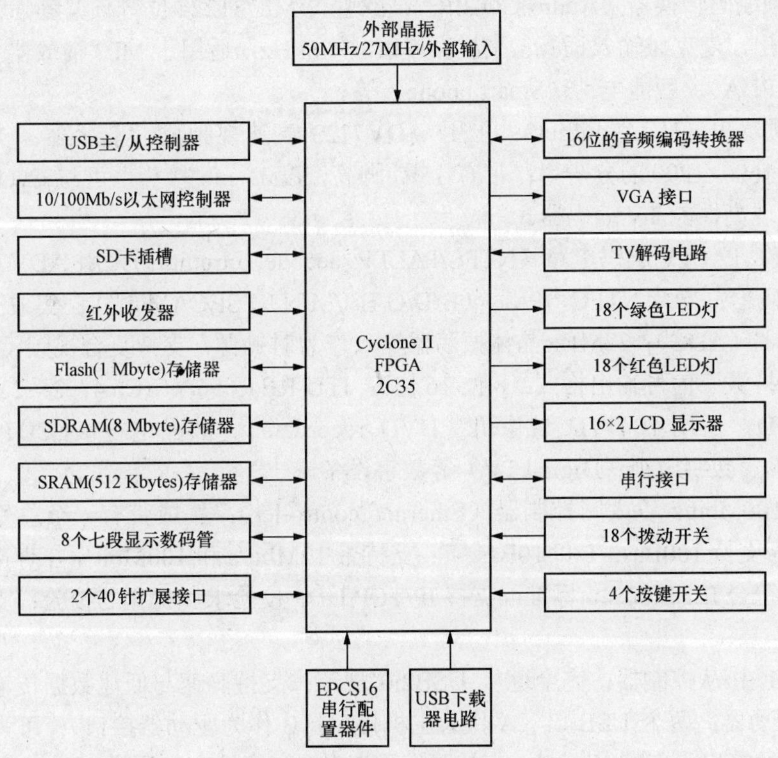

图 B.1.2　DE2 开发板的结构框图

以下是关于图 B.1.2 一些信息的详细介绍：

（1）Cyclone II EP2C35F672C6 FPGA：33216 逻辑单元；105 个 M4K RAM 块；35 个嵌入式乘法器；4 个锁相环；475 个 I/O 口；672 脚 BGA 封装。

（2）串行配置器件和 USB Blaster 电路：AlteraEPCS16 串行配置器件；用于编程和用户 API 控制的 USB Blaster（板上）；支持 JTAG 和 AS 配置模式。

（3）SRAM：512KB SRAM 存储芯片；256K×16bits 构架；可作为 Nios II 处理器与 DE2 控制面板的存储器。

（4）SDRAM：8MB 单数据传输的同步动态随机存储芯片；1M×16bits×4banks 构架；可

作为 Nios II 处理器与 DE2 控制面板的存储器。

（5）FLASH memory：4MB 或非门 FLASH 存储器（有些板为 1MB）；8 位数据总线；可作为 Nios II 处理器与 DE2 控制面板的存储器。

（6）SD 卡插槽（SD card socket）：提供 SPI 模式的 SD 卡访问；可作为 Nios II 处理器与 DE2 控制面板的存储器。

（7）按键开关（Push button switches）：4 个按键开关；施密特触发电路去抖动；复位时高电平；按下时产生低电平脉冲。

（8）拨动开关（Toggle switch）：18 个拨动开关作为用户输入；当开关拨到上边时，产生逻辑 1；当开关拨到下边时，产生逻辑 0。

（9）晶振输入（Clock inputs）：50MHz 晶体振荡器；27MHz 晶体振荡器；SMA 外部时钟输入。

（10）音频编码转换器（Audio CODEC）：欧胜 WM8731224 位音频编解码转换器；串行输入，串行输出，麦克风输入插孔；采样频率：8～96kHz；适用于 MP3 播放器、录音机、个人数字助理（PDA）、智能电话（Smart phone）等。

（11）视频输出（VGA output）：采用 ADV7123 高速视频数/模转换器；支持刷新频率 100Hz，高达 1600×1200 的分辨率；带有 15 针脚高密度 D-sub 接头；可与 Cyclone II FPGA 联合使用，实现高性能 TV 编码器。

（12）NTFC/PALTV 解码电路（NTFC/PALTV decoder circuit）：采用 ADV7181B 多格式 SDTV 视频解码器；支持 NTFC，PAL-（B/D/G/H/I/M/N），SECAM 制式；集成三个 54MHz，9 位模/数转换器（ADC）；27MHz 晶体振荡器输入作为时钟源；支持复合视频（CVBS）RCA 接口输入；支持数字信号输出格式（8 位/16 位）：ITU-RBT.656 YCrCb 4：2：2 output + HS，VS，和 FIELD；适用于 DVD 录像机（DVD recorders）、液晶电视（LCDTV）、机顶盒（Set-top-boxes）、数字电视（Digital TV）等数字设备。

（13）10/100Mbit/s 以太网控制器（Ethernet controller）：集成带有一个总处理器接口的 MAC 和 PHY；支持 100Base-T 和 10Base-T；支持带 10Mbit/s 和 100Mbit/s 自动 MDIX 的全双工操作；完全符合 IEEE802.3u 标准；支持 IP/TCP/UDP 校验求和操作与校验；支持全双工传输模式。

（14）USB 主/从控制器：完全遵从 USB2.0 规范；支持高速与低速数据传输方式；支持 USB 主机和驱动器；两个 USB 口（A 作为主机接口，B 作为驱动器接口）；可为大多数处理器提供高速并行接口；支持 Nios II；支持可编程 I/O 口和直接存储通道（DMA）。

（15）串行口（Serial ports）：一个 RS-232 口；一个 PS/2 口；DB-9 作为 RS-232 串口连接器；PS/2 连接器连接 PS2 鼠标或键盘到 DE2 开发板。

（16）红外端口收发器（IrDA transceiver）：拥有一个 115.2kbit/s 的红外收发器；32mA LED 驱动电流；集成电磁干扰屏蔽；边沿检测输入。

（17）两个 40 针扩展接口：72 个 Cyclone II I/O 口和 8 只电源和地线端连接到两个 40 针扩展接口；按照可接插标准 40 针 IDE 硬驱动排线标准设计；二极管和电阻保护。

B.2 DE2 控制面板

用户可以将 DE2 开发板上的多种组件通过控制面板连到主机上。本节首先介绍控制面板的一些基本功能，然后用图表块的形式介绍它的结构，最后介绍它的性能。

B.2.1　控制面板安装

使用控制面板前，首先应在 Cyclone II FPGA 里配置相应的程序，可通过将配置文件 DE2_USB_API.sof 下载到 FPGA 里完成。除了下载 DE2_USB_API.sof 文件外，还必须在主机上运行 DE2_control_panel.exe 程序。DE2_USB_API.sof 与 DE2_control_panel.exe 可在 DE2 开发板附带 CD 内的 DE2_control_panel 文件夹下找到。

激活控制面板，可以按照下面的步骤进行：

（1）连接好提供的 USB 线和 9V 电源，然后打开电源开关。

（2）将 RUN/PROG 开关置于 RUN 位置。

（3）将配置文件 DE2_USB_API.sof 下载到 FPGA 里。

（4）在主机上运行 DE2_control_panel.exe 程序，出现如图 B.2.1 所示的控制面板用户界面。

（5）点击“Open>Open USB Port 0”开启 USB 口。控制面板将会列出所有连接到 DE2 开发板的 USB 口。DE2 控制面板通过 USB 连接可以控制多达 4 块 DE2 开发板。控制面板会一直占据 USB 口，直到关闭该口。

（6）控制面板可以使用。可以通过设置七段数码管的数值，观察 DE2 开发板上的效果。

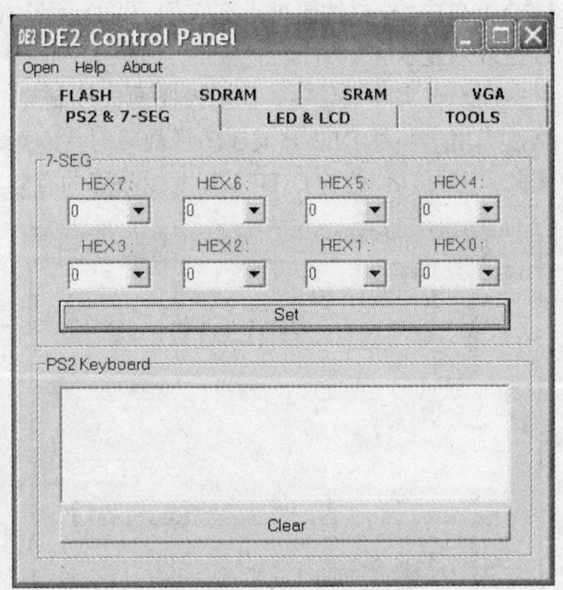

图 B.2.1　DE2 控制面板

DE2 控制面板的设计概念如图 B.2.2 所示。实现控制功能的 IP 配置在 FPGA 里，它和运行在主机里的控制面板通过 USB 口进行通信，图形界面用来发布命令到控制电路，IP 来处理主机和 DE2 开发板之间的所有请求和数据传送。

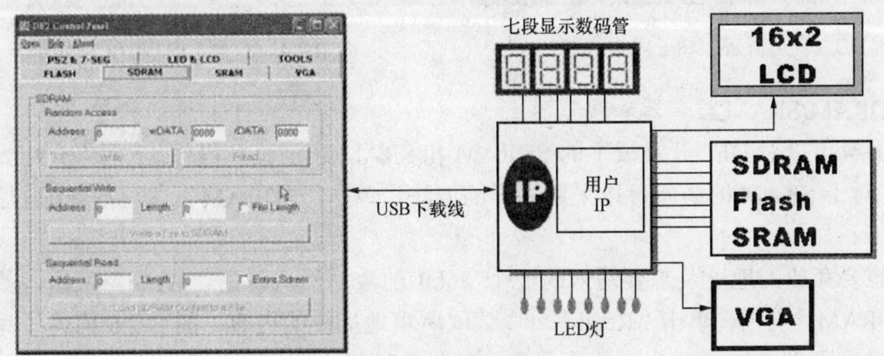

图 B.2.2　DE2 控制面板的设计概念图

DE2 控制面板可以用来修改 7 段数码管显示的值、点亮 LED、PS2 键盘输入、读写 SRAM、读写 FLASH、读写 SDRAM、加载图像模式通过 VGA 输出图像、加载音乐到存储器并通过音频数/模转换器播放。用户可以读/写字节或整个文件从/到 FLASH，使得开发多媒体应用（FLASH 音频播放器，FLASH 图片浏览器）时不必担心如何建立一个 FLASH 编程器。

B.2.2 控制面板的使用

1. 控制 LED 灯、7 段数码管和 LCD 显示器

控制面板的一个简单功能是设置 LED，7 段数码管和 LCD 显示字符的值。

在图 B.2.3 显示的窗口中，7 段数码管显示的值可以通过相应的输入窗口输入，通过单击“Set”按钮载入并显示。连接到 PS/2 口的键盘可以用来输入 LCD 显示器显示的文本。

选择“LED&LCD”选项得到如图 B.2.4 所示的窗口。在这里，用户可以通过选择独立的 LED 并单击“Set”按钮来点亮它们。LCD 显示的文本可以在 LCD 文本框中写入，并单击“Set”按钮载入显示。

用户在实际设计中，使用控制面板控制 DE2 开发板上的各个功能部件是没有意义的。但是，当用户怀疑 DE2 开发板出现故障时，它可以作为校验其是否出现问题的一个简单方法。因此，它可以作为检查 DE2 开发板故障的有效工具。

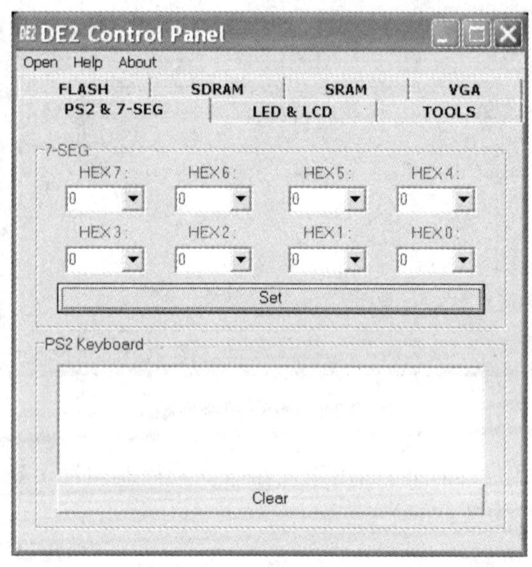

图 B.2.3 控制 PS2 和七段数码管

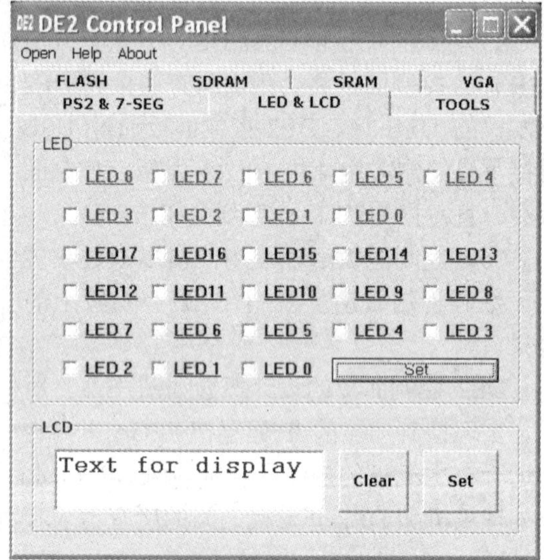

图 B.2.4 控制 LED & LCD 显示器

2. SDRAM/SRAM 控制器和编程器

控制面板可以对 DE2 开发板上的 SDRAM 和 SRAM 进行读写操作。下面将介绍如何访问 SDRAM，对于 SRAM 的访问可以采用同样的方法。单击“SDRAM”选项得到图 B.2.5 所示的窗口。

键入想要存放的地址及想要写入的一个 16bit 的数，然后单击“Write”按钮，就可以将字写入 SDRAM。同样，单击“Read”可以读取所填地址中的内容。图 B.2.5 描述了写入十六进制数 6CA 到地址 200 的结果，后面是读取地址 200 里内容的结果。

用控制面板的连续写入功能写入一个文件到 SDRAM 的步骤如下：

（1）在 Address 框中列入起始地址。

（2）在 Length 框中填入将要写入字节的数目。如果要写入的是整个文件，那么则要在 File

Length 框中打标志来代替字节的数目。

（3）初始化数据写入，单击 Write a File to SDRAM 按钮。

（4）当控制面板响应并出现标准对话框要求输入源文件时，选中要输入的文件，单击确定。

控制面板也支持扩展名为.hex 文件的下载。扩展名为. hex 的文件必须是 ASCII 文本文件，这样存储器就能用 ASCII 字符来代替十六进制数来进行存储。例如，一个文件中有如下一行：0123456789ABCDEF，定义了 4 个 16 位值：0123、4567、89AB、CDEF，这些值将被连续地载入存储器中。

控制面板的连续读取功能用来读取 SDRAM 中的内容并将它们放入文件中。步骤如下：

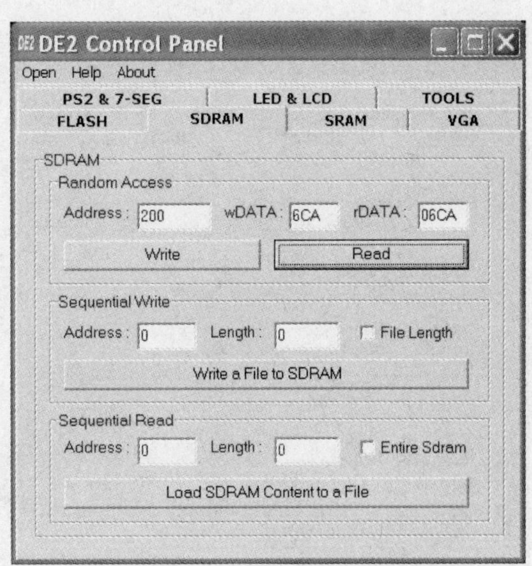

图 B.2.5　访问 SDRAM

（1）在“Address”框中列入起始地址。

（2）在“Length”框中输入要复制到文件中的字节数。如果要复制整个 SDRAM 中的内容（包括所有 8MB），则在“Entire SDRAM”框中打标志。

（3）单击“Load SDRAM Content to a File”按钮。

（4）控制面板响应并弹出标准对话框要求输入另存为的文件名称，选择好文件名称后单击确认。

3. FLASH 编程

控制面板能从 DE2 开发板上的 FLASH 芯片里读写数据，它可以用来：

（1）擦除整个 FLASH 存储器；

（2）写一个字节到 FLASH 存储器；

（3）从 FLASH 存储器里读出一个字节；

（4）写二进制文件到 FLASH 存储器；

（5）将 FLASH 存储器里的内容载入到文件。

注意下面介绍的 FLASH 存储器的一些特点。

（1）FLASH 芯片是 4M×8bit 的结构；

（2）在写入数据之前必须擦除整个 FLASH 存储器（注意 FLASH 存储器擦除次数是有限的）；

（3）擦除 FLASH 存储器的时间大约需要 20s，在操作中不要关闭 DE2 的控制面板。

打开 FLASH 存储器控制窗口，如图 B.2.6 所示，在控制面板中选择 FLASH 标签。

一个字节数据能被写入到 FLASH 存储器上的任何地址，操作步骤如下：

（1）单击 Chip Erase 选项，会有窗口提示等待操作完成，这需要大约 20s 的时间。

（2）在 Address 栏中填入想要的地址，在 wDATA 栏中填入字节数，然后单击 Write 按钮。

从任意一个地址中读取一个字节的数据，首先填入所要的地址，然后单击 Read 按钮，rDATA 一栏将会显示出从特定的地址中所读出的数据。

顺序写功能可以用来将一个文件写到 FLASH 存储器芯片中。

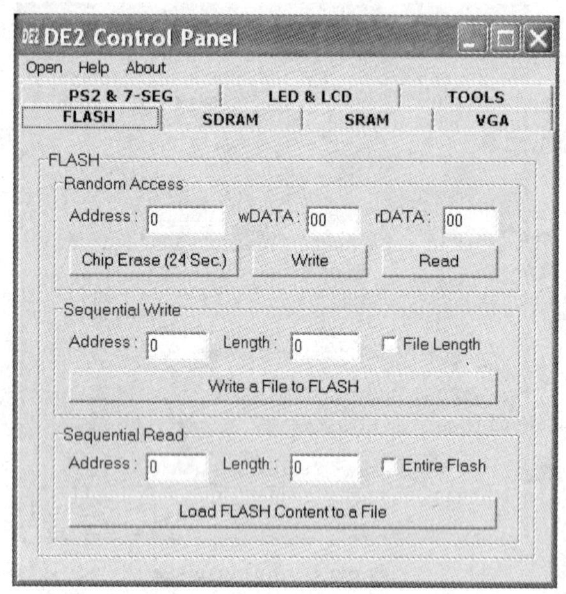

图 B.2.6　FLASH 的控制窗口

（1）选定写入 FLASH 存储器中数据的起始地址和数据长度（按字节），可以通过选定 File Length 说明载入的是一个文件。

（2）单击 Write a File to FLASH 按钮来激活写数据的进程。

（3）当控制面板响应标准的 Windows 对话框提示选择目标文件时，按常规方式选定想要的文件。

顺序读功能能够读取存储在 FLASH 存储器中的数据，然后将数据写入文件。

（1）选定需要从 FLASH 存储器中读取数据的起始地址和数据长度，可以选定 Entire FLASH 来拷贝整个 FLASH 存储器中的内容到特定的文件。

（2）单击 Load FLASH Content to a File 按钮激活读数据进程。

（3）当控制面板弹出标准的 Windows 对话框提示选择目标文件时，按常规方式选定想要的文件。

4. 工具——SRAM/SDRAM/FLASH 多端口控制器

控制面板（Control panel）上的用户图形接口（GUI）工具标签允许用户选择端口。将示范一个典型的音乐播放器的实现过程，音乐数据被加载到 FLASH 存储器上。FLASH 控制器上的用户端口 1 用于发送音乐数据到音频数模转换器，从而输出音频。操作步骤如下：

（1）清除 FLASH 存储器，然后将音乐数据写入 FLASH memory。可以使用文件夹 DE2_demonstration\music 下的 music.wav。

（2）在 DE2 控制面板上选择 TOOLS 标签进入 B.2.7 图的对话框。

（3）为 FLASH Multiplexer 选择 Asynchronous1 端口，然后单击 Configure 按钮激活端口。需要单击“Configure”按钮使 FLASH Memory 和 FLASH Controller 上的 Asynchronous1 端口的连接起作用（详见图 B.2.6）。

（4）分别设置开关 SW1 和 SW0 到 OFF（DOWN 位置）和 ON（UP 位置）。

（5）将耳机或扬声器插入音频输出孔，能够听到音频数模转换电路所播放的音乐。

（6）注意 Asynchronous 1 端口是连接到 Audio DAC 的，如图 B.2.7 所示，一旦选择了 Asynchronous 1 端口并单击了 Configure 按钮，Audio DAC 控制器将直接与 FLASH Memory 通信。在我们的例子中 Audio DAC Verilog 模块定义了一个读取 FLASH Memory 内容并将其发送到外部音频芯片的电路。

5. VGA 显示控制

控制面板提供了一个与 IP 有关的允许用户通过 VGA 输出端口显示图像的工具。为了说明这一功能，将示范如何在一个 VGA 监视器上显示图像。按照如下步骤显示一张默认的图片。

（1）选择 VGA 标签进入如图 B.2.8 所示的窗口。

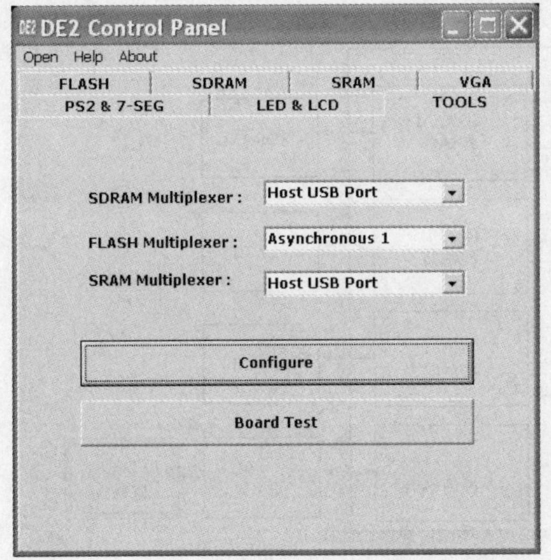

图 B.2.7　TOOLS 窗口

图 B.2.8　显示图片和用滚动条控制光标

（2）确认控制面板底部的 Default Image 和 Cursor Enable 被选中。

（3）把 VGA 监视器连接到 DE2 上，则能够在屏幕上看到图 B.2.8 显示的图片。图片包含了一对能被 DE2 控制面板上的水平和垂直滚动条控制的光标。图 B.2.8 的图片存储在 Cyclone II FPGA 的 M4K Memory 块上。在默认的数据配置阶段，图片以 MIF/Hex（Intel）格式装载在 M4K 块中。下面将介绍如何显示其他图片以及如何生成能被 VGA 监视器识别的二进制数据格式。

DE2 开发板提供的另一幅图片存储在系统光盘的 DE2_demonstrations\pictures\picture.dat 中。按下面的步骤操作可以显示这幅图。

（1）选择控制面板的 SRAM 标签并将 picture.dat 文件装载到 SRAM 中。

（2）选择 TOOLS 标签，将 SRAM Multiplexer 端口选择 Asynchronous 1，如图 B.2.9 所示。单击 Configure 按钮激活端口设置。

（3）现在 FPGA 已经是如图 B.2.10 所示的配置。

（4）选择 VGA 标签并去掉 Default Image 的选择。

（5）现在 VGA 监视器可以显示该 picture.dat 图片，如图 B.2.11 所示。可以通过去除 Cursor Enable 的选择来关闭光标。

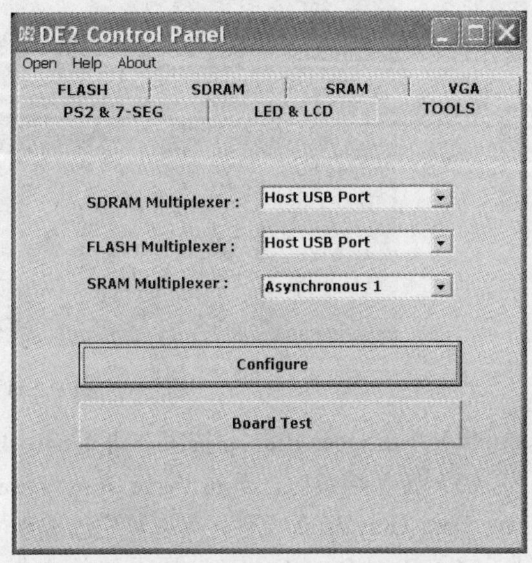

图 B.2.9　用 Asynchronous 1 端口取得 SRAM 中的图像数据

可以通过向 SRAM 或 Cyclone II 芯片的 M4K Memory Block 中装载图像文件来显示任何图像。这需要生成一个位图文件，按照如下步骤来做。

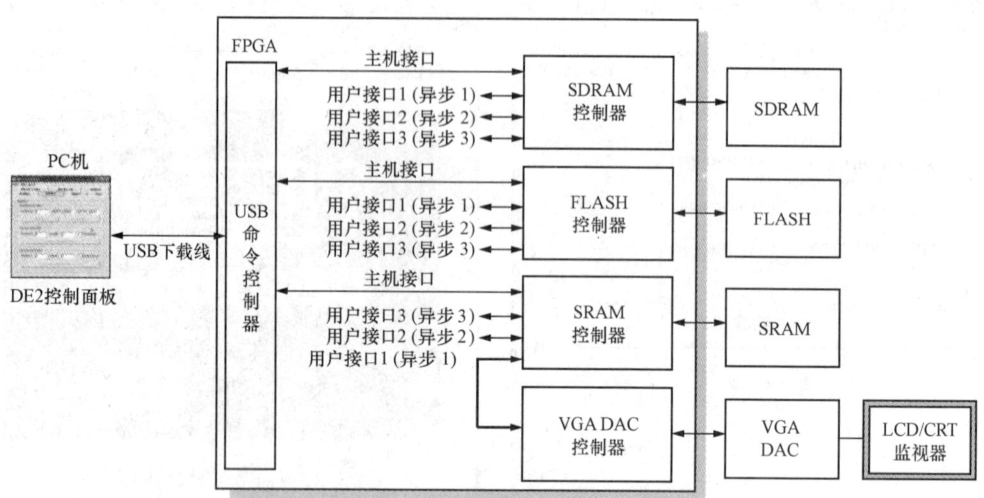

图 B.2.10　从 SRAM 中配置一幅图片

（1）用图片处理软件打开目标图像，如 Corel Photo Paint 软件。

（2）将原始图像设置为 640×480 分辨率的 Windows 位图格式。

（3）执行一个为 DE2 设计的图像转换工具 DE2_control_panel\ImgConv.exe，如图 B.2.12 所示。

图 B.2.11　显示图片

（4）单击 Open Bitmap 按钮，选择 640×480 的灰度图像进行转换。

（5）转换结束时，单击 Save Raw Date 按钮，将在原始文件的文件夹内生成名字为 Raw_Data_Gray.dat 的文件，可以将它改成别的文件名。

（6）Raw_Data_Gray.dat 是原始的数据文件，可以直接装载到 SRAM 中，并通过 DE2_USB_API 工程中的 VGA Controller IP 在 VGA 监视器中显示图像。

（7）ImgConv 工具生成名字为 Raw_Data_BW.dat（和它相对应的 txt 格式文件）的灰度图

像——判断黑或白的大小是在 BW 阈值中定义的。

图 B.2.12　图像转换

B.3　DE2 开发板的使用

这一节将介绍如何使用 DE2 开发板，并介绍它的每个 I/O 接口设备。

B.3.1　配置 Cyclone II FPGA

Quartus II Introduction 指南中有从主机向 DE2 开发板装载电路步骤的介绍。这个指南可以在光盘的 DE2_tutorials 文件夹下找到，也可以在 Altera DE2 网页上找到。建议用户先阅读这个指南，然后参考下面的简明介绍进行操作。

DE2 开发板包含一个存储 Cyclone II FPGA 配置数据的串行 EEPROM 芯片。每次加电时，配置数据会自动从 EEPROM 装载到 FPGA 中。使用 Quartus II 软件可以随时对 FPGA 配置，同样也可以修改存储在 EEPROM 中的非易失数据。这两种配置方法的介绍如下。

（1）JTAG 配置：在这个以 IEEE 标准 Joint Test Action Group 命名的配置方法中，配置数据流是直接下载到 Cyclone II FPGA 中的。板子通电时 FPGA 将一直保存这个配置，断电后该配置将丢失。

（2）AS（Active Serial）配置：这种方法中，配置数据流装载在 Altera EPCS16 串行 EEPROM 芯片中。它存储的数据为非易失性的，因此板子断电后数据仍然存储在 DE2 开发板中。当重新上电后，EPCS16 中的配置数据将自动加载到 FPGA 中。

下面几部分描述了 JTAG 和 AS 配置的步骤。这两种方式都需要 DE2 通过 USB 电缆连接到计算机。这两种方式下开发板将被电脑识别为 Altera USB Blaster 设备，在计算机上安装必需的驱动软件的步骤在 Getting Started With Altera's DE2 Board 里介绍。

以 JTAG 模式配置 FPGA。

图 B.3.1 显示了 JTAG 的配置结构。按照以下步骤将配置数据流加载到 Cyclone II FPGA 中。

（1）确认电源已经打开。

（2）将提供的 USB 电缆连接到 DE2 的 USB Blaster 端口。

（3）将 RUN/PROG 开关（在开发板的左侧）置于 RUN 的位置以选择 JTAG 配置电路。

（4）现在 FPGA 可以使用 Quartus II Programmer Module 来选择一个.sof 为扩展名的配置文件来配置。

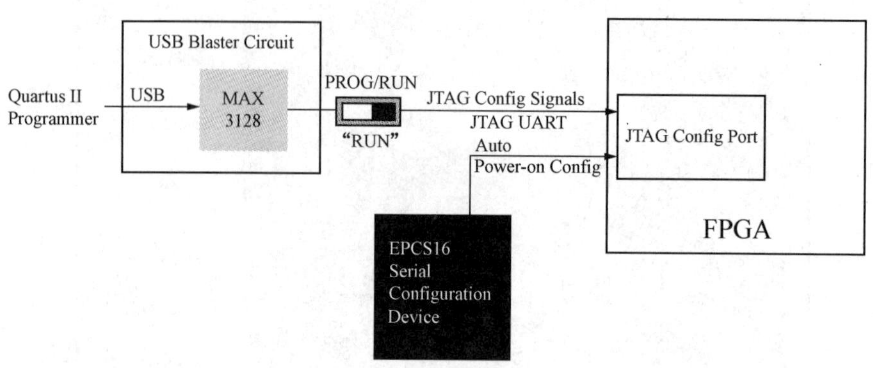

图 B.3.1 配置原理图

以 AS 模式配置 EPCS16。

（1）图 B.3.2 显示了 AS 模式的配置结构，按照以下步骤将配置数据流存储到 EPCS16 串行 EEPROM 中。

（2）确认电源已经打开。

（3）将提供的 USB 电缆连接到 DE2 的 USB Blaster 端口。

（4）将 RUN/PROG 开关（在开发板的左侧）置于 PROG 的位置以选择 AS 配置电路。

（5）现在 FPGA 可以用 Quartus II Programmer Module 选择一个.pof 为扩展名的配置文件来配置。

一旦配置操作完成，将 RUN/PROG 置于 RUN 位置，然后复位开发板，这样 EPCS16 中的新配置数据就被加载到 FPGA 芯片中了。

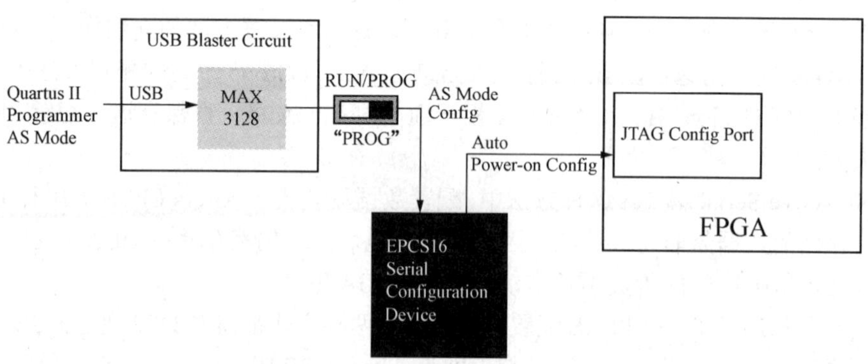

图 B.3.2 AS 配置原理图

B.3.2 各个模块的使用方法介绍

1. 使用发光二极管（LED）和按键开关

DE2 提供了四个按键开关，每个开关都使用了施密特触发器消除抖动，如图 B.3.3 所示。施密特触发器的四个输出 KEY0、KEY1、KEY2、KEY3 直接连接在 FPGA 上。每个开关按下时输出低电平（0V），复位时，输出一个逻辑高电平（3.3V），因为它们已经消除了抖动，所以它们适合用作电路的时钟或复位输入。

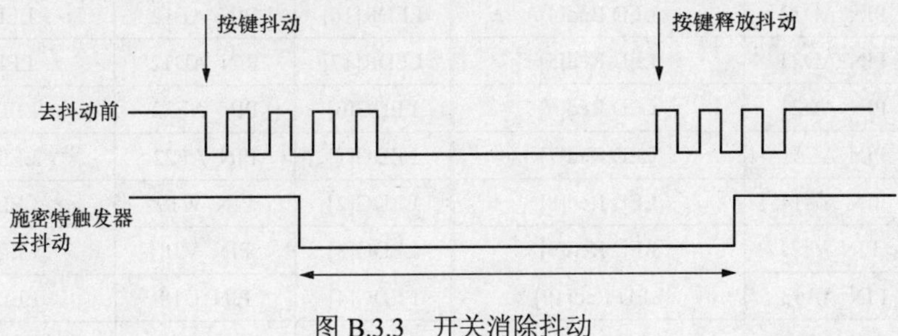

图 B.3.3　开关消除抖动

DE2 开发板上有 18 个拨动开关。这些开关没有消除抖动，它们用于输入对电平敏感的数据信号到电路中，每个开关直接连接到 FPGA 的一个引脚。当一个开关在 DOWN 位置（靠近板子的边缘的位置）时，输出低电平（0V），当开关在 UP 位置时输出高电平（3.3V）。

DE2 开发板上有 27 个用户可控制的 LED。其中 18 个红色 LED 是位于 18 个拨动开关的上方，8 个绿色 LED 位于按键开关的上方（第 9 个绿色 LED 是在 7 段数码管的中间）。每个 LED 被 FPGA 的端口直接驱动，端口输出高电平时点亮 LED，低电平时 LED 熄灭。连接到拨动开关的 FPGA 端口名在表 B.3.1 中列出，连接按键开关及 LED 的 FPGA 端口在表 B.3.2 和表 B.3.3 中列出。

表 B.3.1　　拨动开关的引脚分配

Signal name	FPGA Pin NO.	Description	Signal name	FPGA Pin NO.	Description
SW[0]	PIN_N25	Toggle Switch[0]	SW[9]	PIN_A13	Toggle Switch[9]
SW[1]	PIN_N26	Toggle Switch[1]	SW[10]	PIN_N1	Toggle Switch[10]
SW[2]	PIN_P25	Toggle Switch[2]	SW[11]	PIN_P1	Toggle Switch[11]
SW[3]	PIN_AE14	Toggle Switch[3]	SW[12]	PIN_P2	Toggle Switch[12]
SW[4]	PIN_AF14	Toggle Switch[4]	SW[13]	PIN_T7	Toggle Switch[13]
SW[5]	PIN_AD13	Toggle Switch[5]	SW[14]	PIN_U3	Toggle Switch[14]
SW[6]	PIN_AC13	Toggle Switch[6]	SW[15]	PIN_U4	Toggle Switch[15]
SW[7]	PIN_C13	Toggle Switch[7]	SW[16]	PIN_V1	Toggle Switch[16]
SW[8]	PIN_B13	Toggle Switch[8]	SW[17]	PIN_V2	Toggle Switch[17]

表 B.3.2　　按键开关的引脚分配

Signal name	FPGA Pin NO.	Description	Signal name	FPGA Pin NO.	Description
KEY[0]	PIN_G26	Pushbutton[0]	KEY[2]	PIN_P23	Pushbutton[2]
KEY[1]	PIN_N23	Pushbutton[1]	KEY[3]	PIN_W26	Pushbutton[3]

表 B.3.3　　LED 的引脚分配

Signal name	FPGA Pin NO.	Description	Signal name	FPGA Pin NO.	Description
LEDR[0]	PIN_AE23	LED Red[0]	LEDR[2]	PIN_AB21	LED Red[2]
LEDR[1]	PIN_AF23	LED Red[1]	LEDR[3]	PIN_AC22	LED Red[3]

续表

Signal name	FPGA Pin NO.	Description	Signal name	FPGA Pin NO.	Description
LEDR[4]	PIN_AD22	LED Red[4]	LEDR[16]	PIN_AE12	LED Red[16]
LEDR[5]	PIN_AD23	LED Red[5]	LEDR[17]	PIN_AD12	LED Red[17]
LEDR[6]	PIN_AD21	LED Red[6]	LEDG[0]	PIN_AE22	LED Green[0]
LEDR[7]	PIN_AC21	LED Red[7]	LEDG[1]	PIN_AF22	LED Green[1]
LEDR[8]	PIN_AA14	LED Red[8]	LEDG[2]	PIN_W19	LED Green[2]
LEDR[9]	PIN_Y13	LED Red[9]	LEDG[3]	PIN_V18	LED Green[3]
LEDR[10]	PIN_AA13	LED Red[10]	LEDG[4]	PIN_U18	LED Green[4]
LEDR[11]	PIN_AC14	LED Red[11]	LEDG[5]	PIN_U17	LED Green[5]
LEDR[12]	PIN_AD15	LED Red[12]	LEDG[6]	PIN_AA20	LED Green[6]
LEDR[13]	PIN_AE15	LED Red[13]	LEDG[7]	PIN_Y18	LED Green[7]
LEDR[14]	PIN_AF13	LED Red[14]	LEDG[8]	PIN_Y12	LED Green[8]
LEDR[15]	PIN_AE13	LED Red[15]			

2. 使用七段数码管

DE2 有八个用于显示数字大小的七段数码管，它们被分为两组，每组四个。每个七段数码管的一段被依次标识为 0 到 6，FPGA 相应引脚输出低电平时将点亮数码管的对应段，高电平时熄灭。注意每个管子的小数点都没有电气连接，它们是不可用的，表 B.3.4 列出了七段数码管和 FPGA 引脚的对应关系。

表 B.3.4 七段数码管的引脚分配

Signal name	FPGA Pin NO.	Description	Signal name	FPGA Pin NO.	Description
HEX0[0]	PIN_AF10	Seven Segment Digit 0[0]	HEX2[3]	PIN_AC26	Seven Segment Digit 2[3]
HEX0[1]	PIN_AB12	Seven Segment Digit 0[1]	HEX2[4]	PIN_AB26	Seven Segment Digit 2[4]
HEX0[2]	PIN_AC12	Seven Segment Digit 0[2]	HEX2[5]	PIN_AB25	Seven Segment Digit 2[5]
HEX0[3]	PIN_AD11	Seven Segment Digit 0[3]	HEX2[6]	PIN_Y24	Seven Segment Digit 2[6]
HEX0[4]	PIN_AE11	Seven Segment Digit 0[4]	HEX3[0]	PIN_Y23	Seven Segment Digit 3[0]
HEX0[5]	PIN_V14	Seven Segment Digit 0[5]	HEX3[1]	PIN_AA25	Seven Segment Digit 3[1]
HEX0[6]	PIN_V13	Seven Segment Digit 0[6]	HEX3[2]	PIN_AA26	Seven Segment Digit 3[2]
HEX1[0]	PIN_V20	Seven Segment Digit 1[0]	HEX3[3]	PIN_Y26	Seven Segment Digit 3[3]
HEX1[1]	PIN_V21	Seven Segment Digit 1[1]	HEX3[4]	PIN_Y25	Seven Segment Digit 3[4]
HEX1[2]	PIN_W21	Seven Segment Digit 1[2]	HEX3[5]	PIN_U22	Seven Segment Digit 3[5]
HEX1[3]	PIN_Y22	Seven Segment Digit 1[3]	HEX3[6]	PIN_W24	Seven Segment Digit 3[6]
HEX1[4]	PIN_AA24	Seven Segment Digit 1[4]	HEX4[0]	PIN_U9	Seven Segment Digit 4[0]
HEX1[5]	PIN_AA23	Seven Segment Digit 1[5]	HEX4[1]	PIN_U1	Seven Segment Digit 4[1]
HEX1[6]	PIN_AB24	Seven Segment Digit 1[6]	HEX4[2]	PIN_U2	Seven Segment Digit 4[2]
HEX2[0]	PIN_AB23	Seven Segment Digit 2[0]	HEX4[3]	PIN_T4	Seven Segment Digit 4[3]
HEX2[1]	PIN_V22	Seven Segment Digit 2[1]	HEX4[4]	PIN_R7	Seven Segment Digit 4[4]
HEX2[2]	PIN_AC25	Seven Segment Digit 2[2]	HEX4[5]	PIN_R6	Seven Segment Digit 4[5]

续表

Signal name	FPGA Pin NO.	Description	Signal name	FPGA Pin NO.	Description
HEX4[6]	PIN_T3	Seven Segment Digit 4[6]	HEX6[3]	PIN_M2	Seven Segment Digit 6[3]
HEX5[0]	PIN_T2	Seven Segment Digit 5[0]	HEX6[4]	PIN_M3	Seven Segment Digit 6[4]
HEX5[1]	PIN_P6	Seven Segment Digit 5[1]	HEX6[5]	PIN_M5	Seven Segment Digit 6[5]
HEX5[2]	PIN_P7	Seven Segment Digit 5[2]	HEX6[6]	PIN_M4	Seven Segment Digit 6[6]
HEX5[3]	PIN_T9	Seven Segment Digit 5[3]	HEX7[0]	PIN_L3	Seven Segment Digit 7[0]
HEX5[4]	PIN_R5	Seven Segment Digit 5[4]	HEX7[1]	PIN_L2	Seven Segment Digit 7[1]
HEX5[5]	PIN_R4	Seven Segment Digit 5[5]	HEX7[2]	PIN_L9	Seven Segment Digit 7[2]
HEX5[6]	PIN_R3	Seven Segment Digit 5[6]	HEX7[3]	PIN_L6	Seven Segment Digit 7[3]
HEX6[0]	PIN_R2	Seven Segment Digit 6[0]	HEX7[4]	PIN_L7	Seven Segment Digit 7[4]
HEX6[1]	PIN_P4	Seven Segment Digit 6[1]	HEX7[5]	PIN_P9	Seven Segment Digit 7[5]
HEX6[2]	PIN_P3	Seven Segment Digit 6[2]	HEX7[6]	PIN_N9	Seven Segment Digit 7[6]

3. 时钟输入

DE2 开发板有两个时钟振荡器，分别提供 27MHz 和 50MHz 的时钟信号。开发板上还有一个 SMA 接口用于外部时钟的输入，其引脚对应关系见表 B.3.5。

表 B.3.5　时钟的引脚分配

Signal name	FPGA Pin NO.	Description	Signal name	FPGA Pin NO.	Description
CLOCK_27	PIN_D13	27MHz clock input	EXT_CLOCK	PIN_P26	External（SMA） clock input
CLOCK_50	PIN_N2	50MHz clock input			

4. 使用 LCD 模块

LCD 模块有内建的字库，只要向显示控制器发送合适的指令就能够显示字符。使用 LCD 显示字符的详细信息可参照其数据手册（光盘中的 Datasheets 文件夹下）。其引脚对应关系见表 B.3.6。

表 B.3.6　LCD 的引脚分配

Signal name	FPGA Pin NO.	Description	Signal name	FPGA Pin NO.	Description
LCD_DATA[0]	PIN_J1	LCD Data[0]	LCD_DATA[7]	PIN_H3	LCD Data[7]
LCD_DATA[1]	PIN_J2	LCD Data[1]	LCD_RW	PIN_K4	LCD Read/Write Select，0=Write，1=Read
LCD_DATA[2]	PIN_H1	LCD Data[2]	LCD_EN	PIN_K3	LCD Enable
LCD_DATA[3]	PIN_H2	LCD Data[3]	LCD_RS	PIN_K1	LCD Command/Data Select，0=Command，1=Data
LCD_DATA[4]	PIN_J4	LCD Data[4]	LCD_ON	PIN_L4	LCD Power ON/OFF
LCD_DATA[5]	PIN_J3	LCD Data[5]	LCD_BLON	PIN_K2	LCD Back Light ON/OFF
LCD_DATA[6]	PIN_H4	LCD Data[6]			

5. 使用扩展接口

DE2 开发板提供了 2 个 40 针的扩展接口，每个扩展接口有 36 针直接连接到 FPGA 上，另外有 DC+5V（V_{CC}-5）、DC +3V（V_{CC}-3）和两个 GND 针脚。扩展接口的每个针脚都连接了两个二极管和一个电阻作为保护电路。其引脚对应关系见表 B.3.7。

表 B.3.7 扩展接口的引脚分配

Signal name	FPGA Pin NO.	Description	Signal name	FPGA Pin NO.	Description
GPIO_0[0]	PIN_D25	GPIO Connection 0[0]	GPIO_1[0]	PIN_K25	GPIO Connection 1[0]
GPIO_0[1]	PIN_J22	GPIO Connection 0[1]	GPIO_1[1]	PIN_K26	GPIO Connection 1[1]
GPIO_0[2]	PIN_E26	GPIO Connection 0[2]	GPIO_1[2]	PIN_M22	GPIO Connection 1[2]
GPIO_0[3]	PIN_E25	GPIO Connection 0[3]	GPIO_1[3]	PIN_M23	GPIO Connection 1[3]
GPIO_0[4]	PIN_F24	GPIO Connection 0[4]	GPIO_1[4]	PIN_M19	GPIO Connection 1[4]
GPIO_0[5]	PIN_F23	GPIO Connection 0[5]	GPIO_1[5]	PIN_M20	GPIO Connection 1[5]
GPIO_0[6]	PIN_J21	GPIO Connection 0[6]	GPIO_1[6]	PIN_N20	GPIO Connection 1[6]
GPIO_0[7]	PIN_J20	GPIO Connection 0[7]	GPIO_1[7]	PIN_M21	GPIO Connection 1[7]
GPIO_0[8]	PIN_F25	GPIO Connection 0[8]	GPIO_1[8]	PIN_M24	GPIO Connection 1[8]
GPIO_0[9]	PIN_F26	GPIO Connection 0[9]	GPIO_1[9]	PIN_M25	GPIO Connection 1[9]
GPIO_0[10]	PIN_N18	GPIO Connection 0[10]	GPIO_1[10]	PIN_N24	GPIO Connection 1[10]
GPIO_0[11]	PIN_P18	GPIO Connection 0[11]	GPIO_1[11]	PIN_P24	GPIO Connection 1[11]
GPIO_0[12]	PIN_G23	GPIO Connection 0[12]	GPIO_1[12]	PIN_R25	GPIO Connection 1[12]
GPIO_0[13]	PIN_G24	GPIO Connection 0[13]	GPIO_1[13]	PIN_R24	GPIO Connection 1[13]
GPIO_0[14]	PIN_K22	GPIO Connection 0[14]	GPIO_1[14]	PIN_R20	GPIO Connection 1[14]
GPIO_0[15]	PIN_G25	GPIO Connection 0[15]	GPIO_1[15]	PIN_T22	GPIO Connection 1[15]
GPIO_0[16]	PIN_H23	GPIO Connection 0[16]	GPIO_1[16]	PIN_T23	GPIO Connection 1[16]
GPIO_0[17]	PIN_H24	GPIO Connection 0[17]	GPIO_1[17]	PIN_T24	GPIO Connection 1[17]
GPIO_0[18]	PIN_J23	GPIO Connection 0[18]	GPIO_1[18]	PIN_T25	GPIO Connection 1[18]
GPIO_0[19]	PIN_J24	GPIO Connection 0[19]	GPIO_1[19]	PIN_T18	GPIO Connection 1[19]
GPIO_0[20]	PIN_H25	GPIO Connection 0[20]	GPIO_1[20]	PIN_T21	GPIO Connection 1[20]
GPIO_0[21]	PIN_H26	GPIO Connection 0[21]	GPIO_1[21]	PIN_T20	GPIO Connection 1[21]
GPIO_0[22]	PIN_H19	GPIO Connection 0[22]	GPIO_1[22]	PIN_U26	GPIO Connection 1[22]
GPIO_0[23]	PIN_K18	GPIO Connection 0[23]	GPIO_1[23]	PIN_U25	GPIO Connection 1[23]
GPIO_0[24]	PIN_K19	GPIO Connection 0[24]	GPIO_1[24]	PIN_U23	GPIO Connection 1[24]
GPIO_0[25]	PIN_K21	GPIO Connection 0[25]	GPIO_1[25]	PIN_U24	GPIO Connection 1[25]
GPIO_0[26]	PIN_K23	GPIO Connection 0[26]	GPIO_1[26]	PIN_R19	GPIO Connection 1[26]
GPIO_0[27]	PIN_K24	GPIO Connection 0[27]	GPIO_1[27]	PIN_T19	GPIO Connection 1[27]
GPIO_0[28]	PIN_L21	GPIO Connection 0[28]	GPIO_1[28]	PIN_U20	GPIO Connection 1[28]
GPIO_0[29]	PIN_L20	GPIO Connection 0[29]	GPIO_1[29]	PIN_U21	GPIO Connection 1[29]
GPIO_0[30]	PIN_J25	GPIO Connection 0[30]	GPIO_1[30]	PIN_V26	GPIO Connection 1[30]
GPIO_0[31]	PIN_J26	GPIO Connection 0[31]	GPIO_1[31]	PIN_V25	GPIO Connection 1[31]
GPIO_0[32]	PIN_L23	GPIO Connection 0[32]	GPIO_1[32]	PIN_V24	GPIO Connection 1[32]
GPIO_0[33]	PIN_L24	GPIO Connection 0[33]	GPIO_1[33]	PIN_V23	GPIO Connection 1[33]
GPIO_0[34]	PIN_L25	GPIO Connection 0[34]	GPIO_1[34]	PIN_W25	GPIO Connection 1[34]
GPIO_0[35]	PIN_L19	GPIO Connection 0[35]	GPIO_1[35]	PIN_W23	GPIO Connection 1[35]

6. VGA 使用简介

DE2 开发板包含一个支持 VGA 输出的 15 针脚 D-SUB 接头。VGA 的同步信号由 Cyclone II FPGA 直接提供，芯片 ADV7123 中含有三路最高可达 240MS/s（百万抽样/秒）的 10 位视频 D/A 转换器，时钟频率为 50MHz，能支持最高 1600×1200 的分辨率（100MHz 刷新频率），其引脚对应关系见表 B.3.10。

VGA 显示的基本时序如图 B.3.4 所示，垂直和水平的时间周期都可以分为四个区间：同步脉冲 a、同步脉冲结束与有效视频信号开始之间的时间间隔即后沿 b、有效视频信号显示区间 c 及有效视频信号结束与同步脉冲之间的时间间隔即前沿 d。

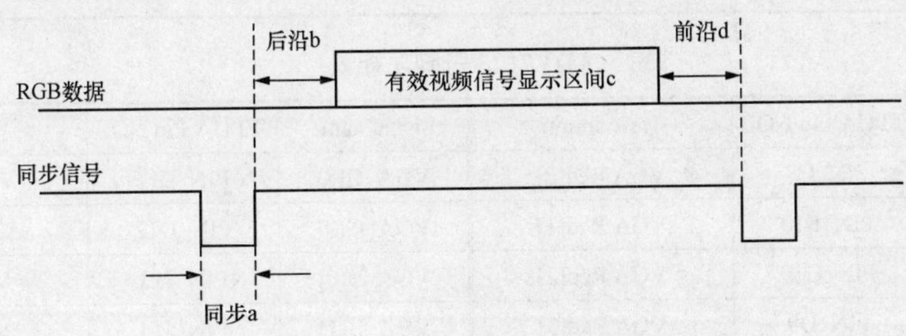

图 B.3.4　VGA 显示基本时序图

不同配置的 VGA 模式，水平同步时间参数见表 B.3.8，垂直同步时间参数见表 B.3.9。

表 B.3.8　　VGA 在不同分辨率下的水平刷新率的时间常数

VGA mode		Horizontal Timing Spec				
Configuration	Resolution（H×V）	a（μs）	b（μs）	c（μs）	d（μs）	Pixel clock（MHz）
VGA（60Hz）	640×480	3.8	1.9	25.4	0.6	25（640/c）
VGA（85Hz）	640×480	1.6	2.2	17.8	1.6	36（640/c）
SVGA（60Hz）	800×600	3.2	2.2	20	1	40（800/c）
SVGA（75Hz）	800×600	1.6	3.2	16.2	0.3	49（800/c）
SVGA（85Hz）	800×600	1.1	2.7	14.2	0.6	56（800/c）
XGA（60Hz）	1024×768	2.1	2.5	15.8	0.4	65（1024/c）
XGA（70Hz）	1024×768	1.8	1.9	13.7	0.3	75（1024/c）
XGA（85Hz）	1024×768	1.0	2.2	10.8	0.5	95（1024/c）
1280×1024（60Hz）	1280×1024	1.0	2.3	11.9	0.4	108（1280/c）

表 B.3.9　　VGA 不同分辨率的垂直刷新时间常数

VGA mode		Vertical Timing Spec			
Configuration	Resolution（H×V）	a（lines）	b（lines）	c（lines）	d（lines）
VGA（60Hz）	640×480	2	33	480	10
VGA（85Hz）	640×480	3	25	480	1
SVGA（60Hz）	800×600	4	23	600	1
SVGA（75Hz）	800×600	3	21	600	1

续表

VGA mode		Vertical Timing Spec			
Configuration	Resolution（H×V）	a（lines）	b（lines）	c（lines）	d（lines）
SVGA（85Hz）	800×600	3	27	600	1
XGA（60Hz）	1024×768	6	29	768	3
XGA（70Hz）	1024×768	6	29	768	3
XGA（85Hz）	1024×768	3	36	768	1
1280×1024（60Hz）	1280×1024	3	38	1024	1

表 B.3.10　　ADV7123 引脚功能表

Signal name	FPGA Pin NO.	Description	Signal name	FPGA Pin NO.	Description
VGA_R[0]	PIN_C8	VGA Red[0]	VGA_G[8]	PIN_E12	VGA Green[8]
VGA_R[1]	PIN_F10	VGA Red[1]	VGA_G[9]	PIN_D12	VGA Green[9]
VGA_R[2]	PIN_G10	VGA Red[2]	VGA_B[0]	PIN_J13	VGA Blue[0]
VGA_R[3]	PIN_D9	VGA Red[3]	VGA_B[1]	PIN_J14	VGA Blue[1]
VGA_R[4]	PIN_C9	VGA Red[4]	VGA_B[2]	PIN_F12	VGA Blue[2]
VGA_R[5]	PIN_A8	VGA Red[5]	VGA_B[3]	PIN_G12	VGA Blue[3]
VGA_R[6]	PIN_H11	VGA Red[6]	VGA_B[4]	PIN_J10	VGA Blue[4]
VGA_R[7]	PIN_H12	VGA Red[7]	VGA_B[5]	PIN_J11	VGA Blue[5]
VGA_R[8]	PIN_F11	VGA Red[8]	VGA_B[6]	PIN_C11	VGA Blue[6]
VGA_R[9]	PIN_E10	VGA Red[9]	VGA_B[7]	PIN_B11	VGA Blue[7]
VGA_G[0]	PIN_B9	VGA Green[0]	VGA_B[8]	PIN_C12	VGA Blue[8]
VGA_G[1]	PIN_A9	VGA Green[1]	VGA_B[9]	PIN_B12	VGA Blue[9]
VGA_G[2]	PIN_C10	VGA Green[2]	VGA_CLK	PIN_B8	VGA Clock
VGA_G[3]	PIN_D10	VGA Green[3]	VGA_BLANK	PIN_D6	VGABLANK
VGA_G[4]	PIN_B10	VGA Green[4]	VGA_HS	PIN_A7	VGAH_SYNC
VGA_G[5]	PIN_A10	VGA Green[5]	VGA_VS	PIN_D8	VGAV_SYNC
VGA_G[6]	PIN_G11	VGA Green[6]	VGA_SYNC	PIN_B7	VGASYNC
VGA_G[7]	PIN_D11	VGA Green[7]			

7. 24 位音频编解码芯片使用说明

DE2 开发板通过欧胜 WM8731 视频编解码芯片（编码/解码）提供对 24 位高保真音频的支持。此芯片提供麦克风声音输入，线路输入及线路输出端口，声音文件的采样频率范围为 8～96kHz，可通过连接到 Cyclone II FPGA 引脚的 I2C 总线串行接口实现对 WM8731 芯片的控制。表 B.3.11 中列出了其与 FPGA 的引脚对应关系，在制造商的网站和 DE2 系统自带的 CD-ROM 中都可以找到 WM8731 编解码芯片的说明书。

表 B.3.11　　音频编解码芯片针脚功能表

Signal name	FPGA Pin NO.	Description
AUD_ADCLRCK	PIN_C5	Audio CODEC ADC LR Clock

续表

Signal name	FPGA Pin NO.	Description
AUD_ADCDAT	PIN_B5	Audio CODEC ADC Data
AUD_DACLRCK	PIN_C6	Audio CODEC DAC LR Clock
AUD_DACDAT	PIN_A4	Audio CODEC DAC Data
AUD_XCK	PIN_A5	Audio CODEC Chip Clock
AUD_BCLK	PIN_B4	Audio CODEC Bit-Stream Clock
I2C_SCLK	PIN_A6	I2CData
I2C_SDAT	PIN_B6	I2CClock

8. RS-232 串口单元电路

DE2 开发板集成了 MAX232 收发芯片和一个九针 D-SUB 连接器用于 RS-232 通信。关于如何应用收发芯片的详细手册请参见芯片制造商网站上的相关资料或者从 DE2 系统光盘 Datasheets 文件夹下找到，表 B.3.12 列出了其与 FPGA 相关引脚的对应关系。

表 B.3.12　RS-232 引脚功能

Signal name	FPGA Pin NO.	Description	Signal name	FPGA Pin NO.	Description
UART_RXD	PIN_C25	UART Receiver	UART_TXD	PIN_B25	UART Transmitter

9. PS/2 串口单元电路

DE2 开发板集成了一个标准的 PS/2 接口和一个适用于 PS/2 键盘和鼠标的连接器。可以在许多网站上找到关于如何使用 PS/2 键盘和鼠标的一些介绍，在表 B.3.13 中列出了与 PS/2 相关接口的针脚对应关系。

表 B.3.13　PS/2 引脚功能

Signal name	FPGA Pin NO.	Description	Signal name	FPGA Pin NO.	Description
PS2_CLK	PIN_D26	PS2 Clock	PS2_DAT	PIN_C24	PS2 Data

10. 快速以太网络控制器

DE2 开发板通过 Davicom DM9000A 快速网速以太网控制芯片提供网络支持。Davicom DM9000A 芯片集成了一个通用处理接口，16KB 的 SRAM，一个多媒体接入控制电路单元（MAC）和一个 10/100MB 的网卡。表 B.3.14 列出了其与 FPGA 相关引脚的对应关系。关于如何更好地使用 DM9000A 请参照芯片的数据手册，这些在制造商的网站和 DE2 系统所带的光盘 datasheets 文件夹下找到。

表 B.3.14　快速网络接口引脚功能表

Signal name	FPGA Pin NO.	Description
ENET_DATA[0]	PIN_D17	DM9000A DATA[0]
ENET_DATA[1]	PIN_C17	DM9000A DATA[1]
ENET_DATA[2]	PIN_B18	DM9000A DATA[2]
ENET_DATA[3]	PIN_A18	DM9000A DATA[3]

续表

Signal name	FPGA Pin NO.	Description
ENET_DATA[4]	PIN_B17	DM9000A DATA[4]
ENET_DATA[5]	PIN_A17	DM9000A DATA[5]
ENET_DATA[6]	PIN_B16	DM9000A DATA[6]
ENET_DATA[7]	PIN_B15	DM9000A DATA[7]
ENET_DATA[8]	PIN_B20	DM9000A DATA[8]
ENET_DATA[9]	PIN_A20	DM9000A DATA[9]
ENET_DATA[10]	PIN_C19	DM9000A DATA[10]
ENET_DATA[11]	PIN_D19	DM9000A DATA[11]
ENET_DATA[12]	PIN_B19	DM9000A DATA[12]
ENET_DATA[13]	PIN_A19	DM9000A DATA[13]
ENET_DATA[14]	PIN_E18	DM9000A DATA[14]
ENET_DATA[15]	PIN_D18	DM9000A DATA[15]
ENET_CLK	PIN_B24	DM9000A Clock 25MHz
ENET_CMD	PIN_A21	DM9000A Command/Data Select，0=Command，1=Data
ENET_CS_N	PIN_A23	DM9000A Chip Select
ENET_INT	PIN_B21	DM9000A Interrupt
ENET_RD_N	PIN_A22	DM9000A Read
ENET_WR_N	PIN_B22	DM9000A Write
ENET_RST_N	PIN_B23	DM9000A Reset

11. 视频解码单元电路

DE2 开发板集成了一个 ADV7181 视频解码芯片，支持多种格式的模拟视频信号输入，包括各种制式的 CVBS 信号、S-Video 和 YP_rP_b 分量；可以自动检测 NTSC、PAL、SECAM 及其兼容的各种标准模拟基带电视信号，包括 PAL-B/G/H/I/D、PAL-M/N、PAL-Combination N、NTSC-M、NTSC-J、SECAM 50Hz/60Hz、NTSC4.43 和 PAL60 等。ADV7181 的数字输出为 16 位或 8 位的、与 CCIR656 标准兼容的 YC_rC_b4:2:2 视频数据，还包括垂直同步 VS、水平同步 HS 及场同步等信号。集成于 TV 解码芯片内的各种寄存器可以用与 Cyclone II FPGA 相连的 I2C 总线进行修改，其与 FPGA 的引脚对应关系见表 B.3.15。ADV7181 芯片的详细信息可以在制造商的网站上找到，或者从 DE2 系统光盘的 Datasheets 文件夹中查阅。

表 B.3.15　　TV 解码芯片引脚功能

Signal name	FPGA Pin NO.	Description
TD_DATA[0]	PIN_J9	TV DECODER Data[0]
TD_DATA[1]	PIN_E8	TV DECODER Data[1]
TD_DATA[2]	PIN_H8	TV DECODER Data[2]
TD_DATA[3]	PIN_H10	TV DECODER Data[3]
TD_DATA[4]	PIN_G9	TV DECODER Data[4]
TD_DATA[5]	PIN_F9	TV DECODER Data[5]

续表

Signal name	FPGA Pin NO.	Description
TD_DATA[6]	PIN_D7	TV DECODER Data[6]
TD_DATA[7]	PIN_C7	TV DECODER Data[7]
TD_HS	PIN_D5	TV Decoder H_SYNC
TD_VS	PIN_K9	TV Decoder V_SYNC
TD_CLK27	PIN_C16	TV Decoder Clock Input
TD_RESET	PIN_C4	TV Decoder Reset
I2C_SCLK	PIN_A6	I2CData
I2C_SDAT	PIN_B6	I2C Clock

12. 视频编码器的实现

虽然 DE2 开发板不包含电视编码器芯片，但是 ADV7123（10 位高速三倍模数转换器）能通过 Cyclone II FPGA 中已实现的数字信号处理部分来实现专业品质的电视编码器。

13. USB 主设备的使用

DE2 开发板使用 Philips ISP1362 单芯片 USB 控制器，同时提供 USB 主机和设备接口的功能。主机及设备控制器符合 USB 标准 Rev.2.0，支持全速（12Mbit/s）和低速（1.5Mbit/s）模式。其与 FPGA 引脚的对应关系见表 B.3.16。

使用 ISP1362 芯片的具体信息请查阅芯片的数据手册，所有这些文件可以在制造商的网站和 DE2 系统光盘的 Datasheets 文件夹下找到。USB 应用中最有挑战性的部分在于其软件驱动器的设计。

表 B.3.16　　USB（ISP1362）插针安排

Signal name	FPGA Pin NO.	Description
OTG_ADDR[0]	PIN_K7	ISP1362 Address[0]
OTG_ADDR[1]	PIN_F2	ISP1362 Address[1]
OTG_DATA[0]	PIN_F4	ISP1362 Data[0]
OTG_DATA[1]	PIN_D2	ISP1362 Data[1]
OTG_DATA[2]	PIN_D1	ISP1362 Data[2]
OTG_DATA[3]	PIN_F7	ISP1362 Data[3]
OTG_DATA[4]	PIN_J5	ISP1362 Data[4]
OTG_DATA[5]	PIN_J8	ISP1362 Data[5]
OTG_DATA[6]	PIN_J7	ISP1362 Data[6]
OTG_DATA[7]	PIN_H6	ISP1362 Data[7]
OTG_DATA[8]	PIN_E2	ISP1362 Data[8]
OTG_DATA[9]	PIN_E1	ISP1362 Data[9]
OTG_DATA[10]	PIN_K6	ISP1362 Data[10]
OTG_DATA[11]	PIN_K5	ISP1362 Data[11]
OTG_DATA[12]	PIN_G4	ISP1362 Data[12]
OTG_DATA[13]	PIN_G3	ISP1362 Data[13]

续表

Signal name	FPGA Pin NO.	Description
OTG_DATA[14]	PIN_J6	ISP1362 Data[14]
OTG_DATA[15]	PIN_K8	ISP1362 Data[15]
OTG_CS_N	PIN_F1	ISP1362 ChipSelect
OTG_RD_N	PIN_G2	ISP1362 Read
OTG_WR_N	PIN_G1	ISP1362 Write
OTG_RST_N	PIN_G5	ISP1362 Reset
OTG_INT0	PIN_B3	ISP1362 Interrupt0
OTG_INT1	PIN_C3	ISP1362 Interrupt1
OTG_DACK0_N	PIN_C2	ISP1362 DMA Acknowledge0
OTG_DACK1_N	PIN_B2	ISP1362 DMA Acknowledge1
OTG_DREQ0	PIN_F6	ISP1362 DMA Request0
OTG_DREQ1	PIN_E5	ISP1362 DMA Request1
OTG_FSPEED	PIN_F3	USB Full Speed，0=Enable，Z=Disable
OTG_LSPEED	PIN_G6	USB Low Speed，0=Enable，Z=Disable

14. IRDA 的使用

DE2 开发板可以提供简单的无线通信，其中利用了 Agilent HSDL-3201 低功耗红外线收发器。该设备的数据手册在 DE2 系统光盘的 Datasheets\IRDA 文件夹下。注意本设备支持的最高传输速度是 115.2kbit/s，发送方和接受方传输速度必须相同。其与 FPGA 相关引脚的对应关系见表 B.3.17。

表 B.3.17　　IRDA 插针排列

Signal name	FPGA Pin NO.	Description	Signal name	FPGA Pin NO.	Description
IRDA_TXD	PIN_AE24	IRDA Transmitter	IRDA_RXD	PIN_AE25	IRDA Receiver

15. SDRAM/SRAM/FLASH 的使用

DE2 开发板提供一个 8MB SDRAM，一个 512KB SRAM 及 4MB（有些板为 1-Mbyte）FLASH 存储器。FPGA 与各个存储器的引脚映射见表 B.3.18～表 B.3.20，存储器芯片的数据手册提供在 DE2 系统光盘的 DataSheets 文件夹下。

表 B.3.18　　SDRAM 引脚分配

Signal name	FPGA Pin NO.	Description
DRAM_ADDR[0]	PIN_T6	SDRAM Address[0]
DRAM_ADDR[1]	PIN_V4	SDRAM Address[1]
DRAM_ADDR[2]	PIN_V3	SDRAM Address[2]
DRAM_ADDR[3]	PIN_W2	SDRAM Address[3]
DRAM_ADDR[4]	PIN_W1	SDRAM Address[4]
DRAM_ADDR[5]	PIN_U6	SDRAM Address[5]
DRAM_ADDR[6]	PIN_U7	SDRAM Address[6]

续表

Signal name	FPGA Pin NO.	Description
DRAM_ADDR[7]	PIN_U5	SDRAM Address[7]
DRAM_ADDR[8]	PIN_W4	SDRAM Address[8]
DRAM_ADDR[9]	PIN_W3	SDRAM Address[9]
DRAM_ADDR[10]	PIN_Y1	SDRAM Address[10]
DRAM_ADDR[11]	PIN_V5	SDRAM Address[11]
DRAM_DQ[0]	PIN_V6	SDRAM Data[0]
DRAM_DQ[1]	PIN_AA2	SDRAM Data[1]
DRAM_DQ[2]	PIN_AA1	SDRAM Data[2]
DRAM_DQ[3]	PIN_Y3	SDRAM Data[3]
DRAM_DQ[4]	PIN_Y4	SDRAM Data[4]
DRAM_DQ[5]	PIN_R8	SDRAM Data[5]
DRAM_DQ[6]	PIN_T8	SDRAM Data[6]
DRAM_DQ[7]	PIN_V7	SDRAM Data[7]
DRAM_DQ[8]	PIN_W6	SDRAM Data[8]
DRAM_DQ[9]	PIN_AB2	SDRAM Data[9]
DRAM_DQ[10]	PIN_AB1	SDRAM Data[10]
DRAM_DQ[11]	PIN_AA4	SDRAM Data[11]
DRAM_DQ[12]	PIN_AA3	SDRAM Data[12]
DRAM_DQ[13]	PIN_AC2	SDRAM Data[13]
DRAM_DQ[14]	PIN_AC1	SDRAM Data[14]
DRAM_DQ[15]	PIN_AA5	SDRAM Data[15]
DRAM_BA_0	PIN_AE2	SDRAM Bank Address[0]
DRAM_BA_1	PIN_AE3	SDRAM Bank Address[1]
DRAM_LDQM	PIN_AD2	SDRAM Low-byte Data Mask
DRAM_UDQM	PIN_Y5	SDRAM High-byte Data Mask
DRAM_RAS_N	PIN_AB4	SDRAM Row Address Strobe
DRAM_CAS_N	PIN_AB3	SDRAM Column Address Strobe
DRAM_CKE	PIN_AA6	SDRAM Clock Enable
DRAM_CLK	PIN_AA7	SDRAM Clock
DRAM_WE_N	PIN_AD3	SDRAM Write Enable
DRAM_CS_N	PIN_AC3	SDRAM Chip Select

表 B.3.19　**SRAM 引脚分配**

Signal name	FPGA Pin NO.	Description
SRAM_ADDR[0]	PIN_AE4	SRAM Address[0]
SRAM_ADDR[1]	PIN_AF4	SRAM Address[1]
SRAM_ADDR[2]	PIN_AC5	SRAM Address[2]
SRAM_ADDR[3]	PIN_AC6	SRAM Address[3]

续表

Signal name	FPGA Pin NO.	Description
SRAM_ADDR[4]	PIN_AD4	SRAM Address[4]
SRAM_ADDR[5]	PIN_AD5	SRAM Address[5]
SRAM_ADDR[6]	PIN_AE5	SRAM Address[6]
SRAM_ADDR[7]	PIN_AF5	SRAM Address[7]
SRAM_ADDR[8]	PIN_AD6	SRAM Address[8]
SRAM_ADDR[9]	PIN_AD7	SRAM Address[9]
SRAM_ADDR[10]	PIN_V10	SRAM Address[10]
SRAM_ADDR[11]	PIN_V9	SRAM Address[11]
SRAM_ADDR[12]	PIN_AC7	SRAM Address[12]
SRAM_ADDR[13]	PIN_W8	SRAM Address[13]
SRAM_ADDR[14]	PIN_W10	SRAM Address[14]
SRAM_ADDR[15]	PIN_Y10	SRAM Address[15]
SRAM_ADDR[16]	PIN_AB8	SRAM Address[16]
SRAM_ADDR[17]	PIN_AC8	SRAM Address[17]
SRAMDQ[0]	PIN_AD8	SRAM Data[0]
SRAMDQ[1]	PIN_AE6	SRAM Data[1]
SRAMDQ[2]	PIN_AF6	SRAM Data[2]
SRAMDQ[3]	PIN_AA9	SRAM Data[3]
SRAMDQ[4]	PIN_AA10	SRAM Data[4]
SRAMDQ[5]	PIN_AB10	SRAM Data[5]
SRAMDQ[6]	PIN_AA11	SRAM Data[6]
SRAMDQ[7]	PIN_Y11	SRAM Data[7]
SRAMDQ[8]	PIN_AE7	SRAM Data[8]
SRAMDQ[9]	PIN_AF7	SRAM Data[9]
SRAMDQ[10]	PIN_AE8	SRAM Data[10]
SRAMDQ[11]	PIN_AF8	SRAM Data[11]
SRAMDQ[12]	PIN_W11	SRAM Data[12]
SRAMDQ[13]	PIN_W12	SRAM Data[13]
SRAMDQ[14]	PIN_AC9	SRAM Data[14]
SRAMDQ[15]	PIN_AC10	SRAM Data[15]
SRAM_WE_N	PIN_AE10	SRAM Write Enable
SRAM_OE_N	PIN_AD10	SRAM Output Enable
SRAM_UB_N	PIN_AF9	SRAM High-byte Data Mask
SRAM_LB_N	PIN_AE9	SRAM Low-byte Data Mask
SRAM_CE_N	PIN_AC11	SRAM Chip Enable

表 B.3.20 **FLASH 引脚分配**

Signal name	FPGA Pin NO.	Description
FL_ADDR[0]	PIN_AC18	FLASH Address[0]
FL_ADDR[1]	PIN_AB18	FLASH Address[1]
FL_ADDR[2]	PIN_AE19	FLASH Address[2]
FL_ADDR[3]	PIN_AF19	FLASH Address[3]
FL_ADDR[4]	PIN_AE18	FLASH Address[4]
FL_ADDR[5]	PIN_AF18	FLASH Address[5]
FL_ADDR[6]	PIN_Y16	FLASH Address[6]
FL_ADDR[7]	PIN_AA16	FLASH Address[7]
FL_ADDR[8]	PIN_AD17	FLASH Address[8]
FL_ADDR[9]	PIN_AC17	FLASH Address[9]
FL_ADDR[10]	PIN_AE17	FLASH Address[10]
FL_ADDR[11]	PIN_AF17	FLASH Address[11]
FL_ADDR[12]	PIN_W16	FLASH Address[12]
FL_ADDR[13]	PIN_W15	FLASH Address[13]
FL_ADDR[14]	PIN_AC16	FLASH Address[14]
FL_ADDR[15]	PIN_AD16	FLASH Address[15]
FL_ADDR[16]	PIN_AE16	FLASH Address[16]
FL_ADDR[17]	PIN_AC15	FLASH Address[17]
FL_ADDR[18]	PIN_AB15	FLASH Address[18]
FL_ADDR[19]	PIN_AA15	FLASH Address[19]
FL_ADDR[20]	PIN_Y15	FLASH Address[20]
FL_ADDR[21]	PIN_Y14	FLASH Address[21]
FL_DQ[0]	PIN_AD19	FLASH Data[0]
FL_DQ[1]	PIN_AC19	FLASH Data[1]
FL_DQ[2]	PIN_AF20	FLASH Data[2]
FL_DQ[3]	PIN_AE20	FLASH Data[3]
FL_DQ[4]	PIN_AB20	FLASH Data[4]
FL_DQ[5]	PIN_AC20	FLASH Data[5]
FL_DQ[6]	PIN_AF21	FLASH Data[6]
FL_DQ[7]	PIN_AE21	FLASH Data[7]
FL_CE_N	PIN_V17	FLASH Chip Enable
FL_OE_N	PIN_W17	FLASH Output Enable
FL_RST_N	PIN_AA18	FLASH Reset

参 考 文 献

[1] 阎石主编. 数字电子技术基础. 5 版. 北京：高等教育出版社，2006.

[2] 华中理工大学电子学教研室编，康华光主编. 电子技术基础数字部分. 5 版. 北京：高等教育出版社，2006.

[3] 王树昆主编. 数字电子技术基础. 2 版. 北京：中国电力出版社，2010.

[4] 江国强编著. EDA 技术与应用. 3 版. 北京：电子工业出版社，2010.

[5] 夏宇闻编著. Verilog HDL 数字系统设计教程. 北京：北京航空航天大学出版社，2008.

[6] 罗杰主编. Verilog HDL 与数字 ASIC 设计基础. 武汉：华中科技大学出版社，2008.

[7] 李国丽，朱维勇，何剑春编著. EDA 技术与数字系统设计. 2 版. 北京：机械工业出版社，2009.

[8] 付家才主编. EDA 原理与应用. 2 版. 北京：化学工业出版社，2006.

[9] Samir Palnitkar 著. Verilog HDL 数字设计与综合. 2 版. 夏宇闻，胡燕祥，刁岚松，等译. 北京：电子工业出版社，2004.

[10] J. BHASKER 著. Verilog HDL 入门. 3 版. 夏宇闻、甘伟译. 北京：北京航空航天大学出版社，2008.

[11] 路而红主编. 电子设计自动化应用技术——FPGA 应用篇. 北京：高等教育出版社，2009.

[12] 黄仁欣编著. EDA 技术实用教程. 北京：清华大学出版社，2006.

[13] 赵明富，李立军主编. EDA 技术基础. 北京：北京大学出版社，2007.

[14] 赵全利，秦春斌主编. EDA 技术及应用教程. 北京：机械工业出版社，2009.

[15] 赵艳华，曹丙霞，张睿编著. 基于 Quartus II 的 FPGA/CPLD 的设计与应用. 北京：电子工业出版社，2009.

[16] 陈新华主编. EDA 技术及应用. 北京：机械工业出版社，2008.

[17] 周祖成，程晓军，马卓钊编著. 数字电路与系统教学实验教程. 北京：科学出版社，2010.

[18] 周润景，苏良碧编著. 基于 Quartus II 的数字系统 Verilog HDL 设计实例详解. 北京：电子工业出版社，2010.

[19] 潘松，黄继业，潘明编著. EDA 技术实用教程——Verilog HDL 版. 4 版. 北京：科学出版社，2010.

[20] Altera Corporation.《DE2 Development and Education Board User Manual》Version 1.4，2006.